→ 参见第2章

→ 参见第3章

→ 参见第4章

→ 参见第4章

U0352476

→ 参见第4章

→ 参见第4章

→ 参见第12章

→ 参见第8章

→ 参见第12章

→ 参见第7章

→ 参见第2章

→ 参见第7章

→ 参见第10章

→ 参见第11章

→ 参见第10章

→ 参见第9章

→ 参见第8章

→ 参见第6章

→ 参见第8章

→ 参见第8章

→ 参见第14章

→ 参见第6章

→ 参见第14章

→ 参见第5章

→ 参见第9章

课堂实录

中文版 **3ds Max**
动画制作 课堂实录

康金兵 邵宝国 张来峰 / 编著

清华大学出版社
北 京

内 容 简 介

本书适合于三维动画渲染和制作初、中级读者学习使用，全书介绍了 3ds Max 2015 的工作环境及文件操作、三维模型的创建与编辑、二维图形建模、复合对象建模、网格和多边形建模、面片及 NURBS 建模、材质与贴图、灯光与摄影机、环境与效果、粒子系统、空间扭曲、视频后期处理、渲染与输出场景、动画的制作与设置等内容。通过本书的学习可以帮助读者更好地掌握 3ds Max 2015 的使用操作和动画制作思路，提高读者的软件应用以及动画制作水平。本书的后面是三章案例综合应用，涉及 3ds Max 在影视广告、电视台等行业应用领域中的案例制作，以增强读者或学生就业的实践性。

本书可以供平面设计、广告设计、游戏设计、工业设计、室内外效果图设计、影视设计等从业人员阅读，也可以作为高等院校相关专业的教材和辅导用书。

图书在版编目(CIP)数据

中文版3ds Max动画制作课堂实录 / 康金兵，邵宝国，张来峰编著. —北京：清华大学出版社，2016
（课堂实录）

ISBN 978-7-302-40984-7

Ⅰ.①中… Ⅱ.①康… ②邵… ③张… Ⅲ.①三维动画软件 Ⅳ.①TP391.41

中国版本图书馆CIP数据核字(2015)第166767号

责任编辑：陈绿春
封面设计：潘国文
责任校对：徐俊伟
责任印制：李红英

出版发行：清华大学出版社
      网　　　址：http://www.tup.com.cn，http://www.wqbook.com
      地　　　址：北京清华大学学研大厦A座　　　邮　　编：100084
      社 总 机：010-62770175　　　　　　　　邮　　购：010-62786544
      投稿与读者服务：010-62776969，c-service@tup.tsinghua.edu.cn
      质 量 反 馈：010-62772015，zhiliang@tup.tsinghua.edu.cn
印 刷 者：清华大学印刷厂
装 订 者：三河市溧源装订厂
经　　销：全国新华书店
开　　本：188mm×260mm　　　印　张：32　　　插 页：2　　　字　数：886千字
      （附DVD1张）
版　　次：2016年4月第1版　　　印　次：2016年4月第1次印刷
印　　数：1～3500
定　　价：69.00 元

产品编号：063215-01

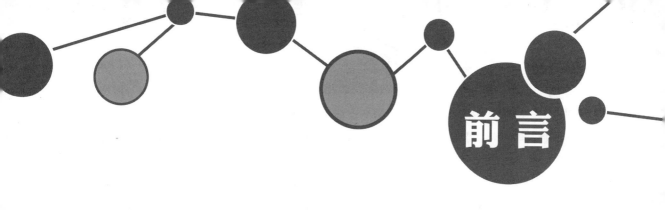

前　言

随着计算机技术的飞速发展，计算机技术的应用领域也越来越广，三维动画技术也在各个方面得到广泛应用，伴随着的是动画制作软件的层出不穷，3ds Max是这些动画制作软件中的佼佼者，广泛应用于工业设计、广告、影视、游戏、建筑设计等领域。3ds Max 2015 融合了当今现代化工作流程所需的概念和技术，由此可见，3ds Max 2015 提供了可以帮助艺术家拓展其创新能力的新工作方式。

最新的3ds Max 2015版本在建模技术、材质编辑、环境控制、动画设计、渲染输出和后期制作等方面日趋完善；内部算法有很大的改进，提高了制作和渲染输出的速度，渲染效果达到工作站级的水准；功能和界面划分更合理，更人性化，以全新的风貌展现给爱好三维动画制作的人士。

我们组织编写这本书的初衷就是为了帮助广大用户快速、全面地学会应用3ds Max 2015。因此本书在内容编写和结构编排上充分考虑到广大初学者的实际情况，采用由浅入深、循序渐进的方法，通过实用的操作指导和有代表性的绘图实例，让读者直观、迅速地了解3ds Max的主要功能，并能在实践中牢固掌握这一优秀的三维设计软件。本书既有打基础、筑根基的部分，又不乏综合创新的例子。本书的每个实例都分阶段地给出了从初始文件到完成效果的主要制作步骤，每一步都包括操作说明、对应的效果图和参数的设置界面，对于需要主意的地方添加了"主意"和"提示"进行说明。

本书适于3ds Max的新手进行入门学习，同时也可作为使用3ds Max进行设计和制作动画的人员的参考书，以及动画制作培训班的教学用书。

为便于阅读理解，本书的写作风格遵从如下约定：

★　本书中出现的中文菜单和命令将用【】括起来，以示区分。此外，为了使语句更简洁易懂，本书中所有的菜单和命令之间以竖线(|)分隔，例如，单击【编辑】菜单，再选择【移动】命令，就用【编辑】|【移动】来表示。

★　用加号(+)连接的两个或3个键表示组合键，在操作时表示同时按下这两个或三个键。例如，Ctrl+V是指在按下Ctrl键的同时，按下V字母键；Ctrl+Alt+F10是指在按下Ctrl和Alt键的同时，按下功能键F10。

在没有特殊指定时，单击、双击和拖动是指用鼠标左键单击、双击和拖动，右击是指用鼠标右键单击。

本书的出版可以说凝结了许多人的心血、凝聚了许多人的汗水和思想。在这里我想对每一位曾经为本书付出劳动的人们表达自己的感谢和敬意。

本书主要由山东德州职业技术学院的康金兵老师、邵国宝、张来峰编写，参加本书编写的还有：李娜、陈月娟、李雪芳、李向瑞、贾玉印、张花、李少勇、罗冰、赵秉龙、王慧、刘峥、王玉、张云、李乐乐、陈月霞、刘希林、黄健、黄永生、田冰、徐昊、温振宁、刘德生、宋明、刘景君、郑爱华、郑爱连、郑福丁、潘瑞兴、林金浪、刘爱华、刘强、刘志珍、马双、谢良鹏、郑元君等。

由于本书编写时间仓促，作者水平有限，书中疏漏之处在所难免，欢迎广大读者和有关专家批评指正。

作者

2016年2月

目录

第3章 三维模型的创建与编辑

第4章 二维图形建模方法

第5章 复合对象建模方法

第6章 网格和多边形建模方法

第7章 面片及NURBS建模方法

第8章 材质与贴图

第9章 灯光与摄影机

第10章 环境与效果

第11章 粒子系统、空间扭曲与视频后期处理

第12章 渲染与输出场景

第13章 动画的制作与设置

第14章 三维文字的制作

第15章 文字动画的制作

第16章　电视片头动画的制作

第1章
3ds Max 2015的工作环境

　　3ds Max 2015虽然拥有强大的功能，但它的操作界面却很复杂。本章将主要围绕3ds Max 2015的应用领域、屏幕布局和定制界面进行介绍，使读者首先对3ds Max 2015的用途、界面有所了解。

　　本章首先对三维动画、三维动画的就业范围及应用范围进行介绍，然后介绍3ds Max 2015的安装与启动，最后对屏幕的布局和界面设置做了统一的讲解，使读者尽快熟悉3ds Max 2015的操作界面。

1.1 关于三维动画

三维动画又称3D动画，是随着计算机软硬件技术的发展而产生的一新兴技术。

1.1.1 认识三维动画

三维动画软件在计算机中首先建立一个虚拟的世界，设计师在这个虚拟的三维世界中按照要表现的对象的形状尺寸建立模型及场景，再根据要求设定模型的运动轨迹、虚拟摄影机的运动和其他动画参数，最后按要求为模型赋上特定的材质，并打上灯光。当这一切完成后，就可以让计算机自动运算，生成最后的画面。

下面通过一些影片的花絮和文字叙述，学习和掌握三维动画的概念。

从目前的一些电影中，可以看到其实三维动画早就伴随在人们身边，并早已跻身于影视制作。在1991年拍摄的《魔鬼终结者》第二集，发明并第一次使用三维动画和动态捕捉技术后，电影制作中便开始大量地使用数字特技技术。在1993年《侏罗纪公园》影片中，恐龙的再现大量使用了计算机三维图形生成恐龙角色，并且获得奥斯卡最佳视觉效果奖。之后又有很多像《变形金刚》、《明日边缘》、《环太平洋》等令观众津津乐道的好作品，如图1.1、图1.2所示。

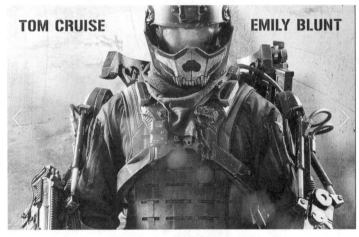

图1.1 《变形金刚》剧照　　　　　　图1.2 《明日边缘》剧照

而1995年制作完成的第一部全电脑制作的三维动画片《玩具总动员》，则开辟了计算机电影制作技术的新篇章，如《驯龙高手》、《怪物史莱克》都是全电脑制作的三维动画片，如图1.3～图1.5所示。

图1.3 《玩具总动员》剧照　　图1.4 《驯龙高手》剧照　　图1.5 《怪物史莱克》剧照

随着电脑软件及硬件的发展，三维动画技术在电影中的使用也越来越广泛了，例如《钢铁侠》、《阿凡达》等都是采用电脑三维技术与传统影视结合的产物，同时也使电脑角色动画技术又向前发展了一大步，如图1.6、图1.7所示。

图1.6　《钢铁侠》剧照　　　　　　　　图1.7　《阿凡达》剧照

三维动画，是随着时代和科学技术的发展进步，以及计算机硬件的不断更新和功能的不断完善，而新兴的一门可以形象地描绘虚拟及超现实实物或空间的动画制作技术。三维动画的制作是采用了复杂的光照模拟技术，在X、Y和Z三度空间中制作出真假难辨的动画影像，较二维卡通片更加形象生动和吸引人，如图1.8～图1.11所示。同样使用三维技术制作的其他领域的模型也足以以假乱真。

图1.8　使用三维软件制作的猎豹　　　　图1.9　使用三维软件制作的植物

图1.10　使用三维软件制作的飞机　　　　图1.11　使用三维软件制作的坦克

如果将二维定义为一张纸的话，同样给三维一个定义，它就是一个盒子。而三维中所涉及到的透视则是一门几何学，它可以将一个空间或物体准确地表现在一个二维平面上。一个手臂抬起的动作如果使用三维技术进行制作，只需要几个简单的步骤：首先在软件中创建手的模型，然后进行材质调整，并赋予当前手模型，再打上灯光和摄像机，最后设置手的运动路径，并进行渲染就可以制作完成。

再看一下你所生活和工作的环境空间，你眼前的显示器、键盘、书桌，以及喝水的杯子、手中拿着的书等。再打开你的电视，或回想一下近来所看的电影，你会发现三维动画已经充斥着整个视频影视媒体。我们都是存在于一个三维的空间里，而我们同样也可以生动形象地使用计算机将它们描述下来。图1.12所示是三维动画技术中最为常见的效果图，在这里通过计算机三维技术不但可以逼真地模拟出来它的外观，同时可以加上制作者的创意，使其艺术化。

图1.12　使用3ds Max制作完成的室内外效果图

使用三维动画所制作的作品有着立体感，不再是平面地表现的动画形式。其写实能力增强，表现力大，使一些结构复杂的形体，如机器产品内部结构、工作原理，以及人们平时不能看见的部分，也能轻而易举地表现。另外，三维动画的清晰度高，色彩饱和度好。一个优秀的三维动画作品具有非常强的视觉冲击力；同时三维动画的使用有利于提高画面的视觉效果，制作时可利用的素材也非常的多。

1.1.2　三维动画专业就业范围

三维动画技术模拟真实物体的方式使其成为一个有用的工具。由于其精确性、真实性和无限的可操作性，被广泛应用于医学、教育、军事、娱乐等诸多领域。在影视广告制作方面，这项新技术能够给人耳目一新的感觉，因此受到了众多客户的欢迎。三维动画可以用于广告和电影电视剧的特效制作（如爆炸、烟雾、下雨、光效等）、特技制作（撞车、变形、虚幻场景或角色等）、广告产品展示、片头飞字等。三维动画专业人员就业范围比较广泛，属于比较热门的专业，下面列举出了三维动画的专业就业范围。

（1）广告公司、影视公司、电视台、影视后期公司、各类制造业、服务业等各类企业从事影视特效工作。

（2）电视台栏目制作人员。

（3）建筑咨询类公司从事建筑效果图、建筑动画的制作。

（4）制片厂、电视剧制作中心等各类事业单位从事影片特效、影片剪辑等工作。

（5）影视公司、电视台、动画制作公司从事二维动画，三维动画制作等工作。

1.2　三维动画的应用范围

随着计算机三维影像技术的不断发展，三维图形技术越来越被人们所看重。三维动画比平面图更直观，更能给观赏者带来身临其境的感觉，尤其适用于那些尚未实现或准备实施的项目，观者可提前领略实施后的结果。

三维动画，涉及动从简单的几何体模型，如一般产品展示、艺术品展示，到复杂的人物模型；从静态、单个的模型展示，到动态、复杂的场景如房产酒店三维动画、三维漫游、三维虚拟城市，角色动画。所有这一切，都能依靠三维动画强大的技术实力来实现。

▌1.2.1　建筑领域

3D技术在我国的建筑领域得到了广泛的应用。早期的建筑动画由于3D技术上的限制和创意制作上的单一，制作出的建筑动画只是简单的摄影及运动动画。随着现在3D技术的提升与创作手法的多元化，建筑动画从脚本创作到精良的模型制作、后期的电影剪辑手法以及原创音乐音效、情感式的表现方法，使得建筑动画制作综合水准越来越高，建筑动画费用也比以前低，如图1.13、图1.14所示。

图1.13　三维建筑漫游动画

图1.14　使用三维软件制作的建筑模型

建筑漫游动画包括房地产漫游动画、小区浏览动画、楼盘漫游动画、三维虚拟样板房、楼盘3D动画宣传片、地产工程投标动画、建筑概念动画、房地产电子售楼书、房地产虚拟现实等。

▌1.2.2　规划领域

规划领域包括道路、桥梁、隧道、立交桥、街景、夜景、景点、市政规划、城市规划、城市形象展示、数字化城市、虚拟城市、城市数字化工程、园区规划、场馆建设、机场、车站、公园、广场、报亭、邮局、银行、医院、数字校园建设、学校等，图1.15、图1.16所示分别为体育场馆和学校规划图。

图1.15　体育场馆

图1.16　学校鸟瞰图

▌1.2.3　三维动画制作

三维动画从简单的几何体模型到复杂的人物模型，从单个的模型展示，到复杂的场景，如道路、桥梁、隧道、市政、小区等线型工程和场地工程的景观设计等，都表现得淋漓尽致。

三维动画技术在影视广告制作方面，能够给人耳目一新的感觉，因此受到了众多客户的欢迎。三维动画可以用于广告和电影电视剧的特效制作、特技、广告产品展示、片头飞字等，如图1.17、图1.18所示。

图1.17 三维创建的特效

图1.18 烟花特效

1.2.4 园林景观领域

　　园林景观动画涉及景区宣传、旅游景点开发、地形地貌表现，国家公园、森林公园、自然文化遗产保护、历史文化遗产记录，园区景观规划、场馆绿化、小区绿化、楼盘景观等动画表现的制作。

　　园林景观3D动画是将园林规划建设方案，用3D动画表现的一种方案演示方式。其效果真实、立体、生动，是传统效果图所无法比拟的，如图1.19所示。园林景观动画将传统的规划方案，从纸上或沙盘上演变到了电脑中，真实还原了一个虚拟的园林景观。目前，动画在三维技术制作大量植物模型上有了一定的技术突破和制作方法，使得用3D软件制作出的植物更加真实，动画在植物种类上也积累了大量的数据资料，使得园林景观植物动画更生动。

图1.19 园林景观领域

1.2.5 产品演示

　　三维动画的主要作用就是用来模拟，通过动画的方式展示想要达到的预期效果。例如在数字城市建设中，在各个领域的应用是不同的，那么如何形象地向参观者介绍数字城市的成果呢？那就需要制作一个三维动画，通过动画的形式还原现实的情况，从而让参观者更加直观地了解这项技术的应用。

　　产品动画涉及：工业产品动画，如汽车动画、飞机动画、轮船动画、火车动画、舰艇动画、飞船动画；电子产品动画，如手机动画、医疗器械动画、监测仪器仪表动画、治安防盗设备动画；机械产品动画，如机械零部件动画、油田开采设备动画、钻井设备动画、发动机动画；产品生产过程动画，如产品生产流程、生产工艺等三维动画制作，如图1.20、图1.21所示。

图1.20 使用三维软件制造摩托

图1.21 使用三维软件制造汽车

1.2.6　模拟动画

模拟动画制作，通过动画模拟一切过程，如制作生产过程、交通安全演示动画（模拟交通事故过程）、煤矿生产安全演示动画（模拟煤矿事故过程）、能源转换利用过程、水处理过程、水利生产输送过程、电力生产输送过程、矿产金属冶炼过程、化学反应过程、植物生长过程、施工过程等演示动画的制作。

1.2.7　片头动画

片头动画创意制作，包括宣传片片头动画、游戏片头动画、电视片头动画、电影片头动画、节目片头动画、产品演示片头动画、广告片头动画等。

1.2.8　广告动画

动画广告是广告普遍采用的一种表现方式，动画广告中一些画面有的是纯动画的，也有实拍和动画结合的。在表现一些实拍无法完成的画面效果时，就要用到动画来完成或两者结合。如广告用的一些动态特效就是采用3D动画完成的，我们所看到的广告，从制作的角度看，几乎都或多或少地用到了动画。致力于三维数字技术在广告动画领域的应用和延伸，将最新的技术和最好的创意在广告中得到应用，各行各业广告传播将创造更多价值，数字时代的到来，将深刻地影响着广告的制作模式和广告发展趋势。

1.2.9　影视动画

影视三维动画涉及影视特效创意、前期拍摄、影视3D动画、特效后期合成、影视剧特效动画等。随着计算机在影视领域的延伸和制作软件的增加，三维数字影像技术扩展了影视拍摄的局限性，在视觉效果上弥补了拍摄的不足，在一定程度上电脑制作的费用远比实拍所产生的费用要低得多，同时为剧组因预算费用、外景地天气、季节变化而节省时间。在这里不得不提的是，中国第一家影视动画公司环球数码，2000年开始投巨资发展中国影视动画事业，从影视动画人才培训、影片制作、院线播放硬件和发行三大方面发展，由环球数码投资的《魔比斯环》是一部国产全三维数字魔幻电影，中国三维电影史上投资最大、最重量级的史诗巨片，耗资超过1.3亿人民币，400多名动画师，历经5年精心打造而成的三维影视电影惊世之作。制作影视特效动画的计算机设备硬件均为3D制作人员专业有计算机、影视、美术、电影、音乐等。影视三维动画从简单的影视特效到复杂的影视三维场景都能表现得淋漓尽致。

1.2.10　角色动画

角色动画制作涉及：3D游戏角色动画、电影角色动画、广告角色动画、人物动画等。
电脑角色动画制作一般通过以下步骤完成。
根据创意剧本绘制出画面分镜头运动，为三维制作做铺垫。
（1）在3ds Max中建立故事的场景、角色、道具的简单模型。
（2）将3D简单模型根据剧本和分镜故事板简单渲染，制作出3D故事板。
（3）在三维软件中进行角色模型、3D场景、3D道具模型的精确制作。
（4）根据剧本的设计对3D模型进行色彩、纹理、质感等的设定工作。
（5）根据故事情节分析，对3D中需要动画的模型（主要为角色）进行动画前的一些动作设置。
（6）根据分镜故事板的镜头和时间，给角色或其他需要活动的对象制作出每个镜头的表演动画。
（7）对动画场景进行灯光的设定，以渲染气氛。
（8）动画特效的设定。

（9）后期将配音、背景音乐、音效、字幕和动画一一匹配合成，最终完成整部角色动画片制作。

1.2.11 虚拟现实

虚拟现实的英文名称是Virtual Reality，简写为"VR"，也称灵境技术或人工环境。应用于旅游、房地产、大厦、别墅公寓、写字楼、景点展示、观光游览、酒店饭店、宾馆餐饮、园林景观、公园展览展示、博物馆，地铁、机场、车站、码头等行业项目展示、宣传。虚拟现实的最大特点是用户可以与虚拟环境进行人机交互，将被动式观看变成更逼真的体验互动。

360度实景、虚拟漫游技术已在网上看房、房产建筑动画片、虚拟楼盘电子售楼书、虚拟现实演播室、虚拟现实舞台、虚拟场景、虚拟写字楼、虚拟营业厅、虚拟商业空间、虚拟酒店、虚拟现实环境表现等诸多项目中采用。

1.2.12 医疗卫生

三维动画可以形象地演示人体内部组织的细微结构和变化，如图1.22所示，给学术交流和教学演示带来了极大的便利。可以将细微的手术放大到屏幕上，进行观察学习，对医疗事业具有重大的现实意义。

图1.22 三维在医疗卫生领域中模拟表现的人体结构效果

1.2.13 军事科技及教育

三维技术最早应用于飞行员的飞行模拟训练，除了可以模拟现实中飞行员要遇到的恶劣环境，同时也可以模拟战斗机飞行员在空战中的格斗及投弹等训练。

现在三维技术的应用范围更为广泛，不单单可以使飞行学习更加安全，同时在军事上，三维动画用于导弹的弹道的动态研究，爆炸后的爆炸强度以及碎片轨迹研究等。此外，在军事上还可以通过三维动画技术来模拟战场，进行军事部署和演习，航空航天以及导弹变轨等技术上，效果如图1.23所示。

图1.23 三维技术在军事科技领域中应用

1.2.14 生物化学工程

生物化学领域较早地就引入了三维技术，用于研究生物分子之间的结构组成。复杂的分子结构无法靠想象来研究，所以三维模型可以给出精确地分子构成，相互组合方式可以利用计算机进行计算，简化了大量的研究工作，效果如图1.24所示。遗传工程利用三维技术对DNA分子进行结构重组，产生新的化合物，给研究工作带来了极大的帮助，如图1.25所示。

图1.24　三维生物工程技术

图1.25　三维DNA分子

1.3 三维动画发展前景

三维动画业是新兴行业，也可称谓CG行业（Computer Graphics的缩写），的确，做三维动画是很有前途的，综观三维动画的发展历程，相信不久的将来，三维将进入千家万户，不再是大电影厂和专业影视制作公司的垄断的专利，这儿年做三维和学三维的人日益增多，三维平台的趋势由高端过渡到低端，不再需要几十万的工作站，一般家庭电脑就可以做出很专业的三维作品，三维动画制作的收费也日趋合理，想当年20000元/秒的天价（广告级标版）到现在500元/秒都有人做，三维建筑、室内效果图也下降了很多，想靠做三维发大财已成为虚拟的幻境。国内电影业不景气，外国大片冲击，如何有效率地提高国人的创作、制作水平和规范制作准则是摆在我们同行面前不容轻视的课题。

三维动画作为电脑美术的一个分支，是建立在动画艺术和电脑软硬件技术发展基础上而形成的一种相对独立新型的艺术形式，早期主要应用于军事领域。直到20世纪70年代后期，随着PC机的出现，计算机图形学才逐步拓展到诸如平面设计、服装设计、建筑装潢等领域。到20世纪80年代，随着电脑软硬件的进一步发展，计算机图形处理技术的应用得到了空前的发展，电脑美术作为一个独立学科真正开走上了迅猛发展之路。

运用计算机图形技术制作动画的探索始于20世纪80年代初期，当时三维动画的制作主要是在一些大型的工作站上完成的。在DOS操作系统下的PC机上，3D Studio软件处于绝对的垄断地位。1994年，微软推出Windows操作系统，并将工作站上的Softimage移植到PC机上。1995年，Win95出现，3DS出现了超强升级版本3ds Max 1.0。1998年，Maya的出现可以说是3D发展史上的又一个里程碑。一个个超强工具的出现，也推动着三维动画应用领域不断的拓宽与发展。从建筑装潢、影视广告片头、MTV、电视栏目，直到全数字化电影的制作。在各类动画当中，最有魅力并动用最广的当属三维动画。二维动画可以看成三维动画的一个分支，三维动画软件功能愈来愈强大，操作起来也是愈来愈容易，这使得三维有更广泛的运用。假如你喜欢访问个人主页，会很容易看到一些简单的三维动画，制作人也许刚刚学会用电脑，毕竟我们的世界是立体的，只有三维才让我们感到更真实。

今天，电脑的功能愈来愈强大，以至于我们不仅可以看到地方电视台的栏目包装及广告中充满电脑动画特技，更有不少电脑爱好者在自己的个人电脑上玩起了动画制作。

1995年，由迪斯尼发行的《玩具总动员》上映，这部纯三维制作的动画片取得了巨大的成功。三维动画迅速取代传统动画成为最卖座的动画片种。迪斯尼公司在其后发行的《玩具总动员2》、《恐龙》、《怪物公司》、《虫虫特工队》都取得了巨大成功。 另外，梦工厂发行的《蚁哥雄兵》、《怪物史瑞克》等三维动画片，也都获得了巨大的商业成功。三维动画在电影中的运用更是神乎其技！《蜘蛛侠》、《蝙蝠侠》、《终结者》、《魔界》等三维动画片都可以说明电影已经不能离开三维动画的参与了！现今三维动画的运用可以说无处不在，如网页、建筑效果图、建筑浏览、影视片头、MTV、电视栏目、电影、科研、电脑游戏等。

1.4 三维动画的制作原理与流程

随着科技的不断发展，动画艺术已由传统的手工绘制，演变到至今的电脑时代，也由于电脑提供了动画制作者更多的发挥空间，因此，动画制作这个充满着希望的行业已被视为未来社会与经济发展不可缺少的重要角色。

人的眼睛在看过一个图像后，1/16秒内仍能存有这个图像的残留视觉，这种生理现象叫做【视觉暂留】。也就是说在残留视觉还没有消失前，如果在1/16秒内再呈现第二个图像，那么第一和第二图像，给我们的感觉就像彼此连续一样，也就是因为这简单的原理，使得静态图画才能变成生动活泼的动画影片，效果如图1.26所示。这个动画效果是由数幅不同嬉笑的图像组成，通过快速播放就形成了图1.26中所示的效果。

图1.26 视觉残留所形成的动画效果

在三维动画中，我们不需要像制作二维动画那样需要画多幅效果不同的画面。在三维动画软件中，我们只需要将特定的动画对象设定关键帧就可以了。

三维动画的每一帧画面都是真实的三维场景，无论从任何角度看，都是真实的三维空间。由于三维动画软件引用了运动学理论，使得三维动画不需要将每一帧都画出，大大减少了工作量。如果用3ds Max制作动画，用户并不需要做出每一帧的场景，而只需要做出运动的关键点的场景，即关键帧的画面，这样既节省了工作量，也使动画看上去更流畅。

因此，利用3ds Max制作三维动画，你只需要制作出静态的模型或场景，再根据运动学原理加入动画效果，就会形成三维动画了。

在了解了三维动画的制作原理后，下面介绍其制作三维动画的过程。首先是建立模型，然后编辑模型，再为其指定材质、设置灯光、设置动画，最后渲染合成。

建模在整体制作过程中是最重要的一步。因为其后的灯光、材质等元素的添加都要以三维模型为基础。如果模型创建的有问题，则以后工作的难度将大大增加，在实践工作中，往往前一道工序的毛病在以后的工作流程中是难以修复的，可以说建模是万丈高楼的地基，只有地基坚固，才会为后继工作打下坚实的基础。

1.5 3ds Max 2015的安装与启动

安装3ds Max 2015的操作步骤如下。

01 执行3ds Max 2015的setup.exe 文件，进入3ds Max 2015的安装界面。

02 在弹出的安装界面中单击【安装】按钮，如图1.27所示。

03 在弹出的图1.28所示的对话框中选中右下角的【我接受】单选按钮，然后单击【下一步】按钮。

图1.27 进入安装向导

图1.28 接受许可协议

04 在弹出的对话框中选中【我有我的产品信息】单选按钮，然后输入【序列号】和【产品密钥】，输入完成之后单击【下一步】按钮，如图1.29所示。

05 在弹出的对话框中设置产品的安装路径，用户可以根据自己的电脑设置软件安装的位置，单击【安装】按钮，如图1.30所示。

图1.29 输入序列号

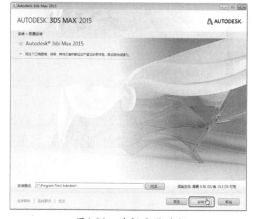

图1.30 选择安装路径

06 弹出图1.31所示的安装进度对话框。

07 安装完毕之后会弹出一个图1.32所示的对话框，单击【完成】按钮即可。

图1.31　安装过程

图1.32　安装完成

安装完成后，即可启动3ds Max 2015软件了。单击桌面左下角的【开始】按钮，在弹出的菜单中选择【所有程序】| Autodesk | Autodesk 3ds Max 2015 | Autodesk 3ds Max 2015 –Simplified Chinese命令，如图1.33所示。也可以直接双击桌面上的快捷方式图标来启动，3ds Max 2015的启动界面如图1.34所示。

图1.33　启动3ds Max 2015软件

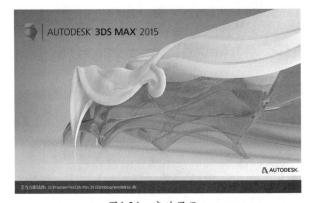

图1.34　启动界面

1.6　3ds Max 2015新增功能

★　人群填充增强

在新版本中人群的创建和填充得到增强，现在可以对人物进行细分，得到更精细的人物模型，有更多的动态，比如坐着喝茶的动作，走路动画也有修正，从而得到更有说服力的人群。新版本还能给人变脸，提供了一些预置的脸部，但是整体感觉还是比较粗糙。

★　支持点云系统

创建面板增加了点云系统的支持，点云就是使用三维激光扫描仪或照相式扫描仪得到的点云点，因为点非常密集，所以叫做点云。通过这个扫描出来的模型，直接用在建模或者渲染，非常快速有效。下面是案例。目前这还是个新东西，不过应用前景应该还不错。

★　ShaderFX着色器

这是之前dx硬件材质的增强。现在在载入dx材质的时候可以应用ShaderFX，并且有个独立的面板可以调节。但是我们看到这部分还是英文界面，说明还不太成熟。这些材质类型都是和dx11相匹配的，能实现一些游戏中实时的显示方式。

★ 放置工具

可以在物体的表面拖动物体，相当于吸附于另一个物体，然后可以进行移动旋转和缩放。

★ 倒角工具

增加了四边倒角和三边倒角方式，适合制作环形的切线效果。

★ 增强的实时渲染

增加了NVIDIA Iray和NVIDIA MENTALREY渲染器的实时渲染效果，可以实时地显示大致的效果，并且随着时间不断更新，效果越来越好。

★ 视口显示速度增强

展示上，使用3ds Max 2014显示的场景只有几帧每秒，同样的场景到了3ds Max 2015就变成了200帧/秒。

★ 立体相机

增加了立体相机功能。

★ 相套层面板

增加了相套层管理器，可以更好地管理场景，但是这个工具不知道习惯了h面板和层面板的用户能用到多少。

★ python脚本语言

新版3ds Max 2015的脚本语言已经改成了python语言。 python是一个通用语言，使用python可以快速生成程序结构，提高脚本效率。

1.7 了解屏幕布局

众所周知，每一个软件在其操作界面上都有菜单栏和工具栏，正确地掌握了解屏幕的布局，才能使你在操作上更加方便快捷。现在我们就从3ds Max的操作界面开始讲述，一步一步引导你，让你对3ds Max界面上操作按钮与命令之间挥洒自如，得心应手。

启动3ds Max 2015应用程序后，可以看到图1.35所示的窗口界面，按其功能大致可以分为视图区、菜单栏、工具行、命令面板、视图控制区、动画控制区、状态行七大板块。

图1.35　3ds Max 2015的操作界面

提示

在3ds Max中工作，条理性要非常强，头脑要保持清醒，时刻知道自己的每一步操作。

下面我们将简略地介绍主要操作区域的划分及其功能。

1.7.1 菜单栏

菜单栏位于屏幕的最上端，包括【编辑】、【工具】、【组】、【视图】、【创建】、【修改器】、【动画】、【图形编辑器】、【渲染】、【自定义】、【MAXScript】、【帮助】等12个菜单，3ds Max 的菜单栏同标准的Windows软件中的菜单栏非常相似，如图1.36所示。

图1.36　3ds Max 2015中的菜单栏

在这里我们将每个菜单的功能总结如下。

★　【编辑】菜单：提供对物体进行编辑的基本工具，如【撤销】、【重做】等。

★　【工具】菜单：提供多种工具，与顶行的工具行基本相同。

★　【组】菜单：用于控制成组对象。

★　【视图】菜单：用于控制视图及对象的显示情况。

★　【创建】菜单：提供了与创建命令的命令面板中相同的创建选项，同时也方便了操作。

★　【修改器】菜单：用户可以直接通过菜单操作，进行对场景对象的编辑修改。与面板右侧的【修改】命令面板相同。

★　【动画】菜单：用于控制场景元素的动画创建，可使用户快速便捷地进行工作。

★　【图形编辑器】菜单：用于动画的调整，以及使用图解视图进行场景对象的管理。

★　【渲染】菜单：用于控制渲染着色、视频合成、环境设置等。

★　【自定义】菜单：提供了多个让用户自行定义的设置选项，以使用户能够依照自己的喜好进行调整设置。

★　MAXScript菜单：提供了使用户编制脚本程序的各种选项。

★　【帮助】菜单：提供了用户所需要的使用参考，以及软件的版本信息等内容。

1.7.2 工具栏

工具栏包括两部分：主工具栏和标签工具栏。主工具栏包括各种选择工具、捕捉工具、渲染工具等，还有一些是菜单中的快捷键按钮，可以直接打开某些控制窗口，如材质编辑器、渲染设置等，如图1.37所示。

图1.37　主工具栏

> **提示**
>
> 　　无论显示分辨率高低，上面这些命令按钮都可以显示出来，对于800×600显示分辨率，只能显示部分命令按钮，在操作中你需要使用鼠标进行拖动，对于更高的显示分辨率（1024×768以上），才会全部显示出一个完整的快捷工具行。命令按钮的图标被设计得非常形象，用过几次后你就会记住它们，并且当你用鼠标在按钮上停留几秒钟后，会出现当前按钮的文字提示，帮助你了解这个按钮的含义。

在3ds Max 2015的工具栏中虽然也增加了一些工具，但是最为常用的X、Y、Z轴的坐标选项按钮却没有了。其实这几个按钮并没有被3ds Max 2015所取消，只是3ds Max 2015的开发者将其设置为浮动面板了，你只需选择【自定义】|【显示 UI】|【显示浮动工具栏】菜单命令，即可打开【轴约束】、【容器】等面板，效果如图1.38所示。

图1.38 浮动工具栏

1.7.3 动画时间控制区

动画控制区位于状态行与视图控制区之间，另外包括视图区下的时间滑块，它们用于动画时间的控制。在这里你不但可以开启动画制作模式，也可以随时对当前动画场景插入关键帧，而且制作完成后的动画也可以在激活的视图中进行实时的播放。在该区域的最右侧是一些时间快进、回放等导航按钮，如图1.39所示。

图1.39 动画控制区

1.7.4 命令面板

如果把视图区比作是人的面孔的话，那么我们可以把命令面板区看作是3ds Max的中枢神经系统。这个中枢神经系统由【创建】、【修改】、【层次】、【运动】、【显示】、【实用程序】6部分构成。这6个子面板可以分别完成相应的不同工作。命令面板区包括了大多数的造型和动画命令，如图1.40所示，选择【创建】|【几何体】|【标准基本体】|【长方体】命令创建矩形，并在其下面提供了丰富的参数。它们分别用于建立所有对象、修改加工对象、连接设置和反向运动设置、运动变化控制、显示控制、应用程序选择。

图1.40 命令面板区

1.7.5 视图区

视图区在3ds Max操作界面中占主要面积，是进行制作的主要工作区域，又分为【顶】视图、【前】视图、【左】视图、【透视】视图4个工作窗口。通过这4个不同的视窗，你可以从不同的角度去观察你所创建的各种造型。

> **提示**
>
> 对于视图区的控制，主要在【自定义】|【视口配置】菜单中完成，它提供每个细节方案的控制能力，一旦你对3ds Max的默认设置感到厌倦，可以通过它来设置自己喜欢的视图。

1.7.6 状态栏与提示行

在视图左下方和动画控制区之间是状态行，主要可分为当前状态行和提示信息行两部分，显示当前状态及选择锁定方式，如图1.41所示。

图1.41 状态行

★ 当前选择状态：显示当前选择对象的数目和类型。如果是同一类型的对象，它可以显示出对象的类别，如上图所示。【选择了1个对象】表示当前有1个物体被选择，如果场景中还有灯光等多个不同类型的选择，则显示为【选择了三个实体】。

★ 提示信息：它是针对当前选择的工具和程序，提示下一步的操作指导，如上图提示信息【渲染时间0:00:00】。

★ 当前坐标：显示的是当前鼠标的世界坐标值或变换操作时的数值。当鼠标不操作物体，只在视图上移动时，它会显示当前的世界坐标值；如果使用了变换工具，将根据工具、轴向的不同而显示。比如用移动工具时，它是依据当前的坐标系统显示位置的数值；用旋转工具时，显示当前活动轴上的旋转角度；用放缩工具时，显示当前放缩轴上的放缩比例。

★ 栅格尺寸：是显示当前栅格中一个方格的边长尺寸，它的值会随视图显示的放缩而变化。例如放大显示时，栅格尺寸会缩小，因为总的栅格数是不变的。

★ 时间标签：时间标签是一个非常快捷的方式，能通过文字符号指定特定的帧标记，使你能够迅速跳到想去的帧。未设定时它是个空白框，当鼠标左键或右键单击此处时，会弹出一个小的菜单，上层是【添加标记】和【编辑标记】两个选项。单击【添加时间标记】可将当前帧加入到标签中，弹出的对话框如图1.42所示。

● 添加时间标记：对话框中各选项的功能说明如下所述。

　　◆ 时间：显示要指定的当前帧。

　　◆ 名称：在此项目中可以输入一个文字串，即标签名称，它将与当前的帧号一起显示。

　　◆ 锁定时间：打开此选项可以将标签锁定到一个特殊的帧上。

　　◆ 相对于：指定其他的标记，当前标记将保持与该标记的相对偏移。例如在10帧指定一个时间标记，在第40帧指定第二个标记，将第一个标记指定相对于到第二个标记，这样，如果第一个标记移动到第35帧，则第二个标记自动移动到55帧以保持两标记间30帧。这相对关系是一种单方面的偏移，系统不允许建立循环的从属关系，如果第二个标记的位置发生变化，第一个标记不会受到影响。

● 编辑时间标记：对话框中各选项的功能与【添加时间标记】对话框中的选项有相同的这里就不多介绍了，如图1.43所示，说明如下所述。

图1.42 【添加时间标记】对话框

图1.43 【编辑时间标记】对话框

　　◆ 编辑标记：弹出时间标签编辑框，与增加标签框中的内容大致相同。主要是用来修改已指定的标签。

　　◆ 删除标记：将当前标签列表框中选择的标签删除。

★ MAXScirpt脚本袖珍监听器：分为粉色和白色的上下两个窗格，粉色窗格是宏记录窗格，用于显示最后记录中的信息；白色窗格是脚本编写窗格，用于显示最后编写的脚本命令，Max会自动执行直接输入到白色窗格内的脚本语言。

▍1.7.7 视图控制区

位于视图右下角的是视图控制区，其中的控制按钮可以控制视窗区各个视图的显示状态，如视图的放缩、旋转、摇移等，如图1.44所示。另外，视图控制区各按钮会因所用视图不同而呈现不同状态。

图1.44 视图控制区

1.8 定制3ds Max的界面

如果你是一个电脑动画设计师或建模师，选择3ds Max来提升你的工作效率是一个最佳的选择。这是当前最新、效率最高的工程设计可视化软件！瞧一瞧它的启动画面就非常吸引人，如图1.45所示。

图1.45　3ds Max 2015的用户启动界面

1.8.1　改变界面的外观

同前期的版本相比较，3ds Max 2015的用户界面有了很大的改进，增加了许多访问工具和命令。可控的标签面板和右击菜单提供了快速的工具选择方式，使工作更加方便，大大提高了工作效率。

1.8.2　改变和定制工具栏

工具栏上的图标有大小之分，根据用户的习惯，可自行定制工具栏。下面将介绍如何改变和定制工具栏，学完本节后可以使你对工具栏操纵自如，提高工作效率。

（1）改变工具栏

在高分辨率显示器下使用主工具栏的按钮更加容易，在小尺寸屏幕上它们将超出屏幕的可视部分，可以拖动面板得到所需要的部分。另外可以单击【自定义】|【首选项】面板，进入【常规】选项卡，将其中的【使用大工具栏按钮】复选框取消选择，这样在工具栏中将使用小图标显示主工具栏，确保屏幕尽可能地显示工具图标，并保存有足够的工作空间，如图1.46所示。

图1.46　使用小图标显示工具

命令可以被显示为图标按钮，也可以作为文本按钮。用户现在可以创建自己的工具和工具栏，只需将操作过程记录为宏，再将它们转换为工具栏上的工具图标即可。

3ds Max 2015界面的各个元素现在可以被重新排列，用户可以根据自己的爱好去定义界面，而且可以对设定的用户界面进行保存、调入和输出。

（2）定制工具栏

选择菜单栏中的【自定义】|【自定义用户界面】命令，在弹出的【自定义用户界面】对话框中进入【工具栏】选项卡，如图1.47所示，接下来将介绍该选项卡中的一些名称。

图1.47　自定义用户界面

★　组：将3ds Max 2015包含的全部构成用户界面元素划分为几大组，以树状结构显示。组中包含类别，类别下又有功能项目。选择一个组时，该组所包含的类别及功能项目也同时显示在各自的窗口中，如图1.48所示。

★　类别：将【组】选定的项目进一步细分，如图1.49所示。

★　操作：列出可执行的命令项目，如图1.50所示。

图1.48　显示【组】

图1.49　显示【类别】

图1.50　显示【操作】项目

★　新建：单击该按钮，在弹出的对话框中输入工具行的名称，视图中会出现新建的工具行名称。为工具行增加命令项目可直接从【功能】列表中拖动命令名称到工具行。按住Ctrl键拖动其他工具行的项目到当前工具行，命令被复制在当前工具行；按住Alt键拖动时，命令被剪切到当前工具行。

★ 删除：删除选择的工具行。

★ 重命名：为指定的工具行重新命名。

★ 隐藏：隐藏选择的工具行。

★ 【快速访问工具栏】组：拖动【操作】列表中的相应操作，并将其放在【快速访问工具栏】组的列表中。工具栏将更新以显示新按钮。如果您选择的操作没有关联图标，则工具栏中将显示通用按钮，如图1.51所示。

图1.51 【快速访问工具栏】组

● 上移：在列表中向上移动选定按钮，这样会将该按钮移动到工具栏的左侧。

● 下移：在列表中向下移动选定按钮，这样会将该按钮移动到工具栏的右侧。

● 移除：从列表和工具栏中移除选定按钮。

★ 加载：用于从一个.ui文件中导入自定义的工具行设置。

★ 保存：将当前的工具行设置为以.ui格式进行保存。

★ 重置：恢复工具行的设置为默认设置。

1.8.3 编辑命令面板内容

命令面板位于3ds Max界面的右侧，是3ds Max 的核心工作区，提供了丰富的工具，用于完成模型的创建编辑、动画轨迹的设置、灯光和摄像机的控制等，外部插件的窗口也位于这里。对于命令面板的使用，包括按钮、输入区、下拉列表等，都非常容易，鼠标的动作也很简单，点击或拖动即可。无法同时显示的区域，只要使用手型上下滑动即可。

如果将创建命令面板比作生产车间的话，那么修改命令面板就是精细加工车间，它可以对物体增加各种各样的改动，每次改动都会记录下来，像堆粮食一样堆积起来，创建参数位于最底层。你可以进入任何一层中调节参数，也可以在不同层之间粘贴和复制，还可以无限制地加入或删除各种各样的加工，最终目的就是塑造出完美的造型和动画。

> **提示**
>
> 默认的修改命令面板放置在视窗右边，如果没有显示或者需要改变它的位置，可以在主工具行的空白位置处单击鼠标右键，然后从浮动菜单中选择【修改】命令面板，如图1.52所示。在【修改】面板的右侧边界处点击鼠标右键也可以弹出该浮动菜单，在该菜单中可以选择【修改】面板放置在视图中的位置；选择【浮动】选项时，修改面板会以浮动框的形式出现在视窗中，可以自由变换它的位置。

按下【修改】按钮 ，打开【修改】命令面板，该面板同以往版本已大不相同了，各种编辑修改工具被涵盖在修改器下拉列表中，编辑对象时，你可以非常便捷地打开编辑修改器，从修改器列表中选择所需的编辑工具。

在编辑堆栈中，为对象所施加的编辑都成了可视化的选项，并将前版本中的子选项直接放置在编辑堆栈中，成为所使用编辑工具的下拉式子选项。在操作时，可以对每个编辑工具选项的状态进行控制，因为在每个编辑命令工具前都有一个 💡 图标，在3ds Max 2015中，该工具直接放置在为对象所施加的编辑器前面，这样非常直观，针对当前的修改命令，如果它为活动状态，当前修改命令有效，并作用于当前对象，如果它为不活动状态，当前修改命令会暂时失效，不作用于当前对象。如图1.53所示。

图1.52　显示命令面板

图1.53　查看状态控制

1.8.4　动画时间的设置

单击动画控制区右下角的【时间配置】按钮📄，可以打开【时间配置】对话框，在该对话框中的【动画】区域下，设置起始时间，指定当前时间片段的开始时间。

例如，有一段动画的关键帧分布在0到50帧范围内，需要我们将动画时间设置为50帧。首先用鼠标单击动画控制区右下角的【时间配置】按钮📄，在打开的【时间配置】对话框中，将【动画】区域下的【结束时间】设置为80，然后单击【确定】按钮，完成动画时间的设置，如图1.54所示。

图1.54　设置动画时间

1.8.5 设置3ds Max的快捷键

在这里可以根据用户的使用习惯设置命令项目的快捷键。快捷键的设置有很大的灵活性，可以针对多个命令项目设置同一快捷键，只要是这些命令项目在不同的命令面板下，例如是轨迹视图或材质编辑器即可。虽然一个快捷键对应多个命令选项，但每次只执行当前活动面板中相应的命令选项。只有在当前活动的面板中没有这个快捷键的设定时，Max才会自动在主用户界面搜索该快捷键对应的命令项目。

> **提 示**
>
> 在主工具行有一个【快捷键切换】按钮 ⬆。按下该按钮时，启动主用户界面的快捷键操作和次级用户界面的快捷键操作。如果两者出现冲突，则优先次级用户界面的操作。关闭该按钮时，只启动主用户界面的快捷键操作。

★ 组：将3ds Max 2015包含的全部构成用户界面的元素划分成几大组，以树状结构显示，组中包括类别，类别下又有功能项目。选择一个组时，该组包含的类别及功能项目同时也会显示在各自的窗口中。

★ 类别：将组中选定的项目进一步分类。

★ 操作：列出可执行快捷键的命令项目。

★ 快捷键：为选择的命令设置快捷键。

★ 指定到：将设置的快捷键指定给选择的命令项目。

★ 移除：移除指定给命令项目的快捷键设定。

★ 写入键盘表：将设置好的快捷键方案以.txt格式保存。

★ 加载：用于从一个.kbd文件中导入自定义的快捷键设置。

★ 保存：将当前的快捷键设置以.kbd格式进行保存。

★ 重置：恢复快捷键设置为默认的设置。

01 选择菜单栏中的【自定义】|【自定义用户界面】命令，在打开的对话框中单击【键盘】选项卡，如图1.55所示。

图1.55 设置快捷键窗口

02 在【组】和【类别】项目中选择将要指定快捷键的功能。

03 在【操作】列表窗口中选择命令项目，这里选择的是【选择对象】命令。

04 在【热键】右侧的指定快捷键窗口中键入相应的快捷键，这里按下的是键盘上的Alt+Shift+V快捷键。

05 最后，单击【指定】按钮。

1.9 课后练习

1. 三维动画的应用范围是什么？
2. 正确安装后启动3ds Max 2015软件方法是什么？

第2章
掌握工作环境及文件操作

在学习3ds Max之前，需要熟悉工作环境，并掌握一些基本操作，才能为以后的建模打下坚实的基础。本章主要介绍在3ds Max 2015中的基本操作，包括文件的打开与保存、控制和调整视图以及复制物体等。

2.1 文件的打开与保存

文件的打开与保存是操作过程中最重要的环节之一，本小节将重点讲解文件的打开与保存。

2.1.1 打开文件

单击【应用程序】按钮，在弹出的下拉列表中选择【打开】命令，即可弹出【打开文件】对话框，在该对话框中选择3ds Max 2015支持的场景文件，单击【打开】按钮，即可将需要的文件打开。

> **提示**
> Max文件包含场景的全部信息，如果一个场景使用了当前3ds Max软件不具备的特殊模块，那么打开该文件时，这些信息将会丢失。

具体操作步骤如下。

01 启动3ds Max 2015后，单击【应用程序】按钮，在弹出的下拉列表的右侧显示出了最近使用过的文件，在文件上单击，即可将其打开，如图2.1所示。

图2.1 最近使用的文档

02 或者在下拉列表中选择【打开】选项，弹出【打开文件】对话框，如图2.2所示。

03 在【打开文件】对话框中选择要打开的文件后，单击【打开】按钮，或者双击该文件名即可打开文件。

图2.2 【打开文件】对话框

> **提示**
> 在快速访问工具栏中单击【打开文件】按钮，或者按Ctrl+O快捷键，同样可以弹出【打开文件】对话框。

2.1.2 保存文件

【保存】命令同【另存为】命令在3ds Max 2015中都是用于对场景文件的保存。但它们在使用和存储方式上又有不同之处。

选择【保存】命令，将当前场景中进行快速保存，覆盖旧的同名文件，这种保存方法没有提示。如果是新建的场景，第一次使用【保存】命令和【另存为】命令效果相同，系统都会弹出【文件另存为】对话框，用于指定文件的存储路径和名称等。

> **提示**
> 当使用【保存】命令进行保存时，所有场景信息也将一并保存，例如视图划分设置、视图放缩比例、捕捉和栅格设置等。

而使用【另存为】命令进行场景文件的存储，系统将以一个新的文件名称来存储当前场景，以便不改动旧的场景文件。

单击【应用程序】按钮，在弹出的下拉列表中将鼠标移至【另存为】选项上，此时，会在右侧显示出另存为文件的4种方式，包括【另存为】、【保存副本为】、【保存选定对象】和【归档】，如图2.3所示。

图2.4 【文件另存为】对话框

图2.3 另存为文件的4种方式

★ 选择【另存为】命令，可以弹出【文件另存为】对话框，首选需要设置存储路径并输入文件名称，然后在【保存类型】下拉列表中，可以选择3ds Max 的早期版本，设置完成后单击【保存】按钮即可，如图2.4所示。

★ 【保存副本为】命令用来以不同的文件名保存当前场景的副本。该选项不会更改正在使用的文件的名称。【保存副本为】命令不会同【保存】命令那样更新原始文件名，并且【保存】命令不会更新上次使用【保存副本为】保存的文件。

★ 使用【保存选定对象】命令，可以另存为当前场景中选择的对象，而不保存未被选择的对象。

★ 使用【存档】命令，可以创建列出场景位图及其路径名称的压缩存档文件或文本文件。

2.2 场景中物体的创建

在3ds Max 2015中创建一个简单的三维物体可以有多种方式，下面就以最常用的命令面板方式，创建一个【半径】为50的圆柱体对象。

01 首先，使用鼠标右键激活【顶】视图。

02 选择【创建】 |【几何体】 |【圆柱体】工具。

03 在【顶】视图中按住鼠标左键并拖动，拉出底圆的半径模型，并释放鼠标，然后向下或向上拖曳出圆柱体的高度，单击鼠标左键，完成圆柱体的制作，效果如图2.5所示。

图2.5 创建圆柱体对象

04 切换到【修改】命令面板 中，在【参数】卷展栏中将【高度分段】设置为1，将【边数】设置为36，这样场景中的圆柱体对象的表面细节增加，同时表面也更加光滑了，如图2.6所示。

图2.6 修改圆柱体对象参数

3ds Max提供了多种三维模型创建工具。对于基础模型，可以通过【创建】命令面板直接建立标准的几何体和几何图形，包括标准几何体、特殊几何体、二维图形、灯光、摄影机、辅助物体、空间扭曲物体、特殊系统等。对于复杂的几何体，可以通过【放样】造型、【面片】造型、【曲面】造型、粒子系统等特殊造型方法，以及通过【修改】命令面板对物体进行修改。

2.3 对象的选择

选择对象可以说是3ds Max最基本的操作。无论对场景中的任何物体做何种操作、编辑，首先要做的就是选择该对象。为了方便用户，3ds Max提供了多种对象的选择方式。

2.3.1 单击选择

单击选择对象就是使用工具栏中的【选择对象】工具，然后通过在视图中单击相应的物体来选择对象。一次单击只可以选择一个对象或一组对象。在按住Ctrl键的同时，可以单击选择多个对象，在按住Alt键的同时，在选择的对象上单击，可以取消选择该对象。

2.3.2 按名称选择

在选择的工具中有一个非常好的工具，它就是【按名称选择】工具，如图2.7所示，该工具可以通过对象名称进行选择，所以该工具要求对象的名称具有唯一性，这种选择方式快捷准确，通常用于复杂场景中对象的选择。

图2.7 使用【按名称选择】工具选择对象

在工具栏中单击【按名称选择】按钮，也可以通过按下键盘上的快捷键H直接打开【从场景选择】对话框，在该对话框中选择对象时，按住Shift键可以选择多个连续的对象，按住Ctrl键可以选择多个非连续对象，选择完成后单击【确定】按钮，即可在场景中选择相应的对象。

2.3.3 工具选择

在3ds Max中选择工具有单选工具、组合选择工具。

单选工具为【选择对象】工具。

组合选择工具包括：【选择并移动】工具、【选择并旋转】工具、【选择并均匀缩放】工具、【选择并链接】工具、【断开当前选择链接】工具等。

2.3.4 区域选择

在3ds Max 2015中提供了5种区域选择工具：【矩形选择区域】工具、【圆形选择区域】工具、【围栏选择区域】工具、【套索选择区域】工具和【绘制选择区域】工具。其中，【套索选择区域】工具用来创建不规则选区，如图2.8所示。

图2.8 使用【套索选择区域】工具选择对象

提示

使用【套索】工具配合【区域选择】工具可以非常方便地将要选择的物体从众多交错的物体中选取出来。

2.3.5 范围选择

范围选择有两种方式：一种是窗口范围选择方式，一种是交叉范围选择方式，通过3ds Max工具栏中的【交叉】按钮可以进行两种选择方式的切换。若选择【交叉】按扭状态，则选择场景中的对象时，对象物体不管是局部还是全部被框选，只要有部分被框选，则整个物体将被选择，如图2.9所示。单击【交叉】按扭，即可切换到【窗口】按钮状态，只有对象物体全部被框选，才能选择该对象。

图2.9 使用【交叉】工具选择对象

2.4 使用组

组，顾名思义就是由多个对象组成的集合。成组以后不会对原对象做任何修改。但对组的编辑会影响到组中的每一个对象。成组以后，只要单击组内的任意一个对象，整个组都会被选择，如果想单独对组内对象进行操作，必须先将组暂时打开。组存在的意义就是使用户同时对多个对象进行同样的操作成为可能，如图2.10所示。

2.4.1 组的建立

在场景中选择两个以上的对象，在菜单栏中选择【组】|【组】命令，在弹出的对话框中输入组的名称（默认组名为【组001】并自动按序递加），单击【确定】按钮即可，如图2.11所示。

图2.10 成组与单个实体的对比

图2.11 【组】对话框

2.4.2 打开组

若须对组内对象单独进行编辑，则需将组打开。每执行一次【组】|【打开】命令，只能打开一级群组。

在菜单栏中选择【组】|【打开】命令，这时群组的外框会变成粉红色，可以对其中的对象进行单独修改。移动其中的对象，则粉红色边框会随着变动表示该物体正处在该组的打开状态中。

2.4.3 关闭组

在菜单栏中选择【组】|【关闭】命令，可以将暂时打开的组关闭，返回到初始状态。

2.5 移动、旋转和缩放物体

在3ds Max中，对物体进行编辑修改最常用到的就是物体的移动、旋转和缩放。移动、旋转和缩放物体有3种方式。

第一种是直接在主工具栏选择相应的工具：【选择并移动】工具、【选择并旋转】工具、【选择并均匀缩放】工具，然后在视图区中用鼠标实施操作。也可在工具按钮上单击右键弹出变换输入浮动框，直接输入数值进行精确操作。

第二种是通过【编辑】|【变换输入】菜单命令打开变换输入框对对象进行精确的位移、旋

转、放缩操作，如图2.12所示。

第三种就是在状态栏的【坐标显示】区域中输入调整坐标值，这也是一种方便快捷的精确调整方法，如图2.13所示。

【绝对模式变换输入】按钮⊞用于设置世界空间中对象的确切坐标，单击该按钮，可以切换到【偏移模式变换输入】⊗状态，如图2.14所示，偏移模式相对于其现有坐标来变换对象。

图2.12 移动变换输入框　　图2.13 【坐标显示】区域　　图2.14 偏移模式

2.6 坐标系统

若要灵活地对对象进行移动、旋转、缩放，就要正确地选择坐标系统。

3ds Max 2015提供了9种坐标系统可供选择，如图2.15所示。

图2.15 坐标系统

各个坐标系的功能说明如下。

★ 【视图】坐标系统：这是默认的坐标系统，也是使用最普遍的坐标系统，实际上它是【世界】坐标系统与【屏幕】坐标系统的结合。在正视图中（如顶、前、左等）使用屏幕坐标系统，在【透】视图中使用世界坐标系统。

★ 【屏幕】坐标系统：在所有视图中都使用同样的坐标轴向，即X轴为水平方向，Y轴为垂直方向，Z轴为景深方向，这正是我们所习惯的坐标轴向，它把计算机屏幕作为X、Y轴向，计算机内部延伸为Z轴向。

★ 【世界】坐标系统：在3ds Max中从前方看，X轴为水平方向，Z轴为垂直方向，Y轴为景深方向。这个坐标方向轴在任何视图中都固定不变，以它为坐标系统可以固定在任何视图中都有相同的操作效果。

★ 【父对象】坐标系统：使用选择物体的父物体的自身坐标系统，可以使子物体保持与父物体之间的依附关系，在父物体所在的轴向上发生改变。

★ 【局部】坐标系统：使用物体自身的坐标轴作为坐标系统。物体自身轴向可以通过【层次】命令面板中【轴】|【仅影响轴】内的命令进行调节。

★ 【万向】坐标系统：万向用于在视图中使用欧拉XYZ控制器的物体的交互式旋转。应用它，用户可以使XYZ轨迹与轴的方向形成一一对应关系。其他的坐标系统会保持正交关系，而且每一次旋转都会影响其他坐标轴的旋转，但万向旋转模式则不会产生这种效果。

★ 【栅格】坐标系统：以栅格物体的自身坐标轴作为坐标系统，栅格物体主要用来辅助制作。

★ 【工作】坐标系统：使用工作轴坐标系。可以随时使用坐标系，无论工作轴处于活动状态与否。

★ 【拾取】坐标系统：自己选择屏幕中的任意一个对象，它的自身坐标系统作为当前坐标系统，这是一种非常有用的坐标系统。例如我们想要将一个球体沿一块倾斜的木板滑下，就可以拾取木板的坐标系统作为球体移动的坐标依据。

2.7 控制和调整视图

在3ds Max中，为了方便用户操作，提供了多种控制、调整视图的工具。

2.7.1 使用视图控制按钮控制、调整视图

在屏幕右下角有8个图形按钮，它们是当前激活视图的控制工具，实施各种视图显示的变化，根据视图种类的不同，相应的控制工具也会有所不同，图2.16所示为激活【透视】视图时的控制按钮。

图2.16 激活【透视】视图的控制按钮

【缩放】按钮：在任意视图中单击鼠标左键并上下拖动可拉近或推远视景。

【缩放所有视图】按钮：单击按钮后上下拖动，同时在其他所有标准视图内进行放缩显示。

【最大化显示】按钮：将所有物体以最大化的方式显示在当前激活视图中。

【最大化显示选定选择】按钮：将所选择的物体以最大化的方式显示在当前激活视图中。

【所有视图最大化显示】按钮：将所有视图以最大化的方式显示在全部标准视图中。

【所有视图最大化显示选定对象】按钮：将所选择的物体以最大化的方式显示在全部标准视图中。

【最小/最大化视口切换】按钮：将当前激活视图切换为全屏显示，快捷键为Alt+W。

【环绕子对象】按钮：将当前选定子对象的中心用作旋转的中心。当视图围绕其中心旋转时，当前选择将保持在视口中的同一位置上。

【选定的环绕】按钮：将当前选择的中心用作旋转的中心。当视图围绕其中心旋转时，选定对象将保持在视口中的同一位置上。

【环绕】按钮：将视图中心用作旋转中心。如果对象靠近视口的边缘，它们可能会旋出视图范围。

【平移视图】按钮：单击按钮后四处拖动，可以进行平移观察，配合Ctrl键可以加速平移，键盘快捷键为Ctrl+P。

【视野】按钮：调整视口中可见的场景数量和透视张角量，更改视野与更改摄影机上的镜头的效果相似。视野越大，就可以看到更多的场景，而透视会扭曲，这与使用广角镜头相似；视野越小，看到的场景就越少，而透视会展平，这与使用长焦镜头类似。

【缩放区域】按钮：在视图中框取局部区域，将它放大显示，键盘快捷键为Ctrl+W。在【透视图】中没有这个命令，如果想使用它的话，可以先将透视图切换【用户】视图，进行区域放大后再切换回透视图。

2.7.2 视图的布局转换

在默认状态下，3ds Max使用3个正交视图和一个透视图来显示场景中的物体。

其实3ds Max共提供了14种视图配置方案，用户完全可以按照自己的需要来任意配置各个视图。操作步骤如下：在菜单栏中选择【视图】|【视口配置】命令，在弹出的【视口配置】对话框中选择【布局】选项卡，选择一个布局后单击【确定】按钮即可，如图2.17所示。

在3ds Max中视图类型除默认的【顶】视图、【前】视图、【左】视图、【透视】视图外，还有【正交】视图、【摄影机】视图、后视图等多种视图类型，如图2.18所示。

图2.17 视图配置窗口

图2.18 视图类型

2.7.3 视图显示模式的控制

在系统默认设置下，【顶】、【前】和【左】3个正交视图采用【线框】显示模式，【透视】视图则采用【真实】的显示模式。真实模式显示效果逼真，但刷新速度慢，线框模式只能显示物体的线框轮廓，但刷新速度快，可以加快计算机的处理速度，特别是当处理大型、复杂的效果图时，应尽量使用线框模式，只有当需要观看最终效果时，才将真实模式打开。

此外，3ds Max 2015中还提供了其他几种视图显示模式。单击视图左上端的【线框】文字，在弹出的菜单中提供了多种显示模式，如图2.19所示。

图2.19 视图显示类型

2.8 复制物体

在我们制作大型场景的过程中，有时候需要复制大量的物体，在3ds Max中提供了多种复制物体的方法。

2.8.1 最基本的复制方法

选择所要复制的一个或多个物体，在菜单栏中选择【编辑】|【克隆】命令，在弹出的【克隆选项】对话框中选择复制物体的方式，如图2.20左图所示。还有一个更简便的方法，就是按住键盘上的Shift键，再使用移动工具进行复制，但这种方法比【克隆】命令多一项设置【副本数】，如图2.20右图所示。

图2.20 两种方法得到的不同【克隆选项】对话框

【克隆选项】对话框中各选项的功能说明如下。

★ 复制：将当前对象原地复制一份。快捷键为Ctrl+V。

★ 实例：复制物体与源物体相互关联，改变一个另一个也会发生改变。

★ 参考：参考复制与关联复制不同的是，复制物体发生改变时，源物体并不随之发生改变。

★ 副本数：指定复制的个数，并且按照所指定的坐标轴向进行等距离复制。

2.8.2 镜像复制

当我们要做到物体的反射效果时就一定要用到镜像复制，如图2.21所示，使用【镜像】工具可以复制出相同的另外一半角色模型。【镜像】工具可以移动一个或多个选择的对象沿着指定的坐标轴镜像到另一个方向，同时也可以产生具备多种特性的复制对象。选择要进行镜像复制的对象，在菜单栏中选择【工具】|【镜像】命令，或者在工具栏中单击【镜像】按钮，弹出【镜像：屏幕 坐标】对话框，如图2.22所示。

【镜像】对话框中各选项的功能说明如下。

★ 镜像轴：提供了6种对称轴向用于镜像，每当进行选择时，视图中的选择对象就会即时显示出镜像效果。

★ 偏移：指定镜像对象与原对象之间的距离，距离值是通过两对象的轴心点来计算的。

★ 克隆当前选择：确定是否复制及复制的方式。

图2.21 使用【镜像】工具制作出对称模型的另外一半

图2.22 【镜像：屏幕 坐标】对话框

● 不克隆：只镜像对象，不进行复制。

● 复制：复制一个新的镜像对象。

● 实例：复制一个新的镜像对象，并指定为关联属性，这样改变复制对象将对原始对象也产生作用。

下面就来实际地操作一下，学习如何使用该工具。

01 选择【创建】 ✷ |【几何体】 ◯ |【标准基本体】|【长方体】工具，在【前】视图中绘制一个长方体，如图2.23所示。

图2.23 创建长方体

02 在工具栏中单击【镜像】按钮 ᴍ，弹出【镜像：屏幕 坐标】对话框，在该对话框中设置【镜像轴】为X轴，设置【偏移】为100，然后选择【复制】单选项，如图2.24所示，设置完成后单击【确定】按钮。

图2.24 设置镜像

04 此时就可以看到对其长方体对象进行镜像后的效果。

2.9 使用【阵列】工具

【阵列】可以大量有序地复制对象，它可以控制产生一维、二维、三维的阵列复制。例如我们想要制作像图2.25所示的效果时，使用阵列复制可以方便且快速地完成这一效果。

选择要进行阵列复制的对象，在菜单栏中选择【工具】|【阵列】命令，弹出【阵列】对话框，如图2.26所示。【阵列】对话框中各项目的功能说明如下。

图2.25 通过使用【阵列】工具制作的效果

图2.26 【阵列】对话框

（1）【阵列变换】选项组

用来设置在1D阵列中3种类型阵列的变量值，包括位置、角度、比例。左侧为增量计算方式，要求设置增值数量；右侧为总计计算方式，要求设置最后的总数量。如果我们想在X轴方向上创建间隔为10个单位一行的对象，就可以在【增量】下的【移动】前面的X输入框中输入10。如果我们想在X轴方向上创建总长度为10的一串对象，那么就可以在【总计】下的【移动】后面的X输入框中输入10。

★ 增量 X/Y/Z 微调器：设置的参数可以应用于阵列中的各个对象。

● *移动*：指定沿 X、Y 和 Z 轴方向每个阵列对象之间的距离。使用负值时，可以在该轴的负方向创建阵列。

● *旋转*：指定阵列中每个对象围绕3个轴中的任一轴旋转的度数。使用负值时，可以沿着绕该轴的顺时针方向创建阵列。

● *缩放*：指定阵列中每个对象沿3个轴中的任一轴缩放的百分比。

★ 总计 X/Y/Z 微调器：设置的参数可以应用于阵列中的总距、度数或百分比缩放。

- 移动：指定沿3个轴中每个轴的方向，所得阵列中两个外部对象轴点之间的总距离。
- 旋转：指定沿3个轴中的每个轴应用于对象的旋转的总度数。例如，可以使用此方法创建旋转总度数为360°的阵列。
- 缩放：指定对象沿3个轴中的每个轴缩放的总计。

★ 重新定向：在以世界坐标轴旋转复制原对象时，同时也对新产生的对象沿其自身的坐标系统进行旋转定向，使其在旋转轨迹上总保持相同的角度，否则所有的复制对象都与原对象保持相同的方向。

★ 均匀：选择此选项后，【缩放】的输入框中会有一个允许输入，这样可以锁定对象的比例，使对象只发生体积的变化，而不产生变形。

（2）对象类型选项组

设置产生的阵列复制对象的属性。

★ 复制：标准复制属性。

★ 实例：产生关联复制对象，与原对象息息相关。

★ 参考：产生参考复制对象。

（3）阵列维度选项组

用于添加到阵列变换维数。附加维数只是定位用的，未使用旋转和缩放。

★ 1D：设置第一次阵列产生的对象总数。

★ 2D：设置第二次阵列产生的对象总数，右侧X、Y、Z用来设置新的偏移值。

★ 3D：设置第三次阵列产生的对象总数，右侧X、Y、Z用来设置新的偏移值。

阵列中的总数：设置最后阵列结果产生的对象总数目，即1D、2D、3D 3个【数量】值的乘积。

重置所有参数：将所有参数还原为默认设置。

下面来学习怎样使用【阵列】工具。

01 选择【创建】 |【几何体】 |【标准基本体】 |【圆环】工具，在【前】视图中创建一个圆环，将其【半径1】、【半径2】分

别设置为100、0.5，如图2.27所示。

图2.27　创建圆环

02 切换到【修改】命令面板 ，在【参数】卷展栏中勾选【启用切片】复选框，将【切片起始位置】设置为180，如图2.28所示。

图2.28　设置【切片起始位置】参数

03 然后在菜单栏中选择【工具】|【阵列】命令，在打开的【阵列】对话框中，将【旋转】的Y轴设置为18，在【阵列维度】选项组中将1D的数量设置为20，单击【确定】按钮，如图2.29所示。

04 在【前】视图中选择Torus001对象，切换到【修改】命令面板 ，在【参数】卷展栏中将【切片起始位置】设置为0.1，单击时间控制区中的【自动关键点】按钮，如图2.30所示。

05 将滑块拖曳至100帧处，将【切片起始位置】设置为180，如图2.31所示，再次单击【自动关键点】按钮，将其关闭。然后单击【播放动画】按钮 ，播放动画。

图2.29　使用【阵列】工具复制对象

图2.30　设置参数

图2.31　设置100帧【切片起始位置】参数

2.10 使用【对齐】工具

【对齐】工具就是通过移动操作使物体自动与其他对象对齐，所以它在物体之间并没有建立什么特殊的关系，在工具栏中单击【对齐】按钮，并拾取目标对象后，会弹出【对齐当前选择】对话框，如图2.32所示。

图2.32　【对齐当前选择】对话框

【对齐当前选择】对话框中各选项的功能说明如下所述。

★ 对齐位置（屏幕）：根据当前的参考坐标系来确定对齐的方式。

● X位置/Y位置/Z位置：特殊指定位置对齐依据的轴向，可以单方向对齐，也可以多方向对齐。

★ 当前对象/目标对象：分别设定当前对象与目标对象对齐的设置。

● 最小：以对象表面最靠近另一对象选择点的方式进行对齐。

● 中心：以对象中心点与另一对象的选择点进行对齐。

● 轴心：以对象的重心点与另一对象的选择点进行对齐。

● 最大：以对象表面最远离另一对象选择点的方式进行对齐。

★ 对齐方向（局部）：特殊指定方向对齐依据的轴向，方向的对齐是根据对象自身坐标系完成的，3个轴向可任意选择。

★ 匹配比例：将目标对象的缩放比例沿指定的坐标轴向施加到当前对象上。要求目标对象已经进行了缩放修改，系统会记录缩放的比例，将比例值应用到当前对象上。

下面来介绍一下【对齐】工具的使用方法。

01 选择【创建】 ❋ |【几何体】 ◎ |【标准基本体】|【长方体】工具，在【顶】视图中创建一个长方体。

02 选择【创建】 ❋ |【几何体】 ◎ |【标准基本体】|【球体】工具，在【顶】视图中创建一个球体，如图2.33所示。

图2.33 创建球体

03 确定球体对象处于选择状态，在工具栏中单击【对齐】按钮 🔲，然后在场景中选择长方体。在弹出的【对齐当前选择】对话框中进行设置，如图2.34所示。

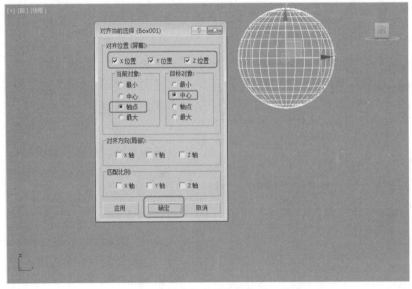

图2.34 【对齐当前选择】对话框

04 设置完成后单击【确定】按钮，完成两个对象的对齐。

2.11 实例应用：挂表

本案例将介绍如何制作挂表，该案例首先利用【圆柱体】制作表盘及表轴，然后通过为长方体添加阵列效果制作表盘刻度，最后利用二维图形创建表针、数字以及线等，效果如图2.35所示。

图2.35　挂表

01 选择【创建】 |【几何体】 |【圆柱体】工具，在【前】视图中创建一个圆柱体，将其命名为【表框】，在【参数】卷展栏中将【半径】、【高度】、【高度分段】、【边数】分别设置为375、10、1、50，如图2.36所示。

图2.36　创建圆柱体

02 继续选中该对象，按Ctrl+V快捷键，在弹出的对话框中单击【复制】单选按钮，将【名称】命名为【表盘】，如图2.37所示。

图2.37　设置克隆参数

03 设置完成后，单击【确定】按钮，继续选中复制后的对象，切换至【修改】命令面板中，更改该对象的颜色，在【参数】卷展栏中将【半径】、【高度】分别设置为350、10，并在视图中调整其位置，如图2.38所示。

图2.38　更改圆柱体的参数

提示

此处可以选择任意一种颜色，因为在后面还会为该对象添加材质。

04 选择【创建】 |【几何体】 |【长方体】工具，在【前】视图中绘制一个长方体，将其命名为【钟表刻度001】，在【参数】卷展栏中将【长度】、【宽度】、【高度】分别设置为76、11、4，如图2.39所示。

图2.39 绘制长方体

05 在视图中调整其位置，切换至【层次】命令面板 中，在【调整轴】卷展栏中单击【仅影响轴】按钮，在工具栏中单击【对齐】按钮 ，在视图中单击【表盘】对象，如图2.40所示。

图2.40 单击【表盘】对象

06 在弹出的对话框中单击【当前对象】选项组和【目标对象】选项组中的【轴点】单选按钮，如图2.41所示。

图2.41 设置对齐参数

07 单击【确定】按钮，调整完成后，单击【仅影响轴】单选按钮，将其关闭，激活【前】视图，在菜单栏中选择【工具】|【阵列】命令，如图2.42所示。

图2.42 选择【阵列】命令

08 在弹出的对话框中将【Z】轴下的【旋转】设置为30，在【对象类型】选项组中选中【复制】单选按钮，在【阵列维度】选项组中将【1D】数量设置为12，如图2.43所示。

图2.43 设置阵列参数

09 设置完成后，单击【确定】按钮，选择【创建】 【图形】 【线】工具，在【前】视图中绘制一条样条线，将其命名为【分针】，如图2.44所示。

图2.44 绘制样条线

10 继续选中该对象，切换至【修改】命令面板中，在修改器下拉列表中选择【挤出】修改器，在【参数】卷展栏中将【数量】设置为4，并在视图中调整其位置，如图2.45所示。

图2.45 添加【挤出】修改器

11 选择【创建】 【图形】 【线】工具，在【前】视图中绘制一条样条线，将其命名为【时针】，如图2.46所示。

12 切换至【修改】命令面板中，在修改器下拉列表中选择【挤出】修改器，在【参数】卷展栏中将【数量】设置为4，并在视图中调整其位置，如图2.47所示。

图2.46 绘制样条线

图2.47 添加【挤出】修改器

13 选择【创建】 【图形】 【线】工具，在【前】视图中绘制一条样条线，将其命名为【秒针】，如图2.48所示。

14 切换至【修改】命令面板中，将当前选择集定义为【顶点】，按Ctrl+A快捷键，选中所有顶点，右击鼠标，在弹出的快捷菜单中选择【Bezier角点】命令，如图2.49所示。

15 在视图中对顶点进行调整，调整完成后，在【插值】卷展栏中将【步数】设置为15，如图2.50所示。

16 关闭当前选择集，在修改器下拉列表中选择【挤出】修改器，在【参数】卷展栏中将【数量】设置为1，并在视图中调整其位置，如图2.51所示。

图2.48　创建秒针

图2.49　选择【Bezier角点】命令

图2.50　调整顶点并设置步数后的效果

图2.51　添加【挤出】修改器

17 选择【创建】　 |【几何体】 |【圆柱体】工具，在【前】视图中创建一个圆柱体，在【参数】卷展栏中将【半径】、【高度】、【边数】分别设置为12、19、20，如图2.52所示。

图2.52　创建圆柱体

18 选择【创建】　 |【几何体】 |【球体】工具，在【前】视图中创建一个球体，在【参数】卷展栏中将【半径】、【半球】分别设置为13、0.5，如图2.53所示。

19 在视图中调整圆柱体与球体的位置，然后选中球体，右击鼠标，在弹出的快捷菜单中选择【转换为】|【转换为可编辑网格】命令，如图2.54所示。

图2.53 创建球体

图2.54 选择【转换为可编辑网格】命令

20 切换至【修改】命令面板中，将其命名为【表轴】，在【编辑几何体】卷展栏中单击【附加】按钮，在视图中拾取前面所绘制的小圆柱体，如图2.55所示。

图2.55 附加对象

21 附加完成后，再次单击【附加】按钮，将其关闭，确认该对象处于选中状态，按M键，在弹出的对话框中选择一个新的材质样本球，将其命名为【金属】，在【明暗器基本参数】卷展栏中将明暗器类型设置为【（M）金属】，在【金属基本参数】卷展栏中单击 C 按钮，取消【环境光】与【漫反射】的锁定，将【环境光】的RGB值设置为（0、0、0），将【漫反射】的RGB值设置为（255、255、255），将【自发光】设置为5，在【反射高光】选项组中，将【高光级别】、【光泽度】分别设置为100、80，如图2.56所示。

图2.56 设置金属基本参数

22 在【贴图】卷展栏中单击【反射】右侧的材质按钮，在弹出的对话框中选择【位图】选项，如图2.57所示。

图2.57 选择【位图】选项

23 单击【确定】按钮，在弹出的对话框中选择随书附带光盘中的"Chromic.jpg"贴图文件，如图2.58所示。

图2.58 选择贴图文件

24 单击【打开】按钮，在【坐标】卷展栏中将【模糊偏移】设置为0.096，如图2.59所示。

图2.59 设置模糊偏移

25 设置完成后，单击【将材质指定给选定对象】按钮，再在该对话框中选择一个新的材质样本球，将其命名为【黑色】，在【明暗器基本参数】卷展栏中将明暗器类型设置为【（A）各向异性】，在【各向异性基本参数】卷展栏中将【环境光】的RGB值设置为（0、0、0），在【反射高光】选项组中将【高光级别】、【光泽度】、【各向异性】分别设置为160、90、100，如图2.60所示。

26 在视图中选择除【表盘】和【表轴】以外的其他对象，将【黑色】材质指定给选定对象，如图2.61所示。

图2.60 设置明暗器类型及其参数

图2.61 将材质指定给选定对象

27 再在材质编辑器中选择一个新的材质样本球，将其命名为【白色】，在【明暗器基本类型】卷展栏中将明暗器类型设置为【（P）Phong】，在【Phong基本参数】卷展栏中将【环境光】的RGB值设置为（201、204、198），在【反射高光】选项组中将【高光级别】、【光泽度】分别设置为48、26，如图2.62所示。

28 在视图中选择【表盘】对象，将【白色】材质指定给选定对象即可，如图2.63所示。

29 将该对话框关闭即可，选择【创建】【图形】【文本】工具，在【前】视图中单击鼠标，创建一个文本，在【参数】卷展栏中将字体设置为【Century Gothic Bold】，将【大小】设置为500，在【文本】文本框中输入12，如图2.64所示。

图2.62 设置明暗器类型及参数

图2.63 为表盘指定材质

图2.64 创建文本

30 确认该对象处于选中状态，切换至【修改】命令面板 中，在修改器下拉列表中选择【编辑样条线】修改器，将当前选择集定义为【顶点】，在视图中对文本的顶点进行调整，如图2.65所示。

图2.65 添加【编辑样条线】修改器

31 使用同样的方法创建其他文字，并对创建的文字进行调整，效果如图2.66所示。

图2.66 创建其他文本后的效果

32 在视图中选中所有文字，在菜单栏中选择【组】|【组】命令，在弹出的对话框中将【组名】设置为【数字】，如图2.67所示。

图2.67 设置组名

33 设置完成后，单击【确定】按钮，切换至【修改】命令面板 中，在修改器下拉列表中选择【挤出】修改器，在【参数】卷展栏中将【数量】设置为10，如图2.68所示。

并在视图中调整其位置，如图2.72所示。

图2.68　添加【挤出】修改器

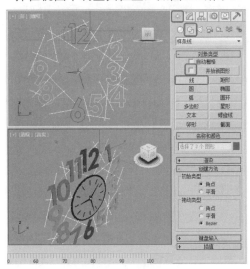

图2.70　绘制其他线段

34 选择【创建】 **【图形】** **【线】工具，在** 【前】视图中绘制一条直线，如图2.69所示。

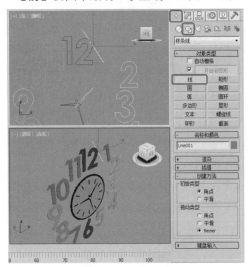

图2.69　绘制直线

35 选择【创建】 **【图形】** **【线】工具，** 取消勾选【开始新图形】复选框，在【前】 视图中绘制多条直线，如图2.70所示。

36 切换至【修改】命令面板 中，将其命名 为【线】，在【渲染】卷展栏中勾选【在 渲染中启用】和【在视口中启用】复选 框，单击【矩形】单选按钮，将【宽度】 设置为29，如图2.71所示。

37 在视图中选择【线】和【数字】两个对象， 按M键，在弹出的对话框中选择【黑色】材 质样本球，将该材质指定给选定对象即可。

图2.71　设置线段的宽度

图2.72　为对象指定材质

38 将该对话框关闭，选择【创建】 **【几何 体】** **【平面】工具，在【前】视图中创**

建一个平面，将其命名为【背景板】，将
其颜色设置为白色，在【参数】卷展栏中
将【长度】、【宽度】都设置为3000，如
图2.73所示。

图2.73　创建平面

39 在视图中调整该对象的位置，选择【创建】
|【摄影机】|【目标】工具，在【顶】视图
中创建一架摄影机，激活【透视】视图，
按C键将其转换为摄影机视图，在【参数】
卷展栏中将【镜头】设置为35mm，在其他
视图中调整摄影机的位置，效果如图2.74
所示。

图2.74　创建摄影机并调整其位置

40 选择【创建】 |【灯光】 |【标准】|【天
光】工具，在【顶】视图中创建一个天
光，在【天光参数】卷展栏中将【倍增】
设置为0.8，在视图中调整其位置，效果如
图2.75所示。

41 选择【创建】 |【灯光】 |【标准】|【目
标聚光灯】工具，在【顶】视图中创建一
个目标聚光灯，在【常规参数】卷展栏中

勾选【阴影】选项组中的【启用】复选
框，在【强度/颜色/衰减】卷展栏中将【倍
增】设置为0.2，如图2.76所示。

图2.75　创建天光并调整其位置

图2.76　创建目标聚光灯

42 使用【选择并移动】工具 在视图中调整
目标聚光灯的位置，调整后的效果如图2.77
所示。

图2.77　调整目标聚光灯的位置

43 按F10键,在弹出的对话框中选择【高级照明】选项卡,在【选择高级照明】卷展栏中将照明类型设置为【光跟踪器】,在【参数】卷展栏中将【附加环境光】的RGB值设置为(101、101、101),如图2.78所示。

图2.78 设置高级照明参数

44 设置完成后,激活摄影机视图,单击【渲染】按钮,对摄影机视图进行渲染,效果如图2.79所示,对完成后的场景进行保存即可。

图2.79 挂表

2.12 拓展训练:休闲座椅 ──○

本案例将介绍如何制作休闲座椅,效果如图2.80所示,其具体操作步骤如下。

图2.80 休闲座椅

01 选择【创建】 【图形】 【圆】工具,在【顶】视图中创建一个圆形,将其命名为【参照】,在【参数】卷展栏中将【半径】设置为2254,如图2.81所示。

图2.81　创建圆形

02 选择【创建】 | 【图形】 | 【矩形】工具，在【顶】视图中创建一个矩形，将其命名为【木板001】，在【参数】卷展栏中将【长度】、【宽度】分别设置为350、69，如图2.82所示。

图2.82　创建矩形

03 确认该对象处于选中状态，在视图中调整其位置及角度，切换至【修改】命令面板 中，在修改器下拉列表中选择【编辑样条线】修改器，将当前选择集定义为【顶点】，在视图中调整矩形顶点的位置，如图2.83所示。

04 调整完成后，关闭当前选择集，在修改器下拉列表中选择【挤出】修改器，在【参数】卷展栏中将【数量】设置为20，勾选

【生成贴图坐标】复选框，如图2.84所示。

图2.83　调整矩形顶点的位置

图2.84　添加【挤出】修改器

05 再在修改器下拉列表中选择【UVW贴图】修改器，在【参数】卷展栏中单击【长方体】单选按钮，单击【适配】按钮，如图2.85所示。

06 确认该对象处于选中状态，按M键，在弹出的对话框中选择一个新的材质样本球，将其命名为【木质】，在【Blinn基本参数】卷展栏中将【反射高光】选项组中的【高光级别】和【光泽度】分别设置为19、9，如图2.86所示。

07 在【贴图】卷展栏中单击【漫反射颜色】右侧的【无】按钮，在弹出的对话框中选择【位图】选项，如图2.87所示。

图2.85 添加【UVW贴图】修改器

图2.86 设置Blinn基本参数

图2.87 选择【位图】选项

08 在弹出的对话框中选择随书附带光盘中的"木4.jpg"文件，如图2.88所示。

图2.88 选择贴图文件

09 单击【打开】按钮，将设置完成后的材质指定给选定对象即可，并在视图中显示明暗处理材质，将该对话框关闭，继续选中该对象，选择【层次】命令面板，在【调整轴】卷展栏中单击【仅影响轴】按钮，在工具栏中单击【对齐】按钮，在视图中单击【参照】图形对象，如图2.89所示。

图2.89 单击【参照】图形对象

10 在弹出的对话框中勾选【X位置】、【Y位置】、【Z位置】复选框，选中【当前对象】和【目标对象】选项组中的【轴点】单选按钮，如图2.90所示。

11 设置完成后，单击【确定】按钮，单击【仅影响轴】按钮，将其关闭，确认【前】视图处于激活状态，在菜单栏中选择【工具】|【阵列】命令，在弹出的对话框中

将【Z】轴下的【旋转】设置为-2.5，单击【复制】单选按钮，将【1D】右侧的【数量】设置为48，如图2.91所示。

图2.90 设置对齐参数

图2.91 设置旋转参数

12 设置完成后，单击【确定】按钮，在视图中选择除【参照】外的其他对象，在菜单栏中选择【组】|【组】命令，在弹出的对话框中将【组名】设置为【木板】，如图2.92所示。

图2.92 设置组名

13 设置完成后，单击【确定】按钮，选择【创建】 ※ |【图形】 ⊙ |【矩形】工具，在【前】视图中绘制一个矩形，将其命名为【支架001】，在【参数】卷展栏中将【长度】、【宽度】都设置为300，如图2.93所示。

图2.93 创建矩形并进行设置

14 切换至【修改】命令面板中，在修改器下拉列表中选择【编辑样条线】修改器，将当前选择集定义为【顶点】，在【几何体】卷展栏中单击【优化】按钮，在视图中为矩形添加顶点，效果如图2.94所示。

图2.94 添加顶点

15 添加完顶点后，再次单击【优化】按钮，将其关闭，在视图中对顶点进行调整，效果如图2.95所示。

16 关闭当前选择集，在修改器下拉列表中选择【挤出】修改器，在【参数】卷展栏中将【数量】设置为30，并在视图中调整其位置及旋转角度，如图2.96所示。

17 确认该对象处于选中状态，按M键，在弹出的对话框中选择一个新的材质样本球，将其命名为【金属】，在【明暗器基本参数】卷展栏中将明暗器类型设置为【（M）金属】，在【金属基本参数】卷展栏中单击 C 按钮，取消【环境光】和【漫反射】的锁定，将【环境光】的RGB值设置为（41、52、83），将【漫反射】的RGB值设置为（131、131、131），在【反射高光】选项组中将【高光级别】、【光泽度】都设置为80，如图2.97所示。

18 设置完成后，将材质指定给选定对象，将该对话框关闭，切换至【层次】命令面板中，在【调整轴】卷展栏中选择【仅影响轴】按钮，在工具栏中单击【对齐】按钮，在视图中单击【参照】图形对象，如图2.98所示。

图2.97 设置明暗器类型及其参数

图2.95 调整顶点后的效果

图2.98 单击【参照】图形对象

19 在弹出的对话框中勾选【X位置】、【Y位置】、【Z位置】复选框，单击【当前对象】和【目标对象】选项组中的【轴点】单选按钮，如图2.99所示。

图2.96 设置挤出数量

图2.99 设置【对齐】参数

20 设置完成后，单击【确定】按钮，单击【仅影响轴】按钮，将其关闭，确认【顶】视图处于激活状态，在菜单栏中单击【工具】|【阵列】命令，在弹出的对话框中将【Z】轴下的【旋转】设置为-21.5，单击【复制】单选按钮，将【1D】右侧的【数量】设置为6，如图2.100所示。

图2.100　设置【陈列】参数

21 设置完成后，单击【确定】按钮，选择【创建】|【图形】|【弧】工具，在【顶】视图中创建一个弧形，在【参数】卷展栏中将【半径】、【从】、【到】分别设置为2058、25、143，如图2.101所示。

图2.101　创建弧形

22 选择【创建】|【图形】|【弧】工具，取消勾选【开始新图形】复选框，在【顶】视图中创建一个弧形，如图2.102所示。

23 继续选中该对象，切换至【修改】命令面板中，将当前选择集定义为【样条线】，在【顶】视图中选择下方的弧形，在【几何体】卷展栏中将【轮廓】设置为-60，如图2.103所示。

图2.102　再次创建弧形

图2.103　设置轮廓参数

24 然后在【顶】视图中选择最上方的弧形，在【几何体】卷展栏中将【轮廓】设置为-80，如图2.104所示。

图2.104　为最上方的弧形添加轮廓

25 关闭当前选择集，在修改器下拉列表中选择【挤出】修改器，在【参数】卷展栏中将【数量】设置为30，如图2.105所示。

图2.105　添加【挤出】修改器

26 在视图中调整该对象与【木板】的位置，并为其指定【木质】材质，效果如图2.106所示。

图2.106　调整对象位置后的效果

27 按8键，在弹出的对话框中选择【环境】选项卡，在【公用参数】卷展栏中单击【环境贴图】下的【无】按钮，在弹出的对话框中选择【位图】选项，如图2.107所示。

28 单击【确定】按钮，在弹出的对话框中选择随书附带光盘中的"休闲座椅背景.jpg"贴图文件，如图2.108所示。

29 单击【打开】按钮，按M键打开材质编辑器，在【环境和效果】对话框中选择【环境贴图】下的材质，按住鼠标将其拖曳至一个新的材质样本球上，在弹出的对话框中单击【实例】单选按钮，如图2.109所示。

图2.107　选择【位图】选项

图2.108　选择贴图文件

图2.109　复制材质

30 单击【确定】按钮，在【坐标】卷展栏中将【贴图】设置为【屏幕】，如图2.110所示。

31 设置完成后，将【材质编辑器】对话框与【环境和效果】对话框关闭，激活【透视】视图，在菜单栏中选择【视图】|【视

口背景】|【环境背景】命令，如图2.111
所示。

图2.110 设置贴图类型

图2.111 选择【环境背景】命令

32 选择【创建】 |【摄影机】 |【目标】
工具，在【顶】视图中创建一架摄影机，
激活【透视】视图，按C键将其转换为摄
影机视图，切换至【修改】命令面板中，
在【参数】卷展栏中将【镜头】设置为
43.456，然后在其他视图中调整摄影机的位
置，效果如图2.112所示。

33 按Shift+C快捷键将摄影机进行隐藏，选择
【创建】 |【几何体】 |【平面】工具，
在【顶】视图中绘制一个平面，将其命名
为【地面】，在【参数】卷展栏中将【长
度】、【宽度】都设置为10000，如图2.113
所示。

图2.112 创建摄影机并调整其位置

图2.113 创建平面

34 选中该对象，使用【选择并移动】工具在视
图中调整其位置，在该对象上右击鼠标，
在弹出的快捷菜单中选择【对象属性】命
令，如图2.114所示。

图2.114 选择【对象属性】命令

35 在弹出的对话框中选择【常规】选项卡,在【显示属性】选项组中勾选【透明】复选框,如图2.115所示。

图2.115　勾选【透明】复选框

36 单击【确定】按钮,确认该对象处于选中状态,按M键,在弹出的对话框中选择一个空白的材质样本球,将其命名为【地面】,单击【Standard】按钮,在弹出的对话框中选择【无光/投影】选项,如图2.116所示。

图2.116　选择【无光/投影】选项

37 单击【确定】按钮,将该材质指定给选定对象即可,将该对话框关闭,选择【创建】 |【灯光】|【标准】|【泛光】工具,在

【顶】视图中创建泛光灯,并在其他视图中调整灯光的位置,切换至【修改】命令面板,在【常规参数】卷展栏中勾选【使用全局设置】复选框,在【强度/颜色/衰减】卷展栏中将【倍增】设置为0.15,如图2.117所示。

图2.117　创建泛光灯

38 选择【创建】 |【灯光】|【标准】|【天光】工具,在【顶】视图中创建天光,切换至【修改】命令面板,在【天光参数】卷展栏中勾选【投射阴影】复选框,在视图中调整其位置,如图2.118所示。

图2.118　创建天光

2.13 课后练习

1. 简述一下移动、旋转和缩放物体的方式?
2. 简述一下更改视图布局的方法?

第3章
三维模型的创建与编辑

在三维动画的制作中三维模型是最重要的一部分，三维模型可以使用【标准基本体】、【扩展基本体】等工具来创建，但是，如果需要制作复杂的三维模型效果，就需要使用编辑修改器，本章将介绍创建三维模型的方法，以及编辑修改器的使用方法。

3.1 认识三维模型

我们在数学里学到点、线、面构成了几何图形，由众多几何图形相互连接构成了三维模型。在3ds Max里提供了建立三维模型的更简单快捷的方法，那就是通过命令面板下的创建工具在视图中轻轻单击拖动，就可以制作出漂亮的基本三维模型。

三维模型在三维动画制作中占有主要的部分，三维模型的种类也是多种多样的，制作三维模型的过程即建模的过程。在基本模型的基础上通过几何体、多边形、面片建模及NURBS建模等方法，可以组合成复杂的三维模型。如图3.1所示，这幅精美的室内效果图便是使用了其中的几何体、多边形建模的方法完成的。

3.2 几何体创建时的调整

几何体的创建非常简单，只要选中创建工具，然后在视图中单击并拖动，重复几次即可完成。

在创建简单模型之前，我们先来认识一下【创建】命令面板。【创建】命令面板是其中最复杂的一个命令面板，内容巨大，分支众多，仅在【几何体】的次级分类项目里就有【标准基本体】、【扩展基本体】、【复合对象】、【粒子系统】、【面片栅格】、【NURBS曲面】、【AEC扩展】、【动力学对象】、【楼梯】、【门】、【窗】等14种基本类型，同时又有【创建方法】、【对象类型】、【名称和颜色】、【键盘输入】、【参数】等控制卷展栏，如图3.2所示。

图3.1 使用三维建模技术制作的三维室内效果图

图3.2 【创建】命令面板

3.2.1 确立几何体创建的工具

在【对象类型】卷展栏下以按钮方式列出所有可用的工具，单击相应的工具按钮在视图中拖动就可以建立相应的对象，如图3.3所示。

图3.3 单击【球体】工具可以在场景中创建球体

3.2.2 对象名称和颜色

在【名称和颜色】卷展栏下，左框显示对象名称，一般在视图中创建一个物体，系统会自动赋予一个表示自身类型的名称，如Box001、Sphere001等，同时允许自定义对象名称。名称右侧的颜色块显示对象颜色，单击它可以调出对象颜色设置框。如图3.4所示，在【顶】视图中创建了一个茶壶，打开【名称和颜色】卷展栏，单击右侧的色块，此时会弹出【对象颜色】对话框，在其中选择一种颜色，单击【确定】按钮，此时茶壶的颜色变为色块的颜色。左侧输入框中自动赋予的名称为【Teapot001】。

图3.4 设置对象颜色

3.2.3 精确创建

一般我们都是使用单击拖动的方式创建物体，这样创建的物体的参数及位置等往往不会一次性达到我们的目的，从而还需要对它的参数和位置进行修改。除此之外，还可以通过直接在【键盘输入】卷展栏中输入对象的坐标值及参数，输入完成后，单击【创建】按钮，具有精确尺寸的造型就呈现在你所安排的视图坐标点上。

激活【顶】视图，单击【管状体】按钮，在【键盘输入】卷展栏输入【内径】、【外径】、【高度】的参数，最后单击【创建】按钮，此时会发现在视图中已创建了管状体，如图3.5所示。

图3.5 管状体的【键盘输入】卷展栏

> **注意**
>
> 不同的几何体创建工具，它的【键盘输入】卷展栏中的相应参数也会有所不同。

3.2.4 参数的修改

在命令面板中，每一个创建工具都有它自己的可调节参数，这些参数可以在第1次创建对象时在【创建】命令面板中直接对其进行修改，也可以在【修改】命令面板中进行修改。通过修改这些参数可以产生不同形态的几何体。如锥体工具就可以产生圆锥、棱锥、圆台、棱台等。大多数工具都有切片参数控制，允许你像切蛋糕一样切割物体，从而产生不完整的几何体，如图3.6所示。

图3.6　设置了切片参数的球体

3.3 标准几何体的创建

标准几何体非常容易建立，只要单击拖动鼠标，交替几次就可以完成；或通过键盘输入来建立。学习建立标准的几何体是学习3ds Max的基础，一定要把它学扎实。

【标准基本体】工具包括以下各项（如图3.7所示）。

图3.7　标准几何体工具栏

★ 长方体：用于建立长方体造型。

★ 球体：用于建立球体的造型。

★ 圆柱体：用于建立圆柱体造型。

★ 圆环：用于建立圆环的造型。

★ 茶壶：用于建立茶壶的造型。

★ 圆锥体：用于建立圆锥体的造型。

★ 几何球体：用于建立简单的几何形的球面。

★ 管状体：用于建立管状的对象造型。

★ 四棱锥：用于建立金字塔形的造型。

★ 平面：用于建立无厚度的平面形状。

下面对一些常用的工具进行简单的介绍。

3.3.1 建立长方体造型

【长方体】工具可以用来制作正六面体或矩形，如图3.8所示。其中，长、宽、高的参数控制长方体的形状，如果只输入其中的两个数值，则产生矩形平面。片段的划分可以产生栅格长方体，多用作修改加工的原型物体，如波浪平面、山脉地形等。

图3.8　长方体及参数

01 选择【创建】 ❊ |【几何体】 ○ |【标准基本体】|【长方体】工具后，在【顶】视图中单击鼠标左键，并向右下方移动鼠标，拖出长方体对象的长度和宽度后，单击鼠标左键确定。

02 然后释放鼠标，移动鼠标，确定高度。

03 单击鼠标，完成制作。

> **提示**
>
> 配合Ctrl键可以建立正方形底面的立方体。在【创建方法】卷展栏中选中【立方体】单选按钮，可以直接创建正方体模型。

当完成对象的创建之后，可以在命令面板中对其参数进行修改。其参数面板如图3.8所示。长方体【参数】卷展栏中的各功能说明如下所述。

★ 长度/宽度/高度：确定三边的长度。

★ 长度分段/宽度分段/高度分段：控制长、宽、高三边的片段划分数。

★ 生成贴图坐标：自动指定贴图坐标。

★ 真实世界贴图大小：勾选此复选框，贴图大小将由绝对尺寸决定，与对象的相对尺寸无关；若不勾选，则贴图大小符合创建对象的尺寸。

3.3.2 建立球体造型

【球体】工具可用来制作球体，通过参数修改可以制作局部球体（包括半球体）。

选择【创建】 | 【几何体】 | 【标准基本体】|【球体】工具后，即可在视图中创建球体，如图3.9所示，具体操作步骤如下。

图3.9 球体

01 选择【球体】工具后，在视图中单击并拖动鼠标拉出球体。

02 释放鼠标，完成球体的制作。

03 修改参数，可以制作不同形状的球体。

球体的【参数】卷展栏如图3.10所示，球体各项参数的功能说明如下。

图3.10 球体的【参数】卷展栏

★ 半径：设置半径大小。

★ 分段：设置表面划分的段数，值越高，表面越光滑，造型也越复杂。

★ 平滑：是否对球体表面进行自动光滑处理（默认为开启）。

★ 半球：值由0到1可调，默认为0，表示建立完整的球体；增加数值，球体被逐渐减去；值为0.5时，制作出半球体；值为1时，什么都没有了。

★ 切除/挤压：在进行半球系数调整时发挥作用，有时确定球体被删除后，原来的网格划分也随之削除，或者仍保留但挤入部分剩余球体。

★ 启用切片：设置是否开启切片设置，打开它，可以在下面的设置中调节球体局部切片的大小。

★ 切片起始位置/切片结束位置：控制沿球体轴切片的度数。

★ 轴心在底部：在建立球体时，默认方式球体重心设置在球体的正中央，打开此选项，会重心设置在球体的底部。

★ 生成贴图坐标：自动指定贴图坐标。

★ 真实世界贴图大小：勾选此复选框，贴图大小将由绝对尺寸决定，与对象的相对尺寸无关；若不勾选，则贴图大小符合创建对象的尺寸。

3.3.3 建立圆柱体造型

选择【创建】 ⊕ |【几何体】 ○ |【标准基本体】|【圆柱体】工具，可以创建圆柱体，如图3.11所示。通过修改参数可以制作出棱柱体、局部圆柱或棱柱体，如图3.12所示。

01 在视图中单击并拖动鼠标，拉出底面圆形，释放鼠标，移动鼠标确定柱体的高度。

02 单击鼠标确定，完成柱体的制作。

03 调节参数改变柱体类型。

圆柱体的【参数】卷展栏如图3.12所示，圆柱体各项参数的功能说明如下。

图3.11 圆柱体

图3.12 圆柱体【参数】卷展栏

★ 半径：底面和顶面的半径。

★ 高度：确定柱体的高度。

★ 高度分段：确定柱体在高度上的分段数。如果要弯曲柱体，高的分段数可以产生光滑的弯曲效果。

★ 端面分段：确定两端面上沿半径的片段划分数。

★ 边数：确定圆周上的片段划分数（即棱柱的边数），对于圆柱体，边数越多越光滑。

★ 平滑：是否在建立柱体的同时进行表面自动光滑，对圆柱体而言应将它打开，对棱柱体要将它关闭。

★ 启用切片：设置是否开启切片设置，打

开它，可以在下面的设置中调节柱体局部切片的大小。

★ 切片起始位置/切片结束位置：控制沿柱体轴切片的度数。

★ 生成贴图坐标：自动指定贴图坐标。

★ 真实世界贴图大小：勾选此复选框，贴图大小将由绝对尺寸决定，与对象的相对尺寸无关；若不勾选，则贴图大小符合创建对象的尺寸。

3.3.4 建立圆环造型

【圆环】工具可用来制作立体的圆环圈，截面为正多边形，通过对正多边形边数、光滑度及旋转等控制来产生不同的圆环效果，如图3.13所示。

图3.13 圆环

01 选择【创建】 ☀ 【几何体】 ◎ 【标准基本体】|【圆环】工具,在视图中单击并拖动鼠标,拉出一级圆环。

02 释放鼠标,移动鼠标,确定二级圆环,单击鼠标,完成圆环的制作,如图3.14所示。

图3.14 拖出一级、二级圆环

03 调节参数控制形态。

圆环的【参数】卷展栏如图3.15所示。圆环各项参数的功能说明如下。

图3.15 圆环的参数设置

★ 半径1:设置圆环中心与截面正多边形的中心距离。

★ 半径2:设置截面正多边形的内径。

★ 旋转:设置每一片段截面沿圆环轴旋转的角度,如果进行扭曲设置或以不光滑表面着色,可以看到它的效果。

★ 扭曲:设置每个截面扭曲的度数,产生扭曲的表面。

★ 分段:确定圆周上片段划分的数目,值越大,得到的圆形越光滑,较少的值可以制作几何棱环,例如台球桌上的三角框。

★ 边数:设置环形横截面圆形的边数。通过减小此数值,可以创建类似于棱锥的横截面,而不是圆形。

★ 【平滑】选项组:设置光滑属性。
  ● 全部:对整个表面进行光滑处理。
  ● 侧面:光滑相邻面的边界。

  ● 无:不进行光滑处理。
  ● 分段:光滑每个独立的片段。

★ 启用切片:是否进行切片设置,打开它可进行下面的设置,制作局部的圆环。

★ 切片起始位置/切片结束位置:分别设置切片两端切除的幅度。

★ 生成贴图坐标:自动指定贴图坐标。

★ 真实世界贴图大小:勾选此复选框,贴图大小将由绝对尺寸决定,与对象的相对尺寸无关;若不勾选,则贴图大小符合创建对象的尺寸。

3.3.5 建立圆锥造型

【圆锥体】工具可用来制作圆锥、圆台、棱锥、棱台,以及它们的局部,如图3.16所示。这是一个制作能力比较强大的建模工具。

图3.16 圆锥

选择【创建】 ☀ 【几何体】 ◎ 【标准基本体】|【圆锥体】工具后,即可在视图中创建圆锥体如下所述。

01 在【顶】视图中单击并拖动鼠标,拉出圆锥体的一级半径。

02 松开鼠标并向上移动,拖出圆锥的高。

03 单击鼠标并向圆锥的内侧或外侧移动鼠标,

拉出圆锥的二级半径。

04 单击鼠标，完成圆锥体的创建，如图3.17所示。

图3.17 创建圆锥的过程

【圆锥体】工具的【参数】卷展栏如图3.18所示。【圆锥体】工具各项参数的功能说明如下。

图3.18 圆锥体【参数】卷展栏

★ 半径1/半径2：分别设置锥体两个端面（顶面的底面）的半径。如果两个值都不为0，则产生圆台或棱台体；如果有一个值为0，则产生锥体；如果两值相等，则产生柱体。

★ 高度：确定锥体的高度。

★ 高度分段：设置锥体高度上的划分段数。

★ 端面分段：设置两端平面沿半径辐射的片段划分数。

★ 边数：设置端面圆周上的片段划分数。值越高，锥体越光滑，对棱锥来说，边数决定它属于几棱锥。

★ 平滑：是否进行表面光滑处理。开启它，产生圆锥、圆台；关闭它，产生棱锥、棱台。

★ 启用切片：是否进行局部切片处理，制作不完整的锥体。

★ 切片起始位置/切片结束位置：分别设定切片局部的起始和终止幅度。

★ 生成贴图坐标：自动指定贴图坐标。

★ 真实世界贴图大小：勾选此复选框，贴图大小将由绝对尺寸决定，与对象的相对尺寸无关；若不勾选，则贴图大小符合创建对象的尺寸。

3.3.6 建立管状体造型

【管状体】用来建立各种空心管状物体，包括圆管、棱管及局部圆管，如图3.19所示。

01 选择【创建】 |【几何体】 |【标准基本体】|【管状体】工具，在视图中单击并拖动鼠标，拉出一个圆形线圈。

02 释放鼠标，移动鼠标，确定圆环的大小。单击并移动鼠标，确定圆管的高度。

03 单击鼠标，完成圆管的制作。

管状体的【参数】卷展栏如图3.20所示。管状体各项参数的功能说明如下。

图3.19 管状体　　　　　　　图3.20 管状体【参数】卷展栏

★ 半径1/半径2：分别确定圆管的内径和外径大小。

★ 高度：确定圆管的高度。

★ 高度分段：确定圆管高度上的片段划分数。

★ 端面分段：确定上下底面沿半径轴的分段数目。

★ 边数：设置圆周上边数的多少。值越大，圆管越光滑；对圆管来说，边数值决定它属于几棱管。

★ 平滑：对圆管的表面进行光滑处理。

★ 启用切片：是否进行局部圆管切片。

★ 切片起始位置/切片结束位置：分别限制切片局部的幅度。

★ 生成贴图坐标：自动指定贴图坐标。

★ 真实世界贴图大小：勾选此复选框，贴图大小将由绝对尺寸决定，与对象的相对尺寸无关；若不勾选，则贴图大小符合创建对象的尺寸。

3.4 创建扩展三维造型

扩展基本体是3ds Max复杂基本体的集合，本节中将介绍几个在实际操作中常用到的扩展基本体。

3.4.1 异面体

使用【异面体】可通过几个系列的多面体生成对象，如图3.21所示。

01 选择【创建】 【几何体】 【扩展基本体】|【异面体】工具，在其【参数】卷展栏中设置各项参数。

02 设置完成后在任意视图中进行单击并拖动鼠标，然后释放鼠标，完成异面体的创建。

异面体的【参数】卷展栏如图3.22所示。异面体各项参数的功能说明如下。

图3.21 异面体　　　　　　　图3.22 异面体【参数】卷展栏

★ 系列选项组：使用该组可选择要创建的多面体的类型。

● 四面体：创建一个四面体。

● 立方体/八面体：创建一个立方体或八面多面体（取决于参数设置）。

● 十二面体/二十面体：创建一个十二面体或二十面体（取决于参数设置）。

● 星形1/星形2：创建两个不同的类似星形的多面体。

> **提示**
>
> 用户可以在异面体类型之间设置动画。启用【自动关键点】按钮，转到任意帧，然后更改【系列】单选按钮。类型之间没有插值；模型只是从一个星形跳转到立方体或四面体，如此而已。

★ 【系列参数】选项组：用于设置P、Q参数。

● P/Q：为多面体顶点和面之间提供两种方式变换的关联参数。

★ 【轴向比率】选项组：多面体可以拥有多达3种多面体的面，如三角形、方形或五角形。这些面可以是规则的，也可以是不规则的。如果多面体只有一种或两种面，则只有一个或两个轴向比率参数处于活动状态。不活动的参数不起作用。

● P/Q/R：控制多面体一个面反射的轴。实际上，这些字段具有将其对应面推进或推出的效果。默认设置为100。

● 重置：将轴返回为其默认设置。

★ 【顶点】选项组：该选项组中的参数决定多面体每个面的内部几何体。【中心】和【中心和边】会增加对象中的顶点数，因此增加面数。这些参数不可设置动画。

● 基点：面的细分不能超过最小值。

● 中心：通过在中心放置另一个顶点（其中边是从每个中心点到面角）来细分每个面。

● 中心和边：通过在中心放置另一个顶点（其中边是从每个中心点到面角，以及到每个边的中心）来细分每个面。与中心相比，中心和边会使多面体中的面数加倍。

★ 半径：以当前单位数设置任何多面体的半径。

★ 生成贴图坐标：自动指定贴图坐标。

3.4.2 环形结

使用【环形结】可以通过在正常平面中

围绕3D曲线绘制2D曲线来创建复杂或带结的环形。3D曲线（称为基础曲线）既可以是圆形，也可以是环形结，如图3.23所示。

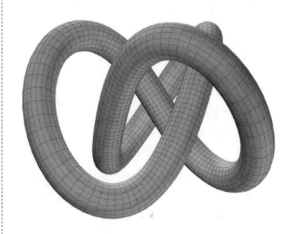

图3.23 创建的环形节

01 选择【创建】 |【几何体】 |【扩展基本体】|【环形节】工具，在任意视口中进行单击并拖动鼠标，先定义环形结的大小。

02 再垂直移动鼠标可定义半径，单击以完成环形创建。

环形节的【参数】卷展栏如图3.24所示。环形节各项参数的功能说明如下所述。

图3.24 环形节【参数】卷展栏

★ 【基础曲线】选项组：提供影响基础曲线的参数。

● 结/圆：使用【结】时，环形将基于其他各种参数自身交织；如果使用【圆】，基础曲线是圆形。

● 半径：设置基础曲线的半径。

● 分段：设置围绕环形周界的分段数。

● P/Q：描述上下（P）和围绕中心（Q）的缠绕数值（只有在选中【结】时才处于活动状态）。

● 扭曲数：设置曲线周围的星形中的【点】数。（只有在选中"圆"时才处于活动状态。）

● 扭曲高度：设置指定为基础曲线半径百分比的【点】的高度。

★ 【横截面】选项组：提供影响环形结横截面的参数。

● 半径：设置横截面的半径。

● 边数：设置横截面周围的边数。

● 偏心率：设置横截面主轴与副轴的比率。值为1将提供圆形横截面，其他值将创建椭圆形横截面。

● 扭曲：设置横截面围绕基础曲线扭曲的次数。

● 块：设置环形结中的凸出数量。请注意，【块高度】微调器值必须大于0才能看到任何效果。

● 块高度：设置块的高度，作为横截面半径的百分比。请注意，【块】微调器值必须大于0才能看到任何效果。

● 块偏移：设置块起点的偏移，以度数来测量，该值的作用是围绕环形设置块的动画。

★ 【平滑】选项组：提供用于改变环形结平滑显示或渲染的选项。这种平滑不能移动或细分几何体，只能添加平滑组信息。

● 全部：对整个环形结进行平滑处理。

● 侧面：只对环形结的相邻面进行平滑处理。

● 无：环形结为面状效果。

★ 【贴图坐标】选项组：提供指定和调整贴图坐标的方法。

● 生成贴图坐标：基于环形结的几何体指定贴图坐标。

● 偏移U/V：沿着 U 向和 V 向偏移贴图坐标。

● 平铺U/V：沿着 U 向和 V 向平铺贴图坐标。

3.4.3 切角长方体

使用【切角长方体】工具可以创建具有倒角或圆形边的长方体，如图3.25所示。

图3.25 【切角长方体】工具创建的形状

01 选择【创建】|【几何体】|【扩展基本体】|【切角长方体】工具，在任意视口中进行单击并拖动鼠标，确定切角长方体的底部，然后释放鼠标。

02 再次垂直移动鼠标确定长方体的高度，单击设置其高度。然后移动鼠标确定圆角的高度。释放鼠标完成切角长方体的创建。

切角长方体的【参数】卷展栏如图3.26所示。切角长方体各项参数的功能说明如下。

图3.26 切角长方体【参数】卷展栏

★ 长度、宽度、高度：设置切角长方体的相应维度。

★ 圆角：切开切角长方体的边。值越高切角长方体边上的圆角将更加精细。

★ 长度分段、宽度分段、高度分段：设置沿着相应轴的分段数量。

★ 圆角分段：设置长方体圆角边时的分段数。添加圆角分段将增加圆形边。

★ 平滑：混合切角长方体的面的显示，从而在渲染视图中创建平滑的外观。

★ 生成贴图坐标：生成将贴图材质应用于切角长方体的坐标。默认设置为启用。

★ 真实世界贴图大小：控制应用于该对象的纹理贴图材质所使用的缩放方法。缩放值由位于应用材质的【坐标】卷展栏中的【使用真实世界比例】设置控制。默认设置为禁用状态。

3.5 编辑修改堆栈

编辑修改器堆栈是用来管理应用到对象上的编辑修改器的空间，在【修改】命令面板中使用修改器的同时，就进入了堆栈当中。在对象的堆栈内，多个修改器的选择集，甚至不相邻的选择集可以被剪切、复制和粘贴。这些编辑修改器的选择集也可以应用于完全不同的对象。

3.5.1 堆栈的基本功能及使用

在3ds Max 2015的用户界面的所有区域中，编辑修改器堆栈是功能最强大的。编辑修改器堆栈包含了1个列表和5个按钮，如图3.27所示。要掌握3ds Max 2015，熟练使用编辑修改器堆栈和工具栏是最重要的。编辑修改器堆栈提供了访问每个对象建模历史的工具。在进行的每一个建模操作都存储在那里，以便于返回去调整或者删除。堆栈中的操作可以与场景一起保存直到删除为止，这样可以顺利地完成建模。

图3.27 编辑修改器堆栈

编辑修改器堆栈本身是一个列表。当选择一个对象后，增加给对象的每一个编辑修改器都将显示在堆栈列表中，并且最后增加的一个编辑修改器显示在堆栈顶部，如图3.28所示。增加给对象的第一个编辑修改器，也就是3ds Max 2015作用于对象的最早信息，显示在堆栈的底部。对于基本几何体来说，它们的参数总是在堆栈的最底部。由于这是对象的开始状态，因此，不能在堆栈中的下面位置再放置编辑修改器。

图3.28 增加给对象的每一个编辑修改器都将显示在堆栈列表中

堆栈列表周围的按钮在管理堆栈方面的作用不同。堆栈中的每一个条目都可以单独操作和显示。

【锁定堆栈】：冻结堆栈的当前状态，它使你能够在变换场景对象的情况下，仍然保持原来选择对象的编辑修改器的激活状态。

【显示最终结果开/关切换】：确定堆栈中的其他编辑修改器是否显示它们的结果，这使你能够直接看到编辑修改器的效果，而不必被其他的编辑修改器影响。建模者常在调整一个编辑修改器的时候关闭该按钮，在检查编辑修改器的效果时打开该按钮。当堆栈的剩余部分需要内存太多，且交互加强的时候，关闭该按钮可以节省时间。

【使唯一】：使对象关联编辑修改器独立。【使唯一】用来除去共享同一编辑修改器的其他对象的关联，它断开了与其他对象的选择。

【从堆栈中移除修改器】：从堆栈中删除选择的编辑修改器。

【配置修改器集】：单击该按钮将弹出一个下拉菜单，通过该下拉菜单，可以配置如何在【修改】命令面板中显示和选择修改器。在下拉菜单中选择【配置修改器集】命令，将弹出【配置修改器集】对话框，如图3.29所示。在该对话框中可以设置编辑修改器列表中编辑修改器的个数，以及将编辑修改器加入或者移出编辑修改器列表。

图3.29　配置修改器的按钮化操作

可以按照使用习惯及兴趣任意地重新组合按钮类型。在对话框中，【按钮总数】用来设置列表中所能够容纳的编辑修改器的个数，在左侧的编辑修改器的名称上双击鼠标左键，即可将该编辑修改器加入到列表中。或者直接用鼠标拖曳，也可以将编辑修改器从列表中加入或删除。

单击【配置修改器集】按钮后，在弹出的下拉菜单中选择【显示按钮】命令，可以将编辑修改器以按钮形式显示，如图3.30所示。

菜单中的【显示列表中的所有集】命令可以将默认的编辑修改器中的编辑器按照功能的不同进行有效的划分，使用户在设置操作中便于查找和选择。

> **提示**
>
> 切换当前编辑修改器的结果是否应用给对象。没有激活时编辑修改器是不起任何作用的。只有当此选项处于激活状态时，编辑修改器的数据才能够传递给选择的对象。默认状态为激活。

在编辑堆栈对话框中可以对当前所选择的修改器进行特定的编辑，例如编辑修改显示、独立或删除等操作，唯独缺少了最为关键的塌陷选项，并且在【配置修改器集】中也没有了塌陷堆栈诸多命令工具。

其实，作为编辑堆栈中最为重量级的塌陷堆栈选项并没有被取消，它被安置在右键弹出的快捷菜单中。在操作中，只需在修改器堆栈区域按下鼠标右键，在弹出的快捷菜单中选择【塌陷到】或者【塌陷全部】命令塌陷堆栈，如图3.31所示。

图3.30 以按钮形式显示修改器

图3.31 编辑堆栈右键菜单

3.5.2 塌陷堆栈

编辑修改器堆栈中的每一步都将占据内存，这对于我们宝贵的内存来说是非常糟糕的情况。为了使被编辑修改的对象占用尽可能少的内存，我们可以塌陷堆栈。塌陷堆栈的操作非常简单，所下所述。

01 在编辑堆栈区域中单击鼠标右键。

02 在弹出的快捷菜单中选择一个塌陷类型。

03 如果选择【塌陷到】命令，可以将当前选择一个编辑修改器和在它下面的编辑修改器塌陷；如果选择【塌陷全部】命令，可以将所有堆栈列表中的编辑修改器对象塌陷。

通常在建模已经完成，并且不再需要进行调整时执行塌陷堆栈操作，塌陷后的堆栈不能进行恢复，因此执行此操作时一定要慎重。

3.6 编辑修改模型

使用基本对象创建工具只能创建一些简单的模型，如果想修改模型，使其有更多的细节和增加逼真程度，就要用到编辑修改器。在上一节我们对编辑修改器堆栈有了一定的认识，接下来我们学习如何使用编辑修改器修改模型。

3.6.1 了解编辑修改器

每一个编辑修改器都有很强的模型塑造能力，但是在3ds Max中，很少单独使用某一个编辑修改器，一般都为组合使用。组合使用编辑修改器能大幅度提高建模的灵活性。

编辑修改器的应用非常简单，首先选择操作对象，然后在【修改】命令面板 中的【修改器列表】中选择编辑修改器，即可编辑修改对象，如图3.32所示。编辑修改器被分配在编辑修改器堆栈的当前层，并准备接受数值。新添加的编辑修改器总是位于堆栈的最上层。

图3.32 使用修改器修改模型

3.6.2 【弯曲】修改器

【弯曲】修改器可以对物体进行弯曲处理，如图3.33所示，可以调节弯曲的角度和方向，以及弯曲依据的坐标轴向，还可以限制弯曲在一定区域内，弯曲的【参数】卷展栏如图3.34所示。

图3.33　施加【弯曲】修改器

图3.34　【参数】卷展栏

【弯曲】修改器的各项参数的功能说明如下。

★ 【弯曲】选项组：用于设置弯曲的角度和方向。

● 角度：设置弯曲的角度大小，从1°～360°。

● 方向：用来调整弯曲方向的变化。

★ 【弯曲轴】选项组：设置弯曲的坐标轴向。

★ 【限制】选项组：设置限制相关的参数。

● 限制效果：对物体指定限制效果，影响区域将由下面的上、下限值来确定。

● 上限：设置弯曲的上限，在此限度以上的区域将不会受到弯曲影响。

● 下限：设置弯曲的下限，在此限度与上限之间的区域将都受到弯曲影响。

除了这些基本的参数之外，【弯曲】修改器还包括两个次物体选择集：Gizmo和【中心】，对于Gizmo，可以对其进行移动、旋转、缩放等变换操作，在进行这些操作时将

影响弯曲的效果。【中心】也可以被移动，从而改变弯曲所依据的中心点。

下面我们将通过对四边形面片的弯曲来更深入地认识和了解【弯曲】修改器。

01 选择【创建】|【几何体】|【面片栅栏】|【四边形面片】工具。并在【顶】视图中创建一个【长度】、【宽度】、【宽度分段】分别为160、300、30的四边形面片，如图3.35所示。

图3.35　创建一个四边形面片

02 切换到【修改】命令面板，在【修改器列表】中选择【弯曲】修改器，将当前选择集定义为【中心】，在【顶】视图中将中心轴沿X轴向右拖动，在【参数】卷展栏中设置弯曲【角度】为-1080，在【弯曲轴】选项组中勾选X轴，选择【限制效果】复选框，将【上限】设置为300，此时会发现面片已卷起，如图3.36所示。

图3.36　为面片设置弯曲

03 将时间滑块拖至99帧处，单击【自动关键点】按钮，将【顶】视图中的中心轴沿X

轴向右拖动，将其展开，如图3.37所示，关闭【自动关键点】按钮，单击【播放】按钮，即可观看效果。

图3.37 设置弯曲的动画效果

注意

在使用【弯曲】修改器之前，必须为弯曲的模型设置足够的分段值，如需要对圆柱体进行弯曲时，必须将【高度分段】值设置得高一些，以便使弯曲之后的模型比较光滑。

3.6.3 【锥化】修改器

【锥化】修改器是通过缩放物体的两端而产生锥形的轮廓，同时还可以加入光滑的曲线轮廓，允许控制锥化的倾斜度、曲线轮廓的曲度，还可以限制局部锥化效果，如图3.38所示。

图3.38 锥化造型

图3.39 【参数】卷展栏

【锥化】修改器【参数】卷展栏（如图3.39所示）中各项目的功能说明如下。

★ 【锥化】选项组：设置锥化相关的选项。

● 数量：设置锥化倾斜的程度。

● 曲线：设置锥化曲线的弯曲程度。

★ 【锥化轴】选项组：设置锥化依据的坐标轴向。

● 主轴：设置基本依据轴向。

● 效果：设置影响效果的轴向。

● 对称：设置一个对称的影响效果。

★ 【限制】选项组：设置限制相关的选项。

● 限制效果：打开限制效果，允许限制锥化影响在Gizmo物体上的范围。

● 上限/下限：分别设置锥化限制的区域。

接下来以一个圆柱体为例讲解【锥化】修改器的使用。

01 选择【创建】 | 【几何体】 | 【标准基本体】 | 【圆柱体】工具，在【顶】视图中创建一个【半径】、【高度】、【高度分段】、【边数】分别设置为32、126、5、18的圆柱体。

02 切换到【修改】命令面板 ，在【修改器列表】中选择【锥化】修改器，在【参数】卷展栏中将【数量】设置为0.05，将【曲线】设置为-2.45，设置【主轴】为Z轴，设置【效果】为XY轴，如图3.40所示。

图3.40 为圆柱体设置锥化

提示

【锥化】修改器与【弯曲】修改器相同，也有Gizmo和【中心】两个次物体选择集。

3.6.4 【扭曲】修改器

【扭曲】修改器可以沿指定轴向扭曲物体的顶点，从而产生扭曲的表面效果。它允许限制物体的局部受到扭曲作用，如图3.41所示。【扭曲】修改器的【参数】卷展栏如图3.42所示，各项参数的功能说明如下。

图3.41 扭曲造型

图3.42 【参数】卷展栏

★ 【扭曲】选项组：设置扭曲相关的选项。

● 角度：设置扭曲的角度大小。

● 偏移：设置扭曲向上或向下的偏向度。

★ 【扭曲轴】选项组：设置扭曲依据的坐标轴向。

★ 【限制】选项组：设置限制相关的选项。

● 限制效果：打开限制效果，允许限制扭曲影响在Gizmo物体上的范围。

● 上限/下限：分别设置扭曲限制的区域。

3.6.5 【倾斜】修改器

【倾斜】修改器对物体或物体的局部在指定的轴向上产生偏斜变形，如图3.43所示。【倾斜】修改器【参数】卷展栏如图3.43所示，其中各项参数的功能说明如下。

图3.43 倾斜造型及倾斜参数面板

★ 【倾斜】选项组：设置倾斜相关的选项。

● 数量：设置与垂直平面偏斜的角度，在1～360之间，值越大，偏斜越大。

● 方向：设置偏斜的方向（相对于水平面），在1～360之间。

★ 【倾斜轴】选项组：设置偏斜依据的坐标轴向。

★ 【限制】选项组：设置限制相关的选项。

● 限制效果：打开限制效果，允许限制偏斜影响在Gizmo物体上的范围。

● 上限/下限：分别设置偏斜限制的区域。

3.7 实例应用：花瓶

本案例将介绍如何制作花瓶，该案例主要通过对二维图形进行放样得到三维对象，再为三维对象添加【扭曲】、【编辑网格】、【壳】、【UVW贴图】等修改器，并为该对象添加材质、摄影机、灯光等，效果如图3.44所示。

图3.44 花瓶

01 启动Max 2015，新建一个空白场景，选择
【创建】 ![] |【图形】 ![] |【星形】工具，
在【顶】视图中创建一个星形，在【参
数】卷展栏中将【半径1】、【半径2】、
【点】、【扭曲】、【圆角半径1】、【圆
角半径2】分别设置为50、34、6、0、7、
8，如图3.45所示。

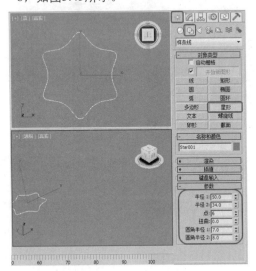

图3.45　创建星形

02 选择【创建】 ![] |【图形】 ![] |【星形】工
具，在【前】视图中创建一条垂直直线，
如图3.46所示。

图3.46　创建直线

03 在视图中选择前面所创建的星形，选择【创
建】 ![] |【几何体】 ![] |【复合对象】 |【放
样】工具，在【创建方法】卷展栏中单击
【获取路径】按钮，在视图中拾取前面所绘
制的直线，如图3.47所示。

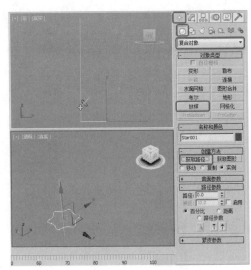

图3.47　拾取路径

04 切换至【修改】命令面板 ![] 中，在【变
形】卷展栏中单击【缩放】右侧的 ![] 按
钮，然后单击【缩放】按钮，如图3.48
所示。

图3.48　单击【缩放】按钮

05 在弹出的对话框中单击【插入角点】按钮
![] ，在曲线上添加3个控制点，如图3.49
所示。

图3.49　添加控制点

06 在该对话框中单击【移动控制点】按钮，选择新添加的 3 个控制点，右击鼠标，在弹出的快捷菜单中选择【Bezier- 平滑】命令，如图 3.50 所示。

图3.50　选择【Bezier平滑】命令

07 在该对话框中对曲线上的顶点进行调整，调整后的效果如图3.51所示。

图3.51　调整曲线后的效果

08 调整完成后，将该对话框关闭，继续选中该对象，在修改器下拉列表中选择【扭曲】修改器，在【参数】卷展栏中将【扭曲】选项组中的【角度】设置为89.5，在【扭曲轴】选项组中单击【Y】单选按钮，如图3.52所示。

图3.52　添加【扭曲】修改器

09 在修改器下拉列表中选择【编辑网格】修改器，将当前选择集定义为【多边形】，在【顶】视图中选择图3.53所示的多边形。

图3.53　选择多边形

10 按Delete键将选中的多边形删除，关闭当前选择集，在修改器下拉列表中选择【壳】修改器，在【参数】卷展栏中将【外部量】设置为1，其他参数保持默认即可，如图3.54所示。

图3.54　添加【壳】修改器

11 在修改器下拉列表中选择【UVW贴图】修改器，使用其默认参数即可，如图3.55所示。

12 确认该对象处于选中状态，按M键，在弹出的对话框中选择一个新的材质样本球，将其命名为【花瓶】，在【Blinn基本参数】卷展栏中将【环境光】的RGB值设置为（216、231、254），将【自发光】设置为

35，将【反射高光】选项组中的【高光级别】、【光泽度】分别设置为93、75，如图3.56所示。

图3.55 添加【UVW贴图】修改器

图3.56 设置Blinn基本参数

13 在【贴图】卷展栏中单击【漫反射颜色】右侧的【无】按钮，在弹出的对话框中选择【渐变坡度】选项，如图3.57所示。

14 单击【确定】按钮，在【渐变坡度参数】卷展栏中将位置100处的渐变滑块的RGB值设置为（101、163、255），将位置50处的渐变滑块的RGB值设置为（255、255、255），将位置0处的渐变滑块的RGB值设置为（255、102、170），如图3.58所示。

15 单击【转到父对象】按钮，在【贴图】卷展栏中将【反射】右侧的【数量】设置为20，然后单击其右侧的【无】按钮，在

弹出的对话框中选择【光线跟踪】选项，如图3.59所示。

16 单击【确定】按钮，在【光线跟踪器参数】卷展栏中单击【背景】选项组中的【无】按钮，在弹出的对话框中选择【位图】选项，如图3.60所示

图3.57 选择【渐变坡度】选项

图3.58 设置渐变坡度参数

图3.59 选择【光线跟踪】选项

图3.60 选择【位图】选项

17 单击【确定】按钮，在弹出的对话框中选择
随书附带光盘中的"BXG.jpg"贴图文件，
如图3.61所示。

图3.61 选择贴图文件

18 单击【打开】按钮，在【位图参数】卷展
栏中勾选【裁剪/放置】选项组中的【应
用】复选框，将【U】、【V】、【W】、
【H】分别设置为0.205、0.129、0.469、
0.111，如图3.62所示。

19 设置完成后，单击【将材质指定给选定
对象】按钮，将该对话框关闭，选择
【创建】｜【摄影机】｜【目标】工
具，在【顶】视图中创建一架摄影机，在
【参数】卷展栏中将其【镜头】设置为
57.347mm，激活【透视】视图，按C键将其
转换为摄影机视图，在其他视图中调整摄
影机的位置，如图3.63所示。

图3.62 设置裁剪参数

图3.63 创建摄影机并进行调整

20 选择【创建】｜【几何体】｜【平面】
工具，在【顶】视图中创建一个平面，在
【参数】卷展栏中将【长度】、【宽度】
分别设置为1000、1000，并在视图中调整
其位置，效果如图3.64所示。

图3.64 创建平面

21 选中该对象，按M键，在弹出的对话框中选择【花瓶】材质样本球，按住鼠标将其拖曳至一个新的材质样本球上，并将其命名为【地面】，在【Blinn基本参数】卷展栏中将【环境光】的RGB值设置为（255、255、255），将【自发光】设置为15，如图3.65所示。

图3.65 复制材质并调整其基本参数

22 在【贴图】卷展栏中用右键单击【漫反射颜色】右侧的材质按钮，在弹出的快捷菜单中选择【清除】命令，然后将【反射】右侧的【数量】设置为10，并单击其右侧的材质按钮，在【光线跟踪器参数】卷展栏中单击【背景】选项组中的【使用环境设置】单选按钮，如图3.66所示。

图3.66 设置贴图参数

23 设置完成后，单击【将材质指定给选定对象】按钮，关闭该对话框，选择【创建】|【灯光】|【标准】|【天光】工具，在【顶】视图中创建一个天光，在视图中调整其位置，切换至【修改】命令面板中，在【天光参数】卷展栏中将【倍增】设置为0.8，如图3.67所示。

图3.67 创建天光并调整其位置

24 按F10键，在弹出的对话框中选择【高级照明】选项卡，在【选择高级照明】卷展栏中将照明类型设置为【光跟踪器】，在【参数】卷展栏中将【附加环境光】的RGB值设置为（22、22、22），如图3.68所示。

图3.68 设置高级照明

25 设置完成后，单击【渲染】按钮对摄影机视图进行渲染即可，对完成后的场景进行保存。

3.8 拓展训练：支架展板

本案例将介绍如何制作支架展板，效果如图3.69所示，其具体操作步骤如下。

图3.69 支架展板

01 选择【创建】【几何体】【长方体】工具，在【前】视图中创建长方体，并将其命名为【展板】，在【参数】卷展栏中【长度】、【宽度】、【高度】分别设置为230、140、0.3，如图3.70所示。

02 确认该对象处于选中状态，切换至【修改】命令面板中，在修改器下拉列表中选择【UVW贴图】修改器，在【参数】卷展栏中单击【贴图】选项组中的【平面】单选按钮，然后在【对齐】选项组中单击【适配】按钮，如图3.71所示。

图3.70 创建长方体

图3.71 添加【UVW贴图】修改器

03 继续选中该对象，按M键，在弹出的对话框中选择一个新的材质样本球，将其命名为【展板】，在【Blinn基本参数】卷展栏中，将【高光反射】的RGB值设置为（255、255、255），将【自发光】设置为30，如图3.72所示。

图3.72 设置Blinn基本参数

04 在【贴图】卷展栏中单击【漫反射颜色】
右侧的材质按钮，在弹出的对话框中选择
【位图】选项，如图3.73所示。

图3.73 选择【位图】选项

05 单击【确定】按钮，在弹出的对话框中选择
随书附带光盘中的"展示图像.jpg"，如图
3.74所示。

06 单击【打开】按钮，单击【将材质指定给
选定对象】按钮和【视口中显示明暗处理
材质】按钮，关闭该对话框，选择【创
建】 ⬚ |【图形】 ⬚ |【样条线】|【弧】
工具，在【左】视图中创建一个圆弧，在
【参数】卷展栏中将【半径】、【从】、
【到】分别设置为1、278、260，如图3.75
所示。

07 确认该对象处于选中状态，切换至【修改】
命令面板中，在修改器下拉列表中选择
【挤出】修改器，在【参数】卷展栏中将

【数量】设置为150，并在视图中调整该对
象的位置，效果如图3.76所示。

图3.74 选择贴图文件

图3.75 创建圆弧

图3.76 添加【挤出】修改器

08 在工具栏中的【捕捉开关】按钮上右击鼠标，在弹出的对话框中仅勾选【轴心】复选框，将该对话框关闭，按S键打开捕捉开关，选择【创建】 ⚹ |【几何体】 ◯ |【球体】工具，在【左】视图中创建一个球体，在【参数】卷展栏中将【半径】设置为1.3，将【分段】设置为20，如图3.77所示。

09 按S键关闭捕捉，继续选中该对象，激活【顶】视图，在工具栏中单击【镜像】按钮 ⚆，在弹出的对话框中单击【X】单选按钮，将【偏移】设置为-150，在【克隆当前选择】选项组中单击【复制】单选按钮，如图3.78所示。

图3.77 创建球体

图3.78 设置镜像参数

10 设置完成后，单击【确定】按钮，在视图中选择除长方体外的其他对象，在菜单栏中单击【组】按钮，在弹出的下拉列表中选择【组】命令，在弹出的对话框中将【组名】设置为【支架001】，如图3.79所示。

11 设置完成后，单击【确定】按钮，确认该对象处于选中状态，按M键，在弹出的对话框中选择一个新的材质样本球，将其命名为【黑色塑料】，在【Blinn基本参数】卷展栏中将【环境光】和【漫反射】的RGB值设置为（50、50、50），在【反射高光】选项组中将【高光级别】和【光泽度】设置为51和53，如图3.80所示。

图3.79 将对象成组

图3.80 设置Blinn基本参数

12 设置完成后，单击【将材质指定给选定对象】按钮和【视口中显示明暗处理材质】按钮，将该对话框关闭，激活【前】视图，在工具栏中单击【镜像】按钮，在弹出的对话框中单击【Y】单选按钮，将【偏移】设置为-230，单击【复制】单选按钮，如图3.81所示。

图3.81　设置镜像参数

13 设置完成后，单击【确定】按钮，选择【创建】 |【几何体】 |【圆柱体】工具，在【顶】视图中创建圆柱体，将其命名为【支架003】，在【参数】卷展栏中将【半径】、【高度】、【高度分段】分别设置为2、320、1，如图3.82所示。

14 按S键打开捕捉开关，使用【圆柱体】工具在【顶】视图中捕捉前面所绘制的圆柱体的轴心，再创建一个圆柱体，将其命名为【支架004】，在【参数】卷展栏中将【半径】、【高度】分别设置为3、5，如图3.83所示。

图3.82　创建圆柱体

图3.83　再次创建圆柱体

15 按S键关闭捕捉开关，在视图中调整两个圆柱体的位置，调整后的效果如图3.84所示。

16 选择【创建】 |【图形】 |【样条线】|【线】工具，在【前】视图中创建样条线，将其命名为【线】，如图3.85所示。

17 切换至【修改】命令面板中，将当前选择集定义为【顶点】，在视图中调整顶点的位置，调整完成后，在【渲染】卷展栏中勾选【在渲染中启用】和【在视口中启用】复选框，单击【径向】单选按钮，将【厚度】设置为0.3，如图3.86所示。

18 关闭当前选择集，确认该对象处于选中状态，按住Ctrl键在视图中选择【支架004】对象，按M

键，在弹出的对话框中选择【黑色塑料】
材质样本球，单击【将材质指定给选项对
象】按钮，如图3.87所示。

图3.84　调整圆柱体的位置

图3.85　创建样条线

图3.86　调整顶点

图3.87　为选中对象添加材质

19 将该对话框关闭，选择【创建】　　【图
形】　　【样条线】|【线】工具，在【前】
视图中创建样条线，在【渲染】选项组中
取消勾选【在渲染中启用】和【在视口中
启用】复选框，如图3.88所示。

图3.88　创建样条线

20 切换至【修改】命令面板中，在修改器下
拉列表中选择【倒角】修改器，在【倒角
值】卷展栏中将【级别1】下的【高度】和
【轮廓】都设置为0.5，勾选【级别2】复
选框，将【高度】设置为1，勾选【级别
3】复选框，将【高度】设置为0.5，将【轮
廓】设置为-0.5，如图3.89所示。

21 选择【创建】　　【图形】　　【样条线】
|【线】工具，在【前】视图中创建样条
线，如图3.90所示。

图3.89 添加【倒角】修改器

图3.90 创建样条线

22 切换至【修改】命令面板中，在修改器下拉列表中选择【倒角】修改器，使用前面所设置的参数即可，效果如图3.91所示。

图3.91 添加【倒角】修改器

23 选择【创建】 ☀ |【几何体】 ◯ |【圆柱体】工具，在【顶】视图中创建圆柱体，在【参数】卷展栏中将【半径】、【高度】分别设置为2、1，如图3.92所示。

图3.92 创建圆柱体

24 使用【选择并移动】工具在视图中调整对象的位置，调整完成后，在视图中选择图3.93所示的对象。

图3.93 调整对象的位置并选择对象

25 在菜单栏中选择【组】|【组】命令，在弹出的对话框中将【组名】设置为【底部支架001】，如图3.94所示。

26 设置完成后，单击【确定】按钮，继续选中成组后的对象，切换至【层次】命令面板中，在【调整轴】卷展栏中单击【仅影响轴】按钮，然后在视图中调整轴位置，如图3.95所示。

图3.94 设置组名

图3.95 调整轴位置

27 再次单击【仅影响轴】按钮将其关闭,激活【顶】视图,在菜单栏中选择【工具】|【阵列】命令,在弹出的对话框中将【Z】轴下的【旋转】设置为120,在【对象类型】选项组中选择【复制】单选按钮,在【阵列维度】选项组中将【1D】数量设置为3,如图3.96所示。

28 设置完成后,单击【确定】按钮,在视图中选中所有的底部支架和支架003对象,按M键,在弹出的对话框中选择一个新的材质样本球,将其命名为【金属】,在【明暗器基本参数】卷展栏中将明暗器类型设置为【(M)金属】,在【金属基本参数】卷展栏中单击【环境光】左侧的⊏按钮,取消【环境光】与【漫反射】的锁定,将【环境光】的RGB值设置为(0、0、0),将【漫反射】的RGB值设置为(255、255、255),在【反射高光】选项组中将【高光级别】和【光泽度】分别设置为100和86,如图3.97所示。

图3.96 设置阵列参数

图3.97 设置金属基本参数

29 在【贴图】卷展栏中,单击【反射】右侧的【无】按钮,在弹出的【材质/贴图浏览器】对话框中选择【位图】选项,如图3.98所示。

30 单击【确定】按钮,在弹出的对话框中选择随书附带光盘中的"Metal01.tif"贴图文件,如图3.99所示。

31 单击【打开】按钮,在【坐标】卷展栏中将【瓷砖】下的【U】、【V】都设置为0.5,将【模糊偏移】设置为0.09,如图3.100所示。

32 设置完成后,将材质指定给选定对象并在视口中显示,将该对话框关闭,按8键,在弹出的对话框中选择【环境】选项卡，在【公用参数】卷展栏中单击【环境贴图】下的【无】按钮，在弹出的对话框中选择【位图】选项，如图3.101所示。

图3.98 选择【位图】选项

图3.99 选择贴图文件

图3.100 设置坐标参数

图3.101 选择【位图】选项

33 单击【确定】按钮，在弹出的对话框中选择随书附带光盘中的"售楼大厅.jpg"贴图文件，如图3.102所示。

图3.102 选择贴图文件

34 单击【打开】按钮，按M键打开材质编辑器，在【环境和效果】对话框中选择【环境贴图】下的材质，按住鼠标将其拖曳至一个新的材质样本球上，在弹出的对话框中单击【实例】单选按钮，如图3.103所示。

35 单击【确定】按钮，在【坐标】卷展栏中将【贴图】设置为【屏幕】，如图3.104所示。

36 设置完成后，将【材质编辑器】对话框与【环境和效果】对话框关闭，激活【透视】视图，在菜单栏中选择【视图】|【视口背景】|【环境背景】命令，如图3.105所示。

图3.103 复制材质

图3.104 设置贴图类型

图3.105 选择【环境背景】命令

37 按F10键，在弹出的对话框中选择【公用】选项卡，在【公用参数】卷展栏中的【输出大小】选项组中将输出类型设置为【35mm

1.37:1学院（电影）】，如图3.106所示。

图3.106 设置输出类型

38 关闭该对话框，选择【创建】【摄影机】【目标】工具，在【顶】视图中创建一架摄影机，激活【透视】视图，按C键将其转换为摄影机视图，切换至【修改】命令面板中，在【参数】卷展栏中将【镜头】设置为33.179，然后在其他视图中调整摄影机的位置，效果如图3.107所示。

图3.107 创建摄影机并进行调整

39 按Shift+C快捷键将摄影机进行隐藏，选择【创建】【几何体】【平面】工具，在【顶】视图中绘制一个平面，将其命名为【地面】，在【参数】卷展栏中将【长度】、【宽度】都设置为800，如图3.108所示。

40 选中该对象，使用【选择并移动】工具在视图中调整其位置，在该对象上右击鼠标，在弹出的快捷菜单中选择【对象属性】命令，如图3.109所示。

图3.108　创建平面

图3.109　选择【对象属性】命令

41 在弹出的对话框中选择【常规】选项卡，在【显示属性】选项组中勾选【透明】复选框，如图3.110所示。

图3.110　勾选【透明】复选框

42 单击【确定】按钮，确认该对象处于选中状态，按M键，在弹出的对话框中选择一个空白的材质样本球，将其命名为【地面】，单击【Standard】按钮，在弹出的对话框中选择【无光/投影】选项，如图3.111所示。

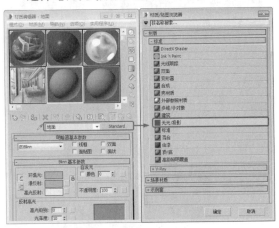

图3.111　选择【无光/投影】选项

43 单击【确定】按钮，将该材质指定给选定对象即可，将该对话框关闭，选择【创建】 **|**【灯光】 **|**【标准】**|**【泛光】工具，在【顶】视图中创建泛光灯，在【常规参数】卷展栏中勾选【阴影】选项组中的【启用】和【使用全局设置】复选框，在【强度/颜色/衰减】卷展栏中将【倍增】设置为0.35，如图3.112所示。

图3.112　创建泛光灯并调整其参数

44 使用【选择并移动】工具在视图中调整泛光灯的位置，调整后的效果如图3.113所示。

图3.113 调整泛光灯的位置

45 选择【创建】|【灯光】|【标准】|【天光】工具，在【顶】视图中创建天光，切换到【修改】命令面板，在【天光参数】卷展栏中勾选【投射阴影】复选框，如图3.114所示。

图3.114 创建天光

46 至此，支架展板就制作完成了，对完成后的场景进行渲染并保存即可。

3.9 课后练习

1. 简述一下精确创建三维模型的方法。
2. 简述一下塌陷堆栈的作用。

第4章
二维图形建模方法

二维图形是指由一条或多条样条线构成的平面图形，二维图形建模是三维造型的基础，一些使用三维建模无法制作的模型，可以通过使用二维图形并施加修改器来制作，本章将来介绍一下二维图形的建模方法，以及将二维图形转换为三维模型的修改器。

4.1 二维建模的意义

在实际操作中，二维图形是三维模型建立的一个重要的基础。二维图形在制作中有以下用途。

【作为平面和线条物体】对于封闭的图形，加入网格物体编辑修改器，可以将它变为无厚度的薄片物体，用作地面、文字图案、广告牌等，也可以对它进行点面的加工，产生曲面造型；并且，设置相应的参数后，这些图形也可以渲染，默认情况下以一个星形作为截面，产生带厚度的实体，并且可以指定贴图坐标，如图4.1所示。

图4.1 创建平面和线条物体，并为其施加修改器后的效果

作为【挤出】、【车削】等加工成型的截面图形可以经过【挤出】修改，增加厚度，产生三维框，【车削】将曲线图形进行中心旋转放样，产生三维模型，图4.2所示为对样条曲线添加【车削】修改器的效果。

图4.2 对样条线添加车削后的效果

【作为放样物体使用的曲线】在放样过程中，使用的曲线都是图形，它们可以作为路径、截面图形，如图4.3所示为放样图形后并使用【缩放】命令调整的效果。

图4.3　使用二维图形进行放样

【作为运动的路径】图形可以作为物体运动时的运动轨迹，使物体沿着它进行运动，如图4.4所示。

图4.4　使用二维图形作为运动路径

4.2　二维对象的创建

2D图形的创建是通过【创建】 |【图形】 面板下的选项实现的，

【创建图形】面板如图4.5所示。大多数的曲线类型都有共同的设置参数，如图4.6所示。下面对各项通用参数的功能进行介绍。

图4.5 【创建图形】命令面板

图4.6 图形的通用参数

★ 【渲染】卷展栏：用来设置曲线的可渲染属性。

● 在渲染中启用：选中此复选框，可以在视图中显示渲染网格的厚度。

● 在视口中启用：选中该复选框，可以使设置的图形作为3D网格显示在视口中（该选项对渲染不产生影响）。

● 使用视口设置：控制图形按视图设置进行显示。

● 生成贴图坐标：对曲线指定贴图坐标。

● 视口：基于视图中的显示来调节参数（该选项对渲染不产生影响）。当【显示渲染网格】和【使用视口设置】两个复选框被选中时，该选项可以被选中。

● 渲染：基于渲染器来调节参数，当选中【渲染】单选按钮时，图形可以根据【厚度】参数值来渲染图形。

● 厚度：设置曲线渲染时的粗细大小。

● 边：设置可渲染样条曲线的边数。

● 角度：调节横截面的旋转角度。

★ 【插值】卷展栏：用来设置曲线的光滑程度。

● 步数：设置两顶点之间由多少个直线片段构成曲线，值越高，曲线越光滑。

● 优化：自动检查曲线上多余的【步数】片段。

● 自适应：自动设置【步数】数值，以产生光滑的曲线，直线的【步数】设置为0。

★ 【键盘输入】卷展栏：使用键盘方式建立，只要输入所需要的坐标值、角度值及参数值即可，不同的工具会有不同的参数输入方式。

另外，除了【文本】、【截面】和【星形】工具之外，其他的创建工具都有一个【创建方法】卷展栏，该卷展栏中的参数需要在创建对象之前选择，这些参数一般用来确定是以边缘作为起点创建对象，还是以中心作为起点创建对象。只有【弧】工具的两种创建方式与其他对象有所不同。

4.2.1 线

【线】工具可以绘制任何形状的封闭或开放型曲线（包括直线），如图4.7所示。

图4.7 线条

01 选择【创建】|【图形】|【样条线】|【线】工具，在视图中单击鼠标确定线条的第一个节点。

02 移动鼠标到达想要结束线段的位置，单击鼠标创建一个节点，单击鼠标右键结束直线段的创建。

提示

在绘制线条时,当线条的终点与第一个节点重合时,系统会提示你是否关闭图形,单击【是】按钮时,即可创建一个封闭的图形;如果单击【否】按钮,则继续创建线条。在创建线条时,通过按住鼠标拖动,可以创建曲线。

在命令面板中,【线】拥有自己的参数设置,如图4.8所示,这些参数需要在创建线条之前选择。【线】的【创建方法】卷展栏中各项目的功能说明如下。

图4.8 【创建方法】卷展栏

★ 初始类型:设置单击鼠标后,拖曳出的曲线类型,包括【角点】和【平滑】两种,可以绘制出直线和曲线。

★ 拖动类型:设置按压并拖动鼠标时引出的曲线类型,包括【角点】、【平滑】和【Bezier】3种,贝赛尔曲线是最优秀的曲度调节方式,通过两个滑杆来调节曲线的弯曲。

4.2.2 圆形

【圆】工具用来建立圆形,如图4.9所示。

图4.9 圆形

选择【创建】 ※ |【图形】 ❶ |【样条线】|【圆】工具,然后在场景中按住鼠标左键拖动来创建圆形。在【参数】卷展栏中只有一个半径参数可设置,如图4.10所示。

★ 半径:设置圆形的半径大小。

图4.10 【参数】卷展栏

4.2.3 弧形

【弧】工具用来制作圆弧曲线和扇形,如图4.11所示。即可在视图中创建弧形曲线或扇形图形。

图4.11 弧形

01 选择【创建】 ※ |【图形】 ❶ |【样条线】|【弧】工具,在视图中单击并拖动鼠标,拖出一条直线。

02 到达一定的位置后松开鼠标,移动并单击确定圆弧的半径。

当完成对象的创建之后,可以在命令面板中对其参数进行修改。其参数卷展栏如图4.12、图4.13所示。

图4.12 【弧】的【创建方法】卷展栏

图4.13 【参数】卷展栏

【弧】工具的各项功能说明如下。

★ 【创建方法】卷展栏

● 端点-端点-中央:这种建立方式是先引出一条直线,以直线的两端点作为弧的两端点，然后移动鼠标，确定弧长。

● 中心-端点-端点：这种建立方式是先引出一条直线，作为圆弧的半径，移动鼠标，确定弧长，这种建立方式对扇形的建立非常方便。

★ 【参数】卷展栏

● 半径：设置圆弧的半径大小。

● 从/到：设置弧起点和终点的角度。

● 饼形切片：打开此选项，将建立封闭的扇形。

● 反转：将弧线方向反转。

4.2.4 文本

【文本】工具可以直接产生文字图形，在中文Windows平台下可以直接产生各种字体的中文字形，字形的内容、大小、间距都可以调整，在完成了动画制作之后，仍可以修改文字的内容。

选择【创建】❋|【图形】|【样条线】|【文本】工具，在【参数】卷展栏中的文本框中输入文本，然后在视图中直接单击鼠标即可创建文本图形，如图4.14所示。在【参数】卷展栏中可以对文本的字体、字号、间距及文本的内容进行修改，【文本】工具的【参数】卷展栏如图4.15所示。

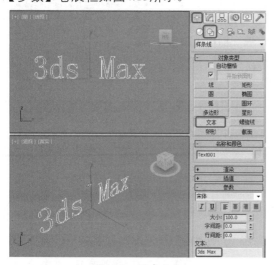

图4.14 创建文本

【参数】卷展栏中各项目的功能说明如下所述。

★ 大小：设置文字的大小尺寸。

★ 字间距：设置文字之间的间隔距离。

★ 行间距：设置文字行与行之间的距离。

★ 文本：用来输入文本文字。

★ 更新：设置修改参数后，视图是否立刻进行更新显示。遇到大量的文字处理时，为加快显示速度，可以打开【手动更新】设置，自行指示更新视图。

图4.15 【参数】卷展栏

4.2.5 矩形

【矩形】工具是经常用到的一个工具，它可以用来创建矩形，如图4.16所示。

图4.16 创建矩形

创建矩形与创建圆形时的方法基本一样，都是通过拖动鼠标来创建。在【参数】卷展栏中包含3个常用参数，如图4.17所示。

图4.17 【参数】卷展栏

矩形【参数】卷展栏中各项目的功能说明如下。

★ 长度/宽度：设置矩形长宽值。

★ 角半径：设置矩形的四角是直角还是有弧度的圆角。

提示

创建矩形，配合Ctrl键可以创建正方形。

4.2.6 椭圆

【椭圆】工具可以用来绘制椭圆形，如图4.18所示。

图4.18　创建椭圆形

同圆形的创建方法相同，只是椭圆形使用【长度】和【宽度】两个参数来控制椭圆形的大小形态，其【参数】卷展栏如图4.19所示。

图4.19　【参数】卷展栏

4.2.7 圆环

【圆环】工具可以用来制作同心的圆环，如图4.20所示。

图4.20　圆环

圆环的创建要比圆形麻烦一点，它相当于创建两个圆形，下面我们来创建一个圆环。

01 选择【创建】|【图形】|【样条线】|【圆环】工具，在视图中单击并拖动鼠标，拖曳出一个圆形后放开鼠标。

02 再次移动鼠标指针，向内或向外再拖曳出一个圆形，单击鼠标完成圆环的创建。

在【参数】卷展栏中圆环有两个半径参数（半径1、半径2），分别对两个圆形的半径进行设置，如图4.21所示。

图4.21　【圆环】的【参数】卷展栏

4.2.8 星形

【星形】工具可以建立多角星形，尖角可以钝化为圆角，制作齿轮图案；尖角的方向可以扭曲，产生倒刺状矩齿；参数的变换可以产生许多奇特的图案，因为它是可以渲染的，所以即使交叉，也可以用作一些特殊的图案花纹，如图4.22所示。

图4.22　星形

星形创建方法如下所述。

01 选择【创建】|【图形】|【样条线】|【星形】工具，在视图中单击并拖动鼠标，拖曳出一级半径。

02 松开鼠标左键后，再次拖到鼠标指针，拖曳出二级半径，单击完成星形的创建。

星形【参数】卷展栏如图4.23所示。

图4.23　【参数】卷展栏

★ 半径1/半径2：分别设置星形的内径和外径。

★ 点：设置星形的尖角个数。

★ 扭曲：设置尖角的扭曲度。

★ 圆角半径1/圆角半径2：分别设置尖角的内外倒角圆半径。

4.3 建立二维复合造型

单独使用以上介绍的工具一次只可以制作一个特定的图形，如圆形、矩形等。当我们需要创建一个连接并嵌套的复合图形时，则需要在【创建】 ※ |【图形】 ⚪ 命令面板中将【对象类型】卷展栏中的【开始新图形】复选框取消选中。在这种情况下，创建圆形、星形、矩形及椭圆形等图形时，将不再创建单独的图形，而是创建一个复合图形，它们共用一个轴心点，也就是说，无论创建多少图形，都将作为一个图形对待，如图4.24所示。

图4.24 制作复合图形

提示

当需要重新创建一个独立的图形时，不要忘了将【开始新图形】按钮前的复选框勾选。

4.4 二维编辑修改器——编辑样条线

通常，直接使用【图形】工具创建的二维图形不能够直接生成三维物体，需要对它们进行编辑修改才可转换为三维物体。在对二维图形进行编辑修改时，【编辑样条线】修改器是我们的首选工具，它为我们提供了对顶点、分段、样条线3个次级物体级别的编辑修改，如图4.25所示。

在对使用【线】工具绘制的图形进行编辑修改时，可以不必为其指定【编辑样条线】修改器，因为它本身包含了与【编辑样条线】相同的参数和命令，不同的是，它还保留一些基本参数的设置，如【渲染】参数、【插值】等参数，如图4.26所示。

图4.25 【编辑样条线】修改器

图4.26 【线】的编辑修改器

下面我们分别对【编辑样条线】修改器的3个次级别物体的修改进行讲解。

4.4.1　【顶点】选择集的修改

在对二维图形进行编辑修改时，最基本、最常用的就是对【顶点】选择集的修改。通常会对图形进行添加点、移动点、断开点、连接点等操作，以至调整到我们所需的形状。

下面我们通过对矩形指定【编辑样条线】修改器来学习【顶点】选择集的修改方法，以及常用的修改命令。

01 选择【创建】✳|【图形】◯|【样条线】|【矩形】工具，在【前】视图中创建一个矩形。

02 切换到【修改】命令面板，在【修改器列表】中选择【编辑样条线】修改器，在修改器堆栈中定义当前选择集为【顶点】。

03 在【几何体】卷展栏中单击【优化】按钮，然后在矩形线段的适当位置上单击鼠标左键，为矩形添加顶点，如图4.27所示。

图4.27　为矩形添加顶点

04 添加完顶点后，单击【优化】按钮，或者在视图中单击鼠标右键关闭【优化】按钮，在工具栏中选择【选择并移动】工具，在顶点处右击鼠标，在弹出的对话框中选择相应的调整工具，如图4.28所示，将其调整至图4.29所示的形状。

图4.28　通过移动顶点来改变矩形的形状

图4.29　调整后的形状

当在选择的顶点上单击鼠标右键时，在弹出的快捷菜单中的【工具1】区内可以看到点的5种类型：【Bezier角点】、【Bezier】、【角点】、【平滑】以及【重置切线】，如图4.30所示。其中被勾选的类型是当前选择点的类型。

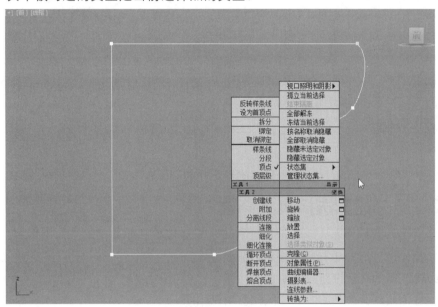

图4.30　顶点包含的类型

每一种类型的功能说明如下。

★ Bezier角点：这是一种比较常用的节点类型，通过分别对它的两个控制手柄进行调节，可以灵活地控制曲线的曲率。

★ Bezier：通过调整节点的控制手柄来改变曲线的曲率，以达到修改样条曲线的目的，它没有【Bezier角点】调节起来灵活。

★ 角点：使各点之间的【步数】按线性、均匀方式分布，也就是直线连接。

★ 平滑：该属性决定了经过该节点的曲线为平滑曲线。

★ 重置切线：在可编辑样条线【顶点】层级时，可以使用标准方法选择一个和多个顶点并移动它们。 如果顶点属于【Bezier】或【Bezier 角点】类型，还可以移动和旋转控制柄，进而影响在顶点连接的任何线段的形状。还可以使用切线复制/粘贴操作在顶点之间复制和粘贴控制柄，同样也可以使用【重置切线】重置控制柄或在不同类型之间切换。

提示

在一些二维图形中最好将一些直角处的点类型改为【角点】类型，这有助于提高模型的稳定性。

101

在对二维图形进行编辑修改时，除了经常用到【优化】按钮外，还有一些比较常用的命令，如下所述。

★ 连接：连接两个断开的点。

★ 断开：使闭合图形变为开放图形。通过【断开】使点断开，先选中一个节点后单击【断开】按钮，此时单击并移动该点，会看到线条被断开。

★ 插入：该功能与【优化】按钮相似，都是加点命令，只是【优化】是在保持原图形不变的基础上增加节点，而【插入】是一边加点一边改变原图形的形状。

★ 设为首顶点：第一个节点是用来标明一个二维图形的起点，在放样设置中各个截面图形的第一个节点决定【表皮】的形成方式，此功能就是使选中的点成为第一个节点。

> 提示
>
> 在开放图形中只有两个端点中的一个才能被改为第一个节点。

★ 焊接：此功能可以将两个断点合并为一个节点。

★ 删除：删除节点。

> 提示
>
> 在删除节点时，使用Delete键更方便一些。

★ 锁定控制柄：这一选项只对【Bezier节点】和【Bezier角点】生效。选择该选项，当选择多个节点时，移动其中一个节点的控制手柄，其他节点的控制手柄也相应变动。当节点的类型为【Bezier角点】时，选择【相似】时，只有同一侧的手柄变动；激活【全部】时，移动一侧的手柄时，所有选中节点的两个手柄都跟着变动。

4.4.2 【分段】选择集的修改

【分段】是连接两个节点之间的边线，当你对线段进行变换操作时，也相当于在对两端的点进行变换操作。下面对【分段】常用的命令按钮进行介绍。

★ 断开：将选择的线断打断，类似点的打断。

★ 优化：与【顶点】选择集中的【优化】功能相同。

★ 拆分：通过在选择的线段上加点，将选择的线段分成若干条线段，通过在其后面的文本框中输入要加入节点的数值，然后单击该按钮，即可将选择的线段细分为若干条线段。

★ 分离：将当前选择的段分离。

4.4.3 【样条线】选择集的修改

【样条线】级别是二维图形中另一个功能强大的次物体修改级别，相连接的线段即为一条样条曲线。在样条曲线级别中，【轮廓】与【布尔】运算的设置最为常用，尤其是在建筑效果图的制作当中，如图4.31所示。

> 提示
>
> 创建轮廓可以有3种方法：一是先选择样条曲线，然后在【轮廓】输入框中输入数值，并单击【轮廓】按钮；第二是先选择样条曲线，然后调节【轮廓】输入框后的微调按钮；第三种方法是先单击【轮廓】按钮，然后在视图中的样条曲线上单击并拖动鼠标设置轮廓。

图4.31 为样条曲线设置轮廓并指定挤出修改器可以制作墙体

4.5 二维物体的布尔运算

【布尔】运算类似于传统的雕刻建模技术，因此，布尔运算建模是许多建模者常用，也非常喜欢使用的技术。通过使用基本几何体，可以快速、容易地创建任何非有机体的对象。

将当前选择集定义为【样条线】，在【几何体】参数卷展栏中的【布尔】运算命令可以将两个原样条曲线结合在一起。

布尔运算可以让两个重叠、封闭、非自交的图形通过数学逻辑运算来产生新的图形。

下面我们通过一个小练习来学习布尔运算的使用。

01 打开3ds Max 2015软件，选择【创建】|【图形】|【样条线】|【矩形】工具，在【前】视图中创建一个【长度】和【宽度】分别为50、200的矩形，如图4.32所示。

图4.32 创建矩形

02 选择【创建】 ※|【图形】 ⚪ |【样条线】|【圆】工具，在【前】视图中创建一个【半径】为50的圆形，如图4.33所示。

图4.33 创建圆形

03 选择矩形对象，切换到【修改】命令面板 ⚙ ，在【修改器列表】中选择【编辑样条线】修改器，在【几何体】卷展栏中单击【附加】按钮，然后在视图中选择【圆形】，如图4.34所示。

图4.34 附加【圆形】

04 单击【附加】按钮将其关闭，然后在修改器堆栈中将当前选择集定义为【样条线】。

05 在视图中选择矩形样条曲线，在【几何体】卷展栏中单击【布尔】运算按钮，并在视图中选择圆形样条曲线，完成样条曲线的并集，如图4.35所示。

图4.35 并集布尔运算

06 按Ctrl+Z快捷键恢复布尔运算之前的状态，在【布尔】运算按钮后面选择【差集】按钮，然后单击【布尔】按钮，并在视图中选择圆形图形，完成差集运算，如图4.36所示。

图4.36　差集布尔运算

07 再次按Ctrl+Z快捷键恢复差集之前的状态，在【布尔】运算按钮后面单击【相交】按钮，然后单击【布尔】运算按钮，并在视图中选择图形，完成并集运算，如图4.37所示。

图4.37　交集布尔运算

提示

在对2D图形进行布尔操作之前，应确保源样条曲线满足下列要求。

样条曲线必须是同一型的一部分。在执行布尔操作之前，通常需要将一个型与另一个型相连，使它们合成一个型。

样条曲线必须封闭。

样条曲线本身不能自交。

样条曲线之间必须相互重叠。一个样条曲线完全被另一个样条曲线包围，并不认为是一个重叠的样条曲线。

4.6 生成三维对象

在前面几节的内容中讲述了有关基本2D造型的创建，以及在选择集基础上的编辑修改，但是如何将这些经过编辑修改的对象变成一个栩栩如生的3D模型呢？在这一节中将主要使用编辑修改器列表中的几个常用的2D编辑修改器来实现这一梦想。

4.6.1　挤出建模

【挤出】修改器用于将一个样条曲线图形增加厚度，挤成三维实体，如图4.38所示，这是一个非常常用的建模方法，它也是一个物体转换模块，可以进行面片、网格物体、NURBS物体3类模型的输出。

图4.38　挤出三维实体

【挤出】修改器的【参数】卷展栏中各项目的功能说明如下。

★ 数量：设置挤出的深度。

★ 分段：设置挤出厚度上的片段划分数。

★ 封口始端：在顶端加面封盖物体。

★ 封口末端：在底端加面封盖物体。

★ 变形：用于变形动画的制作，保证点面恒定不变。

★ 栅格：对边界线进行重排列处理，以最精简的点面数来获取优秀的造型。

★ 面片：将挤出物体输出为面片模型，可以使用【编辑面片】修改命令。

★ 网格：将挤出物体输出为网格模型，可以使用【编辑网格】修改命令。

★ NURBS：将挤出物体输出为NURBS模型。

★ 生成贴图坐标：将贴图坐标应用到挤出对象中。默认设置为禁用状态。

★ 真实世界贴图大小：控制应用于该对象的纹理贴图材质所使用的缩放方法。缩放值由位于应用材质的【坐标】卷展栏中的【使用真实世界比例】设置控制。

默认设置为启用。

★ 生成材质ID：将不同的材质ID指定给挤出对象侧面与封口。特别是，侧面ID为3，封口ID为1和2。

★ 使用图形ID：将材质ID指定给在挤出产生的样条线中的线段，或指定给在NURBS挤出产生的曲线子对象。

★ 平滑：应用平滑到挤出模型。

下面我们以【齿轮】为例来讲解【挤出】修改器的使用。

01 运行3ds Max 2015软件。选择【创建】｜【图形】｜【样条线】｜【星形】工具，在【顶】视图中创建一个星形，将其命名为【齿轮】，在【参数】卷展栏中设置【半径1】为80，【半径2】为50，【点】为14，【圆角半径1】为19，【圆角半径2】为5，如图4.39所示。

图4.39　创建【星形】图形

02 选择【创建】｜【图形】｜【样条线】｜【圆】工具，在【顶】视图中的星形中心创建一个圆形，在【参数】卷展栏中设置【半径】为10，如图4.40所示。

03 单击【修改】按钮，进入【修改】命令面板，再从【修改器列表】中选择【编辑样条线】修改器，然后在【几何体】卷展栏中单击【附加】按钮，并在【顶】视图中选择前面所创建的【齿轮】图形，选择完成后的图形与当前图形成为一体，如图4.41所示。

图4.40　创建【圆】

图4.41　将两个图形附加在一起

04 在【修改器列表】中选择【挤出】修改器，然后在【参数】卷展栏中将【数量】设置为15，完成的效果如图4.42所示。

图4.42　挤出的效果

4.6.2　车削建模

　　【车削】修改器是通过旋转一个二维图形产生三维造型，效果如图4.43所示，这是非常实用的造型工具，大多数中心放射物体都可以用这种方法完成，它还可以将完成后的造型输出成【面片】造型或NURBS造型。

图4.43 【车削】建模

【车削】修改器的【参数】卷展栏中各项功能说明如下。

★ 度数：设置旋转成型的角度，360度为一个完整环形，小于360度为不完整的扇形。

★ 焊接内核：将中心轴向上重合的点进行精减，以得到结构相对简单的造型，如果要作为变形物体，不能将此项打开。

★ 翻转法线：将造型表面的法线方向反转。

★ 分段：设置旋转圆周上的片段划分数，值越高，造型越光滑。

★ 【封口】选项组：设置封口相关选项。

● 封口始端：将顶端加面覆盖。

● 封口末端：将底端加面覆盖。

● 变形：不进行面的精简计算，以便用于变形动画的制作。

● 栅格：进行面的精简计算，不能用于变形动画的制作。

★ 【方向】选项组：设置旋转中心轴的方向。

● X/Y/Z：分别设置不同的轴向。

★ 【对齐】选项组：设置图形与中心轴的对齐方式。

● 最小：将曲线内边界与中心轴对齐。

● 中心：将曲线中心与中心轴对齐。

● 最大：将曲线外边界与中心轴对齐。

下面我们以一个罗马柱为例，来讲解【车削】修改器的使用。

01 选择【创建】 ※ |【图形】 ◎ |【样条线】|【星形】工具，在【顶】视图中创建星形，在【参数】卷展栏中将【半径1】、【半径2】、【点】、【圆角半径1】和【圆角半径2】分别设置为92、81、30、5.3和7，并将其命名为【柱子】，如图4.44所示。

图4.44 创建星形

02 单击【修改】 ◎ 按钮，在【修改器列表】中选择【挤出】修改器，在【参数】卷展栏中将【数量】设置为1300，效果如图4.45所示。

图4.45 挤出星形

03 选择【创建】 ※ |【图形】 ◎ |【样条线】|【矩形】工具，在【前】视图中创建一个矩形图形，并命名为【柱子底】，将【长度】和【宽度】分段设置为300，如图4.46所示。

图4.46 创建矩形

04 单击【修改】 按钮，在【修改器列表】中选择【编辑样条线】修改器，将当前选择集定义为【顶点】。单击【几何体】卷展栏中的【优化】按钮，在矩形上添加顶点，将其调整为图4.47所示的形状。

图4.47 调整矩形的顶点

05 在【修改器列表】中选择【车削】修改器，在【参数】卷展栏中将【分段】设置为24，在【对齐】选项组中单击【最大】按钮，如图4.48所示。

06 在【前】视图中选择【柱子底】，选择工具栏中的【镜像】 工具，打开【镜像：屏幕 坐标】对话框，将【镜像轴】定义为【Y】，将【偏移】设置为1350，在【克隆当前选择】选项组中选中【复制】单选按钮，单击【确定】按钮，如图4.49所示。

图4.48 施加【车削】修改器

图4.49 镜像复制【柱子底】

07 选择刚刚镜像复制的对象，将其重命名为【柱子顶】，切换到【修改】命令面板 ，在【修改器列表】中选择【编辑样条】线修改器，并将当前选择集定义为【顶点】，将顶点调整为图4.50所示的形状，调整完成后返回到【车削】修改器即可。

图4.50 调整【柱子顶】

4.6.3 倒角建模

【倒角】修改器是对二维图形进行挤出

成形，并且在挤出的同时，在边界上加入线性或弧形倒角，它只能对二维图形使用，一般用来完成文字标志的制作，如图4.51所示。

图4.51　倒角建模

【倒角】修改器卷展栏中各项目的功能说明如下。

★　【倒角值】卷展栏

● 起始轮廓：设置原始图形的外轮廓大小，如果它为0时，将以原始图形为基准，进行倒角制作。

● 级别1/级别2/级别3：分别设置3个级别的【高度】和【轮廓】大小。

★　【参数】卷展栏

● 封口：对造型两端进行加盖控制，如果两端都加盖处理，则为封闭实体。

◆ 始端：将开始封顶加盖截面。

◆ 末端：将结束截面封顶加盖。

● 封口类型：设置顶端表面的构成类型。

◆ 变形：不处理表面，以便进行变形操作，制作变形动画。

◆ 栅：进行表面网格处理，它产生的渲染效果要优于【变形】方式。

● 曲面：控制侧面的曲率、光滑度，以及指定贴图坐标。

◆ 线性侧面：设置倒角内部片段划分为直线方式。

◆ 曲线侧面：设置倒角内部片段划分为弧形方式。

◆ 分段：设置倒角内部的片段划分数，多的片段划分主要用于弧形倒角。

◆ 级间平滑：控制是否将平滑组应用于倒角对象侧面。封口会使用与侧面不同的平滑组。启用此选项后，对侧面应用平滑组，侧面显示为弧状。禁用此选项后，不应用平滑组，侧面显示为平面倒角。

● 避免线相交：对倒角进行处理，但总保持顶盖不被平滑，防止轮廓彼此相交。它通过在轮廓中插入额外的顶点并用一条平直的线段覆盖锐角来实现。

● 分离：设置边之间所保持的距离。最小值为0.01。

以上我们对【倒角】修改器有了一定的了解，下面将通过制作倒角文字来对【倒角】修改器做更深入的了解。

01 选择【创建】 |【图形】 |【样条线】 |【文本】工具，在【参数】卷展栏中的文本框中输入【3ds Max 2015】。将【字体】设置为【方正水柱简体】，将【大小】设置为50，然后在【前】视图中单击鼠标左键创建文字，如图4.52所示。

图4.52　创建文字

02 选择【创建】 ※ |【图形】 ⬚ |【样条线】|【矩形】工具，在【前】视图中创建一个【长度】、
【宽度】分别为120、350的矩形，如图4.53所示。

图4.53 创建矩形

03 在场景中选择文字对象，单击【修改】按钮 ⬚ ，进入【修改】命令面板，在【修改器列表】中
选择【编辑样条线】修改器，单击【几何体】卷展栏下的【附加】按钮，然后在场景中选择矩
形对象，将文字与矩形附加在一起，如图4.54所示。

图4.54 附加矩形

04 参照图4.55所示的参数对文字施加【倒角】修改器。

图4.55 为文字设置倒角

4.7 实例应用：办公椅

本案例将介绍如何制作办公椅，该案例主要通过使用【线】工具来制作办公椅的轮廓，再为绘制的线添加厚度，并为其添加材质，最后添加摄影机、灯光，并设置渲染参数，从而完成办公椅的制作，效果如图4.56所示。

图4.56　办公椅

01 启动Max 2015，新建一个空白场景，选择【创建】 ✱ |【图形】 ◎ |【线】工具，在【前】视图中绘制一条线段，如图4.57所示。

图4.57　绘制线段

02 切换至【修改】命令面板 ☑ 中，将当前选择集定义为顶点，在视图中对顶点进行优化，并调整顶点的位置，效果如图4.58所示。

图4.58　调整顶点的位置

03 关闭当前选择集，将其命名为【支架001】，在【渲染】卷展栏中勾选【在渲染中启用】、【在视口中启用】复选框，单击【径向】单选按钮，将【厚度】设置为85，如图4.59所示。

04 继续选中该对象，按M键，在弹出的对话框中选择一个新的材质样本球，将其命名为【不锈钢】，在【明暗器基本参数】卷展栏中将明暗器类型设置为【（M）金属】，在【金属基本参数】卷展栏中单击按钮,取消【环境光】与【漫反射】的锁定,将【环境光】的RGB值设置为(0、0、0),将【漫反射】的RGB值设置为(255、255、255),将【自发光】设置为5,在【反射高光】选项组中将【高光级别】、【光泽度】分别设置为100、80,如图4.60所示。

图4.59 设置渲染参数

图4.61 选择【位图】选项

图4.62 选择贴图文件

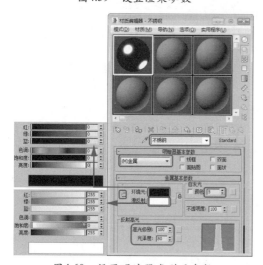

图4.60 设置明暗器类型及参数

05 在【贴图】卷展栏中单击【反射】右侧的【无】按钮,在弹出的对话框中选择【位图】选项,如图4.61所示。

06 单击【确定】按钮,在弹出的对话框中选择随书附带光盘中的"Chromic.jpg"贴图文件,如图4.62所示。

07 单击【打开】按钮,在【参数】卷展栏中将【模糊偏移】设置为0.096,如图4.63所示。

图4.63 设置模糊偏移参数

08 设置完成后，单击【将材质指定给选定对象】按钮，将该对话框关闭，确认该对象处于选中状态，激活【左】视图，在工具栏中单击【镜像】按钮，在弹出的对话框中单击【X】单选按钮，将【偏移】设置为-3760，单击【复制】单选按钮，如图4.64所示。

图4.64 设置镜像参数

09 设置完成后，单击【确定】按钮，选择【创建】|【图形】|【螺旋线】工具，在【顶】视图中创建一条螺旋线，确认该对象处于选中状态，在【参数】卷展栏中将【半径1】、【半径2】、【高度】、【圈数】、【偏移】分别设置53.34、53.34、889、22、0，如图4.65所示。

图4.65 创建螺旋线

10 确认该对象处于选中状态，切换至【修改】

命令面板中，在【渲染】卷展栏中将【厚度】设置为25.4，如图4.66所示。

图4.66 设置厚度

11 在修改器下拉列表中选择【FFD 4×4×4】修改器，将当前选择集定义为【控制点】，在【前】视图中调整控制点的位置，如图4.67所示。

图4.67 添加【FFD 4×4×4】修改器并进行调整

12 关闭当前选择集，继续选中该对象，激活【左】视图，在工具栏中单击【镜像】按钮，在弹出的对话框中单击【X】单选按钮，将【偏移】设置为-2400，单击【复制】单选按钮，如图4.68所示。

图4.68 设置镜像参数

13 设置完成后，单击【确定】按钮，选择【创建】 ▣|【图形】 ▣|【线】工具，在【左】视图中绘制一条直线，如图4.69所示。

图4.69 绘制直线

14 选择【创建】 ▣|【图形】 ▣|【线】工具，取消勾选【开始新图形】复选框，在【左】视图中绘制多条直线，如图4.70所示。

15 继续选中绘制的直线，切换至【修改】命令面板 ▣ 中，在【渲染】卷展栏中将【厚度】设置为30.4，如图4.71所示。

16 使用【选择并旋转】 ▣ 及【选择并移动】工具 ▣，在视图中对选中的直线进行旋转、移动，效果如图4.72所示。

图4.70 绘制其他直线后的效果

图4.71 设置厚度

图4.72 旋转并移动直线后的效果

17 确认该直线处于选中状态，将当前选择集定义为【顶点】，在视图中对顶点进行调整效果，如图4.73所示。

图4.73 调整顶点后的效果

18 调整完成后，使用相同的方法创建其他对象，效果如图4.74所示。

图4.74 创建其他对象后的效果

19 在视图中选择除【支架001】、【支架002】外的其他对象，在菜单栏中选择【组】|【组】命令，如图4.75所示。

提示

如果其他对象不好选择，可在视图中选择【支架001】、【支架002】两个对象，然后按Ctrl+I快捷键进行反选，即可选择除【支架001】、【支架002】外的其他对象。

20 在弹出的对话框中使用其默认名称即可，单击【确定】按钮，按M键，在弹出的对话框中选择一个新的材质样本球，将其命

名为【红色材质】，在【Blinn基本参数】卷展栏中，将【环境光】的RGB值设置为（213、0、0），如图4.76所示。

图4.75 选择【组】命令

图4.76 设置环境光颜色

21 设置完成后，单击【将材质指定给选定对象】按钮，然后将该对话框关闭即可，选择【创建】|【几何体】|【平面】工具，在【顶】视图中绘制一个平面，在【参数】卷展栏中将【长度】、【宽度】都设置为40000，如图4.77所示。

22 使用【选择并移动】工具在视图中调整其位置，调整后的效果如图4.78所示。

23 继续选中该对象，按M键，在弹出的对话框中选择一个新的材质样本球，将其命名为【地面】，在【Blinn基本参数】卷展栏中将【环境光】的RGB值设置为（255、255、255），将【自发光】设置为15，在

【反射高光】选项组中将【高光级别】、【光泽度】分别设置为93、75，如图4.79所示。

图4.77 绘制平面

图4.78 调整平面的位置

图4.79 设置Blinn基本参数

24 在【贴图】卷展栏中将【反射】右侧的【数量】设置为10，然后单击其右侧的【无】按钮，在弹出的对话框中选择【光线跟踪】选项，如图4.80所示。

图4.80 选择【光线跟踪】选项

25 单击【确定】按钮，设置完成后，将材质指定给选定对象即可，将该对话框关闭，选择【创建】 |【摄影机】 |【目标】工具，在【顶】视图中创建一架摄影机，并将其【镜头】设置为57.347，激活【透视】视图，按C键将其转换为摄影机视图，在视图中调整摄影机的位置即可，如图4.81所示。

图4.81 创建摄影机并调整其位置

26 选择【创建】 |【灯光】 |【标准】 |【目标聚光灯】工具，在【左】视图中创建一个目标聚光灯，在【强度/颜色/衰减】卷展栏中将【倍增】设置为0.3，在【聚光灯参数】卷展栏中将【聚光区/光束】、【聚光区/区域】分别设置为0.5、100，如图4.82所示。

图4.82　创建目标聚光灯并进行设置

27 设置完成后，使用【选择并移动】工具
在视图中调整目标聚光灯的位置，调整后的效果如图4.83所示。

图4.83　调整目标聚光灯位置后的效果

28 选择【创建】|【灯光】|【标准】|【天光】工具，在【顶】视图中创建一个天光，在【天光参数】卷展栏中将【倍增】设置为0.8，如图4.84所示。

29 在视图中调整天光的位置，调整后的效果如图4.85所示。

30 按F10键，在弹出的对话框中选择【高级照明】选项卡，在【选择高级照明】卷展栏中将照明类型设置为【光跟踪器】，在【参数】卷展栏中将【附加环境光】的RGB值设置为（22、22、22），如图4.86所示。

31 设置完成后，激活摄影机视图，单击【渲染】按钮即可。

图4.84　创建天光并调整其参数后的效果

图4.85　调整天光的位置

图4.86　设置高级照明参数

4.8 拓展训练：圆锥形路障

本案例将介绍如何制作圆锥形路障，首先要绘制一条样条线作为路障的截面，再为其添加【车削】修改器，使其由二维图形转换为三维对象，再创建圆形及圆角矩形，并为其添加挤出修改器，最后为圆角矩形与车削的对象进行布尔运算，为其指定材质，并创建平面、摄影机、灯光等，从而完成最终效果，效果如图4.87所示。

图4.87 塑料圆锥形路障

01 选择【创建】 |【图形】 |【线】工具，在【前】视图中绘制一条样条线，如图4.88所示。

图4.88 绘制样条线

02 切换至【修改】命令面板 中，将当前选择集定义为【顶点】，在【前】视图中选择样条线上方的顶点，右击鼠标，在弹出

的快捷菜单中选择【Bezier角点】命令，如图4.89所示。

图4.89 选择【Bezier角点】命令

03 转换完成后，使用【选择并移动】工具 在视图中对顶点进行调整，调整完成后，在【插值】卷展栏中将【步数】设置为20，效果如图4.90所示。

图4.90 调整顶点后的效果

04 关闭当前选择集，在修改器下拉列表中选择【车削】修改器，在【参数】卷展栏中设置【分段】参数为55，单击【方向】选项组中的【Y】按钮，在【对齐】选项组中单击【最小】按钮，如图4.91所示。

图4.91 添加车削修改器并进行设置后的效果

05 将当前选择集定义为【轴】，在【前】视图中对车削修改器的轴进行调整，调整后的效果如图4.92所示。

06 关闭当前选择集，在修改器下拉列表中选择【UVW贴图】修改器，在【参数】卷展栏中选中【柱形】单选按钮，在【对齐】选项组中选中【X】单选按钮，并单击【适

配】按钮，如图4.93所示。

图4.92 调整轴位置后的效果

图4.93 添加【UVW贴图】修改器

07 继续选中该对象，切换至【层次】命令面板中，在【调整轴】卷展栏中单击【仅影响轴】按钮，在【对齐】选项组中单击【居中到对象】按钮，如图4.94所示。

08 单击【仅影响轴】按钮，将其关闭，在工具栏中右击【捕捉开关】按钮，在弹出的对话框中仅勾选【轴心】复选框，如图4.95所示。

09 将该对话框关闭，打开捕捉开关，选择【创建】||【图形】|【圆】工具，在【顶】视图中拾取车削对象的轴心作为圆心创建一个圆形，切换到【修改】命令面板，在【插

值】卷展栏中将【步数】设置为20,在【参数】卷展栏中将【半径】设置为100,如图4.96所示。

图4.94 调整轴位置

图4.95 勾选【轴心】复选框

图4.96 创建圆形并进行设置

10 按S键关闭捕捉开关,在修改器下拉列表中选择【挤出】修改器,在【参数】卷展栏中将【数量】设置为5,将【分段】设置为20,如图4.97所示。

图4.97 添加【挤出】修改器并进行设置

11 选择【创建】 |【图形】 |【矩形】工具,在【顶】视图中创建矩形,切换到【修改】命令面板,在【参数】卷展栏中将【长度】和【宽度】都设置为220,将【角半径】设置为40,如图4.98所示。

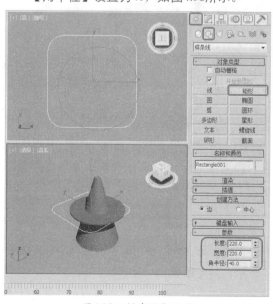

图4.98 创建圆角矩形

12 使用【选择并移动】工具 调整其位置,切换至【修改】命令面板中,在修改器下拉列表中选择【编辑样条线】修改器,将当前选择集定义为【顶点】，在【几何体】卷展栏中单击【优化】按钮，在视图中对样条线进行优化，效果如图4.99所示。

图4.99　添加顶点

13 再次单击【优化】按钮，将其关闭，在视图中对添加的顶点进行调整，调整后的效果如图4.100所示。

图4.100　调整顶点后的效果

14 调整完成后，关闭当前选择集，在修改器下拉列表中选择【挤出】修改器，在【参数】卷展栏中将【数量】设置为10，将【分段】设置为20，如图4.101所示。

15 在视图中调整圆角矩形与圆形的位置，调整后的效果如图4.102所示。

> **提示**
>
> 为了方便后面的操作，在此调整对象位置时，需要将圆角矩形的底部高于【Line001】对象的底部。

图4.101　添加挤出修改器

图4.102　调整圆角矩形与圆形的位置

16 在视图中选择圆角矩形对象，右击，在弹出的快捷菜单中选择【转换为】|【转换为可编辑多边形】命令，如图4.103所示。

图4.103　选择【转换为可编辑多边形】命令

17 在【编辑几何体】卷展栏中单击【附加】按钮，然后在视图中单击选择圆形对象，将其附加在一起，如图4.104所示。

图4.104 选择附加对象

18 附加完成后，再次单击【附加】按钮，将其关闭。在场景中选择【Line001】对象，按Ctrl+V快捷键，在弹出的对话框中选中【复制】单选按钮，如图4.105所示。

图4.105 单击【复制】单选按钮

19 单击【确定】按钮，在视图中选择【Line001】对象，右击，在弹出的快捷菜单中选择【隐藏选定对象】命令，如图4.106所示。

20 在视图中选择附加后的对象，然后选择【创建】 【几何体】 【复合对象】|【ProBoolean】工具，在【拾取布尔对象】卷展栏中单击【开始拾取】按钮，在场景中拾取【Line002】对象，如图4.107所示。

图4.106 选择【隐藏选定对象】命令

图4.107 拾取对象

21 切换至【修改】命令面板 中，在修改器下拉列表中选择【编辑网格】修改器，将当前选择集定义为【元素】，在【顶】视图中选择图4.108所示的元素。

22 并按Delete键将其删除，关闭当前选择集，在视图中右击鼠标，在弹出的快捷菜单中选择【全部取消隐藏】命令，如图4.109所示。

23 取消隐藏【Line001】对象，再次在视图中选择圆角矩形对象，在【编辑几何体】卷展栏中单击【附加】按钮，在场景中拾取【Line001】对象，如图4.110所示。

图4.108 选择元素

图4.109 选择【全部取消隐藏】命令

图4.110 拾取对象

24 再次单击【附加】按钮，将其关闭，确认该对象处于选中状态，将其命名为【圆锥形路障001】，如图4.111所示。

图4.111 为对象命名

25 继续选中该对象，按M键，在弹出的对话框中选择一个新的材质样本球，将其命名为【塑料路障】，在【Blinn基本参数】中将【自发光】设置为30，在【反射高光】选项组中将【高光级别】和【光泽度】分别设置为51、52，如图4.112所示。

图4.112 设置Blinn基本参数

26 在【贴图】卷展栏中单击【漫反射颜色】右侧的【无】按钮，在弹出的对话框中选择【位图】选项，如图4.113所示。

图4.113　选择【位图】选项

27 单击【确定】按钮，在弹出的对话框中选择随书附带光盘中的"圆锥形路障.jpg"贴图文件，如图4.114所示。

图4.114　选择贴图文件

28 单击【打开】按钮，单击【将材质指定给选定对象】按钮 和【视口中显示明暗处理材质】按钮 ，将该对话框关闭，按8键，在弹出的对话框中选择【环境】选项卡，在【公用参数】卷展栏中单击【环境贴图】下的【无】按钮，在弹出的对话框中选择【位图】选项，如图4.115所示。

29 单击【确定】按钮，在弹出的对话框中选择随书附带光盘中的"圆锥形路障背景.jpg"贴图文件，如图4.116所示。

30 单击【打开】按钮，按M键打开材质编辑器，在【环境和效果】对话框中选择【环境贴图】下的材质，按住鼠标将其拖曳至一个新的材质样本球上，在弹出

的对话框中单击【实例】单选按钮，如图4.117所示。

图4.115　选择【位图】选项

图4.116　选择贴图文件

图4.117　复制材质

31 单击【确定】按钮，在【坐标】卷展栏中将【贴图】设置为【屏幕】，如图4.118所示。

图4.118 设置贴图类型

32 设置完成后，将【材质编辑器】对话框与【环境和效果】对话框关闭，激活【透视】视图，在菜单栏中选择【视图】|【视口背景】|【环境背景】命令，如图4.119所示。

图4.119 选择【环境背景】命令

33 选择【创建】|【摄影机】|【目标】工具，在【顶】视图中创建一架摄影机，激活【透视】视图，按C键将其转换为摄影机视图，切换至【修改】命令面板中，在【参数】卷展栏中将【镜头】设置为30，然后在其他视图中调整摄影机的位置，效果如图4.120所示。

34 按Shift+C快捷键将摄影机进行隐藏，选择【创建】|【几何体】|【平面】工具，在【顶】视图中绘制一个平面，将其命名为【地面】，在【参数】卷展栏中将【长度】、【宽度】都设置为1200，如图4.121所示。

图4.120 创建摄影机并进行调整

图4.121 创建平面

35 选中该对象，使用【选择并移动】工具，在视图中调整其位置，在该对象上右击，在弹出的快捷菜单中选择【对象属性】命令，如图4.122所示。

图4.122 选择【对象属性】命令

36 在弹出的对话框中选择【常规】选项卡，在【显示属性】选项组中勾选【透明】复选框，如图4.123所示。

图4.123　勾选【透明】复选框

37 单击【确定】按钮，确认该对象处于选中状态，按M键，在弹出的对话框中选择一个空白的材质样本球，将其命名为【地面】，单击【Standard】按钮，在弹出的对话框中选择【无光/投影】选项，如图4.124所示。

图4.124　选择【无光/投影】选项

38 单击【确定】按钮，将该材质指定给选定对象即可，将该对话框关闭，在视图中对圆锥形路障进行复制，并调整其位置，效果如图4.125所示。

图4.125　复制对象并调整其位置

39 选择【创建】■|【灯光】◢|【标准】|【泛光】工具，在【顶】视图中创建泛光灯，并在其他视图中调整灯光的位置，切换至【修改】命令面板◢，在【强度/颜色/衰减】卷展栏中将【倍增】设置为0.35，如图4.126所示。

图4.126　创建泛光灯并调整其参数

40 选择【创建】■|【灯光】◢|【标准】|【天光】工具，在【顶】视图中创建天光，切换到【修改】命令面板，在【天光参数】卷展栏中勾选【投射阴影】复选框，如图4.127所示。

41 至此，圆锥形路障就制作完成了，对完成后的场景进行渲染并保存即可。

图4.127 创建天光

4.9 课后练习

1. 简述一下建立二维复合造型的方法。

2. 简述一下【倒角】修改器的作用。

第5章
复合对象建模方法

　　复合对象通常将两个或多个现有对象组合成单个对象。在复合对象中，【布尔】和【放样】两种建模方法比较常用，因此，在本章中将对这两种建模方法进行详细的介绍，主要包括【布尔】运算的类型，控制放样对象的表面，以及放样的变形控制器等。

5.1 创建复合对象

选择【创建】【几何体】【复合对象】工具，就可以打开【复合对象】命令面板。

复合对象是将两个以上的物体通过特定的合成方式结合为一个物体。对于合并的过程不仅可以反复调节，还可以表现为动画方式，使一些高难度的造型和动画制作成为可能，复合对象面板如图5.1所示。

图5.1 【复合对象】面板

其中在【复合对象】命令面板中包括以下命令。

★ 变形：变形是一种与2D动画中的中间动画类似的动画技术。【变形】对象可以合并两个或多个对象，方法是插补第一个对象的顶点，使其与另外一个对象的顶点位置相符。

★ 散布：散布是复合对象的一种形式，将所选的源对象散布为阵列，或散布到分布对象的表面。

★ 一致：通过将某个对象（称为包裹器）的顶点投影至另一个对象（称为包裹对象）的表面。

★ 连接：通过对象表面的"洞"连接两个或多个对象。

★ 水滴网格：水滴网格复合对象可以通过几何体或粒子创建一组球体，还可以将球体连接起来，就好像这些球体是由柔软的液态物质构成的一样。

★ 图形合并：创建包含网格对象和一个或多个图形的复合对象。这些图形嵌入在网格中（将更改边与面的模式），或从网格中消失。

★ 布尔：通过对两个对象执行布尔运算将它们组合起来。在3ds Max中，布尔型对象是由两个重叠对象生成的。原始的两个对象是操作对象（A和B），而布尔型对象自身是运算的结果。

★ 地形：通过轮廓线数据生成地形对象。

★ 放样：放样是创建3D对象最重要的方法之一。可以创建作为路径的图形对象以及任意数量的横截面图形。该路径可以成为一个框架，用于保留形成放样对象的横截面。

★ 网格化：以每帧为基准将程序对象转化为网格对象，这样可以应用修改器，如弯曲或UVW贴图。它可用于任何类型的对象，但主要为使用粒子系统而设计。

★ ProBoolean：布尔对象通过对两个或多个其他对象执行布尔运算将它们组合起来。ProBoolean将大量功能添加到传统的3ds Max布尔对象中，如每次使用不同的布尔运算，具有立刻组合多个对象的能力。ProBoolean还可以自动将布尔结果细分为四边形面，这有助于网格平滑和涡轮平滑。

★ ProCutter：主要目的是分裂或细分体积。ProCutter运算结果尤其适合在动态模拟中使用。

> **提示**
>
> 以上介绍的工具中，【布尔】和【放样】工具会经常被用到，本章中会对这两个工具进行详细的介绍。

5.2 使用布尔运算

【布尔】运算类似于传统的雕刻建模技术，因此，布尔运算建模是许多建模者常用、也是非常喜欢使用的技术。通过使用基本几何体，可以快速、容易地创建任何非有机体的对象。

在数学里，【布尔】意味着两个集合之间的比较；而在3ds Max中，是两个几何体次对象集之间的比较。布尔运算是根据两个已有对象定义一个新的对象。

在3ds Max中，根据两个已经存在的对象创建一个布尔组合对象来完成布尔运算。两个存在的对象称为运算对象，进行布尔运算的方法如下所述。

01 打开3ds Max 2015软件，在场景中创建一个球体和圆柱体对象，将它们放置在图5.2所示的位置。

02 在视图中选择创建的圆柱体对象，然后选择【创建】 | 【几何体】 | 【复合对象】|【布尔】工具，即可进入布尔运算模式，在【拾取布尔】卷展栏中单击【拾取操作对象B】按钮，在场景中拾取球体对象，并在【参数】卷展栏的【操作】选项组中选中【差集（B-A）】运算方式，布尔后的效果如图5.3所示。

图5.2　创建球体和圆柱体

图5.3　布尔后的效果

【布尔】运算是对两个以上的物体进行并集、差集、交集和切割运算，得到新的物体形状。下面将通过上面创建的物体介绍4种运算的作用。

5.2.1 【布尔】运算的类型

（1）并集运算

将两个造型合并，相交的部分被删除，成为一个新物体，与【结合】命令相似，但造型结构已发生变化，相对产生的造型复杂度较低。

在视图中选择创建的圆柱体对象，选择【创建】 | 【几何体】 | 【复合对象】|【布尔】工具，在【参数】卷展栏中选中【操作】选项组中的【并集】单选按钮，然后在【拾取布尔】卷展栏中单击【拾取操作

对象B】按钮，在场景中拾取球体对象，得到的效果如图5.4所示。

（2）交集运算

将两个造型相交的部分保留，不相交的部分删除。

在视图中选择创建的圆柱体对象，选择【创建】 | 【几何体】 | 【复合对象】|【布尔】工具，在【参数】卷展栏中选中【操作】选项组中的【交集】单选按钮，然后在【拾取布尔】卷展栏中单击【拾取操作

对象B】按钮，在场景中拾取球体对象，得到的效果如图5.5所示。

图5.4　使用【并集】运算

图5.5　运用【交集】运算

（3）差集运算

将两个造型进行相减处理，得到一种切割后的造型。这种方式对两个物体相减的顺序有要求，会得到两种不同的结果，其中【差集（A-B）】是默认的一种运算方式。

在视图中选择创建的圆柱体对象，选择【创建】　|【几何体】　|【复合对象】|【布尔】工具，在【参数】卷展栏中选中【操作】选项组中的【差集（A-B）】单选按钮，然后在【拾取布尔】卷展栏中单击【拾取操作对象B】按钮，在场景中拾取球体对象，得到的效果如图5.6所示。

图5.6　【差集（A-B）】运算

（4）切割运算

切割布尔运算方式共有4种，包括【优化】、【分割】、【移除内部】和【移除外部】，如图5.7所示。

图5.7　切割运算的4种方式

★ 优化：在操作对象B与操作对象A面的相交之处，在操作对象A上添加新的顶点和边。3ds Max 将采用操作对象B相交区域内的面来优化操作对象A的结果几何体。由相交部分所切割的面被细分为新的面。可以使用此选项来细化包含文本的长方体，以便为对象指定单独的材质ID。

★ 分割：类似于【细化】编辑修改器，不过此种剪切还沿着操作对象B剪切操作对象A的边界添加第二组顶点和边或两组顶点和边。此选项产生属于同一个网格的两个元素。可使用【分割】沿着另一个对象的边界将一个对象分为两个部分。

★ 移除内部：删除位于操作对象B内部的操作对象A的所有面。此选项可以修改和删除位于操作对象B相交区域内部的操作对象A的面。它类似于【差集】操作，不同的是3ds Max不添加来自操作对象B的面。可以使用【移除内部】从几何体中删除特定区域。

★ 移除外部：删除位于操作对象B外部的操作对象A的所有面。此选项可以修改和删除位于操作对象B相交区域外部的操作对象A的面。它类似于【交集】操作，不同的是3ds Max 不添加来自操作对象B的面。可以使用【移除外部】从几何体中删除特定区域。

（5）布尔其他选项

除了上面介绍的几种运算方式之外，在【布尔】命令下还有以下参数设置。

★ 名称和颜色：主要是对布尔后的物体进行命名及设置颜色。

★ 【拾取布尔】卷展栏：选择操作对象B时，根据在【拾取布尔】卷展栏中为布尔对象所提供的几种选择方式，可以将操作对象B指定为参考、移动（对象本身）、复制或实例化，如图5.8所示。

图5.8 【拾取布尔】卷展栏

● 【拾取操作对象B】按钮：此按钮用于选择布尔操作中的第二个对象。

● 参考：将原始物体的参考复制品作为运算物体B，以后改变原始物体时，也会同时改变布尔物体中的运算物体B，但改变运算物体B时，不会改变原始物体。

● 复制：将原始物体复制一个作为运算物体B，不破坏原始物体。

● 移动：将原始物体直接作为运算物体B，它本身将不存在。

● 实例：将原始物体的关联复制品作为运算物体B，以后对两者之一进行修改时都会影响另一个。

★ 【参数】卷展栏：在该卷展栏中主要用

于显示操作对象的名称，以及布尔运算方式，如图5.9所示。

图5.9 【参数】卷展栏

● 操作对象：显示出当前的操作对象的名称。

● 名称：显示运算物体的名称，允许进行名称修改。

● 提取操作对象：此按钮只有在【修改】命令面板中才有效，它将当前指定的运算物体重新提取到场景中，作为一个新的可用物体，包括【实例】和【复制】两种方式，这样进入了布尔运算的物体仍可以被释放回场景中。

★ 【显示/更新】卷展栏：这里控制的是显示效果，不影响布尔运算，如图5.10所示。

图5.10 【显示/更新】卷展栏

● 结果：只显示最后的运算结果。

● 操作对象：显示所有的运算物体。

● 结果+隐藏的操作对象：在视图中显示出

运算结果及隐藏的运算物体,主要用于动态布尔运算的编辑操作,其显示效果与【操作对象】显示效果类似。

● 始终:更改操作对象(包括实例化或引用的操作对象B的原始对象)时立即更新布尔对象。

● 渲染时:仅当渲染场景或单击【更新】按钮时才更新布尔对象。如果采用此选项,则视口中并不始终显示当前的几何体,但在必要时可以强制更新。

● 手动:仅当单击【更新】按钮时才更新布尔对象。如果采用此选项,则视口和渲染输出中并不始终显示当前的几何体,但在必要时可以强制更新。

● 更新:更新布尔对象。如果选择了【始终】,则【更新】按钮不可用。

5.2.2 对执行过布尔运算的对象进行编辑

经过布尔运算后的对象点面分布特别混乱,出错的概率会越来越高,这是由于经布尔运算后的对象会增加很多面片,而这些面是由若干个点相互连接构成的,这样一个新增加的点就会与相邻的点连接,这种连接具有一定的随机性。随着布尔运算次数的增加,对象结构变得越来越混乱。这就要求布尔运算的对象最好有多个分段数,这样可以大大减少布尔运算出错的机会。

如果经过布尔运算之后的对象产生不了需要的结果,可以在【修改】命令面板 中为其添加修改器,然后对其进行编辑修改。

还可以在修改器堆栈上单击鼠标右键,在弹出的快捷菜单中选择要转换的类型,包括【可编辑网格】、【可编辑面片】、【可编辑多边形】和【可变形gPoly】,如图5.11所示,然后对布尔后的对象进行调整即可。

图5.11 选择转换类型

5.3 理解创建放样对象的基本概念

【放样】同布尔运算一样,属于合成对象的一种建模工具。放样建模的原理就是在一条指定的路径上排列截面,从而形成对象的表面,如图5.12所示。

放样对象由两个因素组成:放样路径和放样截面。选择【创建】 ｜【几何体】 命令,在【标准基本体】标签下拉列表中选择【复合对象】选项,即可在【对象类型】卷展栏中看到【放样】工具按钮。当然,这个按钮需要在场景中有被选择的二维图形时才可以被激活,如图5.13所示。

图5.12 截面被排列在一条路径上形成对象表面

图5.14 绘制心形截面图形

图5.13 激活【放样】工具按钮

放样建模的基本步骤是如下所述。

创建资源型，资源型包括路径和截面图形。

选择一个型，在【创建方法】卷展栏中单击【获取路径】或者【获取图形】按钮并拾取另一个型。如果先选择作为放样路径的型，则选取【获取图形】选项，然后拾取作为截面图形的样条曲线。如果先选择作为截面的样条曲线，则选取【获取路径】选项，并拾取作为放样路径的样条曲线。

下面我们使用放样创建一个有厚度且弯曲的心形。

01 选择【创建】|【图形】|【样条线】|【线】工具，在【前】视图中绘制心形，并切换到【修改】命令面板，将当前选择集定义为【顶点】，对心形的顶点进行调整，效果如图5.14所示。

02 调整完成后关闭当前选择集。选择【创建】|【图形】|【样条线】|【弧】工具，在【顶】视图中绘制一条【半径】为2500、【从】为14、【到】为166的弧型，作为放样路径，如图5.15所示。

图5.15 创建一条放样路径

03 确定弧形处于选择状态，选择【创建】|【几何体】|【复合对象】|【放样】工具，在【创建方法】卷展栏中单击【获取图形】按钮，然后在视图中选择作为截面图形的心形，随即产生放样对象，如图5.16所示。

图5.16 使用放样产生有厚度的心形

放样建模中常用的术语包括：图形、路径、截面图形、变形曲线、第一个节点。

★ 图形：在放样建模中包括两种：路径和截面图形。路径形只能包括一个样条曲线，截面可以包括多个样条曲线。但沿同一路径放样的截面图形必须有相同数目的样条曲线。

★ 路径：指定截面图形排列的中心。

★ 截面图形：在指定路径上排列连接产生表面的图形。

★ 变形：通过部分工具改变曲线来定义放样的基本形式。这些曲线允许对放样物体进行修改，从而调整形的比例、角度和大小。

★ 第一个节点：创建放样对象时拾取的第一个截面图形总是首先同路径和第一个节点对齐，然后从第一个节点到最后一个节点拉伸表皮创建对象的表面。如果第一个节点同其他节点不在同一条直线上，放样对象将产生奇怪的扭曲。因为在放样建模中，第一个拾取的截面图形总是同放样路径的第一个点对齐，所以在创建放样路径和截面图形时，总是按照从右到左的顺序。

放样是三维建模中最为强大的一个建模工具，它的参数也比较复杂，如图5.17所示。放样建模中常用的各项参数的功能说明如下。

图5.17 放样参数面板

（1）【创建方法】卷展栏

★ 获取路径：在先选择图形的情况下获取路径。

★ 获取图形：在先选择路径的情况下拾取截面图形。

★ 移动：选择的路径或截面不产生复制品，这意味着点选后的形在场景中不独立存在，其他路径或截面无法再使用。

★ 复制：选择后的路径或截面产生原型的一个复制品。

★ 实例：选择后的路径或截面产生原型的一个关联复制品，关联复制品与原型间相关联，即对原型进行修改时，关联复制品亦随之改变。

（2）【曲面参数】卷展栏

★ 【平滑】选项组

● 平滑长度：沿着路径的长度提供平滑曲面，当路径曲线或路径上的图形更改大小时，这类平滑非常有用，默认设置为启用。

● 平滑宽度：围绕横截面图形的周界提供平滑曲面，当图形更改顶点数或更改外形时，这类平滑非常有用，默认设置为启用，如图5.18所示。

图5.18 平滑设置效果

★ 【贴图】选项组

● 应用贴图：启用和禁用放样贴图坐标。启用【应用贴图】才能访问其余的项目。

● 真实世界贴图大小：控制应用于该对象的纹理贴图材质所使用的缩放方法。缩放值由位于应用材质的【坐标】卷展栏中的【使用真实世界比例】设置控制。默认设置为禁用状态。

● 长度重复：设置沿着路径的长度重复贴图的次数。贴图的底部放置在路径的第一个顶点处。

● 宽度重复：设置围绕横截面图形的周界重复贴图的次数。贴图的左边缘将与每个图形的第一个顶点对齐，为模型设置贴图后的效果如图5.19所示。

图5.19 显示放样U向和V向维度的贴图路线

● 规格化：决定沿着路径长度和图形宽度，路径顶点间距如何影响贴图。启用该选项后，将忽略顶点，将沿着路径长度并围绕图形平均应用贴图坐标和重复值。如果禁用，主要路径划分和图形顶点间距将影响贴图坐标间距，将按照路径划分间距或图形顶点间距成比例地应用贴图坐标和重复值。

★ 【材质】选项组
  ● 生成材质ID：在放样期间生成材质ID。
  ● 使用图形ID：提供使用样条线材质ID来定义材质ID的选择。

提示

图形材质ID用于为道路提供两种材质，即用于支撑物和栏杆的水泥，带有白色通车车道的沥青，如图5.20所示。

图5.20 图形材质ID用于为道路提供两种材质

★ 【输出】选项组：控制放样建模产生哪种类型的物体，包括【面片】和【网格】物体。

  ● 面片：可以让对象产生弯曲的表面，易于操纵对象的细节。

  ● 网格：可以让对象产生多边形的网面。

（3）【路径参数】卷展栏

★ 路径：设置截面图形在路径上的位置。提供【百分比】和【距离】两种方式来控制截面插入的位置。通过输入值或拖动微调器来设置路径的级别。如果【捕捉】处于启用状态，该值将变为上一个捕捉的增量。该路径值依赖于所选择的测量方法。更改测量方法将导致路径值的改变，如图5.21所示。

在该路径的不同位置插入不同的图形

图5.21 在路径的不同位置插入不同的图形

提示

图形ID将从图形横截面继承而来，而不是从路径样条线继承。

★ 捕捉：选择【启用】复选框，打开【捕捉】功能，此功能用来设定每次使用微调按钮调节参数时的间隔。

★ 百分比：将路径级别表示为路径总长度的百分比。

★ 距离：将路径级别表示为路径第一个顶点的绝对距离。

★ 【拾取图形】按钮：用来选取截面，使该截面成为作用截面，以便选取截面或更新截面。

★ 【上一个图形】按钮：转换到上一个截面图形。

★ 【下一个图形】按钮：转换到下一个截面图形。

（4）【蒙皮参数】卷展栏

★ 【封口】选项组：控制放样物体的两端是否封闭。

● 封口始端：控制路径的开始处是否封闭。

● 封口末端：控制路径的终点处是否封闭，如图5.22所示。

禁用封口时放样的路线　　　启用封口时放样的路线

图5.22　对比封口效果

● 变形：按照创建变形目标所需的可预见且可重复的模式排列封口面。变形封口能产生细长的面，与那些采用栅格封口创建的面一样，这些面也不进行渲染或变形。

● 栅格：在图形边界处修剪的矩形栅格中排列封口面。此方法将产生一个由大小均等的面构成的表面，这些面可以被其他修改器很容易地变形。

★ 【选项】选项组：用来控制放样的一些基本参数。

● 图形步数：设置截面图形顶点之间的步幅数。图形步数的大小不同，所得到图形的效果也不同，如图5.23所示。

左：图形步数为0
右：图形步数为4

图5.23　图形步数效果

● 路径步数：设置路径图形顶点之间的步幅数，如图5.24所示。

路径步数设置为1时放样的帧　　　路径步数设置为5时放样的帧

图5.24　路径步数效果

> **提示**
>
> 图形步数的大小，会影响围绕放样周界的边的数目。路径步数的大小会影响放样长度方向的分段的数目。

● 优化图形：设置对图形表面进行优化处理，这样将会自动制定光滑的程度，而不去理会步幅的数值。

● 优化路径：如果启用，则对于路径的直分段，忽略【路径步数】。【路径步数】设置仅适用于弯曲截面。仅在【路径步数】模式下才可用。默认设置为禁用状态。

● 自适应路径步数：对路径进行优化处理，这样将不理会路径步幅值。

● 轮廓：控制截面图形在放样时，自动更正自身角度以垂直路径，得到正常的造型。

● 倾斜：控制截面图形在放样时，依据路径在Z轴上的角度改变而进行倾斜，使它总与切点保持垂直状态。

● 恒定横截面：可以让截面在路径上自行放缩变化，以保证整个截面都有统一的尺寸。

● 线性插值：控制放样对象是否使用线性或曲线插值。

● 翻转法线：反转放样物体的表面法线。

● 四边形的边：如果启用该选项，且放样对象的两部分具有相同数目的边，则将两部分缝合到一起的面将显示为四方形。具有不同边数的两部分之间的边将不受影响，仍与三角形连接，默认设置为禁用。

● 变换降级：使放样蒙皮在子对象图形/路径变换过程中消失。例如，移动路径上的顶点使放样消失。如果禁用，则在子对象变换过程中可以看到蒙皮，默认设置为禁用。

★ 【显示】选项组：控制放样对象的表面是否呈现于所有模型窗口中。

★ 蒙皮：控制透视图之外的视图是否显示出放样后的形状。

★ 明暗处理视图中的蒙皮：如果启用，则忽略【蒙皮】设置，在着色视图中显示放样的蒙皮。如果禁用，则根据【蒙皮】设置来控制蒙皮的显示。默认设置为启用。

> 在放样建模中对路径型的限制只有一个，即作为放样路径只能有一个样条曲线。而对作为放样物体截面图形的样条曲线限制有两个：路径上所有的形必须包含相同数目的样条曲线、有相同的嵌套顺序。

5.4 控制放样对象的表面

一般，在建立放样对象后，不直接在【创建】命令面板中更改其参数，而是进入【修改】命令面板中对放样对象进行各种控制，在修改器堆栈中进入次对象选择集还可以对放样的截面图形和路径进行各种编辑。

5.4.1 编辑放样图形

在修改器面板中，将当前选择集定义为【图形】，会出现【图形命令】卷展栏，如图5.25所示。在卷展栏中可以对放样截面图形进行比较、定位、修改及动画等。

图5.25 【图形】选择集的控制面板

在【图形】选择集中各项目的功能说明如下所述。

★ 路径级别：重新定义路径上的截面图形在路径上的位置。

★ 比较：在放样建模时，常常需要对路径上的截面图形进行节点的对齐或者位置、方向的比较。对于直线路径上的形可以在与路径垂直的一个视图中，一般是在【顶】视图中进行。对于曲线路径上的形，就需要用到【比较】面板。在【图形命令】卷展栏中单击【比较】按钮，在弹出的【比较】对话框左上角有一个【拾取图形】按钮，单击此按钮，然后在放样后的对象上单击选择放样截面图形，便可将放样图形拾取到【比较】对话框中显示，对话框中的十字表示路径。在对话框底部有4个按钮是用来调整视图的工具，【最大化显示】按钮、【平移】按钮、【缩放】按钮和【缩放区域】按钮，如图5.26所示。

图5.26 【比较】面板

★ 【重置】和【删除】：这两个选项用于复位和删除路径上处于选中状态的截面图形。

★ 对齐：在对齐选项组中共有6个选项，主要用来控制路径上截面图形的对齐方式。

● 居中：使截面图形的中心与路径对齐。

● 默认：使选择的截面图形的轴心点与放样路径对齐。

● 左：使选择的截面图形的左面与路径对齐。

● 右：使选择的截面图形的右面与路径对齐。

● 顶：使选择的截面图形的顶部与路径对齐。

● 底：使选择的截面图形的底部与路径对齐。

★ 输出：使用【输出】选项可以制作一个截面图形的复制品或关联复制品。对于截面图形的关联复制品可以应用【编辑样条线】等编辑修改器，对其进行修改以影响放样对象的表面形状。对放样截面图形的关联复制品进行修改，比对放样对象的截面图形直接进行修改更方便，也不会引起坐标系统的混乱。

　　下面通过一个简单的实例来进一步了解【比较】对话框的作用。

01 选择【创建】 【图形】 【样条线】|【星形】工具，在【顶】视图中创建一个星形，切换到【修改】命令面板 ，在【参数】卷展栏中将【半径1】、【半径2】、【点】、【圆角半径1】和【圆角半径2】分别设置为50、25、6、10和2，如图5.27所示。

02 再次使用【星形】工具，在【顶】视图中创建一个【半径1】、【半径2】和【点】分别为40、18、4的四角星形，如图5.28所示。

03 选择【创建】 【图形】 【样条线】|【弧】工具，在【顶】视图中创建一个【半径】为100，【从】为60，【到】为200的弧形，如图5.29所示。

04 确认弧形处于选择状态，然后选择【创建】 【几何体】 【复合对象】|【放样】工具，在【创建方法】卷展栏中单击【获取图形】按钮，然后在视图中选择六角星形截面图形，如图5.30所示。

05 在【路径参数】卷展栏中将【路径】设置为100，再在【创建方法】卷展栏中单击【获取图形】按钮，并在视图中选择四角星形截面图形，如图5.31所示。

06 切换到【修改】命令面板 ，将当前的选择集定义为【图形】，在【图形命令】卷展栏中单击【比较】按钮，打开【比较】对话框，单击【拾取图形】按钮 ，然后在视图中分别拾取放样对象的两个截面图形，可以看到六角星形的第1个节点未与四角星形的第1个节点重合在一起，如图5.32所示。

图5.27 创建六角星形作为截面图形

图5.28 创建四角星形作为截面图形

图5.29 创建放样路径

图5.30 获取图形进行放样

图5.31 在路径100位置处插入四角星形截面图形

图5.32 比较两个截面图形的第1个节点的位置

07 使用【选择并移动】工具，在视图中选择四角星形截面图形，并对星形进行调整，从而将两个截面图形的第1个节点重合，效果如图5.33所示。

图5.33　调整第1节点

5.4.2　编辑放样路径

在编辑修改器堆栈中可以看到【放样】对象包含【图形】和【路径】两个次对象选择集，选择【路径】便可以进入到放样对象的路径次对象选择集进行编辑，如图5.34所示。

图5.34　编辑放样路径

在【路径】次对象选择集中只有一个【输出】按钮选项，此按钮可以将路径作为单独的对象输出到场景中（作为副本或实例）。

5.5 使用放样变形曲线

　　放样对象之所以在三维建模中占有如此重要的位置，不仅仅在于它可以将二维的图形转换为有深度的三维模型，更重要的是我们还可以通过在【修改】命令面板中使用【变形】卷展栏修改对象的轮廓，从而产生更为理想的模型。

　　在【变形】卷展栏中包括【缩放】变形、【扭曲】变形、【倾斜】变形、【倒角】变形和【拟合】变形，如图5.35所示。

　　选择一种放样变形工具后，会出现相应的变形面板，除【拟合】变形工具的变形面板稍有不同外，其他变形工具的变形面板都基本相同，如图5.36所示。

图5.35 【变形】卷展栏 　　　　　　　　　　图5.36 变形面板

在面板的顶部是一系列的工具按钮,它们的功能说明如下。

★ 【均衡】按钮 ：激活该按钮,3ds Max 2015在放样对象表面X、Y轴上均匀地应用变形效果。

★ 【显示X轴】按钮 ：激活此按钮显示X轴的变形曲线。

★ 【显示Y轴】按钮 ：激活此按钮显示Y轴的变形曲线。

★ 【显示XY轴】按钮 ：激活此按钮将显示X轴和Y轴的变形曲线。

★ 【交换变形曲线】按钮 ：单击此按钮将X轴和Y轴的变形曲线进行交换。

★ 【移动控制点】按钮 ：用于沿XY轴方向移动变形曲线上的控制点或控制点上的调节手柄。长按【移动控制点】按钮 ,在弹出的下拉列表中包含 和 按钮。 按钮用于水平移动变形曲线上的控制点, 按钮用于垂直移动变形曲线上的控制点。

★ 【缩放控制点】按钮 ：用于在路径方向上缩放控制点。

★ 【插入角点】按钮 ：用于在变形曲线上插入一个控制点。长按该按钮,在弹出的下拉列表中选择【插入Bezier点】按钮 ,该按钮用于在变形曲线上插入一个Bezier点。

★ 【删除控制点】按钮 ：用于删除变形曲线上的指定的控制点。

★ 【重置曲线】按钮 ：单击此按钮,可以删除当前变形曲线上的所有控制点,将变形曲线恢复到没有进行变形操作以前的状态。

以下是【拟合】变形窗口中特有的工具按钮。

★ 【水平镜像】按钮 ：将拾取的图形对象水平镜像

★ 【垂直镜像】按钮 ：将拾取的图形对象垂直镜像。

★ 【逆时针旋转90度】按钮 ：将所选图形逆时针旋转90°。

★ 【顺时针旋转90度】按钮 ：将所选图形顺时针旋转90°。

★ 【删除曲线】按钮 ：此工具用于删除处于所选状态的变形曲线。

★ 【获取图形】按钮 ：该按钮可以在视图中获取所需要的图形对象。

★ 【生成路径】按钮 ：按下该按钮,系统将会自动适配,产生最终的放样造型。

5.5.1 【缩放】变形

使用【缩放】变形可以沿着放样对象的X轴及Y轴方向使其剖面发生变化。下面通过一个简单的实例来学习【缩放】变形。

01 选择【创建】■|【图形】◎|【样条线】|【圆】工具，在【顶】视图创建一个圆，在【参数】卷展栏中将【半径】设置为47，如图5.37所示。

02 选择【创建】■|【图形】◎|【样条线】|【线】工具，在【顶】视图中绘制一条直线，效果如图5.38所示。

图5.37 创建圆

图5.38 绘制直线

03 确认绘制的直线处于选择状态，选择【创建】■|【几何体】◎|【复合对象】|【放样】工具，在【创建方法】卷展栏中单击【获取图形】按钮，然后在场景中拾取圆形，效果如图5.39所示。

04 然后切换到【修改】命令面板☑，在【变形】卷展栏中单击【缩放】按钮，在弹出的对话框中选择左侧的控制点，并将其移动至图5.40所示的位置处。

图5.39 拾取截面图形

图5.40 调整控制点位置

05 然后单击【插入Bezier点】按钮┅，在图5.41所示的位置处添加一个控制点。

06 并使用【移动控制点】工具🕂调整新添加的控制点，效果如图5.42所示。

图5.41 插入控制点

图5.42 调整控制点

提示

在调整变形曲线的控制点时，可以以水平标尺和垂直标尺的刻度为标准进行调整，但这样不会太精确。在变形窗口底部的信息栏中有两个输入框，可以显示当前选择点（单个点）的水平和垂直位置，也可以通过在这两个输入框中输入数值来调整控制点的位置。

5.5.2 【扭曲】变形

【扭曲】变形用于控制截面图形相对于路径旋转。【扭曲】变形的操作方法同【缩放】变形基本相同，下面通过一个简单的实例来学习【扭曲】变形。

01 打开随书附带光盘中的 "Scenes | Cha05 | 扭曲变形.max" 文件，如图5.43所示。

02 在打开的场景中选择Loft001对象，切换到【修改】命令面板 ，在【变形】卷展栏中单击【扭曲】按钮，如图5.44所示。

图5.43 打开的素材文件

图5.44 单击【扭曲】按钮

03 弹出【扭曲变形】对话框，选择右侧的控制点，将其垂直位置设置为290，如图5.45所示。

04 然后激活摄影机视图，按F9键进行渲染，渲染完成后的效果如图5.46所示。

图5.45 调整控制点

图5.46 渲染后的效果

提示

在【扭曲】放样变形中，垂直方向控制放样对象的旋转程度，水平方向控制旋转效果在路径上的应用范围。如果在【蒙皮参数】卷展栏中将路径步幅设置得高一些，旋转对象的边缘就会更光滑一些。该例场景文件为随书附带光盘 "扭曲变形OK.max" 文件。

5.5.3 【倾斜】变形

通过【倾斜】变形工具能够让路径上的截面图形绕着X轴或Y轴旋转。使用它可使放样路径上的起始剖面产生倾斜，通过下面例子来学习使用【倾斜】变形工具的方法。

01 继续使用上一节中制作的场景文件。在【变形】卷展栏中单击【倾斜】按钮，在弹出的【倾斜变形】对话框中选择右侧的控制点，将其垂直位置设置为100，如图5.47所示。

02 设置扭曲变形后的效果如图5.48所示。

图5.47　调整控制点

图5.48　设置扭曲变形后的效果

5.5.4 【倒角】变形

【倒角】变形工具同【缩放】变形工具非常相似，它们都可以用来改变放样对象的大小，下面通过一个简单的实例来学习【倒角】变形。

01 选择【创建】　|【图形】　|【样条线】|【星形】工具，在【顶】视图中创建一个星形，切换到【修改】命令面板　，在【参数】卷展栏中将【半径1】、【半径2】、【点】、【圆角半径1】和【圆角半径2】分别设置为80、35、6、20和10，如图5.49所示。

02 选择【创建】　|【图形】　|【样条线】|【线】工具，在【顶】视图中绘制一条直线，如图5.50所示。

图5.49　创建放样截面图形

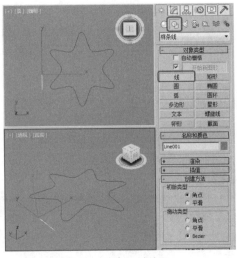

图5.50　创建放样路径

03 确认直线处于选择状态，然后选择【创建】 ❋ |【几何体】 ◯ |【复合对象】|【放样】工具，在【创建方法】卷展栏中单击【获取图形】按钮，然后在视图中选择六角星形截面图形，如图5.51所示。

04 确认放样对象处于选择状态，切换到【修改】命令面板 ◿ ，在【变形】卷展栏中单击【倒角】按钮，弹出【倒角变形】对话框，单击【插入Bezier点】按钮 ┅ ，在图5.52所示的位置处添加一个控制点。

图5.51　创建放样对象

图5.52　添加控制点

05 使用【移动控制点】工具 ✛ 调整新添加的控制点，效果如图5.53所示。

06 设置倒角变形后的效果如图5.54所示。

图5.53　调整控制点

图5.54　设置倒角变形后的效果

> **提示**
>
> 在调整关键点的位置时，调整的距离不要太大，以免放样后的物体出现镂空效果。

5.5.5 【拟合】变形

在所有的放样变形工具中，【拟合】变形工具是功能最为强大的变形工具。使用【拟合】变形工具，只要绘制出对象的顶视图、侧视图和截面视图，就可以创建出复杂的几何体对象。可以这样说，无论多么复杂的对象，只要你能够绘制出它的三视图，就能够用【拟合】工具将其制作出来。

【拟合】变形工具功能强大，但也有一些限制，了解这些限制能大大提高拟和变形的成功率。

★ 适配型必须是单个的样条曲线，不能有轮廓或者嵌套。

★ 适配型图必须是封闭的。

★ 在X轴上不能有曲线段超出第一个或最后一个节点。

★ 适配型不能包含底切。检查底切的一个方法是：绘制一条穿过型，并且与它的Y轴对齐的直线，如果这条直线与形有两个以上的交点，那么该型包含底切。

　下面我们将使用【拟合】变形工具制作牙膏。

01 打开随书附带光盘中的"拟合变形.max"文件，在打开的场景中选择【路径】对象，然后选择【创建】 | 【几何体】 | 【复合对象】 | 【放样】工具，在【创建方法】卷展栏中单击【获取图形】按钮，然后在视图中拾取【截面】图形，如图5.55所示。

02 然后切换到【修改】命令面板 ，在【变形】卷展栏中单击【拟合】按钮，如图5.56所示。

图5.55　拾取【截面】图形

图5.56　单击【拟合】按钮

03 弹出【拟合变形】对话框，单击【均衡】按钮 ，确认选中【显示X轴】按钮 ，单击【获取图形】按钮 ，在【顶】视图中拾取【X轴变形】对象，如图5.57所示。

04 单击【显示Y轴】按钮 ，然后在【顶】视图中拾取【Y轴变形】对象，即可完成牙膏的制作，如图5.58所示。

图5.57　拾取【X轴变形】对象

图5.58　拾取【Y轴变形】对象

5.6 实例应用：骰子

骰子，古代汉族民间娱乐用来投掷的博具。相传是三国时魏国曹植所造。通常作为桌上游戏的小道具，最常见的骰子是六面骰，它是一颗正立方体，上面分别有一到六个孔（或数字），其相对两面数字之和必为七。中国的骰子习惯在一点和四点漆上红色，本例介绍使用【布尔】运算制作骰子的方法，效果如图5.59所示。

01 选择【创建】 ✴ |【几何体】 ◎ |【扩展基本体】|【切角长方体】工具，在【顶】视图中创建一个切角长方体，切换到【修改】命令面板 ☑ ，在【参数】卷展栏中将【长度】、【宽度】和【高度】都设置为100，将【圆角】设置为7，将【圆角分段】设置为8，如图5.60所示。

图5.59 骰子

图5.60 创建切角圆柱体

02 选择【创建】 ✴ |【几何体】 ◎ |【标准基本体】|【球体】工具，在【顶】视图中创建一个球体，将【半径】设置为16，如图5.61所示。

03 选择创建的球体，在工具栏中单击【对齐】按钮 ☐ ，然后在【顶】视图中拾取创建的切角长方体，在弹出的对话框中勾选【X位置】、【Y位置】和【Z位置】复选框，将【当前对象】和【目标对象】设置为【中心】，单击【确定】按钮，如图5.62所示。

图5.61 创建球体

图5.62 设置对齐

04 然后在【前】视图中使用【选择并移动】工具 ✢ ，沿Y轴向上调整球体，将其调整至图5.63所示的位置处。

图5.63 调整球体位置

05 继续使用【球体】工具在【顶】视图中绘制一个【半径】为9的球体，并在视图中调整其位置，如图5.64所示。

图5.64 绘制球体并调整位置

06 在【顶】视图中使用【选择并移动】工具
✛，在按住Shift键的同时沿Y轴向下拖曳球体，拖曳至切角长方体中间位置处松开鼠标左键，弹出【克隆选项】对话框，选中【复制】单选按钮，将【副本数】设置为2，单击【确定】按钮，如图5.65所示。

07 在【顶】视图中选择【半径】为9的3个球体，在工具栏中单击【镜像】按钮 ⚏，弹出【镜像：屏幕 坐标】对话框，在【镜像轴】选项组中选中【X】单选按钮，将【偏移】设置为46，在【克隆当前选择】选项组中选中【复制】单选按钮，然后单击【确定】按钮，如图5.66所示。

图5.65 复制球体

图5.66 镜像复制对象

08 在场景中选择所有【半径】为9的球体，结合前面介绍的方法，对其进行复制，效果如图5.67所示。

图5.67 复制球体

09 在工具栏中右击【角度捕捉切换】按钮 ⚒，弹出【栅格和捕捉设置】对话框，选择【选项】选项卡，将【角度】设置为 10°，然后关闭对话框即可，如图 5.68 所示。

图5.68 设置角度

10 确认复制后的球体处于选择状态，在工具栏中单击【角度捕捉切换】按钮 和【选择并旋转】按钮 ，在【左】视图中沿X轴旋转-90°，如图5.69所示。

图5.69 旋转对象

11 然后在其他视图中调整其位置，并在【左】视图中将上方中间的球体删除，效果如图5.70所示。

图5.70 调整位置并删除球体

12 在【左】视图中选择下方中间的球体，在工具栏中单击【对齐】按钮 ，然后在【左】视图中拾取创建的切角长方体，在弹出的对话框中只选择【Y位置】复选框，将【当前对象】和【目标对象】设置为【中心】，单击【确定】按钮，如图5.71所示。

图5.71 设置对齐

13 使用同样的方法，在切角长方体的其他面添加球体对象，效果如图5.72所示。

图5.72 在其他面添加球体

14 在场景中选择【Sphere001】对象，并单击鼠标右键，在弹出的快捷菜单中选择【转换为】|【转换为可编辑多边形】命令，如图5.73所示。

15 切换到【修改】命令面板 ，在【编辑几何体】卷展栏中单击【附加】按钮右侧的【附加列表】按钮 ，在弹出的对话框中选择所有的球体对象，然后单击【附加】按钮，如图5.74所示。

图5.73　选择【转换为可编辑多边形】命令

图5.74　附加对象

16 在场景中选择切角长方体，然后选择【创建】|【几何体】|【复合对象】|【布尔】工具，在【拾取布尔】卷展栏中单击【拾取操作对象B】按钮，在场景中单击拾取附加的球体，如图5.75所示。

图5.75　布尔对象

17 切换到【修改】命令面板，将布尔后的对象重命名为【骰子】，并单击鼠标右键，在弹出的快捷菜单中选择【转换为】|【转换为可编辑多边形】命令，如图5.76所示。

图5.76　选择【转换为可编辑多边形】命令

18 将当前选择集定义为【多边形】，在场景中选择除1和4以外的其他孔对象，在【多边形：材质ID】卷展栏中将【设置ID】设置为1，如图5.77所示。

图5.77　设置ID1

19 在场景中选择代表1和4的孔对象，在【多边形：材质ID】卷展栏中将【设置ID】设置为2，如图5.78所示。

20 在场景中选择除孔以外的其他对象，在【多边形：材质ID】卷展栏中将【设置ID】设置为3，如图5.79所示。

21 关闭当前选择集，按M键弹出【材质编辑器】对话框，选择一个新的材质样本球，单击名称栏左侧的【Standard】按钮，在弹出的【材质/贴图浏览器】对话框中选择【多维/子对象】材质，单击【确定】按钮，如图5.80所示。

图5.78 设置ID2

图5.79 设置ID3

图5.80 选择【多维/子对象】材质

22 弹出【替换材质】对话框，单击【确定】按钮即可，然后在【多维/子对象基本参数】卷展栏中单击【设置数量】按钮，弹出【设置材质数量】对话框，将【材质数量】设置为3，单击【确定】按钮，如图5.81所示。

图5.81 设置材质数量

23 然后单击ID1右侧的子材质按钮，进入子级材质面板中，在【Blinn基本参数】卷展栏中将【环境光】和【漫反射】的RGB值设置为（45、45、45），在【反射高光】选项组中将【高光级别】和【光泽度】分别设置为108、37，如图5.82所示。

图5.82 设置ID1材质

24 在【贴图】卷展栏中将【反射】后的数量设置为30，并单击右侧的【无】按钮，在弹出的【材质/贴图浏览器】对话框中选择【位图】贴图，单击【确定】按钮，如图5.83所示。

图5.83 选择【位图】贴图

25 在弹出的对话框中打开随书附带光盘中的
"003.tif"素材图片,在【坐标】卷展栏中
将【模糊】设置为10,如图5.84所示。

图5.84 设置位图参数

26 单击两次【转到父对象】按钮 ,返回到
父级材质层级中。然后单击ID2右侧的子
材质按钮,弹出【材质/贴图浏览器】对话
框,选择材质【标准】,单击【确定】按
钮,如图5.85所示。

27 即可进入ID2子级材质面板中,在【Blinn
基本参数】卷展栏中将【环境光】和【漫
反射】的RGB值设置为(234、0、0),
将【自发光】选项组中的【颜色】设置为
20,在【反射高光】选项组中将【高光级
别】和【光泽度】分别设置为108、37,并
根据设置ID1反射贴图的方法,设置ID2的
反射贴图,如图5.86所示。

图5.85 选择【标准】材质

图5.86 设置ID2材质

28 使用同样的方法,设置ID3材质,并单击
【将材质指定给选定对象】按钮 ,将材
质指定给【骰子】对象,如图5.87所示。

图5.87 设置并指定材质

注意

未为ID3材质设置反射贴图。

29 然后在场景中复制多个骰子对象，并调整其旋转角度和位置，效果如图5.88所示。

图5.88 复制并调整骰子对象

30 选择【创建】 ■ |【几何体】 ○ |【标准基本体】|【平面】工具，在【顶】视图中创建平面，切换到【修改】命令面板 ，在【参数】卷展栏中将【长度】和【宽度】设置为4000，并在视图中调整其位置，如图5.89所示。

图5.89 创建平面对象

31 确认创建的平面对象处于选择状态，按M键弹出【材质编辑器】对话框，选择一个新的材质样本球，单击名称栏左侧的【Standard】按钮，在弹出的【材质/贴图浏览器】对话框中选择【无光/投影】材质，单击【确定】按钮，在【无光/投影基本参

数】卷展栏中的【反射】选项组中，单击【贴图】右侧的【无】按钮，在弹出的【材质/贴图浏览器】对话框中选择【平面镜】贴图，单击【确定】按钮，如图5.90所示。

图5.90 选择【平面镜】贴图

32 然后在【平面镜参数】卷展栏中勾选【应用于带ID的面】复选框，并单击【转到父对象】按钮 ，如图5.91所示。

图5.91 设置平面镜参数

33 在【反射】组中将【数量】设置为10，如图5.92所示，单击【将材质指定给选定对象】按钮 ，将材质指定给平面对象。

34 选择【创建】 ■ |【摄影机】 ■ |【标准】|【目标】工具，在【参数】卷展栏中将【镜头】设置为30mm，在【顶】视图中创建摄影机，激活【透视】视图，按C键将其转换为摄影机视图，然后在其他视图中调整摄影机位置，效果如图5.93所示。

图5.92　设置反射数量

图5.93　创建摄影机

35 选择【创建】 ✴ |【灯光】 ◁ |【标准】|【泛光】工具，在【强度/颜色/衰减】卷展栏中将【倍增】设置为0.1，然后在【顶】视图中创建泛光灯，并在其他视图中调整其位置，如图5.94所示。

图5.94　创建泛光灯并设置参数

36 再次使用【泛光】工具在【顶】视图中创建泛光灯，并在其他视图中调整其位置，如图5.95所示。

图5.95　创建泛光灯

37 选择【创建】 ✴ |【灯光】 ◁ |【标准】|【天光】工具，在【顶】视图中创建一盏天光，在【天光参数】卷展栏中将【倍增】设置为0.9，如图5.96所示。

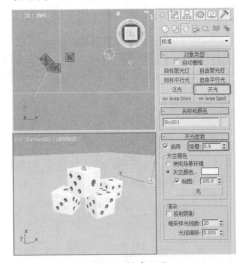

图5.96　创建天光

38 按键盘上的8键弹出【环境和效果】对话框，选择【环境】选项卡，在【背景】选项组中将【颜色】的RGB值设置为（130、130、130），如图5.97所示。

39 按F10键弹出【渲染设置】对话框，选择【高级照明】选项卡，在【选择高级照明】卷展栏中选择【光跟踪器】，在【参数】卷展栏中将【光线/采样数】设置为500，将【过滤器大小】设置为8，如图5.98所示。

图5.97 设置背景颜色

图5.98 设置高级照明

40 激活摄影机视图，按Shift+F快捷键显示安全框，选择【公用】选项卡，在【输出大小】选项组中取消选中【图像纵横比】右侧的 🔒 按钮，并将【宽度】设置为800，将【高度】设置为500，然后单击【渲染】按钮对摄影机视图进行渲染即可，如图5.99所示，渲染完成后将场景文件保存即可。

图5.99 设置输出大小

5.7 拓展训练：休闲躺椅

休闲躺椅是我们享受闲暇时光时必不可少的工具之一，这种椅子并不像餐椅和办公椅那样的正式，有一些小个性，能够带给我们视觉和身体的双重舒适感。本例介绍使用【放样】制作休闲躺椅的方法，效果如图5.100所示。

01 选择【创建】💠|【图形】|【样条线】|【线】工具，在【左】视图中绘制样条曲线，如图5.101所示。

02 切换到【修改】命令面板，将绘制的样条曲线重命名为【路径01】，将当前选择集定义为【顶点】，然后在【左】视图中调整曲线，如图5.102所示。

选择顶点后并单击鼠标右键，在弹出的快捷菜单中可以更改顶点的类型，包括【Bezier角点】、【Bezier】、【角点】和【平滑】4种。

图5.100 休闲躺椅

图5.101 绘制样条曲线

图5.102 调整曲线

03 调整完成后关闭当前选择集。选择【创建】 ■|【图形】 ◙|【样条线】|【矩形】工具,在【顶】视图中绘制矩形,切换到【修改】命令面板 ☑,将其重命名为【截面图形】,在【参数】卷展栏中将

【长度】设置为13970,将【宽度】设置为2540,将【角半径】设置为508,如图5.103所示。

图5.103 绘制【截面图形】

04 在场景中选择【路径01】对象,然后选择【创建】 ■|【几何体】 ◙|【复合对象】|【放样】工具,在【创建方法】卷展栏中单击【获取图形】按钮,然后在场景中拾取【截面图形】对象,如图5.104所示。

图5.104 放样对象

05 切换到【修改】命令面板 ☑,将放样后的对象重命名为【躺椅垫01】,在【蒙皮参数】卷展栏中将【图形步数】和【路径步数】设置为10,如图5.105所示。

06 继续使用【线】工具在【左】视图中绘制【路径02】,并调整其顶点,效果如图5.106所示。

图5.105 设置蒙皮参数

图5.106 绘制并调整【路径2】

07 调整完成后关闭当前选择集，确认【路径02】处于选择状态，选择【创建】 ![icon] |【几何体】 ◎ |【复合对象】|【放样】工具，在【创建方法】卷展栏中单击【获取图形】按钮，然后在场景中拾取【截面图形】对象，如图5.107所示。

08 选择放样后的对象，将其重命名为【躺椅垫02】，在工具栏中单击【对齐】按钮 ![icon] ，然后在【顶】视图中拾取【躺椅垫01】对象，在弹出的对话框中只勾选【X位置】复选框，将【当前对象】和【目标对象】设置为【中心】，单击【确定】按钮，如图5.108所示。

09 然后在【左】视图中调整【路径02】和【躺椅垫02】对象的位置，如图5.109所示。

图5.107 创建放样对象

图5.108 设置对齐

图5.109 调整对象位置

10 然后选择【路径02】对象，切换到【修改】命令面板 ![icon] ，将当前选择集定义为【顶点】，在【左】视图中调整【路径02】，效果如图5.110所示。

159

图5.110　调整【路径02】

11 调整完成后关闭当前选择集，使用【线】工具在视图中绘制【支架01】，并调整其顶点，效果如图5.111所示。

图5.111　绘制并调整【支架01】

12 调整完成后关闭当前选择集，在【顶】视图中选择【支架01】对象，在工具栏中单击【镜像】按钮 ，弹出【镜像：屏幕 坐标】对话框，在【镜像轴】选项组中选中【X】单选按钮，将【偏移】设置为270，在【克隆当前选择】选项组中选中【复制】单选按钮，然后单击【确定】按钮，如图5.112所示。

13 再次选择【支架01】对象，切换到【修改】命令面板 ，在【几何体】卷展栏中单击【附加】按钮，然后在视图中单击拾取【支架002】对象，如图5.113所示。

图5.112　镜像复制对象

图5.113　附加对象

14 再次单击【附加】按钮将其关闭，确认【支架01】对象处于选择状态，在【渲染】卷展栏中勾选【在渲染中启用】和【在视口中启用】复选框，将【厚度】设置为25，并在视图中调整其位置，效果如图5.114所示。

图5.114　设置渲染厚度

15 继续使用【线】工具在场景中绘制【支架02】对象，并在【渲染】卷展栏中勾选【在渲染中启用】和【在视口中启用】复选框，将【厚度】设置为25，如图5.115所示。

图5.115 创建【支架02】对象

16 然后在场景中调整【支架02】对象的位置，效果如图5.116所示。

图5.116 调整【支架02】位置

17 在场景中选择【躺椅垫01】和【躺椅垫02】对象，切换到【修改】命令面板，在【修改器列表】中选择【网格平滑】修改器，如图5.117所示。

18 然后按M键弹出【材质编辑器】对话框，选择一个新的材质样本球，在【Blinn基本参数】卷展栏中，将【自发光】设置为50，在【贴图】卷展栏中单击【漫反射颜色】后面的【无】按钮，在弹出的【材质/贴图浏览器】对话框中选择【衰减】贴图，单击【确定】按钮，如图5.118所示。

图5.117 施加【网格平滑】修改器

图5.118 选择【衰减】贴图

19 在【衰减参数】卷展栏中设置【前】色块的RGB为（255、90、0），在【混合曲线】卷展栏中单击【添加点】按钮，在曲线上添加点，并使用【移动】工具调整曲线，如图5.119所示。设置完成后，单击【转到父对象】按钮和【将材质指定给选定对象】按钮，将材质指定给选定对象。

20 在场景中选择【支架01】和【支架02】对象，在【材质编辑器】对话框中选择一个新的材质样本球，在【明暗器基本参数】卷展栏中将明暗器类型设置为【金属】，在【金属基本参数】卷展栏中将【环境光】和【漫反射】的RGB值设置为（180、180、180），在【自发光】选项组中将【颜色】设置为20，在【反射高光】选项组中将【高光级别】设置为15，如图5.120所示。

161

为6000，并在其他视图中调整【背景】对象的位置，如图5.123所示。

图5.119　设置衰减参数

图5.120　设置金属基本参数

图5.121　设置反射贴图

图5.122　创建并调整【背景】对象

图5.123　施加【挤出】修改器

21 在【贴图】卷展栏中单击【反射】右侧的【无】按钮，在弹出的【材质/贴图浏览器】对话框中双击【位图】贴图，再在弹出的对话框中打开随书附带光盘中的"Metal01.tif"素材图片，在【坐标】卷展栏中使用默认参数设置即可，如图5.121所示。然后单击【转到父对象】按钮和【将材质指定给选定对象】按钮，将材质指定给选定对象。

22 选择【创建】｜【图形】｜【样条线】｜【线】工具，在【前】视图中绘制样条曲线，切换到【修改】命令面板，将其重命名为【背景】，并单击右侧的色块，在弹出的对话框中选择图5.122所示的颜色。

23 然后在【修改器列表】中选择【挤出】修改器，在【参数】卷展栏中将【数量】设置

24 确认【背景】对象处于选择状态，在【修改器列表】中选择【壳】修改器，如图5.124所示。

图5.124 施加【壳】修改器

25 选择【创建】|【摄影机】|【标准】|【目标】工具，在【参数】卷展栏中将【镜头】设置为40mm，在【顶】视图中创建摄影机，激活【透视】视图，按C键将其转换为摄影机视图，然后在其他视图中调整摄影机位置，效果如图5.125所示。

图5.125 创建摄影机

26 选择【创建】|【灯光】|【标准】|【泛光】工具，在【强度/颜色/衰减】卷展栏中将【倍增】设置为0.3，然后在【顶】视图中创建泛光灯，并在其他视图中调整其位置，如图5.126所示。

27 选择【创建】|【灯光】|【标准】|【天光】工具，在【顶】视图中创建一盏天光，在【天光参数】卷展栏中勾选【投射阴影】复选框，如图5.127所示。

图5.126 创建泛光灯

图5.127 创建天光

28 按F10键弹出【渲染设置】对话框，选择【高级照明】选项卡，在【选择高级照明】卷展栏中选择【光跟踪器】，在【参数】卷展栏中使用默认设置即可，如图5.128所示。

图5.128 设置高级照明

29 激活摄影机视图，按Shift+F快捷键显示安全框，选择【公用】选项卡，在【输出大小】选项组中单击【800×600】按钮，然后单击【渲染】按钮对摄影机视图进行渲染即可，如图5.129所示，渲染完成后将场景文件保存即可。

图5.129 设置输出大小

5.8 课后练习

1.【布尔】运算是对两个以上的物体进行并集、差集、交集和切割运算，简述一下每种运算类型的作用。

2. 简述一下放样中【拟合】变形的作用。

第6章
网格和多边形建模方法

网格建模和多边形建模，是建模中最为常用的方法之一，网格建模是将几何体对象转换成网格后，通过调整【顶点】、【边】、【面】、【多边形】和【元素】，即可随意构造模型。多边形建模和网格建模相似，其不同点是其框架的结构，本章节将详细对两个建模的方法进行讲解。

6.1 三维模型修改器——【编辑网格】

【编辑网格】修改器是一个针对三维对象操作的修改命令，同时也是一个修改功能非常强大的命令。【编辑网格】的最大优势是可以创建个性化模型，并辅以其他修改工具，适合创建表面复杂而无需精确建模的场景对象。

该建模方式主要通过编辑次选择集结构对象的【顶点】、【边】、【面】、【多边形】和【元素】，创建复杂的三维模型。

6.1.1 使用【编辑网格】修改器

建造一个形体的方法有很多种，其中最基本也是最常用的方法就是使用【编辑网格】修改器来对构成物体的网格进行编辑创建。从一个基本网格物体，通过对它的子物体的编辑生成一个形态复杂的物体。

将模型转换为可编辑网格的操作有以下3种。

★ 通过快捷菜单转换物体为可编辑网格。

01 在场景中创建任意物体。

02 选择并用右键单击该物体，在弹出的快捷菜单中选择【转换为】|【转换为可编辑网格】命令，如图6.1所示。

图6.1　选择【转换为可编辑网格】命令

03 切换到【修改】命令面板，在修改器堆栈中可以看到该物体已经转换为可编辑网格，如图6.2所示。

★ 通过在【修改】命令面板的【修改器列表】中选择【编辑网格】修改器。

01 在场景中选择物体。

02 切换到【修改】命令面板，在【修改器列表】中选择【编辑网格】修改器，如图

6.3所示。这样就可以对该物体添加【编辑网格】修改器。

图6.2　堆栈中的可编辑网格

图6.3　选择【编辑网格】修改器

★ 通过在堆栈中将其转换为可编辑网格。

01 在场景中选择物体。

02 切换到【修改】命令面板，在堆栈中右击，在弹出的快捷菜单中选择【可编辑网格】命令，如图6.4所示。这样该物体就转换为可编辑网格。

图6.4 选择【可编辑网格】命令

6.1.2 使用【塌陷】工具

编辑修改器堆栈中的每一步都将占据内存。为了使被编辑修改的对象占用尽可能少的内存，我们可以使用【塌陷】工具。塌陷堆栈的操作如下。

01 在修改器堆栈中选择要塌陷的修改器，右击该修改器。

02 在弹出的快捷菜单中选择一种塌陷类型。

03 如果选择【塌陷到】命令，可以将当前选择的修改器和在它下面的修改器塌陷。如果选择【塌陷全部】命令，则可以将所有堆栈列表中的编辑修改器对象塌陷，如图6.5所示。

图6.5 塌陷堆栈

> **提示**
>
> 通常在建模已经完成，并且不再需要进行调整时执行塌陷操作，塌陷后的堆栈不能进行恢复，因此执行此操作时一定要慎重。

6.2 编辑网格模型

在【编辑网格】修改器和【可编辑网格】修改器中提供了多种参数卷展栏，用于修改或编辑网格模型。

6.2.1 网格对象的公共命令

无论是【编辑网格】修改器，还是【可编辑网格】修改器，在【修改】命令面板中都有【选择】和【软选择】卷展栏，而且参数设置相同。

（1）【选择】卷展栏

【选择】卷展栏提供启用或者禁用不同子对象层级的按钮，它们的名字是选择和控制柄、显示设置和关于选定条目的信息，如图6.6所示。

★ 【顶点】：以顶点为最小单位进行选择。

★ 【边】：以边为最小单位进行选择。

★ 【面】：以面为最小单位进行选择。

图6.6 【选择】卷展栏

★ 【多边形】 ■：以四边形为最小单位进行选择。

★ 【元素】 ■：以元素为最小单位进行选择。

★ 按顶点：勾选该复选框，在选择一个点时，与这个点相连的边或面会同时被选择。

★ 忽略背面：由于表面法线的原因，对象表面有可能在当前视角不被显示，表面一般情况是不能被选择的，勾选该复选框，可以对其进行选择操作。

★ 忽略可见边：当选择了"多边形"面选择模式时，该功能将启用。

★ 平面阈值：指定阈值的值，该值决定对"多边形"面选择来说哪些面是共存面。

★ 显示法线：当勾选该复选框后，程序在视图中显示法线，法线显示为蓝色。

★ 比例：【显示法线】处于启用状态时，指定视口中显示的法线大小。

★ 删除孤立顶点：勾选该复选框后，删除子对象的连续选择时，3ds Max将消除任何孤立顶点。在取消勾选该复选框时，删除选择会完好地保留所有的顶点。

★ 隐藏：隐藏任何选定的子对象、边和整个对象不能隐藏。

> **提示**
>
> 【编辑】菜单上的【反选】命令对选择要隐藏的面很有用。选中要聚焦的面，选择【编辑】|【反选】命令，然后单击【隐藏】按钮。

★ 全部取消隐藏：还原任何隐藏对象使之可见。值得注意的是，只有在处于【顶点】子对象层级时能将隐藏的顶点取消隐藏。

★ 复制：将当前子对象级中命名的选择集合复制到剪贴板。

★ 粘贴：将剪贴板中复制的选择集合指定到当前子对象级别中。

（2）【软选择】卷展栏

【软选择】卷展栏控件允许部分地选择显示邻接处中的子对象。在对子对象进行变换时，在场中被选定的子对象就会被平滑地进行绘制；这种效果随着距离或部分选择的强度而衰减，如图6.7所示。

图6.7 【软选择】卷展栏

★ 使用软选择：在可编辑对象或【编辑】修改器的子对象级别上影响【移动】、【旋转】和【缩放】功能的操作，如果变形修改器在子对象选择上进行操作，那么也会影响应用到对象上的变形修改器的操作。勾选该复选框后，软件将样条线曲线变形应用到未选定子对象上。要产生效果，必须在变换或修改选择之前勾选该复选框。

★ 边距离：当勾选该复选框，在被选择点和其影响的顶点之间以边数来限制它的影响范围，并在表面范围以边距来测量顶点的影响区域空间。

★ 影响背面：当勾选该复选框，那些法线方向与选定子对象平均法线方向相反，取消选择的面就会受到软选择的影响。在顶点和边的情况下，这将应用到它们所依附的面的法线上。

● 衰减：用来定义影响区域的距离，它是用当前单位表示的从中心到球体边的距离。使用越高的衰减设置，就可以实现更平缓的斜坡，具体情况取决于几何体比例。默认设置为20。

● 收缩：沿着垂直轴提高并降低曲线的顶点。为负数时，将生成凹陷；设置为0时，收缩将跨越该轴生成平滑变换。默认值为0。

● 膨胀：沿着垂直轴展开和收缩曲线。

6.2.2　【编辑几何体】卷展栏

不论在修改器堆栈中对顶点、边、面、多边形或元素次对象中的哪一个进行编辑，除【选择】和【软选择】卷展栏外，都包括【编辑几何体】卷展栏和【曲面属性】卷展栏，选择的次对象不同，这两个卷展栏中的参数设置也不同。下面以面次对象为例，介绍其【编辑几何体】卷展栏，如图6.8所示。

图6.8　【编辑几何体】卷展栏

★ 创建：可以使子对象添加到单个选定的网格对象中。选择对象并单击【创建】按钮后，单击空间中的任何位置可以添加子对象。

★ 附加：将场景中的另一个对象附加到选定的网格。可以附加任何类型的对象，包括样条线、面片对象和NURBS曲面。附加非网格对象时，该对象会转化成网格。

★ 拆分：为每一个附加到选定顶点的面创建新的顶点。如果顶点是孤立的，或者只有一个面使用，则顶点将不受影响。

★ 删除：删除选定的子对象，以及附加在上面的任何面。

★ 分离：将选定子对象作为单独的对象或元素进行分离。同时也会分离所有附加到子对象的面。

★ 改向：在边的范围内旋转边。3ds Max中的所有网格对象都由三角形面组成，但是默认情况下，大多数多边形被描述为四边形，其中有一条隐藏的边将每个四边形分割为两个三角形。【改向】可以更改隐藏边（或其他边）的方向，因此当直接或间接地使用修改器变换子对象时，能够影响图形的变化方式。

★ 挤出：控件可以挤出边或面。边挤出与面挤出的工作方式相似，如图6.9所示。

★ 切角：当前子级对象为【顶点】或【边】时，单击该按钮，然后拖动活动对象中的顶点或边。拖动时，【切角】右侧的文本框相应地更新，以指示当前的切角量。如果拖动一个或多个所选顶点或边，所有选定子对象将以同样的方式设置切角，如图6.10所示。如果当前子级对象为【面】/【多边形】/【元素】时，该按钮会显示为【倒角】。

图6.9　多边形挤出

图6.10　创建切角

★　法线：确定如何挤出多于一条边的选择集。

●　组：沿着每个边连续组（线）的平均法线执行挤出操作。

●　局部：将沿着每个选定面的法线方向进行挤出操作。

★　切片平面：一个方形化的平面，可通过移动或旋转改变将要剪切对象的位置，单击该按钮后，【切片】按钮才可用。

★　切片：在切片平面位置处执行切片操作。只有启用【切片平面】按钮时，【切片】按钮才可用，如图6.11所示。

★　剪切：用来在任一点切分边，然后在任一点切分第二条边，在这两点之间创建一条新边或多条新边。

★　分割：勾选该复选框，通过【切片】和【切割】可以在划分边的位置处创建两个顶点集。使得删除新面创建孔洞变得很简单。

★　优化端点：勾选该复选框后，在相邻的面之间进行光滑过渡。反之，则在相邻的面之间产生生硬的边。

★　【焊接】选项组

● 选定项：焊接在该按钮的右侧文本框中指定公差范围内的选定顶点。所有线段都会与产生的单个顶点连接。

● 目标：进入焊接模式，可以选择顶点并将它们移动。【目标】按钮右侧的文本框设置鼠标光标与目标顶点之间的最大距离（以屏幕像素为单位）。

★ 细化：单击该按钮，会根据其下面的细分方式对选择的表面进行分裂复制。

★ 边：以选择面的边为根据进行分裂复制，通过【细化】按钮右侧的文本框进行调节，如图6.12所示。

图6.11　使用【切片平面】和【切片】按钮

图6.12　【边】细化

★ 面中心：以选择面的中心为依据进行分裂复制。

★ 炸开：单击该按钮，可以将当前选择面爆炸分离，使它们成为新的独立个体，如图6.13所示。

图6.13　使用【炸开】命令

★ 对象：将所有面爆炸为各自独立的新对象。

★ 元素：将所有面爆炸为各自独立的新元素，但仍属于对象本身，这是进行元素拆分的一个路径。

提 示

炸开后只有将对象进行移动才能看到分离的效果。

★ 移除孤立顶点：单击该按钮后，将删除所有孤立的点，不管是否是选中的点。

★ 选择开放边：仅选择物体的边缘线。

★ 由边创建图形：在选择一条或多条的边后，单击该按钮，会弹出【创建图形】对话框，如图6.14所示。将以选择的边界为模板创建新的曲线，也就是把选择的边变成曲线独立出来使用。

图6.14 【创建图形】对话框

● 曲线名：为新的曲线命名。

● 图形类型：其中包括【平滑】和【线性】两种，【平滑】是强制把线段变成圆滑的曲线，但仍和顶点呈相切状态，无调节手柄；【线性】顶点之间以直线连接，拐角处无平滑过渡。

● 忽略隐藏边：控制是否对隐藏的边起作用。

★ 视图对齐：单击该按钮后，选择点或次物体被放置在同一平面，并且这一平面平行于选择视图。

★ 平面化：将所有的选择面强制压成一个平面，如图6.15所示。

图6.15 使用【平面化】按钮

★ 栅格对齐：单击该按钮后，选择点或次物体被放置在同一平面，并且这一平面平行于选择视图。

★ 塌陷：将选择的点、线、面、多边形或元素删除，留下一个顶点与四周的面连接，产生新的表面。这种方法不同于删除面，它是将多余的表面吸收掉，如图6.16所示。

图6.16 使用【塌陷】的效果

6.2.3 编辑【顶点】子对象

在修改器堆栈中，当前选择集定义为【顶点】，或者单击【选择】卷展栏中的【顶点】按钮，进入网格对象的顶点模式，在视图中对象的顶点呈蓝色显示，如图6.17所示。读者可以选择对象上的单个顶点或多个顶点。

图6.17 顶点模式

除了在修改器堆栈中定义选择集外，还可以在对象上单击鼠标右键，在弹出的快捷菜单中选择次对象模式，如图6.18所示。

图6.18 使用快捷菜单

6.2.4 编辑【边】子对象

【边】指的是面片对象在两个相邻顶点之间的部分。

切换到【修改】命令面板 ，将当前选择集定义为【边】，除了【选择】和【软选择】卷展栏外，其中【编辑几何体】卷展栏与【顶点】模式中的【编辑几何体】卷展栏功能相同。

【曲面属性】卷展栏如图6.19所示。接下来将对该卷展栏进行介绍。

图6.19 【曲面属性】卷展栏

★ 可见：使选中的边显示出来。

★ 不可见：使选中的边不显示出来，并呈虚线显示，如图6.20所示。

★ 自动边：提供了另外一种控制边显示的方法。通过自动比较共线的面之间夹角与阈值的大小来决定选择的边是否可见。

★ 设置和清除边可见性：只选择当前参数的次物体。

★ 设置：保留上次选择的结果并加入新的选择。

★ 清除：从上一次选择结果进行筛选。

图6.20 使用【不可见】边

6.2.5 编辑【面】、【多边形】和【元素】子对象

【面】是通过曲面连接的3条或多条边的封闭序列，其中包括【面】、【多边形】和【元素】3种选择集。

【编辑几何体】卷展栏在前面已经介绍到，这里就不详细介绍了。下面主要介绍【曲面属性】卷展栏，如图6.21所示。

图6.21 【曲面属性】卷展栏

★ 【法线】选项组

● 翻转：将选择面的法线方向进行反向。

● 统一：将选择面的法线方向统一为一个方向，通常是向外。

● 翻转法线模式：翻转单击的任何面的法

线。要退出，请再次单击此按钮，或者右键单击3ds Max界面中的任意位置。

★ 【材质】选项组

● 设置ID：如果对物体设置多维材质时，在这里为选择的面指定ID号。

● 选择ID：按当前ID号将所有与此ID号相同的表面进行选择。

● 清除选定内容：勾选该复选框，如果选择新的 ID 或材质名称，将会取消选择以前选定的所有子对象。

★ 【平滑组】选项组

● 按平滑组选择：将所有具有当前光滑组号的表面进行选择。

● 清除全部：删除对面片物体指定的光滑组。

● 自动平滑：根据其下的阈值进行表面自动光滑处理。

★ 【编辑顶点颜色】选项组

● 颜色：单击色块可更改选定多边形或元素中各顶点的颜色。

● 照明：单击色块可以更改选定多边形或元素中各顶点的照明颜色。

● Alpha：用于向选定多边形或元素中的顶点分配Alpha（透明）值。

单击次物体中的【元素】就进入【元素】层级，在此层级中主要是针对整个网格物体进行编辑。

（1）【附加】的使用

使用【附加】可以将其他对象包含到当前正在编辑的可编辑网格物体中，使其成为可辑网格的一部分，如图6.22所示。

图6.22　【附加】对象

（2）【分离】的使用

【分离】的作用和【附加】的作用相反，它是将可编辑网格物体中的一部分从中分离出去，成为一个独立的对象，如图6.23所示。通过【分离】命令，将物体从可编辑网格物体中分离出来，作为一个单独的对象，但是此时被分离出来的并不是原物体了，而是另一个可编辑网格物体。

图6.23　【分离】对象

（3）【炸开】的使用

炸开能够将可编辑网格物体分解成若干对象或元素。在单击【炸开】按钮前，如果选中【对象】单选按钮，则分解的碎片将成为独立的对象，即由1个可编辑网格物体变为4个可编辑网格物体；如果选中【元素】单选按钮，则分解的碎片将作为体层级物体中的一个子层级物体，并不单独存在，即仍然只有一个可编辑网格物体。

6.3 多边形建模

多边形物体也是一种网格物体，它在功能及使用上几乎与【可编辑网格】相同，不同的是【可编辑网格】是由三角面构成的框架结构。在Max中将对象转换为多边形对象的方法有以下几种。

★　选择对象，单击鼠标右键，在弹出的快捷菜单中选择【转换为】|【转换为可编辑多边形】命令，图6.24所示。

图6.24　转换为可编辑多边形

★　选择要转换的对象，切换到【修改】命令面板，选择修改器列表中的【编辑多边形】修改器。

6.3.1　公用属性卷展栏

【可编辑多边形】与【可编辑网格】相类似。进入可编辑多边形后，可以看到公用的卷展栏，如图6.25所示。在【选择】卷展栏中提供了各种选择集的按钮，同时也提供了便于选择集选择的各个选项。

与【编辑网格】相比较，【可编辑多边形】添加了一些属于自己的选项。下面将单独对这些选项进行介绍。

★　【顶点】：以顶点为最小单位进行选择。

★　【边】：以边为最小单位进行选择。

★　【边界】：用于选择开放的边。在该选择集下，非边界的边不能被选择；单击边界上的任意边时，整个边界线会被选择。

★　【多边形】：以四边形为最小单位进行选择。

★　【元素】：以元素为最小单位进行选择。

★　按角度：只有在将当前选择集定义为【多边形】时，该复选框才可用。勾选

图6.25　【选择】卷展栏

该复选框并选择某个多边形时，可以根据复选框右侧的角度设置来选择邻近的多边形。

★ 收缩：单击该按钮可以对当前选择集进行外围方向的收缩选择。

★ 扩大：单击该按钮可以对当前选择集进行外围方向的扩展选择，如图6.26所示，左图为选择的多边形；中图为单击【收缩】按钮后的效果；右图为单击【扩大】按钮后的效果。

选择多边形　　　　　　　　　　缩小选择　　　　　　　　　　扩大选择

图6.26　单击【收缩】和【扩大】按钮后产生的效果

★ 环形：单击该按钮后，与当前选择边平行的边会被选择，如图6.27所示，该命令只能用于边或边界选择集。【环形】按钮右侧的▲和▼按钮可以在任意方向将边移动到相同环上的其他边的位置，如图6.28所示。

图6.27　使用【环形】按钮的效果

图6.28　调整环形移动

★ 循环：在选择的边对齐的方向尽可能远地扩展当前选择，如图6.29所示。该命令只能用于边或边界选择集。【循环】按钮右侧的▲和▼按钮会移动选择边到与它临近平行边的位置。

　　只有将当前选择集定义为一种模式后，【软选择】卷展栏才变为可用，如图6.30所示。【软选择】卷展栏按照一定的衰减值将应用到选择集的移动、旋转、缩放等变换操作传递给周围的次对象。

图6.29　使用【循环】按钮的效果

图6.30　【软选择】卷展栏

6.3.2 顶点编辑

多边形对象各种选择集的卷展栏主要包括【编辑顶点】和【编辑几何体】卷展栏，【编辑顶点】主要提供了编辑顶点的命令。在不同的选择集下，它表现为不同的卷展栏。

将当前选择集定义为【编辑顶点】，下面将对【编辑顶点】卷展栏进行介绍，如图6.31所示。

★ 移除：移除当前选择的顶点，与删除顶点不同，移除顶点不会破坏表面的完整性，移除的顶点周围的点会重新结合，面不会破，如图6.32所示。

图6.31　【编辑顶点】卷展栏

图6.32　移除顶点

> **提示**
>
> 使用Delete键也可以删除选择的点，不同的是，使用Delete键在删除选择点的同时会将点所在的面一同删除，模型的表面会产生破洞；使用【移除】按钮不会删除点所在的表面，但会导致模型的外形改变。

★ 断开：单击此按钮后，会在选择点的位置创建更多的顶点，选择点周围的表面不再共享同一个顶点，每个多边形表面在此位置会拥有独立的顶点。

★ 挤出：单击该按钮，可以在视图中通过手动方式对选择点进行挤出操作。拖动鼠标时，选择点会沿着法线方向在挤出的同时创建出新的多边形面。单击该按钮右侧的□按钮，会弹出【挤出顶点】对话框，设置参数后可以得到图6.33所示的图。

图6.33　挤出顶点

> **提示**
>
> 默认情况下，单击□按钮后，将会打开小盒控件，如果需要打开对话框，可以在【首选项设置】对话框中的【常规】选项卡中取消勾选【启用小盒控件】复选框，然后单击【确定】按钮，则单击□按钮后，将会弹出相应的设置对话框。

● 挤出高度：设置挤出的高度。

● 挤出基面宽度：设置挤出的基面宽度。

★ 焊接：用于顶点之间的焊接操作，在视图中选择需要焊接的顶点后，单击该按钮，在阈值范围内的顶点会焊接到一起。如果选择点没有被焊接到一起，可以单击□按钮，会弹出【焊接顶点】对话框，如图6.34所示。

图6.34　焊接顶点

● 焊接阈值：指定焊接顶点之间的最大距离，在此距离范围内的顶点将被焊接到一起。

● 之前：显示执行焊接操作前模型的顶点数。

● 之后：显示执行焊接操作后模型的顶点数。

★ 切角：单击该按钮，拖动选择点会进行切角处理，单击其右侧的□按钮后，会弹出【切角顶点】对话框，如图6.35所示。

图6.35　焊接顶点

● 切角量：用于设置切角的大小。

● 打开：勾选该复选框时，删除切角的区域，保留开放的空间。默认设置为禁用状态。

★ 目标焊接：单击该按钮，在视图中将选择的点拖动到要焊接的顶点上，这样会自动进行焊接。

★ 连接：用于创建新的边。

★ 移除孤立顶点：单击该按钮后，将删除所有孤立的点，不管是否选择该点。

★ 移除未使用的贴图顶点：没用的贴图顶点可以显示在【UVW贴图】修改器中，但不能用于贴图，所以单击此按钮可以将这些贴图点自动删除。

6.3.3 边编辑

多边形对象的边与网格对象的边含义是完全相同的，都是在两个点之间起连接作用，将当前选择集定义为【边】，接下来将介绍【编辑边】卷展栏，如图6.36所示。与【编辑顶点】卷展栏相比较，改变了一些选项。

图6.36 【编辑边】卷展栏

★ 插入顶点：用于手动细分可视的边。

★ 移除：删除选定边并组合使用这些边的多边形。

> **提示**
>
> 选择需要删除的顶点或边，单击【移除】按钮或按Backspace键，临近的顶点和边会重新进行组合形成完整的整体。假如按Delete键，则会清除选择的顶点或边，这样会使多边形无法重新组合形成完整的整体，且形成镂空现象。

★ 分割：沿选择边分离网格。该按钮的效果不能直接显示出来，只有在移动分割后才能看到效果。

★ 挤出：在视图中操作时，可以手动挤出。在视图中选择一条边，单击该按钮，然后在视图中进行拖动，如图6.37所示。单击该按钮右侧的□按钮，会弹出【挤出边】对话框，如图6.38所示。

图6.37 挤出边

图6.38 【挤出边】对话框

● 挤出高度：以场景为单位指定挤出的数。

● 挤出基面宽度：以场景为单位指定挤出基面的大小。

★ 焊接：对边进行焊接。在视图中选择需要焊接的边后，单击该按钮，在阈值范围内的边会焊接到一起。如果选择边没有焊接到一起，可以单击该按钮右侧的□按钮，打开【焊接边】对话框，如图6.39所示。它与【焊接点】对话框的设置相同。

图6.39 【焊接边】对话框

★ 切角：单击该按钮，然后拖动活动对象中的边。如果要采用数字方式对顶点进行切角处理，单击□按钮，在打开的对话框中更改切角量值，如图6.40所示。

图6.40 【切角边】对话框

★ 目标焊接：用于选择边并将其焊接到目标边。将光标放在边上时，光标会变为【+】光标。按住并移动鼠标会出现一条虚线，虚线的一端是顶点，另一端是箭头光标。

★ 桥：使用多边形的【桥】连接对象的边。桥只连接边界边；也就是只在一侧有多边形的边。单击其右侧的□按钮，打开【跨越边】对话框，如图6.41所示。

图6.41 【跨越边】对话框

● 使用特定的边：在该模式下，使用【拾取】按钮来为桥连接指定多边形或边界。

● 使用边选择：如果存在一个或多个合适的选择，那么选择该选项会立刻将它们连接。

● 【边1】和【边2】：依次单击【拾取】按钮，然后在视图中单击边界边。只有在【桥接特定边】模式下才可以使用该选项。

● 分段：沿着桥边连接的长度指定多边形的数目。

● 平滑：指定列间的最大角度，在这些列间会产生平滑。

● 桥相邻：指定可以桥连接的相邻边之间的最小角度。

● 反转三角剖分：勾选该复选框后，可以反转三角剖分。

★ 连接：单击其右侧的【设置】按钮□，在弹出的【连接边缘】对话框中设置参数。如图6.42所示，在每对选定边之间创建新边。【连接】对于创建或细化边循环特别有用。

图6.42 【连接边】对话框

● 分段：每个相邻选择边之间的新边数。

● 收缩：新的连接边之间的相对空间。负值使边靠得更近；正值使边离得更远。默认值为0。

● 滑块：新边的相对位置。默认值为0。

★ 利用所选内容创建图形：在选择一个或更多的边后，单击该按钮，将以选择的曲线为模板创建新的曲线，单击其右侧的□按钮，会弹出【创建图形】对话框，如图6.43所示。

图6.43 【创建图形】对话框

● 图形名：为新的曲线命名。

● 平滑：强制线段变成圆滑的曲线，但仍和顶点呈相切状态，无需调节手柄。

● 线性：顶点之间以直线连接，拐角处无平滑过渡。

★ 编辑三角：单击该按钮可以查看多边形的内部剖分，可以手动建立内部边来修改多边形内部细分为三角形的方式。

★ 旋转：激活【旋转】时，对角线可以在线框和边面视图中显示为虚线。在【旋转】模式下，单击对角线可以更改它的位置。

6.3.4 边界编辑

【边界】选择集是多边形对象上网格的线性部分，通常由多边形表面上的一系列边依次连接而成。边界是多边形对象特有的次对象属性，通过编辑边界可以大大提高建模的效率，在【编辑边界】卷展栏中提供了针对边界编辑的各种选项，如图6.44所示。

图6.44 【编辑边界】卷展栏

★ 挤出：可以直接在视口中对边界进行手动挤出处理。单击此按钮，然后垂直拖动任何边界，以便将其挤出。单击【挤出】右侧的□按钮，可以在打开的对话框中进行设置。

★ 插入顶点：是通过顶点来分割边的一种方式，该选项只对所选择的边界中的边有影响，对未选择的边界中的边没有影响。

★ 切角：单击该按钮，然后拖动对象中的边界，再单击该按钮右侧的□按钮，可以在打开的【切角边】对话框中进行设置。

★ 封口：使用单个多边形封住整个边界环。

★ 桥：使用该按钮可以创建新的多边形来连接对象中的两个多边形或选定的多边形。

> **提示**
>
> 使用【桥】时，始终可以在边界之间建立直线连接。要沿着某种轮廓建立桥连接，请在创建桥后，根据需要应用建模工具。例如，桥连接两个边界，然后使用混合。

★ 连接：在选定边界边之间创建新边，这些边可以通过点相连。

【利用所选内容创建图形】、【编辑三角剖分】、【旋转】与【编辑边】中的含义相同，这里就不再介绍。

6.3.5 多边形和元素编辑

【多边形】选择集是通过曲面连接的3条或多条边的封闭序列。多边形提供了可渲染的可编辑多边形对象曲面。【元素】与多边形的区别在于元素是多边形对象上所有的连续多边形面的集合，它可以对多边形面进行拉伸和倒角等编辑操作，是多边形建模中最重要也是功能最强大的部分。

【多边形】选择集与【顶点】、【边】和【边界】选择集一样都有自己的卷展栏，【编辑多边形】卷展栏如图6.45所示。

图6.45 【编辑多边形】卷展栏

★ 插入顶点：用于手动细分多边形，即使处于【元素】选择集下，同样也适用于多边形。

★ 挤出：直接在视图中操作时，可以执行手动挤出操作。单击该按钮，然后垂直拖动任何多边形，以便将其挤出。单击其右侧的□按钮，可以打开【挤出多边形】对话框，如图6.46所示。

图6.46 【挤出多边形】对话框

● 组：沿着每一个连续的多边形组的平均法线执行挤出操作。如果挤出多个组，每个组将会沿着自身的平均法线方向移动。

● 局部法线：沿着每个选择的多边形法线执行挤出操作。

● 按多边形：独立挤出或倒角每个多边形。

● 挤出高度：以场景为单位指定挤出的数，可以向外或向内挤出选定的多边形。

★ 轮廓：用于增加或减小每组连续的选定多边形的外边。单击该按钮右侧的□按钮，打开【多边形加轮廓】对话框，如图6.47所示。然后可以进行参数设置，得到图6.48所示的效果。

图6.47 【多边形加轮廓】对话框

图6.48 添加轮廓后的效果

★ 倒角：通过直接在视图中操纵执行手动倒角操作。单击该按钮，然后垂直拖出任何多边形，以便将其挤出，释放鼠

标，再垂直移动鼠标以便设置挤出轮廓。单击该按钮右侧的□按钮，打开【倒角多边形】对话框，并对其进行设置，如图6.49所示。

图6.49 【倒角多边形】对话框

● 组：沿着每一个连续的多边形组的平均法线执行倒角。

● 局部法线：沿着每个选定的多边形法线执行倒角。

● 按多边形：独立倒角每个多边形。

● 高度：以场景为单位指定挤出的范围。可以向外或向内挤出选定的多边形，具体情况取决于该值是正值还是负值。

● 轮廓量：使选定多边形的外边界变大或缩小，具体情况取决于该值是正值还是负值。

★ 插入：执行没有高度的倒角操作。可以单击该按钮手动拖动，也可以单击该按钮右侧的□按钮，打开【插入多边形】对话框，设置后的效果如图6.50所示。

图6.50 设置【插入多边形】对话框

● 组：沿着多个连续的多边形进行插入。

● 按多边形：独立插入每个多边形。

● 插入量：以场景为单位指定插入的数。

★ 桥：使用多边形的【桥】连接对象上的两个多边形。单击该按钮右侧的■按钮，会弹出【跨越多边形】对话框，如图6.51所示。

图6.51 【跨越多边形】对话框

● 使用特定的多边形：在该模式下，使用【拾取】按钮来为桥连接指定多边形或边界。

● 使用多边形选择：如果存在一个或多个合适的选择对，那么选择该选项会立刻将它们连接。如果不存在这样的选择对，那么在视口中选择一对子对象将它们连接。

● 【多边形1】和【多边形2】：依次单击【拾取】按钮，然后在视口中单击多边形或边界边。

● 【扭曲1】和【扭曲2】：旋转两个选择的边之间的连接顺序。通过这两个控件可以为桥的每个末端设置不同的扭曲量。

● 分段：沿着桥连接的长度指定多边形的数目。该设置也应用于手动桥连接多边形。

● 锥化：设置桥宽度距离其中心变大或变小的程度。负值设定将桥中心锥化得更小；正值设定将桥中心锥化得更大。

提示

要更改最大锥化的位置，请使用【偏移】来设置。

● 偏移：决定最大锥化的位置。

● 平滑：决定列间的最大角度，在这些列间会产生平滑。列是沿着桥的长度扩展的一串多边形。

★ 翻转：反转选定多边形的法线方向，从而使其面向自己。

★ 从边旋转：通过在视口中直接操纵来执行手动旋转操作。选择多边形，并单击该按钮，然后沿着垂直方向拖动任何边，以便旋转选定的多边形。如果鼠标光标在某条边上，将会更改为十字形状。单击该按钮右侧的■按钮，打开【从边旋转多边形】对话框，如图6.52所示。

图6.52 【从边旋转多边形】对话框

● 角度：沿着转枢旋转的数量值。可以向外或向内旋转选定的多边形，具体情况取决于该值是正值还是负值。

● 分段：将多边形数指定到每个细分的挤出侧中。此设置也可以手动旋转多边形。

● 当前转枢：单击【拾取转枢】按钮，然后单击转枢的边即可。

★ 沿样条线挤出：沿样条线挤出当前选定的内容。单击其右侧的■（设置）按钮，打开【沿样条线挤出多边形】对话框，如图6.53所示。

图6.53 【沿样条线挤出多边形】对话框

● 拾取样条线：单击此按钮，然后选择样条线，在视口中沿该样条线挤出，样条线对象名称将出现在按钮上。

● 对齐到面法线：将挤出与面法线对齐。多数情况下，面法线与挤出多边形垂直。

● 旋转：设置挤出的旋转。仅当【对齐到面法线】处于勾选状态时才可用。默认设置为0。范围为–360~360。

● 分段：用于挤出多边形的细分设置。

● 锥化量：设置挤出沿着其长度变小或变大。锥化挤出的负值设置越小，锥化挤出的正值设置就越大。

● 锥化曲线：设置继续进行的锥化率。

● 扭曲：沿着挤出的长度应用扭曲。

★ 编辑三角剖分：是通过绘制内边修改多边形细分为三角形的方式。

★ 重复三角算法：允许软件对当前选定的多边形执行最佳的三角剖分操作。

★ 旋转：是通过单击对角线修改多边形细分为三角形的方式。

6.4 实例应用：马克杯

马克杯的意思是大柄杯子，因为马克杯的英文叫mug，所以翻译成马克杯。马克杯杯身一般为标准圆柱形或类似圆柱形，并且杯身的一侧带有把手，马克杯的把手形状通常为半环，本例将来介绍一下马克杯的制作方法，效果如图6.54所示。

01 选择【创建】 ❋ 【图形】 ◎ 【样条线】|【线】工具，在【前】视图中绘制闭合样条曲线，如图6.55所示。

图6.54　马克杯

图6.55　绘制闭合样条曲线

02 切换到【修改】命令面板 ☑ ，将绘制的闭合样条曲线重命名为【杯身001】，将当前选择集定义为【顶点】，然后在视图中调整曲线，如图6.56所示。

03 调整完成后关闭当前选择集，在【修改器列表】中选择【车削】修改器，在【参数】卷展栏中勾选【焊接内核】复选框，将【分段】设置为80，在【方向】组中单击【Y】按钮，在【对齐】选项组中单击【最小】按钮，如图6.57所示。

04 然后在【修改器列表】中选择【UVW贴图】修改器，在【参数】卷展栏中选中【柱形】单选按钮，在【对齐】选项组中选中【X】单选按钮，并单击【适配】按钮，如图6.58所示。

05 选择【创建】 ![icon] |【图形】 ![icon] |【样条线】|【线】工具，在【前】视图中绘制曲线，切换到【修改】命令面板 ![icon] ，将其重命名为【路径】，将当前选择集定义为【顶点】，然后在视图中调整曲线，如图6.59所示。

图6.56 调整曲线

图6.57 施加【车削】修改器

图6.58 施加【UVW】贴图修改器

图6.59 绘制并调整【路径】

06 调整完成后关闭当前选择集，选择【创建】 ![icon] |【图形】 ![icon] |【样条线】|【椭圆】工具，在【顶】视图中绘制椭圆形，切换到【修改】命令面板 ![icon] ，将其重命名为【截面图形】，在【插值】卷展栏中将【步数】设置为20，在【参数】卷展栏中将【长度】设置为27，将【宽度】设置为12，如图6.60所示。

07 在场景中选择【路径】，然后选择【创建】 ![icon] |【几何体】 ![icon] |【复合对象】|【放样】工具，在【创建方法】卷展栏中单击【获取图形】按钮，然后在场景中拾取【截面图形】对象，如图6.61所示。

08 切换到【修改】命令面板 ![icon] ，将放样后的对象重命名为【把手001】，在【蒙皮参数】卷展栏中将【路径步数】设置为20，如图6.62所示。

09 在【修改器列表】中选择【编辑网格】修改器，将当前选择集定义为【顶点】，在【前】视图中框选图6.63所示的顶点，并沿Y轴向下移动选择的顶点。

图6.60　创建【截面图形】

图6.61　放样对象

图6.62　设置【路径步数】

图6.63　调整顶点

10 继续框选其他顶点，并沿Y轴调整顶点位置，效果如图6.64所示。

11 使用同样的方法，调整把手下方与杯身相接的位置，效果如图6.65所示。

图6.64　调整其他顶点

图6.65　调整其他位置处的顶点

第6章 网格和多边形建模方法

12 调整完成后关闭当前选择集即可。确认【把手001】对象处于选择状态，按M键弹出【材质编辑器】对话框，选择一个新的材质样本球，将其重命名为【把手材质01】，在【Blinn基本参数】卷展栏中将【环境光】、【漫反射】和【高光反射】的RGB值设置为（255、255、255），在【自发光】选项组中将【颜色】设置为35，在【反射高光】选项组中将【高光级别】和【光泽度】设置为100、83，如图6.66所示。

13 在【贴图】卷展栏中将【反射】的【数量】设置为8，并单击右侧的【无】按钮，在弹出的【材质/贴图浏览器】对话框中选择【光线跟踪】贴图，单击【确定】按钮，在【光线跟踪器参数】卷展栏中使用默认设置即可，如图6.67所示，然后单击【转到父对象】按钮 和【将材质指定给选定对象】按钮 ，将材质指定给【把手001】对象。

图6.66　设置Blinn基本参数

图6.67　设置【反射】贴图

14 在场景中选择【杯身001】对象，在【材质编辑器】对话框中将【把手材质01】材质样本球拖曳至一个新的材质样本球上，并将其重命名为【杯身材质01】，在【贴图】卷展栏中单击【漫反射颜色】右侧的【无】按钮，在弹出的【材质/贴图浏览器】对话框中选择【位图】贴图，单击【确定】按钮，如图6.68所示。

15 在弹出的对话框中打开随书附带光盘中的"马克杯贴图1.tif"素材图片，在【坐标】卷展栏中将【偏移】下的【U】、【V】设置为-0.01、0.08，将【瓷砖】下的【U】、【V】设置为1.5、1，并单击【转到父对象】按钮 和【将材质指定给选定对象】按钮 ，将材质指定给【杯身001】对象，如图6.69所示。

图6.68　选择【位图】贴图

图6.69　设置并指定材质

16 在场景中选择【杯身001】和【把手001】对象，在按住Shift键的同时沿X轴向右拖动，拖动至适当位置处松开鼠标左键，在弹出的对话框中选中【复制】单选按钮，然后单击【确定】按钮，如图6.70所示。

17 在场景中选择【杯身002】对象，按M键弹出【材质编辑器】对话框，将【杯身材质01】材质样本球拖曳至一个新的材质样本球上，并将其重命名为【杯身材质02】，在【Blinn基本参数】卷展栏中，将【环境光】和【漫反射】的RGB值更改为（40、40、40），如图6.71所示。

图6.70 复制对象　　　　　　　　　　　　　图6.71 更改颜色

18 在【贴图】卷展栏中单击【漫反射颜色】右侧的贴图类型按钮，然后在【位图参数】卷展栏中单击【位图】右侧的路径按钮，在弹出的对话框中选择随书附带光盘中的"马克杯贴图2.tif"素材图片，单击【打开】按钮，如图6.72所示。然后单击【转到父对象】按钮和【将材质指定给选定对象】按钮。

19 使用同样的方法，为【把手002】对象设置材质，效果如图6.73所示。

图6.72 更改贴图　　　　　　　　　　　　　图6.73 为【把手002】对象设置材质

20 然后使用【选择并旋转】工具和【选择并移动】工具，在视图中调整两个马克杯的旋转角度和位置，效果如图6.74所示。

21 选择【创建】|【几何体】|【标准基本体】|【长方体】工具，在【顶】视图中绘制长方体，切换到【修改】命令面板，将其重命名为【桌面】，在【参数】卷展栏中将【长度】设置为4500，将【宽度】设置为6800，将【高度】设置为1，并在视图中调整其位置，如图6.75所示。

图6.74 调整马克杯旋转角度和位置

图6.75 创建【桌面】

22 确认【桌面】对象处于选择状态,在【修改器列表】中选择【UVW贴图】修改器,在【参数】卷展栏中将【长度】和【宽度】设置为800,将当前选择集定义为【Gizmo】,并将Gizmo移至图6.76所示的位置处。

23 关闭当前选择集,按 M 键弹出【材质编辑器】对话框,选择一个新的材质样本球,将其命名为【桌面材质】,在【贴图】卷展栏中单击【漫反射颜色】右侧的【无】按钮,在弹出的对话框中打开随书附带光盘中的"009.jpg"素材图片,在【坐标】卷展栏中使用默认参数设置即可,如图 6.77所示,单击【转到父对象】按钮 和【将材质指定给选定对象】按钮 ,将材质指定给【桌面】对象。

图6.76 施加【UVW贴图】修改器

图6.77 设置并指定材质

24 选择【创建】 |【摄影机】 |【标准】|【目标】工具,在【参数】卷展栏中将【镜头】设置为67mm,在【顶】视图中创建摄影机,激活【透视】视图,按C键将其转换为摄影机视图,然后在其他视图中调整摄影机的位置,效果如图6.78所示。

25 使用【选择并旋转】工具 ,在【顶】视图中沿Z轴顺时针旋转摄影机,效果如图6.79所示。

26 选择【创建】 |【灯光】 |【标准】|【目标聚光灯】工具,在【顶】视图中创建一盏目标聚光灯,切换到【修改】命令面板 ,在【常规参数】卷展栏中勾选【阴影】选项组中的【启用】复选框,将阴影模式定义为【光线跟踪阴影】,在【强度/颜色/衰减】卷展栏中将【倍增】设置为0.5,如图6.80所示。

图6.78　创建摄影机

图6.79　旋转摄影机

图6.80　创建目标聚光灯

27 在【聚光灯参数】卷展栏中将【聚光区/光束】和【衰减区/区域】分别设置为0.5、100，在【阴影参数】卷展栏中将【颜色】的RGB值设置为（39、39、39），如图6.81所示。

图6.81　设置灯光参数

28 选择【创建】　|【灯光】　|【标准】|【天光】工具，在【顶】视图中创建一盏天光，在【天光参数】卷展栏中将【倍增】设置为0.8，如图6.82所示。

图6.82　创建天光

29 激活摄影机视图，按Shift+F快捷键显示安全框，然后按F10键弹出【渲染设置】对话框，在【输出大小】选项组中取消选中【图像纵横比】右侧的　按钮，并将【宽度】设置为800，将【高度】设置为500，如图6.83所示。

30 选择【高级照明】选项卡，在【选择高级照明】卷展栏中选择【光跟踪器】选项，如图6.84所示。

31 然后单击对话框底部的【渲染】按钮，对摄影机视图进行渲染，渲染完成后的效果如图6.85所示。

图6.83 设置输出大小

图6.84 选择高级照明

图6.85 渲染完成后的效果

6.5 拓展训练：餐叉

餐叉是一种西方食具，辅助用者将食物带到口中，本例将来介绍一下使用【编辑网格】修改器和【网格平滑】修改器来制作餐叉的方法，效果如图6.86所示。

01 选择【创建】 ※ |【几何体】 ○ |【标准基本体】|【长方体】工具，在【顶】视图中创建长方体，切换到【修改】命令面板 ☑，在【参数】卷展栏中，将【长度】设置为2.75，将【宽度】设置为3.15，将【高度】设置为0.32，将【长度分段】设置为2，将【宽度分段】设置为7，如图6.87所示。

02 在【修改器列表】中选择【编辑网格】修改器，将当前选择集定义为【顶点】，在【顶】视图中框选底部的顶点，然后使用【选择并均匀缩放】工具 🔲，沿X轴向内缩小选择的顶点，效果如图6.88所示。

图6.86 餐叉效果

03 将当前选择集定义为【多边形】，在【透视】视图中选择图6.89所示的多边形。

图6.87 创建长方体

图6.88 缩小顶点

图6.89 选择多边形

04 在【编辑几何体】卷展栏下的【挤出】按钮右侧的文本框中输入3.95，按Enter键确认，

即可挤出多边形，如图6.90所示。

图6.90 挤出多边形

05 将当前选择集定义为【顶点】，在【左】视图中框选图6.91所示的顶点，并沿Y轴向上调整顶点的位置。

图6.91 调整顶点位置

06 然后在工具栏中选择【选择并均匀缩放】工具 ，在【顶】视图中沿X轴向内缩小选择的顶点，效果如图6.92所示。

07 将当前选择集定义为【多边形】，在【透视】视图中选择图6.93所示的多边形。

08 在【编辑几何体】卷展栏下的【挤出】按钮右侧的文本框中输入3.95，按Enter键确认，即可挤出多边形，如图6.94所示。

09 使用同样的方法，继续挤出选择的多边形，将第一次挤出的高度设置为1.95，将第二次挤出的高度设置为0.55，如图6.95所示。

图6.92 缩小顶点

图6.93 选择多边形

图6.94 挤出多边形

图6.95 多次挤出多边形

10 将当前选择集定义为【顶点】，在【顶】视图中使用【选择并均匀缩放】工具 ，沿X轴调整顶点，如图6.96所示。

图6.96 调整顶点

11 调整完成后，关闭当前选择集，在【修改器列表】中选择【网格平滑】修改器，在【细分方法】卷展栏中将【细分方法】设置为【经典】，在【细分量】卷展栏中将【迭代次数】设置为3，如图6.97所示。

12 选择【创建】 |【几何体】 |【标准基本体】|【圆柱体】工具，在【前】视图中创建圆柱体，切换到【修改】命令面板 ，在【参数】卷展栏中，将【半径】设置为0.59，将【高度】设置为12.6，将【高度分段】设置为20，将【边数】设置为18，并在其他视图中调整其位置，如图6.98所示。

图6.97 施加【网格平滑】修改器

图6.98 创建圆柱体

栏中单击【附加】按钮，在视图中单击拾取创建的球体，如图6.102所示。

图6.99 均匀缩放顶点

图6.100 沿Y轴缩小顶点

13 在【修改器列表】中选择【编辑网格】修改器，将当前选择集定义为【顶点】，使用【选择并均匀缩放】工具 在【顶】视图中框选图6.99所示的顶点，然后均匀缩放选择的顶点。

14 然后在【前】视图中沿Y轴向下缩小顶点，如图6.100所示。

15 调整完成后关闭当前选择集。然后选择【创建】 【几何体】 【标准基本体】|【球体】工具，在【顶】视图中创建球体，在【参数】卷展栏中将【半径】设置为0.58，然后在其他视图中调整其位置，如图6.101所示。

16 在场景中选择创建的圆柱体，切换到【修改】命令面板 ，在【编辑几何体】卷展

图6.101 创建球体

图6.102　附加球体

17 再次单击【附加】按钮将其关闭，将当前选
择集定义为【多边形】，在【顶】视图中
框选图6.50所示的多边形，在【曲面属性】
卷展栏中将【设置ID】设置为1，如图6.103
所示。

图6.103　设置ID1

18 在菜单栏中选择【编辑】|【反选】命令，
选择其他多边形，在【曲面属性】卷展栏
中将【设置ID】设置为2，如图6.104所示。

19 设置完成后关闭当前选择集，按M键弹出
【材质编辑器】对话框，选择一个新的材
质样本球，单击名称栏左侧的【Standard】
按钮，在弹出的【材质/贴图浏览器】对话
框中选择【多维/子对象】材质，单击【确
定】按钮，如图6.105所示。

图6.104　设置ID2

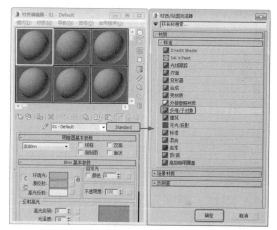

图6.105　选择【多维/子对象】材质

20 弹出【替换材质】对话框，选中【将旧材
质保存为子材质】单选按钮，单击【确
定】按钮，然后在【多维/子对象基本参
数】卷展栏中单击【设置数量】按钮，弹
出【设置材质数量】对话框，将【材质数
量】设置为2，单击【确定】按钮，如图
6.106所示。

21 然后单击ID1右侧的子材质按钮，进入子
级材质面板中，在【明暗器基本参数】卷
展栏中将明暗器类型设置为【金属】，在
【金属基本参数】卷展栏中将【环境光】
的RGB值设置为（0、0、0），将【漫反
射】的RGB值设置为（255、255、255），
在【自发光】选项组中将【颜色】设置为
5，在【反射高光】选项组中将【高光级
别】和【光泽度】分别设置为100、80，如
图6.107所示。

图6.106　设置材质数量

图6.108　设置反射贴图

图6.107　设置ID1材质

图6.109　设置ID2材质

22 在【贴图】卷展栏中单击【反射】右侧的【无】按钮，在弹出的对话框中双击【位图】贴图，再在弹出的对话框中打开随书附带光盘中的"Chromic.jpg"素材图片，在【坐标】卷展栏中将【模糊偏移】设置为0.096，如图6.108所示。

23 单击【转到父对象】按钮 ，返回到父级材质层级中。然后单击ID2右侧的子材质按钮，在弹出的对话框中双击【标准】材质，进入ID2子级材质面板中，在【Blinn基本参数】卷展栏中将【环境光】和【漫反射】的RGB值设置为（255、86、9），在【自发光】选项组中将【颜色】设置为20，在【反射高光】选项组中将【高光级别】和【光泽度】分别设置为108、37，如图6.109所示。

24 在【贴图】卷展栏中将【反射】后的【数量】设置为30，并单击右侧的【无】按钮，在弹出的对话框中双击【位图】贴图，再在弹出的对话框中打开随书附带光盘中的"003.tif"素材图片，在【坐标】卷展栏中将【模糊】设置为10，如图6.110所示。然后单击两次【转到父对象】按钮 和【将材质指定给选定对象】按钮 ，将材质指定给圆柱体对象。

25 在场景中选择【Box001】对象，在修改器堆栈中选择【编辑网格】修改器，将当前选择集定义为【多边形】，按Ctrl+A快捷键选择所有的多边形，在【曲面属性】卷展栏中将【设置ID】设置为1，如图6.111所示。

图6.110　设置反射贴图

图6.111　设置ID1

26 关闭当前选择集，再次选择【Box001】对象，在【材质编辑器】对话框中单击ID1右侧的子材质按钮，进入ID1子级材质面板中，然后单击【将材质指定给选定对象】按钮，如图6.112所示。

图6.112　指定材质

27 按Ctrl+A快捷键选择所有的对象，在菜单栏中选择【组】|【组】命令，弹出【组】对话框，输入【组名】为【餐叉】，单击【确定】按钮，如图6.113所示。

图6.113　成组对象

28 单击 按钮，在弹出的下拉列表中选择【导入】|【合并】选项，如图6.114所示。

图6.114　选择【合并】选项

29 在弹出的对话框中选择随书附带光盘中的"盘子.max"素材文件，单击【打开】按钮，在弹出的对话框中单击【全部】按钮和【确定】按钮，如图6.115所示。

30 即可导入选择的对象，并在场景中调整【餐叉】的旋转角度和位置，效果如图6.116所示。

图6.115 选择合并对象

图6.116 调整餐叉

31 选择【创建】|【摄影机】|【标准】|【目标】工具，在【参数】卷展栏中将【镜头】设置为45mm，在【顶】视图中创建摄影机，激活【透视】视图，按C键将其转换为摄影机视图，然后在其他视图中调整摄影机位置，效果如图6.117所示。

图6.117 创建并调整摄影机

32 选择【创建】|【灯光】|【标准】|【目标聚光灯】工具，在【顶】视图中创建一盏目标聚光灯，切换到【修改】命令面板，在【常规参数】卷展栏中勾选【阴影】选项组中的【启用】复选框，将阴影模式定义为【光线跟踪阴影】，在【强度/颜色/衰减】卷展栏中将【倍增】设置为0.4，在【聚光灯参数】卷展栏中将【聚光区/光束】和【衰减区/区域】分别设置为0.5、70，并在其他视图中调整其位置，如图6.118所示。

图6.118 创建目标聚光灯

33 选择【创建】|【灯光】|【标准】|【天光】工具，在【顶】视图中创建一盏天光，在【天光参数】卷展栏中将【倍增】设置为0.6，在【天空颜色】选项组中单击色块，在弹出的对话框中将RGB值设置为（255、255、255），如图6.119所示。

图6.119 创建天光

34 按F10键弹出【渲染设置】对话框，选择【高级照明】选项卡，在【选择高级照明】卷展栏中选择【光跟踪器】，在【参数】卷展栏中将【附加环境光】的RGB值设置为（63、63、63），如图6.120所示。

35 选择【公用】选项卡，在【输出大小】选项组中单击【800×600】按钮，在【查看】下拉列表中选择【四元菜单4-Camera001】视图，然后单击【渲染】按钮对摄影机视图进行渲染，如图6.121所示，渲染完成后将场景文件保存即可。

图6.120 设置高级照明

图6.121 设置输出选项

6.6 课后练习

1. 简述一下将模型转换为可编辑网格的方法。
2. 简述一下【编辑网格】修改器中【软选择】卷展栏的作用。

第7章
面片及NURBS建模方法

　　通过前面章节我们学习了如何应用部分工具进行实体建模，而现实生活中的大量物体是无法应用实体建模完成的，本章的重点就是讲解如何应用面片和NURBS进行建模。面片和NURBS进行建模都属于一种高级的建模方式，本章将重点讲解面片和NURBS建模的方法。

7.1 认识面片

面片建模是一种以表面进行建模的方式，即通过【面片栅格】中的
【四边形面片】或【三角形面片】制作表面并对其进行任意修改而完成模型的创建工作。在
3ds Max 2015中创建面片的种类有两种：四边形面片和三角形面片。这两种面片的不同之处是
它们的组成单元不同，前者为四边形，后者为三角形。

3ds Max 2015提供了两种创建面片的途径：一种是在【创建】命令面板 下的【面片栅
格】子面板中的【对象类型】卷展栏中选择面片类型，如图7.1所示，（或是选择菜单栏中的
【创建】|【面片栅格】命令创建一个面片，如图7.2所示）然后进入【修改】命令面板 ，选
择【编辑面片】修改器（也可以利用右击的快捷方式将面片转换为可编辑面片物体），进行编
辑；另一种方法是首先绘制出线框结构，然后进入【修改】命令面板 中选择【曲面】修改
器，得到物体的表面，这种方法我们在【使用编辑面片编辑修改器】中为大家详细介绍。

7.1.1 【四边形面片】和【三角形面片】

（1）【四边形面片】

【四边形面片】用于创建平面栅格。创建的方法很简单，下面将介绍创建四边形面片的参
数设置，其参数面板如图7.3所示，四边形面片各项参数的功能说明如下所述。

图7.1　通过菜单选择　　　　图7.2　通过创建面板选择　　图7.3　【四边形面片】参数卷展栏

★　【键盘输入】卷展栏

　　● X、Y、Z：设置面片中心。

　　● 长度：设置面片的长度。

　　● 宽度：设置面片宽度。

　　● 创建：该按钮是基于XYZ、【长度】、【宽度】的基础上创建面片。

★　【参数】卷展栏

　　● 长度、宽度：创建面片后设置当前面片的长度、宽度。

　　● 长度分段、宽度分段：分别设置长度和宽度上的分段数，默认值为1。当增加该分段时，【四边
　　　形面片】的密度将急剧增加。一侧上的两个分段的【四边形面片】包含288个面。最大值分段为
　　　100。高的分段值可以降低性能。

　　● 生成贴图坐标：创建贴图坐标，以便应用贴图材质。默认设置为禁用状态。

　　创建四边形面片的步骤如下所述。

01 选择【创建】 |【几何体】 |【面片栅格】|【四边形面片】工具。

02 在任意视图中拖动定义面片的长度和宽度。

（2）【三角形面片】

【三角形面片】用于创建三角面的面片平面。

下面将介绍【三角形面片】的参数卷展栏，如图7.4所示。

图7.4　【三角形面片】参数卷展栏

★　【键盘输入】卷展栏

● XYZ：设置面片的中心。

● 长度、宽度：设置面片的长度、宽度。

● 创建：基于XYZ、长度、宽度值来创建面片。

★　【参数】卷展栏

● 长度、宽度：设置当前已经创建面片的长度、宽度。

● 生成贴图坐标：创建贴图坐标，以便应用贴图材质。

7.1.2　创建面片的方法

除了使用标准的面片创建方法外，在Max中还包括多种常用创建面片的方法。

方法一：通过【车削】、【挤出】等修改器将二线形图形生成三维模型，然后将生成的三维模型输入为【面片】，如图7.5所示。

方法二：创建截面，再使用【曲面】修改器将连接的线生成面片，最后通过【编辑面片】修改器进行设置，如图7.6所示。

图7.5　使用【挤出】修改器生成面片对象

图7.6　使用【曲面】修改器生成面片对象

方法三：直接对创建的几何体使用【编辑面片】修改器，如图7.7所示。

图7.7　使用【曲面】修改器生成面片对象

7.2 使用编辑面片编辑修改器

　　【编辑面片】修改器为选定对象的不同子对象层级提供编辑工具：【顶点】、【边】、【面片】、【元素】、【控制柄】，如图7.8所示。【编辑面片】修改器匹配所有基础【可编辑面片】对象的功能，那些在【编辑面片】中不能设置子对象动画的除外。

　　【编辑面片】修改器必须复制传递到其自身的几何体，此存储将导致文件尺寸变大。【编辑面片】修改器也可以建立拓扑依赖性，即如果先前的操作更改了发送给修改器的拓扑，那么拓扑依赖性将受到负面影响。

　　在【编辑面片】修改器中，【选择】、【软选择】卷展栏是顶点、边、面片、元素、控制柄中其共同拥有的卷展栏，下面将主要介绍一下【选择】卷展栏，如图7.9所示。

图7.8　编辑面片修改器

图7.9　【选择】卷展栏

★　【顶点】：用于选择面片对象中的顶点控制点和向量控制柄。

★　【控制柄】：用于选择与每个顶点有关的向量控制柄。

★　【边】：选择面片对象的边界。在该层级时，可以细分边，还可以向开放的边添加新的面片。

★　【面片】：选择整个面片。在该层级，可以分离或删除面片，还可以细分其曲面。细分面片时，其曲面将会分裂成较小的面片。

★　【元素】：选择和编辑整个元素。元素的面是连续的。

★ 【命名选择】选项组：包括两个按钮。

● 复制：将当前子物体及命名的选择集复制到剪贴板中。

● 粘贴：将剪贴板中复制的选择集指定到当前子物体中。

★ 【过滤器】选项组：包括两个复选框。

● 顶点：选中该复选框时，可以选择和移动顶点。

● 向量：选中该复选框时，可以选择和移动向量。

★ 锁定控制柄：将一个顶点的所有控制手柄锁定，移动一个时也会带动其他的手柄。只有在【顶点】选择集被选中的情况下才可使用。

★ 按顶点：选中该复选框后，在选择一个点时，与这个点相邻的边或面会一同被选择，只有在【控制柄】、【边】、【面片】选择集被选中的情况下才可使用。

★ 忽略背面：选中该复选框时，选定子对象只会选择视图中显示其法线的那些子对象。取消选中该复选框（默认设置）时，选择包括所有子对象，而与它们的法线方向无关。

★ 收缩：通过取消选择最外部的子对象来缩小子物体的选择区域。只有在【控制柄】选择集被选中的情况下才可使用。

★ 扩大：向所有可用方向外侧扩展选择区域。只有在【控制柄】选择集被选中的情况下才可用。

★ 环形：通过选择与选定边平行的所有边来选定整个对象的四周，只有在【边】选择集被选中的情况下才可使用。

★ 循环：在与选中的边相对齐时，尽可能远地扩展选择，只有在【边】选择集被选中的情况下才可使用。

★ 选择开放边：选择只有一个面片使用的所有边，只有在【边】选择集被选中的情况下才可用。

7.3 面片对象的子对象模式

下面介绍【曲面】修改器中每个选择集的主要参数设置。

7.3.1 顶点

在编辑修改器堆栈中，将当前选择集定义为【顶点】，可以进入到顶点选择集进行编辑，在顶点选择集中，可以使用主工具栏中的变换工具编辑选择的顶点，或可以变换切换手柄来改变面片的形状。

面片的顶点有【共面】和【角点】两种类型。【共面】可以保存顶点之间的光滑度，也可以对顶点进行调整；【角点】将保持顶点之间呈角点显示，可以通过右键菜单选择这两种类型，如图7.10所示。

在【几何体】卷展栏中对有关【顶点】的一些参数进行介绍，如图7.11所示。

图7.10 调整【顶点】的两种类型

图7.11 【几何体】卷展栏

★ 【细分】选项组：仅限于顶点、边、面片和元素层级。

● 细分：细分所选子对象。

● 传播：启用时，将细分伸展到相邻面片。沿着有连续的面片传播细分，连接面片时，可以防止面片断裂。

● 绑定：用于在两个顶点数不同的面片之间创建无缝无间距的连接，这两个面片必须属于同一个对象，因此，不需要先选中该顶点。单击【绑定】按钮，然后拖动一条从基于边的顶点（不是角顶点）到要绑定的边的直线。

● 取消绑定：断开通过【绑定】连接到面片的顶点，选择该顶点，然后单击【取消绑定】按钮。

★ 【拓扑】选项组

● 添加三角形/添加四边形：该处选项仅用于边层级。可以为某个对象的任何开放边添加三角形和四边形。

● 创建：在现有的几何体或自由空间创建三边或四边面片。仅限于顶点、面片和元素物体层级可用。

● 分离：将当前选择的面片分离出当前物体，使它成为一个独立的新物体。

● 重定向：选中该复选框时，分离的面片或元素复制源对象的【局部】坐标系的位置和方向。此时，将会移动和旋转新的分离对象，以便对局部坐标系进行定位，并使其与当前活动栅格的原点对齐。

● 复制：选中该复选框时，分离的面片将会复制到新的面片对象，从而使原来的面片

保持完好。

● 附加：用于将对象附加到当前选定的面片对象。

● 重定向：选中该复选框时，重定向附加元素，使每个面片的创建局部坐标系与选定面片的创建局部坐标系对齐。

● 删除：将当前选择的面片删除。在删除点、线的同时，也会将共享这些点、线的面片一同删除。

● 断开：将当前选择点断开，单击该按钮不会看到效果，如果移动断开的点，会发现它们已经分离。

● 隐藏：将选择的面片隐藏，如果选择的是点或线，将隐藏点线所在的面片。

● 全部取消隐藏：将所有隐藏的面片显示出来。

★ 【焊接】选项组

● 选定：确定可进行顶点焊接的区域面积，当顶点之间的距离小于此值时，它们就会焊接为一个点。

● 目标：在视图中将选择的点拖动到要焊接的顶点上，这样会自动焊接。

★ 【切线】选项组

● 复制：将面片控制柄的变换设置复制到复制缓冲区。

● 粘贴：将方向信息从复制缓冲区粘贴到顶点控制柄。

● 粘贴长度：如果选中该复选框，并使用【复制】功能，则控制柄的长度也将被复制。如果选中该复选框，并使用【粘贴】功能，则将复制最初复制的控制柄的长度及其方向，取消选中该复选框时，只能复制和粘贴其方向。

★ 【曲面】选项组

● 视图步数：调节视图显示的精度。数值越大，精度越高，表面越光滑。

● 渲染步数：调节渲染的精度。

● 显示内部边：控制是否显示面片物体中央的横断表面。

● 使用真面片法线：决定该软件平滑面片之间边缘的方式。

★ 【杂项】选项组
  ● 面片平滑：在子对象层级调整所选子对象顶点的切线控制柄，以便对面片对象的曲面执行平滑操作。

7.3.2 边

在【几何体】卷展栏中用到以下有关【边】的参数选项。

★ 细分：使用该功能可以将选定的边子对象从中间分为两个单独的边。要使用【细分】按钮，首先要选择一个边子对象，再单击该按钮。

★ 传播：该选项可以使边和相邻的面片也被细分，如图7.12所示。

图7.12 使用【传播】选项的效果

★ 【添加三角形】和【添加四边形】：使用这两个按钮可以在面片对象的开放式边上创建一个三角形或四边形面片。要创建三角形或四边形面片，首先要选择一条开放的边，然后单击这两个按钮创建一个面片，如图7.13所示。

图7.13 添加三角形

★ 挤出：使用【挤出】按钮可以给一个选定的边增加厚度，并在挤出边的后面增加一个面。要使用【挤出】功能，首先选择一个或者多个边，然后单击【挤出】按钮，并在视图中拖动选中的边即可。

7.3.3 面片和元素

【面片】和【元素】两个选择集的可编辑参数基本相同，除前面介绍的公用选项外还包括以下选项。

★ 【挤出和倒角】选项组：仅限于边、面片和元素层级。使用这些控件，可以对边、面片或元素执行挤出和倒角操作。挤出面片时，这些面片将会沿着法线方向移动，然后创建形成挤出边的新面片，从而将选择与对象相连。倒角时，将会添加用于缩放挤出面片的第二个步幅。通过拖动或直接输入，可以对面片执行挤出和倒角操作。另外，还可以在挤出时，按住Shift键，用于创建单独的元素。

- 挤出：单击此按钮，然后拖动任何边、面片或元素，以便对其进行交互式挤出操作。执行该操作时按住Shift键，以便创建新的元素。如果鼠标光标位于选定面片或元素上，将会更改为【挤出】光标。
- 倒角：仅限于面片和元素层级。单击该按钮，然后拖动任意一个面片或元素，对其执行交互式的挤出操作，再单击并释放鼠标按钮，然后重新拖动，对挤出元素执行倒角操作。执行该操作时，按住Shift键，以便创建新的元素。鼠标光标位于选定元素上时，将会更改为【倒角】光标。
- 挤出：使用该微调器，可以向内或向外设置挤出，具体情况视该值的正负而定。
- 轮廓：仅限于面片和元素层级。使用该微调器，可以放大或缩小选定的面片或元素，具体情况视该值的正负而定。挤出后倒角挤出的面片时，通常会使用该选项。
- 法线：如果【法线】设置为【局部】（默认值），沿选定元素中的边、面片或单独面片的各个法线执行挤出。如果法线设置为组，沿着选定的连续组的平均法线执行挤出。如果挤出多个这样的组，每个组将会沿着自身的平均法线方向移动。
- 倒角平滑：仅限于面片和元素层级。使用这些设置，可以在通过倒角创建的曲面和邻近面片之间设置相交的形状。这些形状是由相交时顶点的控制柄配置决定的。开始是指边和倒角面片周围的面片的相交。结束是指边和倒角面片或面片的相交。下面的设置适用于每种面片。
  - ◆ 平滑：对顶点控制柄进行设置，使新面片和邻近面片之间的角度相对小一些。
  - ◆ 线性：对顶点控制柄进行设置，以便创建线性变换。
  - ◆ 无：不修改顶点控制柄。

7.4 认识NURBS

NURBS建模是一种优秀的建模方式，可以用来创建具有流线轮廓的模型，本节将介绍NURBS建模。

3ds Max提供NURBS曲面和曲线。NURBS代表非均匀有理数B-样条线。NURBS已成为设置和建模曲面的行业标准。它们尤其适合于使用复杂的曲线建模曲面。使用NURBS的建模工具并不要求了解生成这些对象的数学概念。

也可以使用多边形网格或面片来建模曲面。与NURBS曲面作比较，网格和面片具有以下缺点。

★ 使用多边形可使其很难确地创建复杂的弯曲曲面。

★ 由于网格为面状效果，因此面状出现在渲染对象的边上。必须有大量的小面来渲染平滑的弯曲面。

NURBS建模的弱点在于它通常只适用于制作较为复杂的模型。如果模型比较简单，使用它反而要比其他的方法需要更多的拟合，另外它不适合用来创建带有尖锐拐角的模型。

NURBS造型系统由点、曲线和曲面3种元素构成，曲线和曲面又分为标准和CV型，创建它们既可以在创建命令面板内完成，也可以在一个NURBS造型内部完成。

> **提示**
>
> 除了【标准基本体】之外，还可以将面片对象、放样合成物、扩展基本体中的【环形结】和【棱柱】直接转换为NURBS。

7.4.1 NURBS曲面

选择【创建】 |【几何体】 |
【NURBS曲面】，【NURBS曲面】中包括
【点曲面】和【CV曲面】两种。

★ 点曲面：【点曲面】是由矩形点的阵列
构成的曲面，如图7.14所示。点存在于
曲面上，创建时可以修改它的长度、宽
度，以及各边上的点。创建点曲面后，
可以在【创建参数】卷展栏中进行调
整，如图7.15所示。

图7.14 创建【点曲面】

图7.15 【创建参数】卷展栏

● 【长度】和【宽度】：用来设置曲面的长
度和宽度。

● 长度点数：设置长度上点的数量。

● 宽度点数：设置宽度上点的数量。

● 生成贴图坐标：生成贴图坐标，以便可以
将设置贴图的材质应用于曲面。

● 翻转法线：勾选该复选框可以反转曲面法
线的方向。

★ CV曲面：【CV曲面】是由可以控制的点
组成的曲面，这些点不存在于曲面上，
而是对曲面起到控制作用，每一个控制
点都有权重值可以调节，以改变曲面的
形状，如图7.16所示。创建点曲面后，可

以在【创建参数】卷展栏中进行调整，
如图7.17所示。

图7.16 创建【CV曲面】

图7.17 【创建参数】卷展栏

● 【长度】和【宽度】：分别控制CV曲面的
长度和宽度。

● 长度CV数：曲面长度沿线的CV数。

● 宽度CV数：曲面宽度沿线的CV线。

● 生成贴图坐标：生成贴图坐标，以便可以
将设置贴图的材质应用于曲面。

● 翻转法线：勾选该复选框可以反转曲面法
线的方向。

★ 【自动重新参数化】选项组

● 无：不重新参数化。

● 弦长：选择要重新参数化的弦长算法。

● 一致：按一致的原则分配控制点。

7.4.2 NURBS曲线

选择【创建】 |【图形】 |【NURBS
曲线】工具，打开【NURBS曲线】面板，如
图7.18所示，其中包括【点曲线】和【CV曲
线】两种类型。

★ 点曲线：【点曲线】是由一系列点弯曲
而构成的曲线，如图7.19所示。它的【创

建点曲线】卷展栏如图7.20所示。

图7.18 【NURBS曲线】面板

图7.19 点曲线

- 步数：设置两点之间的片段数目。值越高，曲线越圆滑。
- 优化：对两点之间的片段数进行优化处理。
- 自适应：由系统自动指定片段数，以产生光滑的曲线。
- 在所有视口中绘制：勾选该复选框，可以在所有的视图中绘制曲线。

★ CV曲线：【CV曲线】的参数设置与【点曲线】完全相同，这里就不再作介绍。创建的CV曲线如图7.21所示。

图7.20 【创建点曲线】卷展栏

图7.2 CV曲线

7.5 NURBS对象工具面板

除了应用【创建】 ※|【几何体】 ◎ 【NURBS曲面】或【NURBS曲线】工具外，还可以通过以下几种方法创建NURBS模型。

★ 在视图创建一个标准基本体，然后选中基本体，并单击鼠标右键，在弹出的快捷菜单中选择【转换为】|【转换为NURBS】命令，如图7.22所示。

★ 创建标准基本体后，在【修改】命令面板 ∅ 中的基本体名称上单击鼠标右键，在弹出的快捷菜单中选择【NURBS】命令，如图7.23所示。

★ 同样样条线也可以转换为NURBS。创建NURBS对象后，在【修改】命令面板 ∅ 中可以通过图7.24所示卷展栏中的工具进行编辑。

★ 除了这些卷展栏工具外，Max还提供了大量的快捷键工具，单击【常规】卷展栏中的【NURBS 创建工具箱】按钮 ，可以打开图7.25所示的面板工具。工具箱中包含用于创建 NURBS 子对象的按钮。通常，工具箱的工具包含以下所述行为。

图7.22 选择【转换为NURBS】命令

图7.23 选择【NURBS】命令

图7.24 对象卷展栏

图7.25 NURBS创建工具箱

- 启用按钮后，只要选择NURBS对象或子对象，并切换到【修改】面板上，就可以看到工具箱。只要取消选择NURBS对象或使其他的面板处于活动状态，工具箱就会消失。当返回到【修改】命令面板，并选择NURBS对象之后，工具箱又会再次出现。

- 可以使用工具箱从顶部、对象层级或从任何NURBS子对象层级创建子对象。

- 启用工具箱按钮后，可以进入创建模式，【修改】命令面板上的参数将变为显示所创建子对象种类的参数。

- 在创建新的子对象时并不显示其他NURBS卷展栏。这与使用NURBS对象的【创建】卷展栏或NURBS右键菜单不同。

- 如果位于顶部对象层级，并使用工具箱来创建子对象，则随后必须转到子对象层级才能编辑新的子对象（这与使用卷展栏上的按钮相同）。

- 如果用户位于子对象层级，并且使用工具箱来创建相同子对象类型的对象，则可以在禁用创建按钮（或右键单击结束对象创建）之后立即对其进行编辑。

- 如果用户位于子对象层级，并且使用工具箱来创建不同子对象类型的对象，则必须在编辑新子对象之前更改该子对象层级。

下面将对工具面板中的工具进行介绍。

7.5.1 【点】功能区

【创建点】：创建单独的点。

【创建偏移点】：创建从属偏移点。

【创建曲线点】：创建从属的曲线点。

【创建曲线-曲线点】：创建从属曲线-曲线相交点。

【创建曲面点】：创建从属曲面点。

【创建曲面-曲线点】：创建从属曲面-曲线相交点。

7.5.2 【曲线】功能区

【创建CV曲线】：创建一个独立CV曲线子对象。

【创建点曲线】：创建一个独立点曲线子对象。

【创建模拟曲线】：创建一个从属拟合曲线（与曲线拟合按钮相同）。

【创建变换曲线】：创建一个从属变换曲线。

【创建混合曲线】：创建一个从属混合曲线。

【创建偏移曲线】：创建一个从属偏移曲线。

【创建镜像曲线】：创建一个从属镜像曲线。

【创建切角曲线】：创建一个从属切角曲线。

【创建圆角曲线】：创建一个从属圆角曲线。

【创建曲面-曲面相交曲线】：创建一个从属曲面-曲面相交曲线。

【创建U向等参曲线】：创建一个从属U向等参曲线。

【创建V向等参曲线】：创建一个从属V向等参曲线。

【创建法相投影曲线】：创建一个从属法相投影曲线。

【创建向量投影曲线】：创建一个从属矢量投影曲线。

【创建曲面上的CV曲线】：创建一个从属曲面上的CV曲线。

【创建曲面上的点曲线】：创建一个从属曲面上的点曲线。

【创建曲面偏移曲线】：创建一个从属曲面偏移曲线。

【创建曲面边曲线】：创建一个从属曲面边曲线。

7.5.3 【曲面】功能区

【创建CV曲面】：创建独立的CV曲面子对象。

【创建点曲面】：创建独立的点曲面子对象。

【创建变换曲面】：创建从属变换曲面。

【混合曲面】：创建从属混合曲面。

【创建偏移曲面】：创建从属偏移曲面。

【创建镜像曲面】：创建从属镜像曲面。

【创建挤出曲面】：创建从属挤出曲面。

【创建车削曲面】：创建从属车削曲面。

【创建规则曲面】：创建从属规则曲面。

【创建封口曲面】：创建从属封口曲面。

【创建U向放样曲面】：创建从属U向放样曲面。

【创建UV放样曲面】：创建从属UV放样曲面。

【创建单轨扫描】：创建从属单轨扫描曲面。

【创建双轨扫描】：创建从属双轨扫描曲面。

【创建多边混合曲面】：创建从属多边混合曲面。

【创建多重曲线修剪曲面】：创建从属多重曲线修剪曲面。

【创建圆角曲面】：创建从属圆角曲面。

7.6 使用NURBS工具箱创建子物体

7.6.1 创建挤压曲面

单击工具箱中的【创建挤出曲面】按钮，在视图中的曲线上拉伸，可将其挤压出一定的高度，从而创建出一个新的曲面。

下面通过一个例子，来学习将NURBS曲线挤压成曲面的过程。

01 重置3ds Max 2015系统。

02 选择【创建】 |【图形】 |【NURBS曲线】选项。

03 从中选中【点曲线】按钮，在【顶】视图中创建点曲线，如图7.26所示。

04 切换到【修改】命令面板 ，单击【NURBS 创建工具箱】按钮 ，打开NURBS工具箱。

05 单击工具箱中的【创建挤出曲面】按钮 。在视图中单击选中曲线，拖动鼠标指针，将其挤压出一定高度，拖动至满意的高度，释放鼠标左键，效果如图7.27所示。

图7.26 创建点曲线

图7.27 创建挤压曲面

06 进入【点】选择集，可以对原始的NURBS曲线进行修改。

> 新创建的曲面与原来的曲线有关联。

7.6.2 创建旋转曲面

单击工具箱中的【创建车削曲面】按钮 ，选择视图中的曲线，可使它进行旋转，创建出一个新的曲面。

下面来看一下将NURBS曲线车削成曲面的过程。

01 重置一个新的场景。

02 选择【创建】 |【图形】 |【NURBS曲线】|【点曲线】工具，在【前】视图中任意创建一个截面图形，如图7.28所示。

03 打开NURBS工具箱，单击【创建车削曲面】按钮 。

04 在场景中对创建的曲线进行单击，然后切换到【修改】命令面板，在【车削参数】卷展栏中进行设置，在这里选择【最大】选项，完成后的效果如图7.29所示。

图7.28 创建NURBS曲线图形

图7.29 创建车削曲面

7.6.3 创建U放样和UV放样曲面

单击工具箱中的【创建U向放样曲面】按钮 ，顺次选择视图中的多条曲线作为放样截面，创建出一个新的曲面。

下面来看一下使用【创建U向放样曲面】按钮 创建U向放样曲面的过程。

01 重置一个新的场景文件。

02 选择【创建】 |【图形】 |【样条线】|【圆】工具，在场景中创建3个不同大小的圆，并调整圆在场景中的位置，如图7.30所示。

图7.30 创建圆

03 右击其中的一个圆形，在弹出的快捷菜单中选择【转换为】|【转换为NURBS】命令，如图7.31所示。

04 使用相同的方法，将其他两个圆形也转化为NURBS曲线。

05 选中其中一个圆形，切换到【修改】命令 面板，并打开NURBS工具箱。

图7.31 选择【转换为NURBS】命令

06 单击工具箱中的【创建U向放样曲面】按钮 。在视图中单击选中放样曲线，顺次选取另外两条需放样的曲线，如图7.32所示。

图7.32 顺次选取曲线

07 右击，结束U向放样，生成新的三维曲面。

提示

　　使用【创建U向放样曲面】按钮 ，只是选择U向截面的多条曲线作为放样的截面，那么，如果有U向截面和V向截面时，可不可以同时选择两个方向的截面？可以。单击工具箱中的【创建UV放样曲面】按钮 ，先顺次选择U向截面，全部选择完之后，右击，再顺次选择V向截面，全部选择完V向截面后，右击结束操作。

创建出一个新的UV放样曲面的过程如下所述。

01 重置一个新的场景。

02 选择【创建】|【图形】|【NURBS曲线】|【点曲线】工具，在视图中分别创建U方向和V方向的NURBS曲线图形。

03 选中其中一条曲线，切换到 【修改】 命令面板。打开NURBS工具箱，单击工具箱中的【创建UV放样曲面】按钮 。

04 顺次选择U方向的两条曲线。

05 顺次选择V方向上的曲线。

7.6.4　创建变换和偏置曲面

　　单击工具箱中的【创建变换曲面】按钮 ，选择视图中的曲面，可将它复制出一个新的变换曲面。下面做个练习，看一下此按钮的使用。

01 重置一个新的场景。

02 选择【创建】 |【几何体】 |【NURBS曲面】|【CV曲面】工具，在场景中创建CV曲面，如图7.33所示。

图7.33　创建CV曲面

03 切换到【修改】命令面板，打开 NURBS 工具箱。

04 单击工具箱中的【创建变换曲面】按钮 ，在视图中生成新的曲面，如图 7.34 所示。

图7.34　生成一个新的曲面

05 单击工具箱中的【创建偏移曲面】按钮 ，选取视图中的曲面，并拖动，可复制出一偏置曲面。形态类似于原曲面的外壳，操作步骤与【创建变换曲面】类似，如图 7.35 所示。

图7.35　创建偏移曲面

7.6.5 创建剪切曲面

在NURBS曲面子物体上创建曲线，可以对曲面进行剪切。

创建剪切曲面的过程如下。

01 在场景中创建CV曲面，如图7.36所示。

图7.36 创建【CV曲面】

02 切换到【修改】命令面板，打开NURBS工具箱，单击【创建曲面上的CV曲线】按钮，然后将鼠标指针移动到曲面上，当鼠标指针变成"+"号并且曲面变成蓝色时，开始在曲面上绘制曲线，如图7.37所示。

03 将当前选择集定义为【曲线】，在【曲面上的CV曲线】卷展栏中选中【修剪】复选框，绘制的曲线将在曲面上出现镂空，选中【翻转修剪】复选框时，出现图7.38所示的效果。

图7.37 创建曲面上的CV曲线

图7.38 进行修剪

7.6.6 创建封口曲面

单击工具箱中的【创建封口曲面】按钮，选择视图中的曲面，沿一曲线边界创建一新的曲面并将其封闭。下面做个练习，看一下用NURBS曲线创建封顶曲面的过程。

01 重置一个新的场景。

02 选择【创建】 |【图形】 |【样条线】|【圆环】工具，在【顶】视图中创建圆环，如图7.39所示。

03 选中星形，使用鼠标右键单击，在弹出的快捷菜单中选择【转换为】|【转换为NURBS】命令，如图7.40所示。

图7.39　创建圆环

图7.40　选择【转换为NURBS】命令

04 切换到【修改】命令面板，在NURBS工具箱中单击【创建挤出曲面】按钮▦，在视图中拖动曲线，分别对创建的圆环挤出一定的高度，如图7.41所示。

05 单击工具栏中的【创建封口曲面】按钮▦，将鼠标指针移至【透视】图中曲面的边界，分别选择圆环的两个上侧边，完成后的效果如图7.42所示。

图7.41　挤出曲面

图7.42　封口后的曲面效果

7.7　实例应用：棒球棒

　　棒球棒是棒球比赛中，击球员用来击球的棒子，常见的有木棒、铝棒、复合球棒3种。本例将来介绍一下制作木质棒球棒的方法，效果如图7.43所示。

01 选择【创建】▦|【图形】▦|【样条线】|【圆】工具，在【顶】视图中绘制圆，将其重命名为【棒球棒】，在【参数】卷展栏中将【半径】设置为60，如图7.44所示。

02 确认【棒球棒】处于选择状态，在按住Shift键的同时，在【前】视图中沿Y轴向下拖动，拖动至适当位置处松开鼠标左键，在弹出的对话框中选中【复制】单选按钮，然后单击【确定】按钮，如图7.45所示。

03 然后使用【选择并均匀缩放】工具▦均匀缩放复制后的对象，效果如图7.46所示。

04 使用同样的方法，继续复制并缩放对象，制作出棒球棒的形状，效果如图7.47所示。

05 在场景中选择【棒球棒】对象，并单击鼠标右键，在弹出的快捷菜单中选择【转换为】|【转换为NURBS】命令，如图7.48所示。

图7.43 棒球棒效果

图7.44 绘制【棒球棒】

图7.45 复制对象

图7.46 均匀缩放对象

图7.47 继续复制并缩放对象

图7.48 选择【转换为NURBS】命令

06 在【常规】卷展栏中单击【附加多个】按钮，弹出【附加多个】对话框，在该对话框中选择所有的对象，单击【附加】按钮，如图7.49所示。

07 然后在【NURBS】对话框中单击【创建U向放样曲面】按钮 ，在【左】视图中从下向上依次连接圆对象，如图7.50所示。

图7.49　附加对象

图7.50　创建U向放样曲面

> **提示**
>
> 将圆转换为NURBS后，会自动弹出【NURBS】对话框，如果未弹出该对话框，可以在【常规】卷展栏中单击【NURBS创建工具箱】按钮 。

08 在【NURBS】对话框中单击【创建封口曲面】按钮 ，在【透视】视图中旋转模型并选择两边的曲线，创建封口曲面，如图7.51所示。

图7.51　创建封口曲面

09 使用【选择并移动】工具 选择【棒球棒】对象，并单击鼠标右键，在弹出的快捷菜单中选择【转换为】|【转换为可编辑网格】命令，如图7.52所示。

图7.52　选择【转换为可编辑网格】命令

10 然后将当前选择集定义为【多边形】，在【前】视图中框选图7.53所示的多边形，在【曲面属性】卷展栏中将【设置ID】设置为1。

11 在菜单栏中选择【编辑】|【反选】命令，反选多边形，在【曲面属性】卷展栏中将【设置ID】设置为2，如图7.54所示。

图7.53 设置ID1

图7.54 设置ID2

12 在场景中选择图7.55所示的多边形，使用【选择并均匀缩放】工具 ⬜ 均匀缩放选择的多边形。

图7.55 缩放多边形

13 使用同样的方法，缩放其他多边形，效果如图7.56所示。

图7.56 缩放其他多边形

14 缩放完成后关闭当前选择集，确认【棒球棒】处于选择状态，按M键弹出【材质编辑器】对话框，选择一个新的材质样本球，单击名称栏左侧的【Standard】按钮，在弹出的【材质/贴图浏览器】对话框中选择【多维/子对象】材质，单击【确定】按钮，如图7.57所示。

图7.57 选择【多维/子对象】材质

15 弹出【替换材质】对话框，选中【将旧材质保存为子材质？】单选按钮，单击【确定】按钮，然后在【多维/子对象基本参数】卷展栏中单击【设置数量】按钮，弹出【设置材质数量】对话框，将【材质数量】设置为2，单击【确定】按钮，如图7.58所示。

16 然后单击ID1右侧的子材质按钮，进入子级材质面板中，在【明暗器基本参数】卷展栏中勾选【双面】复选框，在【Blinn基本参数】卷展栏中将【环境光】和【漫反射】的RGB值设置为（0、0、0），在【自发光】选项组中将【颜色】设置为20，在【反射高光】选项组中将【高光级别】和【光泽度】分别设置为23、42，如图7.59所示。

图7.58　设置材质数量

图7.59　设置ID1材质

17 单击【转到父对象】按钮，返回到父级材质层级中。然后单击ID2右侧的子材质按钮，在弹出的对话框中双击【标准】材质，进入ID2子级材质面板中，在【明暗器基本参数】卷展栏中勾选【双面】复选框，在【贴图】卷展栏中单击【漫反射颜色】右侧的【无】按钮，在弹出的对话框中双击【位图】贴图，再在弹出的对话框中打开随书附带光盘中的"木纹贴图.jpg"素材图片，在【坐标】卷展栏中将【角

度】下的【W】设置为90，如图7.60所示。然后单击两次【转到父对象】按钮和【将材质指定给选定对象】按钮，将材质指定给棒球棒对象。

图7.60　设置ID2材质

18 使用前面介绍复制圆形的方法，复制一个棒球棒对象，并使用【选择并移动】和【选择并旋转】工具，在场景中调整棒球棒对象，效果如图7.61所示。

图7.61　复制并调整棒球棒

19 选择【创建】|【几何体】|【标准基本体】|【平面】工具，在【顶】视图中创建平面，在【参数】卷展栏中将【长度】设置为3300，将【宽度】设置为4800，如图7.62所示。

20 在创建的平面上单击鼠标右键，在弹出的快捷菜单中选择【对象属性】命令，弹出【对象属性】对话框，在【显示属性】对话框中勾选【透明】复选框，单击【确定】按钮，如图7.63所示。

图7.62 创建平面

图7.63 勾选【透明】复选框

21 按M键弹出【材质编辑器】对话框，选择一个新的材质样本球，单击名称栏左侧的【Standard】按钮，在弹出的【材质/贴图浏览器】对话框中选择【无光/投影】材质，单击【确定】按钮，如图7.64所示。在【无光/投影基本参数】卷展栏中使用默认设置，单击【将材质指定给选定对象】按钮 ，将材质指定给平面对象。

22 选择【创建】 |【摄影机】 |【标准】|【目标】工具，在【参数】卷展栏中将【镜头】设置为45mm，在【顶】视图中创建摄影机，激活【透视】视图，按C键将其转换为摄影机视图，然后在其他视图中调整摄影机的位置，效果如图7.65所示。

23 选择【创建】 |【灯光】 |【标准】|【目标聚光灯】工具，在【顶】视图中创建一盏目标聚光灯，切换到【修改】命令面板

，在【常规参数】卷展栏中勾选【阴影】选项组中的【启用】复选框，将阴影模式定义为【阴影贴图】，在【聚光灯参数】卷展栏中勾选【泛光化】复选框，在【强度/颜色/衰减】卷展栏中将【倍增】设置为0.6，如图7.66所示。

图7.64 选择【无光/投影】材质

图7.65 创建摄影机

图7.66 创建目标聚光灯

24 选择【创建】 |【灯光】 |【标准】|【天光】工具，在【顶】视图中创建一盏天光，在【天光参数】卷展栏中将【倍增】设置为0.5，如图7.67所示。

图7.67 创建天光

25 按键盘上的8键弹出【环境和效果】对话框，选择【环境】选项卡，在【公用参数】卷展栏中单击【环境贴图】按钮，弹出【材质/贴图浏览器】对话框，选择【位图】贴图，单击【确定】按钮，如图7.68所示。

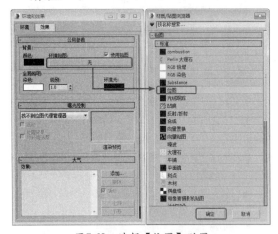

图7.68 选择【位图】贴图

26 在弹出的对话框中选择随书附带光盘中的"草坪背景.jpg"素材图片，单击【打开】按钮，如图7.69所示。

27 按M键弹出【材质编辑器】对话框，在【环境和效果】对话框中，将【公用参数】卷展栏中的【环境贴图】按钮拖曳至一个新的材质样本球上，在弹出的【实例

（副本）贴图】对话框中选中【实例】单选按钮，然后单击【确定】按钮，如图7.70所示。

图7.69 选择素材图片

图7.70 设置环境贴图

28 在【坐标】卷展栏中将【贴图】设置为【屏幕】，将【瓷砖】下的【U】、【V】设置为0.7、0.8，如图7.71所示。

图7.71 设置参数

29 激活摄影机视图，在菜单栏中选择【视图】|【视口背景】|【环境背景】命令，即可在摄影机视图中显示环境背景，效果如图7.72所示。

30 然后按Shift+F快捷键在摄影机视图中显示安全框，按F10键弹出【渲染设置】对话框，选择【公用】选项卡，在【输出大小】选项组中取消选中【图像纵横比】右侧的 🔒 按钮，并将【宽度】设置为800，将【高度】设置为450，如图7.73所示。按F9键对摄影机视图进行渲染，渲染完成后将场景文件保存即可。

图7.72 显示环境背景

图7.73 设置输出大小

7.8 拓展训练：抱枕

抱枕是家居生活中常见用品，类似枕头，常见的仅有一般枕头的一半大小，抱在怀中可以起到保暖和一定的保护作用，也给人温馨的感觉，如今已渐渐成为家居使用和装饰的常见饰物，本例将来介绍一下抱枕的制作，效果如图7.74所示。

01 选择【创建】 ✷ |【几何体】 ⭕ |【NURBS曲面】|【CV曲面】工具，在【顶】视图中创建CV曲面，并将创建的CV曲面命名为【抱枕】，在【创建参数】卷展栏中，将【长度】和【宽度】设置为280，将【长度CV数】和【宽度CV数】设置为4，如图7.75所示。

图7.74 抱枕效果

图7.75 创建CV曲面

02 切换到【修改】命令面板 ，将当前选择集定义为【曲面CV】，在【顶】视图中选择图7.76所示的CV点，并使用【选择并均匀缩放】工具 ，向内缩放选择的CV点。

03 在【顶】视图中选择中间的4个CV点，使用【选择并均匀缩放】工具 向外缩放选择的CV点，如图7.77所示。

图7.76　缩放CV点

图7.77　缩放中间CV点

04 然后使用【选择并移动】工具 ，在【左】视图中沿Y轴将中间的4个CV点向下移动，效果如图7.78所示。

05 调整完成后关闭当前选择集，在【修改器列表】中选择【对称】修改器，在【参数】卷展栏中选中【Z】单选按钮，取消勾选【沿镜像轴切片】复选框，勾选【焊接缝】复选框，如图7.79所示。

图7.78　向下调整CV点

图7.79　施加【对称】修改器

06 按M键弹出【材质编辑器】对话框，选择一个新的材质样本球，在【明暗器基本参数】卷展栏中勾选【双面】复选框，在【Blinn基本参数】卷展栏中将【自发光】选项组中的【颜色】设置为50，如图7.80所示。

07 在【贴图】卷展栏中单击【漫反射颜色】右侧的【无】按钮，在弹出的【材质/贴图浏览器】对话框中选择【位图】贴图，单击【确定】按钮，如图7.81所示。在弹出的对话框中打开随书附带光盘中的"抱枕贴图.jpg"素材图片，在【坐标】卷展栏中使用默认参数设置，单击【转到父对象】按钮 和【将材质指定给选定对象】按钮 ，将材质指定给抱枕对象。

图7.80　设置基本参数

图7.81　选择【位图】贴图

08 使用【选择并移动】工具 在【顶】视图中选择【抱枕】对象，在按住Shift键的同时向右拖动，拖动至适当位置处松开鼠标左键，在弹出的对话框中选中【复制】单选按钮，然后单击【确定】按钮，如图7.82所示。

09 使用【选择并移动】 和【选择并旋转】工具 ，在场景中调整抱枕对象，效果如图7.83所示。

图7.82　复制对象

图7.83　调整抱枕对象

10 选择【创建】 |【几何体】 |【标准基本体】|【平面】工具，在【顶】视图中创建平面，在【名称和颜色】卷展栏中单击色块，在弹出的对话框中选择白色色块，单击【确定】按钮，在【参数】卷展栏中将【长度】和【宽度】设置为2000，如图7.84所示。

11 选择【创建】 |【摄影机】 |【标准】|【目标】工具，在【参数】卷展栏中将【镜头】设置为45mm，在【顶】视图中创建摄影机，激活【透视】视图，按C键将其转换为摄影机视图，然后在其他视图中调整摄影机的位置，效果如图7.85所示。

12 选择【创建】 |【灯光】 |【标准】|【天光】工具，在【顶】视图中创建一盏天光，如图7.86所示。

13 按F10键弹出【渲染设置】对话框，选择【高级照明】选项卡，在【选择高级照明】卷展栏中选择【光跟踪器】，在【参数】卷展栏中将【光线/采样】设置为350，如图7.87所示。激活摄影机视图，按F9键进行渲染，渲染完成后将场景文件保存。

图7.84 创建平面

图7.85 创建摄影机

图7.86 创建天光

图7.87 设置高级照明

7.9 课后练习

1. 创建面片的方法是什么。

2. 简述NURBS建模的优缺点有哪些。

第8章
材质与贴图

现实世界的任何物体都有各自的特征，例如纹理、质感、颜色和透明度等，如果想要在3ds Max中制作出该特性，就需要用到【材质编辑器】与【材质/贴图浏览器】，本章中将对常用材质及贴图类型进行详细的介绍。

8.1 材质概述 ————————————————○

材质像颜料一样。利用材质，可以使苹果显示为红色，而桔子显示为橙色。可以为铬合金添加光泽，为玻璃添加抛光。通过应用贴图，可以将图像、图案，甚至表面纹理添加至对象。材质可使场景看起来更加真实。

在3ds Max中通过设置材质的颜色、光泽度和自发光度等基本参数，能够简单地模拟出物体的表面特征。但是模型除了颜色和光泽外，往往还会有一定的纹理或特征，所以材质还包含有多种贴图通道，在稍微复杂的场合中，就需要在贴图通道中设置不同的贴图，用来表现更加真实的模拟反射、反射、折射、凹凸、不透明度等属性。

3ds Max提供了一个创造材质的无限空间——【材质编辑器】，使用材质编辑器可以将你制作的几何体模型转换成活生生的、呼吸着的、现实生活中的对象。现实中所想象及不能表现的物体都能够在3ds Max中活灵活现地再现出来。

在3ds Max中包括30多种贴图，它们可以根据使用方法、效果等分为2D贴图、3D贴图、合成器、颜色修改器、其他等6大类。在不同的贴图通道中使用不同的贴图类型，产生的效果也大有不同。关于材质的调节和指定，系统提供了【材质编辑器】和【材质/贴图浏览器】；【材质编辑器】用于创建、调节材质，并最终将其指定到场景中；【材质/贴图浏览器】用于检查材质和贴图。

8.1.1 材质编辑器简介 ————————————————○

【材质编辑器】是3ds Max重要的组成部分之一，使用它可以定义、创建和使用材质。【材质编辑器】随着3ds Max的不断更新，功能也变得越来越强大。材质编辑器按照不同的材质特征，可以分为【标准】、【顶/底】、【多维/子对象】、【合成】、【混合】等16种材质类型。

从整体上看，材质编辑器可以分为菜单栏、材质示例窗、工具按钮（又分为工具栏和工具列）和参数控制区4大部分，如图8.1所示。

图8.1　材质编辑器

下面将分别对这4大部分进行介绍。

（1）菜单栏

位于材质编辑器的顶端，这些菜单命令与材质编辑器中的图标按钮作用相同，如下所述。

★ 【材质】菜单如图8.2所示。

图8.2　材质菜单

● 获取材质：与【获取材质】按钮功能相同。

● 从对象选取：与【从对象拾取材质】按钮功能相同。

● 按材质选择：与【按材质选择】按钮功能相同。

● 在ATS对话框中高亮显示资源：如果活动材质使用的是已跟踪的资源（通常为位图纹理）的贴图，则打开【资源跟踪】对话框，同时资源高亮显示。

● 指定给当前选择：与【将材质指定给选定对象】按钮功能相同，将活动示例窗中的材质应用于场景中当前选定的对象。

● 放置到场景：与【将材质放入场景】按钮功能相同。

● 放置到库：与【放入库】按钮功能相同。

● 更改材质/贴图类型：用于改变当前材质/贴图的类型。

● 生成材质副本：与【复制材质】按钮功能相同。

● 启动放大窗口：与右键菜单中的【放大】命令功能相同。

● 另存为.FX文件：用于将活动材质另存为FX文件。

● 生成预览：与（生成预览）按钮功能相同。

● 查看预览：与【查看预览】按钮功能相同。

● 保存预览：与【保存预览】按钮功能相同。

● 显示最终结果：与【显示最终结果】按钮功能相同。

● 视口中的材质显示为：与【在视口中显示标准贴图】按钮功能相同。

● 重置示例窗旋转：恢复示例窗中示例球默认的角度方位，与右键菜单中的【重置旋转】命令功能相同。

● 更新活动材质：更新当前材质。

★ 【导航】菜单如图8.3所示。

图8.3　【导航】菜单

● 转到父对象（P）向上键：与【转到父对象】按钮功能相同。

● 前进到同级（F）向右键：与【转到下一个同级项】按钮功能相同。

● 后退到同级（B）向左键：与【转到下一个同级项】按钮功能相反，返回前一个同级材质。

★ 【选项】菜单如图8.4所示。

图8.4　【选项】菜单

● 将材质传播到实例：选中该选项时，当前的材质球中的材质将指定给场景中所有互相具有属性的对象，取消选中该选项时，当前材质球中的材质将只指定给选择的对象。

● 手动更新切换：与【材质编辑器选项】中的手动更新选项功能相同。

● 复制/旋转阻力模式切换：相当于右键菜单中的【拖动/复制】命令或【拖动/旋转】命令。

● 背景：与【背景】按钮功能相同。

● 自定义背景切换：设置是否显示自定义背景。

● 背光：与【背光】按钮功能相同。

- 循环 3×2、5×3、6×4 示例窗：功能与右键菜单中的【3×2示例窗】、【5×3示例窗】、【6×4示例窗】选项相似，可以在3种材质球示例窗模式间循环切换。

- 选项：与【选项】按钮功能相同。

★ 【应用程序】菜单如图8.5所示。

图8.5 【实用程序】菜单

- 渲染贴图：与右键菜单中的【渲染贴图】命令功能相同。

- 按材质选择对象：与【按材质选择】按钮功能相同。

- 清理多维材质：对【多维/子对象】材质进行分析，显示场景中所有包含未分配任何材质ID的子材质，可以让用户选择删除任何未使用的子材质，然后合并多维子对象材质。

- 实例化重复的贴图：在整个场景中查找具有重复【位图】贴图的材质。如果场景中有不同的材质使用了相同的纹理贴图，那么创建实例将会减少在显卡上重复加载，从而提高显示的性能。

- 重置材质编辑器窗口：用默认的材质类型替换材质编辑器中的所有材质。

- 精简材质编辑器窗口：将【材质编辑器】中所有未使用的材质设置为默认类型，只保留场景中的材质，并将这些材质移动到材质编辑器的第一个示例窗中。

- 还原材质编辑器窗口：使用前两个命令时，3ds Max将【材质编辑器】的当前状态保存在缓冲区中，使用此命令，可以利用缓冲区的内容还原编辑器的状态。

（2）材质示例窗

材质示例窗用来显示材质的调节效果，

默认为24个示例球，当调节参数时，其效果会立刻反映到示例球上，用户可以根据示例球来判断材质的效果。示例窗可以变小或变大。示例窗的内容不仅可以是球体，还可以是其他几何体，包括自定义的模型；示例窗的材质可以直接拖动到对象上进行指定。

在示例窗中，窗口都以黑色边框显示，如图8.6右所示。当前正在编辑的材质称为激活材质，它具有白色边框，如图8.6左所示。如果要对材质进行编辑，首先要在材质上单击左键，将其激活。

被激活的材质　　未被激活的材质

图8.6 激活与未激活示例窗

对于示例窗中的材质，有一种同步材质的概念，当一个材质指定给场景中的对象，它便成为了同步材质。特征是四角有三角形标记，如图8.7所示。如果对同步材质进行编辑操作，场景中的对象也会随之发生变化，不需要再进行重新指定。图8.7左所示表示使用该材质的对象在场景中被选择。

图8.7 将材质指定给对象后的效果

示例窗中的材质可以方便地执行拖动操作，从而进行各种复制和指定活动。将一个材质窗口拖动到另一个材质窗口之上，释放鼠标，即可将它复制到新的示例窗中。对于同步材质，复制后会产生一个新的材质，它已不属于同步材质，因为同一种材质只允许有一个同步材质出现在示例窗中。

材质和贴图的拖动是针对软件内部的全部操作而言的，拖动的对象可以是示例窗、贴图按钮或材质按钮等，它们分布在材质编辑器、灯光设置、环境编辑器、贴图置换命令面板，以及资源管理器中，相互之间都可以进行拖动操作。作为材质，还可以直接拖动到场景中的对象上，进行快速指定。

在激活的示例窗中单击鼠标右键，可以弹出一个快捷菜单，如图8.8所示。样本球快捷菜单各项说明如下所述。

图8.8 右键菜单

★ 拖动/复制：这是默认的设置模式，支持示例窗中的拖动复制操作。

★ 拖动/旋转：这是一个非常有用的工具，选择该选项后，在示例窗中拖动鼠标，可以转动示例球，便于观察其他角度的材质效果。在示例球内旋转是在三维空间中进行的，而在示例球外旋转则是垂直于视平面方向进行的，配合Shift键可以在水平或垂直方向上锁定旋转。在具备三键鼠标和NT以上级别操作系统的平台上，可以在【拖动/复制】模式下单击中键来执行旋转操作，不必进入菜单中选择。图8.9所示为旋转后的示例窗效果。

图8.9 旋转后的示例窗效果

★ 重置旋转：恢复示例窗中默认的角度方位。

★ 渲染贴图：只对当前贴图层级的贴图进行渲染。如果是材质层级，那么该项不被启用。当贴图渲染为静态或动态图像时，会弹出一个【渲染贴图】对话框，如图8.10所示。

图8.10 【渲染贴图】对话框

提示

当示例球处于选中状态，贴图通道处于编辑状态时，【渲染贴图】命令是可用的。

★ 选项：选择该选项将弹出图8.11所示的【材质编辑器选项】对话框，主要是控制有关编辑器自身的属性。

图8.11 【材质编辑器选项】对话框

★ 放大：可以将当前材质以一个放大的示例窗显示，它独立于材质编辑器，以浮动框的形式存在，这有助于更清楚地观察材质效果，如图8.12所示。每一个材质只允许有一个放大窗口，最多可以同时打开24个放大窗口。通过拖动它的四角可以任意放大尺寸。这个命令同样可以通过在示例窗上双击鼠标左键来执行。

★ 3×2示例窗、5×3示例窗、6×4示例窗：用来设计示例窗中各示例小窗显示布局，材质示例窗中一共有24个小窗，当以6×4方式显示时，它们可以完全显

231

示出来,只是比较小;如果以5×3或3×2方式显示,可以手动拖动窗口,显示出隐藏在内部的其他示例窗。示例窗不同的显示方式如图8.13所示。

图8.12 放大材质

3×2实例窗

5×3实例窗

6×4实例窗

图8.13 示例窗不同的显示方式

示例窗中的示例样本是可以更改的。系统提供了球体、柱体和立方体3种基本示例样本,对大多数材质来讲已经足够了,不过在此处3ds Max做了一个开放性的设置,允许指定一个特殊的造型作为示例样本,可以参照下面的方法进行操作。

01 在场景中先制作一个茶壶,如图8.14所示,然后将该场景进行存储。

02 在【材质编辑器】中单击【选项】按钮,打开【材质编辑器选项】对话框,在【自定义采样对象】选项组中单击【文件名】后面的长条按钮,在弹出的对话框中选择前面保存的场景文件,单击【确定】按钮,如图8.15所示。

03 单击【采样类型】按钮,在子菜单下选择新添加的采样对象,结果当前示例窗中的样本就变成了指定的物体效果,如图8.16所示。(为了便于查看,我们在此将示例球填充为黄色。)

图8.14 制作的场景文件

图8.15 【材质编辑器选项】对话框

图8.16 选择样本

(3)工具栏

示例窗的下面是工具栏,它们用来控制各种材质,工具栏上的按钮大多用于材质的指定、保存和层级跳跃。工具栏下面是材质的名称,材质的起名很重要,对于多层级的材质,此处可以快速地进入其他层级的材质。右侧是一个【类型】按钮,单击该按钮,可以打开【材质/贴图】浏览器】对话框,工具栏如图8.17所示。

★ 【获取材质】按钮:单击【获取材质】按钮,打开【材质/贴图浏览器】对话框,如图8.18所示。可以进行材质和贴图的选择,也可以调出材质和贴图,从而进行编辑修改。对于【材质/贴图浏览器】对话框,可以在不同地方将它打开,不过它们在使用上还有区别,单击【获取材质】按钮,打开的【材质/贴图浏览器】对话框是一个浮动性质的对话框,不影响场景的其他操作。

★ 【将材质放入场景】按钮：在编辑完材质之后将它重新应用到场景中的对象上，允许使用这个按钮是有条件的：① 在场景中有对象的材质与当前编辑的材质同名。② 当前材质不属于同步材质。

★ 【将材质指定给选定对象】按钮：将当前激活示例窗中的材质指定给当前选择的对象，同时此材质会变为一个同步材质。贴图材质被指定后，如果对象还未进行贴图坐标的指定，在最后渲染时也会自动进行坐标指定，如果单击【在视口中显示贴图】按钮，在视图中可以观看贴图效果，同时也会自动进行坐标指定。

★ 如果在场景中已有一个同名的材质存在，这时会弹出一个对话框，如图8.19所示。

● 将其替换：这样会以新的材质代替旧有的同名材质。

● 重命名该材质：将当前材质改为另一个名称。如果要重新进行指定名称，可以在【名称】文本框中输入。

图8.17 工具栏　　　图8.18 【材质/贴图浏览器】对话框　　图8.19 【指定材质】对话框

★ 【重置贴图/材质为默认设置】按钮：对当前示例窗的编辑项目进行重新设置，如果处在材质层级，将恢复为一种标准材质，即灰色轻微反光的不透明材质，全部贴图设置都将丢失；如果处在贴图层级，将恢复为最初始的贴图设置；如果当前材质为同步材质，将弹出【重置材质/贴图参数】对话框，如图8.20所示。

● 在该对话框中选中前一个单选按钮，会影响场景中的所有对象，但仍保持为同步材质。选中后一个单选按钮，只影响当前示例窗中的材质，变为非同步材质。

★ 【生成材质副本】按钮：这个按钮只针对同步材质起作用。单击该按钮，会将当前同步材质复制成一个相同参数的非同步材质，并且名称相同，以便在编辑时不影响场景中的对象。

★ 【使唯一】按钮：这个按钮可以将贴图关联复制为一个独立的贴图，也可以将一个关联子材质转换为独立的子材质，并对子材质重新命名。通过单击【使唯一】按钮，可以避免在对【多维子对象材质】中的顶级材质进行修改时，影响到与其相关联的子材质，起到保护子材质的作用。

★ 【放入库】按钮：单击该按钮，会将当前材质保存到当前的材质库中，这个操作直接影响到磁盘，该材质会永久保留在材质库中，关机后也不会丢失。单击该按钮后，会弹出【放置到库】对话框，在此可以确认材质的名称，如图8.21所示。如果名称与当前材质库中的某个材质重名，会弹出【材质编辑器】提示框，如图8.22所示。单击【是】按钮或按Y键，系统会以新的材质覆盖原有材质，否则不进行保存操作。

图8.20 【重置材质/贴图参数】对话框

图8.21 【放置到库】对话框

图8.22 提示对话框

★ 【材质ID通道】按钮回：通过材质的特效通道，可以在Video Post视频合成器和Effects特效编辑器中为材质指定特殊效果。

● 例如要制作一个发光效果，可以让指定的对象发光，也可以让指定的材质发光。如果要让对象发光，则需要在对象的属性设置框中设置对象通道；如果要让材质发光，则需要通过此按钮指定材质特效通道。

● 单击此按钮会展开一个通道选项，这里有15个通道可供选择，选择好通道后，在Video Post视频合成器中加入发光过滤器，在发光过滤器的设置中通过设置【材质ID】与材质编辑器中相同的通道号码，即可对此材质进行发光处理。

> **提示**
>
> 在Video Post视频合成器中只认材质ID号，所以如果两个不同材质指定了相同的材质特效通道，都会一同进行特技处理，由于这里有15个通道，表示一个场景中只允许有15个不同材质的不同发光效果，如果发光效果相同，不同的材质也可以设置为同一材质特效通道，以便Video Post视频合成器中的制作更为简单。0通道表示不使用特效通道。

★ 【在视口中显示标准贴图】按钮▦：在贴图材质的贴图层级中此按钮可用，单击该按钮，可以在场景中显示出材质的贴图效果，如果是同步材质，对贴图的各种设置调节也会同步影响场景中的对象，这样就可以很轻松地进行贴图材质的编辑工作。

● 视图中能够显示3D类程序式贴图和二维贴图，可以通过【材质编辑器】选项中的【3D贴图采样比例】对显示结果进行改善。【粒子年龄】和【粒子运动模糊】贴图不能在视图中显示。

> **提示**
>
> 虽然即时贴图显示对制作带来了便利，但也为系统增添了负担。如果场景中有很多对象存在，最好不要将太多的即时贴图显示，不然会降低显示速度。通过【视图】菜单中的【取消激活所有贴图】命令，可以将场景中全部即时显示的贴图关闭。

● 如果用户的电脑中安装的显卡支持OpenGL或Direct3D显示驱动，便可以在视图中显示多维复合贴图材质，包括【合成】和【混合】贴图。HEIDI driver（Software Z Buffer）驱动不支持多维复合贴图材质的即时贴图显示。

★ 【显示最终结果】按钮▯：此按钮是针对多维材质或贴图材质等具有多个层级嵌套的材质作用的，在子级层级中单击该按钮，将会显示出最终材质的效果（也就是顶级材质的效果），松开该按钮会显示当前层级的效果。对于贴图材质，系统默认为按下状态，进入贴图层级后仍可看到最终的材质效果。对于多维材质，系统默认为松开状态，以便进入子级材质后，可以看到当前层级的材质效果，这有利于对每一个级别材质的调节。

★ 【转到父对象】按钮▦：向上移动一个材质层级，只在复合材质的子级层级有效。

★ 【转到下一个同级项】按钮▦：如果处在一个材质的子级材质中，并且还有其他子级材质，此按钮有效，可以快速移动到另一个同级材质中。例如，在一个多维子对象材质中，有两个子级对象材质层级，进入一个子级对象材质层级后，单击此按钮，即可跳入另一个子级对象材质层级中，对于多维贴图材质也适用。例如，同时有【漫反射】贴图和【凹凸】贴图的材质，在【漫反射】贴图层级中单击此按钮，可以直接进入【凹凸】贴图层级。

★ 【从对象拾取材质】按钮 ：单击此按钮后，可以从场景中某一对象上获取其所附的材质，这时鼠标箭头会变为一个吸管，在有材质的对象上单击左键，即可将材质选择到当前示例窗中，并且变为同步材质，这是一种从场景中选择材质的好方法。

★ 【材质名称列表】 ：在编辑器工具行下方正中央，是当前材质的名称输入框，作用是显示并修改当前材质或贴图的名称，在同一个场景中，不允许有同名材质存在。

★ 对于多层级的材质，单击 框右侧的箭头按钮，可以展开全部层级的名称列表，它们按照由高到低的层级顺序排列，通过选择可以很方便地进入任一层级。

★ 【类型】 Standard ：这是一个非常重要的按钮，默认情况下显示【Standard】，表示当前的材质类型是标准类型。通过它可以打开【材质/贴图浏览器】对话框，从中可以选择各种材质或贴图类型。如果当前处于材质层级，则只允许选择材质类型；如果处于贴图层级，则只允许选择贴图类型。选择后按钮会显示当前的材质或者贴图类型名称。

● 在此处如果选择了一个新的混合材质或贴图，会弹出一个对话框，如图8.23所示。

图8.23 【替换材质】对话框

● 如果选中【丢弃旧材质】单选按钮，将会丢失当前材质的设置，产生一个全新的混

合材质；如果选中【将旧材质保存为子材质】单选按钮，则会将当前材质保留，作为混合材质中的一个子级材质。

（4）工具列

示例窗的右侧是工具列，工具列如图8.24所示。

图8.24 工具列

★ 【采样类型】按钮 ：用于控制示例窗中样本的形态，包括球体、柱体、立方体和自定义形体。

★ 【背光】按钮 ：为示例窗中的样本增加一个背光效果，有助于金属材质的调节，如图8.25所示。

无背光　　　　　　有背光

图8.25 【背光】效果

★ 【背景】按钮 ：为示例窗增加一个彩色方格背景，主要用于透明材质和不透明贴图效果的调节，选择菜单栏中的【选项】|【选项】命令，在弹出的【材质编辑器选项】对话框中单击【自定义背景】右侧的空白框，选择一个图像即可，如果没有正常显示背景，可以选择菜单栏中的【选项】|【背景】命令，效果如图8.26所示。

无背景　　　透明背景　　自定义背景

图8.26 不同背景效果

★ 【采样UV平铺】按钮：用来测试贴图重复的效果，这只改变示例窗中的显示，并不对实际的贴图产生影响，其中包括几个重复级别，效果如图8.27所示。

图8.27 采样UV平铺后的材质球

★ 【视频颜色检查】按钮：用于检查材质表面色彩是否超过视频限制，对于NTSC和PAL制视频色彩饱和度有一定限制，如果超过这个限制，颜色转化后会变模糊，所以要尽量避免发生。不过单纯从材质避免还是不够的，最后渲染的效果还决定于场景中的灯光，通过渲染控制器中的视频颜色检查可以控制最后渲染图像是否超过限制。比较安全的做法是将材质色彩的饱和度降低在85％以下。

★ 【生成预览】按钮：用于制作材质动画的预视效果，对于进行了动画设置的材质，可以使用它来实时观看动态效果，单击它会弹出【创建材质预览】对话框，如图8.28所示。

图8.28 【创建材质预览】对话框

● 预览范围：设置动画的渲染区段。预览范围又分为【活动时间段】和【自定义范围】两部分，选中【活动时间段】单选按钮可以将当前场景的活动时间段作为动画渲染的区段；选中【自定义范围】单选按钮，可以通过下面的文本框指定动画的区域，确定从第几帧到第几帧。

● 帧速率：设置渲染和播放的速度，在【帧速率】选项组中包含【每N帧】和【播放

FPS】。【每N帧】用于设置预视动画间隔几帧进行渲染；【播放FPS】用于设置预视动画播放时的速率，N制为30帧/秒，PAL制为25帧/秒。

● 图像大小：设置预视动画的渲染尺寸。在【输出百分比】文本框中可以通过输出百分比来调节动画的尺寸。

★ 【选项】按钮：单击该按钮即可打开【材质编辑器选项】对话框，与选择【选项】菜单栏中的【选项】命令弹出的对话框一样，如图8.29所示。

图8.29 【材质编辑器选项】对话框

★ 【按材质选择】按钮：这是一种通过当前材质选择对象的方法，可以将场景中全部附有该材质的对象一同选择（不包括隐藏和冻结的对象）。单击此按钮，激活对象选择对话框，全部附有该材质的对象名称都会高亮显示在这里，单击【选择】按钮即可将它们一同选择。

★ 【材质/贴图导航器】按钮：是一个可以提供材质、贴图层级或复合材质子材质关系快速导航的浮动对话框。用户可以通过在导航器中点击材质或贴图的名称，快速实现材质层级操作，反过来，用户在材质编辑器中的当前操作层级，也会反映在导航器中。在导航器中，当前所在的材质层级会以高亮度来显示。如果在导航器中点击一个层级，材质编辑器中也会直接跳到该层级，这样就可以快速地进入每一层级中进行编辑操作了。用户可以直接从导航器中将材质或

贴图拖曳到材质球或界面的按钮上。

（5）参数控制区

在材质编辑器下部是它的参数控制区，根据材质类型的不同及贴图类型的不同，其内容也不同。一般的参数控制包括多个项目，它们分别放置在各自的控制面板上，通过伸缩条展开或收起，如果超出了材质编辑器的长度，可以通过手动进行上下滑动，与命令面板中的用法相同。

8.1.2 材质/贴图浏览器

3ds Max中的30多种贴图按照用法、效果等可以划分为2D贴图、3D贴图、合成器、颜色修改器、其他等5大类。不同的贴图类型作用于不同的贴图通道，其效果也大不相同，这里着重讲解一些最常用的贴图类型。在材质编辑器的【贴图】卷展栏中单击任意一个贴图通道按钮，都会弹出贴图对话框。

下面将对【材质/贴图浏览器】进行介绍。

（1）材质/贴图浏览器

【材质/贴图浏览器】提供全方位的材质和贴图浏览选择功能，它会根据当前的情况而变化，如果允许选择材质和贴图，会将两者都显示在列表框中，否则会仅显示材质或贴图，如图8.30所示。

图8.30　【材质/贴图浏览器】对话框

【材质/贴图浏览器】有以下功能区域。

★ 文字条：在左上角有一个文本框，用于快速检索材质和贴图，例如在其中输入"合"文字，按下回车键，将会显示以"合"文字开头的材质。

★ 名称栏：文字条右侧显示当前选择的材质或贴图的名称，方括号内是其对应的类型。

★ 示例窗：左上角有一个示例窗，与材质编辑器中的示例窗相同。每当选择一个材质或贴图后，它都会显示出效果，不过仅能以球体样本显示，它也支持拖动复制操作。

★ 列表框：右侧最大的空白区域就是列表框，用于显示材质和贴图。材质以圆形球体标志显示；贴图则以方形标志显示。

（2）列表显示方式

在名称栏上右击鼠标，在弹出的快捷菜单中选择【将组和子组显示为】命令，这里提供了5种列表显示类型。

★ 小图标：以小图标方式显示，并在小图标下显示其名称，当鼠标停留于其上时，也会显示它的名称，其显示效果如图8.31所示。

★ 中等图标：以中等图标方式显示，并在中等图标下显示其名称，当鼠标停留于其上时，也会显示它的名称，其显示效果如图8.32所示。

图8.31 【小图标】显示

图8.32 【中等图表】显示

★ 大图标：以大图标方式显示，并在大图标下显示其名称，当鼠标停留于其上时，也会显示它的名称，其显示效果如图8.33所示。

★ 图标和文本：在文字方式显示的基础上，增加了小的彩色图标，可以模糊地观察材质或贴图的效果，其显示效果如图8.34所示。

★ 文本：以文字方式显示，按首字母的顺序排列，其显示效果如图8.35所示。

图8.33 【大图标】显示

图8.34 【图表和文本】显示

图8.35 【文本】显示

（3）▼按钮的应用

在【材质/贴图浏览器】对话框中的左上角有一个▼按钮，单击该按钮会弹出一个下拉菜单，下面对该菜单进行详细介绍。

★ 新组：可以创建一个新组，在新组的名称栏上右击鼠标，即可对新组进行设置。

★ 新材质库：可创建一个新的材质库，在新材质库的名称上右击鼠标，即可对新材质库进行设置。

★ 打开材质库：从材质库中获取材质和贴图，允许调入.mat或.max格式的文件。.mat是专用材质库文件，.max是一个场景文件，它会将该场景中的全部材质调入。

★ 材质：勾选该选项后，可在列表框中显示出材质组。

★ 贴图：勾选该选项后，可在列表框中显示出贴图组。

★ 示例窗：勾选该选项后，可在列表框中显示出示例窗口。

★ Autodesk Material Library：勾选该选项后，可在列表框中显示Autodesk Material Library材质库。

★ 场景材质：勾选该选项后，可在列表框中显示出场景材质组。

★ 显示不兼容：勾选该选项后，可在列表框中显示出与当前活动渲染器不兼容的条目。

★ 显示空组：勾选该选项后，即使是空组也显示出来。

★ 附加选项：选项该选项后，会弹出一个子菜单，其中包括【重置材质/贴图浏览器】、【清除预览缩略图缓存】、【加载布局】和【保存布局为】选项，用户可根据自己的需要进行设置。

8.2 标准材质

【标准】材质是默认的通用材质，在现实生活中，对象的外观取决于它的反射光线，在3ds Max中，标准材质用来模拟对象表面的反射属性，在不使用贴图的情况下，标准材质为对象提供了单一均匀的表面颜色效果。

【标准】材质的界面分为【明暗器基本参数】、【基本参数】、【扩展参数】、【超级采样】、【贴图】、【mental ray 链接】卷展栏，通过单击顶部的项目条可以收起或展开对应的参数面板，鼠标指针呈手形按着鼠标可以进行上下滑动，右侧还有一个细的滑块可以进行面板的上下滑动，其各个卷展栏设置将在下面小节进行详细讲解。

8.2.1 【明暗器基本参数】卷展栏

【明暗器基本参数】卷展栏如图8.36所示。【明暗器基本参数】卷展栏中的8种类型如下所述：（A）各向异性、（B）Blinn、（M）金属、（ML）多层、（O）Oren-Nayar-Blinn、（P）Phong、（S）Strauss、（T）半透明明暗器，将在下一节【基本参数】卷展栏中讲述常用的3种类型。

图8.36 【明暗器基本参数】卷展栏

下面主要介绍【明暗器基本参数】卷展栏中的其他4项内容。

★ 线框：以网格线框的方式来渲染对象，它只能表现出对象的线架结构，对于线框的粗细，可以通过【扩展参数】中的【线框】项目来调节，【尺寸】值确定它的粗细，可以选择【像素】和【单位】两种单位，如果选择【像素】为单位，对象无论远近，线框的粗细都将保持一致；如果选择【单位】为单位，将以3ds Max内部的基本单元作为单位，会根据对象离镜头的远近而发生粗细变化。图8.37所示为线框渲染效果，如果需要更优质的线框，可以对对象使用结构线框修改器。

图8.37　线框渲染效果

★ 双面：将对象法线相反的一面也进行渲染，通常计算机为了简化计算，只渲染对象法线为正方向的表面（即可视的外表面），这对大多数对象都适用，但有些敞开面的对象，其内壁看不到任何材质效果，这时就必须打开双面设置。图8.38所示为两个没有顶盖的茶壶模型，左侧为未勾选双面材质的渲染效果；右侧为勾选双面材质的渲染效果。使用双面材质会使渲染变慢。最好的方法是对必须使用双面材质的对象使用双面材质，而不要在最后渲染时再打开渲染设置框中的【强制双面】渲染属性（它会强行对场景中的全部物体都进行双面渲染，一般发生在出现漏面，但又很难查出是哪些模型出问题的情况下使用）。

图8.38　双面渲染效果

★ 面贴图：将材质指定给造型的全部面，如果含有贴图的材质，在没有指定贴图坐标的情况下，贴图会均匀地分布在对象的每一个表面上。

★ 面状：将对象的每个表面以平面化进行渲染，不进行相邻面的组群平滑处理。

8.2.2　明暗器类型

（1）各向异性

【各向异性】通过调节两个垂直正交方向上可见高光级别之间的差额，从而实现一种【重折光】的高光效果。这种渲染属性可以很好地表现毛发、玻璃和被擦拭过的金属等模型效果。它的基本参数大体上与Blinn相同，只在高光和漫反射部分有所不同，【各向异性基本参数】卷展栏如图8.39所示，其材质球表现如图8.40所示。

图8.39　【各向异性基本参数】卷展栏

图8.40　【各向异性】材质球

颜色控制用来设置材质表面不同区域的颜色，包括【环境光】、【漫反射】和【高光反射】，调节方法为在区域右侧色块上单击鼠标，打开颜色选择器，从中进行颜色的选择，如图8.41所示。

图8.41　【颜色选择器】对话框

这个颜色选择器属于浮动框性质，只要打开一次即可，如果选择另一个材质区域，它也会自动去影响新的区域色彩，在色彩调节的同时，示例窗中和场景中都会进行效果的即时更新显示。

在色块的右侧有个小的空白按钮，单击它们可以直接进入该项目的贴图层级，为其指定相应的贴图，属于贴图设置的快捷操作，另外的4个与此相同。如果指定了贴图，小方块上会显示【M】字样，以后单击它可以快速进入该贴图层级。如果该项目贴图目前是关闭状态，则显示小写【m】。

左侧有两个 ⓒ 锁定钮，用于锁定【环境光】、【漫反射】和【高光反射】3种材质中的两种（或3种全部锁定），锁定的目的是使被锁定的两个区域颜色保持一致，调节一个时另一个也会随之变化，如图8.42所示。

图8.42 锁定提示框

★ 环境光：控制对象表面阴影区的颜色。
★ 漫反射：控制对象表面过渡区的颜色。
★ 高光反射：控制对象表面高光区的颜色。

图8.43所示为这3个标识区域分别指对象表面的3个明暗高光区域。通常我们所说的对象的颜色是指漫反射，它提供对象最主要的色彩，使对象在日光或人工光的照明下可视，环境色一般由灯光的光色决定。否则会依赖于漫反射、高光反射与漫反射相同，只是饱和度更强一些。

图8.43 这3个色彩的区域

★ 自发光：使材质具备自身发光效果，常用于制作灯泡、太阳等光源对象。100%的发光度使阴影色失效，对象在场景中不受来自其他对象的投影影响，自身也不受灯光的影响，只表现出漫反射的纯色和一些反光，亮度值（HSV颜色值）保持与场景灯光一致。在3ds Max中，自发光颜色可以直接显示在视图中。

指定自发光有两种方式。一种是选中前面的复选框，使用带有颜色的自发光；另一种是取消选中复选框，使用可以调节数值的单一颜色的自发光，对数值的调节可以看作是对自发光颜色的灰度比例进行调节。

要在场景中表现可见的光源，通常是创建好一个几何对象，将它和光源放在一起，然后给这个对象指定自发光属性。

★ 不透明度：设置材质的不透明度百分比值，默认值为100，即不透明材质。降低值使透明度增加，值为0时变为完全透明材质。对于透明材质，还可以调节它的透明衰减，这需要在扩展参数中进行调节。

★ 漫反射级别：控制漫反射部分的亮度。增减该值可以在不影响高光部分的情况下增减漫反射部分的亮度，调节范围为0～400，默认值为100。

★ 高光级别：设置高光强度，默认值为5。

★ 光泽度：设置高光的范围。值越高，高光范围越小。

★ 各向异性：控制高光部分的各向异性和形状。值为0时，高光形状呈椭圆形；值为100时，高光变形为极窄条状。反光曲线示意图中的一条曲线用来表示【各向异性】的变化。

★ 方向：用来改变高光部分的方向，范围是0～9999。

（2）Blinn

【Blinn】高光点周围的光晕是旋转混合的，背光处的反光点形状为圆形，清晰可见，如增大柔化参数值，Blinn的反光点将保持尖锐的形态，从色调上来看，

【Blinn】趋于冷色,【Blinn基本参数】卷展栏如图8.44所示,其材质球表现为如图8.45所示。

图8.44 【Blinn基本参数】卷展栏

图8.45 【Blinn】材质球

使用【柔化】微调框可以对高光区的反光进行柔化处理,使它变得模糊、柔和。如果材质反光度值很低,反光强度值很高,这种尖锐的反光往往在背光处产生锐利的界线,增加【柔化】值可以很好地进行修饰。

其余参数可参照【各向异性基本参数】卷展栏中的介绍。

(3)金属

这是一种比较特殊的明暗器类型,专用于金属材质的制作,可以提供金属所需的强烈反光。它取消了高光反射色彩的调节,反光点的色彩仅依据于漫反射色彩和灯光的色彩。

由于取消了高光反射色彩的调节,所以在高光部分的高光度和光泽度设置也与【Blinn】有所不同。【高光级别】文本框仍控制高光区域的亮度,而【光泽度】文本框变化的同时将影响高光区域的亮度和大小,【金属基本参数】卷展栏如图8.46所示,其材质球表现如图8.47所示。

图8.46 【金属基本参数】卷展栏

图8.47 材质球表现

(4)多层

【多层】明暗器与【各向异性】明暗器有相似之处,它的高光区域也属于【各向异性】类型,意味着从不同的角度产生不同的高光尺寸,当【各向异性】值为0时,它们根本是相同的,高光是圆形的,和【Blinn】、【Phong】相同;当【各向异性】值为100时,这种高光的各向异性达到最大限度的不同,在一个方向上高光非常尖锐,而另一个方向上光泽度可以单独控制。【多层基本参数】卷展栏如图8.48所示。

图8.48 【多层基本参数】卷展栏

粗糙度：设置由漫反射部分向阴影色部分进行调和的快慢。提升该值时，表面的不光滑部分随之增加，材质也显得更暗更平。值为0时，则与Blinn渲染属性没有什么差别，默认值为0。

其余参数请参照前面的介绍。

（5）Oren-Nayar-Blinn

【Oren-Nayar-Blinn】明暗器是【Blinn】的一个特殊变量形式。通过它附加的【漫反射级别】和【粗糙度】设置，可以实现物质材质的效果。这种明暗器类型常用来表现织物、陶制品等不光滑粗糙对象的表面，【Oren-Nayar-Blinn基本参数】卷展栏如图8.49所示，其材质球表现为8.50所示。

图8.49 【Oren-Nayar-Blinn基本参数】卷展栏

图8.50 【Oren-Nayar-Blinn】材质球

（6）Phong

【Phong】高光点周围的光晕是发散混合的，背光处【Phong】的反光点为梭形，影响周围的区域较大。如果增大【柔化】参数值，【Phong】的反光点趋向于均匀柔和的反光，从色调上看，【Phong】趋于暖色，将表现暖色柔和的材质，常用于塑性材质，可以

精确地反映出凹凸、不透明、反光、高光和反射贴图效果。【Phong基本参数】卷展栏如图8.51所示，其材质球表现为8.52所示。

图8.51 【Phong基本参数】卷展栏

图8.52 【Phong】材质球

（7）Strauss

【Strauss】提供了一种金属感的表面效果，比【金属】明暗器更简洁，参数更简单。【Strauss基本参数】卷展栏如图8.53所示，其材质球表现为8.54所示。

图8.53 【Strauss基本参数】卷展栏

图8.54 【Strauss】材质球

相同的基本参数请参照前面的介绍。

★ 颜色：设置材质的颜色。相当于其他明暗器中的漫反射颜色选项，而高光和阴影部分的颜色则由系统自动计算。

★ 金属度：设置材质的金属表现程度。由于主要依靠高光表现金属程度，所以【金属度】需要配合【光泽度】才能更好地发挥效果。

（8）半透明明暗器

【半透明明暗器】与【Blinn】类似，最大的区别在于能够设置半透明的效果。光线可以穿透这些半透明效果的对象，并且在穿过对象内部时离散。通常【半透明明暗器】用来模拟很薄的对象，例如窗帘、电影银幕、霜或者毛玻璃等效果。图8.55所示为半透明效果。【半透明基本参数】卷展栏如图8.56所示。

图8.55　半透明效果

图8.56　【半透明基本参数】卷展栏

相同的基本参数请参照前面的介绍。

★ 半透明颜色：半透明颜色是离散光线穿过对象时所呈现的颜色。设置的颜色可以不同于过滤颜色，两者互为倍增关系。单击色块选择颜色，右侧的灰色方块用于指定贴图。

★ 过滤颜色：设置穿透材质的光线的颜色。与半透明颜色互为倍增关系。单击色块选择颜色，右侧的灰色方块用于指定贴图。过滤颜色（或穿透色）是指透过透明或半透明对象（如玻璃）后的颜色。过滤颜色配合体积光可以模拟例如彩光穿过毛玻璃后的效果，也可以根据过滤颜色为半透明对象产生的光线跟踪阴影配色。

★ 不透明度：用百分率表示材质的透明/不透明程度。当对象有一定的厚度时，能够产生一些有趣的效果。

除了模拟很薄的对象之外，半透明明暗器还可以模拟实体对象次表面的离散，用于制作玉石、肥皂、蜡烛等半透明对象的材质效果。

8.2.3 【扩展参数】卷展栏

【扩展参数】卷展栏对于【标准】材质的所有明暗处理类型都是相同的，但【Strauss】和【半透明】明暗器则例外，【扩展参数】卷展栏如图8.57所示。

图8.57　【扩展参数】卷展栏

（1）【高级透明】选项组

控制透明材质的透明衰减设置。

★ 内：由边缘向中心增加透明的程度，就像在玻璃瓶中一样。

★ 外：由中心向边缘增加透明的程度，就像在烟雾云中。

★ 数量：最外或最内的不透明度数量。

★ 过滤：计算与透明曲面后面的颜色相乘的过滤色。过滤或透射颜色是通过透明或半透明材质（如玻璃）透射的颜色。

单击色样可更改过滤颜色。

★ 相减：从透明曲面后面的颜色中减除。

★ 相加：增加到透明曲面后面的颜色。

★ 折射率：设置带有折射贴图的透明材质的折射率，用来控制材质折射被传播光线的程度。当设置为1（空气的折射率）时，看到的对象像在空气中（空气有时也有折射率，例如热空气对景象产生的气浪变形）一样不发生变形；当设置为1.5（玻璃折射率）时，看到的对象会产生很大的变形；当折射率小于1时，对象会沿着它的边界反射。在真实的物理世界中，折射率是因光线穿过透明材质和眼睛（或者摄影机）时速度不同而产生的，与对象的密度相关。折射率越高，对象的密度也就越大。

表11.1所示是最常用的几种物质折射率。只需记住这几种常用的折射率即可，其实在三维动画软件中，不必严格地使用物理原则，只要能体现出正常的视觉效果即可。

表11.1 常见物质折射率

材质	折射率	材质	折射率
真空	1	玻璃	1.5～1.7
空气	1.0003	钻石	2.419
水	1.333		

（2）【线框】选项组

在该选项组中可以设置线框的特性。

★ 大小：设置线框的粗细，有【像素】和【单位】两种单位可供选择。

● 像素：像素（默认设置。）用像素度量线框。对于像素选项来说，不管线框的几何尺寸多大，以及对象的位置近还是远，线框都总是有相同的外观厚度。

● 单位：单位用 3ds Max 单位测量连线。根据单位，线框在远处变得较细，在近距离范围内较粗，如同在几何体中经过建模一样。

（3）【反射暗淡】选项组

用于设置对象阴影区中反射贴图的暗淡效果。当一个对象表面有其他对象的投影时，这个区域将会变得暗淡，但是一个标准的反射材质却不会考虑到这一点，它会在对象表面进行全方位反射计算，失去了投影的影响，对象变得通体光亮，场景也变得不真实。这时可以打开【反射暗淡】设置，它的两个参数分别控制对象被投影区和未被投影区域的反射强度，这样我们可以将被投影区的反射强度值降低，使投影效果表现出来，同时增加未被投影区域的反射强度，以补偿损失的反射效果。启用和未启用【反射暗淡】复选框的效果如图8.58所示。

反射暗淡
上图：无
下图：0.0（100%暗淡）

图8.58 反射暗淡效果对比

★ 应用：打开此选项，反射暗淡将发生作用，通过右侧的两个值对反射效果产生影响。禁用该选项后，反射贴图材质就不会因为直接灯光的存在或不存在而受到影响。默认设置为禁用。

★ 暗淡级别：设置对象被投影区域的反射强度，值为1时，不发生暗淡影响，与不打开此项设置相同；值为0时，被投影区域仍表现为原来的投影效果，不产生反射效果；随着值的降低，被投影区域的反射趋于暗淡，而阴影效果趋于强烈。

★ 反射级别：设置对象未被投影区域的反射强度，它可以使反射强度倍增，远远超过反射贴图强度为100时的效果，一般用它来补偿反射暗淡对对象表面带来的影响，当值为3时（默认），可以近似达到不打开反射暗淡时不被投影区的反射效果。

8.2.4 【贴图】卷展栏

【贴图】卷展栏包含每个贴图类型的按钮。单击该按钮可以打开【材质/贴图浏览器】对话框，但现在只能选择贴图，这里提供了30多种贴图类型，都可以用在不同的贴图方式上，如图8.59所示。【贴图】卷展栏能够将贴图或明暗器指定给许多标准材质。还可以在首次显示参数的卷展栏上指定贴图和明暗器；该卷展栏的主要值还可以方便您使用复选框切换参数的明暗器，而无需移除贴图。

图8.59 展开【材质/贴图浏览器】对话框

当选择一个贴图类型后，会自动进入其贴图设置层级中，以便进行相应的参数设置，单击【转到父对象】按钮 可以返回到贴图方式设置层级，这时该按钮上会出现贴图类型的名称，左侧复选框被选中，表示当前该贴图方式处于活动状态；如果左侧复选框未被选中，会关闭该贴图方式的影响。

【数量】微调器确定该贴图影响材质的数量，用完全强度的百分比表示。例如，处在100%的漫反射贴图是完全不透光的，会遮住基础材质。为50%时，它为半透明，将显示基础材质。

下面将对常用的【贴图】卷展栏中的选项进行介绍。

（1）环境光颜色

为对象的阴影区指定位图或程序贴图，默认是它与【漫反射】贴图锁定，如果想对它进行单独贴图，应先在基本参数区中打开【漫反射】右侧的锁定按钮，解除它们之间的锁定。这种阴影色贴图一般不单独使用，默认是它与【漫反射】贴图联合使用，以表现最佳的贴图纹理。需要注意的是，只有在环境光值设置高于默认的黑色时，阴影色贴图才可见。可以通过选择【渲染】|【环境】命令，打开【环境和效果】对话框调节环境光的级别，如图8.60所示，图8.61所示为对环境光颜色使用贴图。

图8.60 【环境和效果】对话框

图8.61 对【环境光颜色】试用贴图

（2）漫反射颜色

主要用于表现材质的纹理效果，当值为100%时，会完全覆盖漫反射的颜色，这就好像在对象表面油漆绘画一样，例如为墙壁指定砖墙的纹理图案，就可以产生砖墙的效果。制作中没有严格的要求非要将漫反射贴图与环境光贴图锁定在一起，通过对漫反射贴图和环境光贴图分别指定不同的贴图，可以制作出很多有趣的融合效果。但如果漫反射贴图用于模拟单一的表面，就需要将漫反射贴图和环境光贴图锁定在一起，图8.62为应用【漫反射颜色】贴图后的效果。

★ 漫反射级别：该贴图参数只存在于【各向异性】、【多层】、【Oren-Nayar- Blinn】和【半透明明暗器】4种明暗器类型下，如图8.63所示。主要通过位图或程序贴图来控制漫反射的亮度。贴图中白色像素对漫反射没有影响，黑色像素则将漫反射亮度降为0，处于两者之间的颜色依此对漫反射亮度产生不同的影响，图8.64为应用【漫反射级别】贴图后的对比效果。

图8.62 应用【漫反射颜色】贴图后的效果

图8.63 有【漫反射级别】的贴图情况

★ 漫反射粗糙：该贴图参数只存在于【多层】和【Oren-Nayar-Blinn】两种明暗器类型下。主要通过位图或程序贴图来控制漫反射的粗糙程度。贴图中白色像素增加粗糙程度，黑色像素则将粗糙程度降为0，处于两者之间的颜色依此对漫反射粗糙程度产生不同的影响，图8.65为花瓶添加【漫反射粗糙度】贴图后的效果。

图8.64 【漫反射级别】贴图显示效果

图8.65 【漫反射粗糙度】贴图显示效果

（3）不透明度

可以通过在【不透明度】材质组件中使用位图文件或程序贴图来生成部分透明的对象。贴图的浅色（较高的值）区域渲染为不透明；深色区域渲染为透明；之间的值渲染为半透明，如图8.66所示。

图8.66 不透明度贴图效果

将不透明度贴图的【数量】设置为100，应用于所有贴图，透明区域将完全透明。将【数量】设置为0，等于禁用贴图。中间的【数量】值与【基本参数】卷展栏上的【不透明度】值混合，图的透明区域将变得更加不透明。

> **提示**
>
> 反射高光应用于不透明度贴图的透明区域和不透明区域，用于创建玻璃效果。如果使透明区域看起来像孔洞，也可以设置高光度的贴图。

（4）凹凸

通过图像的明暗强度来影响材质表面的光滑程度，从而产生凹凸的表面效果，白色图像产生凸起，黑色图像产生凹陷，中间色产生过渡。这种模拟凹凸质感的优点使渲染速度很快，但这种凹凸材质的凹凸部分不会产生阴影投影，在对象边界上也看不到真正的凹凸，对于一般的砖墙、石板路面，它可以产生真实的效果。但是如果凹凸对象很清晰地靠近镜头，并且要表现出明显的投影效果，应该使用置换，利用图像的明暗度可以真实地改变对象造型，但需要花费大量的渲染时间，图8.67为两种不同凹凸对象后的效果。

提示

在视图中不能预览凹凸贴图的效果，必须渲染场景才能看到凹凸效果。

凹凸贴图的强度值可以调节到999，但是过高的强度会带来不正确的渲染效果，如果发现渲染后高光处有锯齿或者闪烁，应使用【超级采样】进行渲染。

（5）反射

反射贴图是很重要的一种贴图方式，要想制作出光洁亮丽的质感，必须要熟练掌握反射贴图的使用，如图8.68所示。在3ds Max中有3种不同的方式制作反射效果。

★ 基础贴图反射：指定一张位图或程序贴图作为反射贴图，这种方式是最快的一种运算方式，但也是最不真实的一种方式。对于模拟金属材质来说，尤其是片头中闪亮的金属字，虽然看不清反射的内容，但只要亮度够高即可，它最大的优点是渲染速度快。

使用反射贴图

图8.67　凹凸贴图效果　　　　　图8.68　反射贴图效果

★ 自动反射：自动反射方式根本不使用贴图，它的工作原理是由对象的中央向周围观察，并将看到的部分贴到表面上。具体方式有两种，即【反射/折射】贴图方式和【光线跟踪】贴图方式。【反射/折射】贴图方式并不像光线跟踪那样追踪反射光线，真实地计算反射效果，而是采用一种六面贴图方式模拟反射效果，在空间中产生6个不同方向的90°视图，再分别按不同的方向将6张视图投影在场景对象上，这是早期版本提供的功能。【光线跟踪】是模拟真实反射形成的贴图方式，计算结果最接近真实，也是最花费时间的一种方式，这是早在3ds Max R2版本时就已经引入的一种反射算法，效果真实，但渲染速度慢，目前一直在随版本更新进行速度优化和提升，不过比起其他第三方渲染器（例如mental ray、Vray）的光线跟踪，计算速度还是慢很多。

★ 平面镜像反射：使用【平面镜】贴图类型作为反射贴图。这是一种专门模拟镜面反射效果的贴图类型，就像现实中的镜子一样，反射所面对的对象，属于早期版本提供的功能，因为在没有光线跟踪贴图和材质之前，【反射/折射】这种贴图方式没法对纯平面的模型进行反射计算，因此追加了【平面镜】贴图类型来弥补这个缺陷。

设置反射贴图时不用指定贴图坐标，因为它们锁定的是整个场景，而不是某个几何体。反射贴图不会随着对象的移动而变化，但如果视角发生了变化，贴图会像真实的反射情况那样发生变化。反射贴图在模拟真实环境的场景中的主要作用是为毫无反射的表面添加一点反射效果。贴图的强度值控制反射图像的清晰程度，值越高，反射也越强烈。默认的强度值与其他贴图设置一样为100%。不过对于大多数材质表面，降低强度值通常能获得更为真实的效果。例如一张光滑的桌子表面，首先要体现出的是它的木质纹理，其次才是反射效果。一般反射贴图都伴随着【漫反射】等纹理贴图使用，在【漫反射】贴图为100%的同时轻微加一些反射效果，可以制作出非常真实的场景。

在【基本参数】中增加光泽度和高光强度可以使反射效果更真实。此外，反射贴图还受【漫反射】、【环境光】颜色值的影响，颜色越深，镜面效果越明显，即便是贴图强度为100时，反射贴图仍然受到漫反射、阴影色和高光色的影响。

对于Phong和Blinn渲染方式的材质，【高光反射】的颜色强度直接影响反射的强度，值越高，反射也越强，值为0时反射会消失。对于【金属】渲染方式的材质，则是【漫反射】影响反射的颜色和强度，【漫反射】的颜色（包括漫反射贴图）能够倍增来自反射贴图的颜色，漫反射的颜色值（HSV模式）控制着反射贴图的强度，颜色值为255，反射贴图强度最大，颜色值为0，反射贴图不可见。

（6）折射

折射贴图用于模拟空气和水等介质的折射效果，使对象表面产生对周围景物的映象。但与反射贴图所不同的是，它所表现的是透过对象所看到的效果。折射贴图与反射贴图一样，锁定视角而不是对象，不需要指定贴图坐标，当对象移动或旋转时，折射贴图效果不会受到影响。具体的折射效果还受折射率的控制，在【扩展参数】面板中【折射率】控制材质折射透射光线的严重程度，值为1时代表真空（空气）的折射率，不产生折射效果；大于1时为凸起的折射效果，多用于表现玻璃；小于1时为凹陷的折射效果，对象沿其边界进行反射（如水底的气泡效果）。默认设置为1.5（标准的玻璃折射率）。不同参数的折射率效果如图8.69所示。

图8.69　不同参数的折射率效果

常见的折射率如表8.2所示（假设摄影机在空气或真空中）。

表8.2　常见折射率

材质	IOR值
真空	1（精确）
空气	1.0003
水	1.333
玻璃	1.5 ~ 1.7
钻石	2.419

在现实世界中，折射率的结果取决于光线穿过透明对象时的速度，以及眼睛或摄影机所处的媒介，影响关系最密切的是对象的密度，对象密度越大，折射率越高。在3ds Max中，可以通过贴图对对象的折射率进行控制，而受贴图控制的折射率值总是在1（空气中的折射率）和设置的

折射率值之间变化。例如，设置折射率的值为3，并且使用黑白噪波贴图控制折射率，则对象渲染时的折射率会在1～3之间进行设置，高于空气的密度；而相同条件下，设置折射率的值为0.5时，对象渲染时的折射率会在0.5～1之间进行设置，类似于水下拍摄密度低于水的对象效果。

通常使用【反射/折射】贴图作为折射贴图，只能产生对场景或背景图像的折射表现，如果想反映对象之间的折射表现（如插在水杯中的吸管会发生弯折现象），应使用【光线跟踪】贴图方式或【薄壁折射】贴图方式。

【薄壁折射】贴图方式可以产生类似放大镜的折射效果。

8.3 复合材质简介

复合材质是指将两个或多个子材质组合在一起。复合材质类似于合成器贴图，但后者位于材质级别。将复合材质应用于对象可以生成复合效果。用户可以使用【材质/贴图浏览器】对话框来加载或创建复合材质。

使用过滤器控件，可以选择是否让浏览器列出贴图或材质，或两者都列出。

不同类型的材质生成不同的效果，具有不同的行为方式，或者具有组合了多种材质的方式。不同类型的复合材质介绍如下。

★ 混合：将两种材质通过像素颜色混合的方式混合在一起，与混合贴图一样。

★ 合成：通过将颜色相加、相减或不透明混合，可以将多达10种的材质混合起来。

★ 双面：为对象内外表面分别指定两种不同的材质，一种为法线向外；另一种为法线向内。

★ 变形器：变形器材质使用【变形器】修改器来管理多种材质。

★ 多维/子对象：可用于将多个材质指定给同一对象。存储两个或多个子材质时，这些子材质可以通过使用【网格选择】修改器在子对象级别进行分配。还可以通过使用【材质】修改器将子材质指定给整个对象。

★ 虫漆：将一种材质叠加在另一种材质上。

★ 顶/底：存储两种材质。一种材质渲染在对象的顶表面；另一种材质渲染在对象的底表面，具体取决于面法线向上还是向下。

8.3.1 混合材质

混合材质是指在曲面的单个面上将两种材质进行混合。可通过设置【混合量】参数来控制材质的混合程度，该参数可以用来绘制材质变形功能曲线，以控制随时间混合两个材质的方式。

混合材质的创建方法如下。

★ 激活材质编辑器中的某个示例窗。

★ 单击【Standard】按钮，在弹出的【材质/贴图浏览器】对话框中选择【混合】选项，然后单击【确定】按钮，如图8.70所示。

★ 弹出【替换材质】对话框，该对话框询问用户将示例窗中的材质丢弃还是保存为子材质，如图8.71所示。

图8.70　选择【混合】选项

图8.71 【替换材质】对话框

在该对话框中选择一种类型，然后单击【确定】按钮，进入【混合基本参数】卷展栏中，如图8.72所示。可以在该卷展栏中设置参数。

图8.72 【混合基本参数】卷展栏

★ 材质1/材质2：设置两个用来混合的材质。使用复选框来启用和禁用材质。

★ 交互式：在视图中以【真实】方式交互渲染时，用于选择哪一个材质显示在对象表面。

★ 遮罩：设置用做遮罩的贴图。两个材质之间的混合度取决于遮罩贴图的强度。遮罩较明亮（较白）区域显示更多的【材质1】。而遮罩较暗（较黑）区域则显示更多的【材质2】。使用复选框来启用或禁用遮罩贴图。

★ 混合量：确定混合的比例（百分比）。0 表示只有【材质1】在曲面上可见；100 表示只有【材质2】可见。如果已指定【遮罩】贴图，并且选中了【遮罩】的复选框，则不可用。

★ 【混合曲线】选项组：混合曲线影响进行混合的两种颜色之间变换的渐变或尖锐程度。只有指定遮罩贴图后，才会影响混合。

● 使用曲线：确定【混合曲线】是否影响混合。只有指定并激活遮罩时，该复选框才可用。

● 转换区域：用来调整【上部】和【下部】的级别。如果这两个值相同，那么两个材质会在一个确定的边上接合。

8.3.2 多维/子对象材质

使用【多维/子对象】材质可以采用几何体的子对象级别分配不同的材质。创建多维材质，将其指定给对象并使用【网格选择】修改器选中面，然后选择多维材质中的子材质指定给选中的面。

如果该对象是可编辑网格，可以拖放材质到面的不同的选中部分，并随时构建一个【多维/子对象】材质。

子材质ID不取决于列表的顺序，可以输入新的ID值。

单击【材质编辑器】中的【使唯一】按钮，允许将一个实例子材质构建为一个唯一的副本。

【多维/子对象基本参数】卷展栏如图8.73所示。

图8.73 【多维/子对象基本参数】卷展栏

★ 设置数量：设置拥有子级材质的数目，注意如果减少数目，会将已经设置的材质丢失。

★ 添加：添加一个新的子材质。新材质默认的ID号在当前ID号的基础上递增。

★ 删除：删除当前选择的子材质。可以通过撤销命令取消删除。

★ ID：单击该按钮将列表排序，其顺序开始于最低材质ID的子材质，结束于最高材质ID。

★ 名称：单击该按钮后按名称栏中指定的名称进行排序。

★ 子材质：按子材质的名称进行排序。子

材质列表中每个子材质有一个单独的材质项。该卷展栏一次最多显示10个子材质；如果材质数超过10个，则可以通过右边的滚动栏滚动列表。列表中的每个子材质包含以下控件。

- 材质球：提供子材质的预览，单击材质球图标可以对子材质进行选择。
- ID号：显示指定给子材质的ID号，同时还可以在这里重新指定ID号。如果输入的ID号有重复，系统会提出警告，如图8.74所示。

图8.74 弹出提示文字

- ◆ 名称：可以在这里输入自定义的材质名称。
- ◆ 【子材质】按钮：该按钮用来选择不同的材质作为子级材质。右侧颜色按钮用来确定材质的颜色，它实际上是该子级材质的【漫反射】值。最右侧的复选框可以对单个子级材质进行启用和禁用的开关控制。

8.3.3 光线跟踪材质

光线跟踪基本参数与标准材质基本参数内容相似，但实际上光线跟踪材质的颜色构成与标准材质大相径庭。

与标准材质一样，可以为光线跟踪颜色分量和各种其他参数使用贴图。色样和参数右侧的小按钮用于打开【材质/贴图浏览器】对话框，从中可以选择对应类型的贴图。这些快捷方式在【贴图】卷展栏中也有对应的按钮。如果已经将一个贴图指定给这些颜色之一，则 按钮显示字母M，大写的M表示已指定和启用对应贴图。小写的m表示已指定该贴图，但它处于非活动状态。【光线跟踪基本参数】卷展栏如图8.75所示。

图8.75 【光线跟踪基本参数】卷展栏

- ★ 明暗处理：在下拉列表框中可以选择一个明暗器。选择的明暗器不同，则【反射高光】选项组中显示的明暗器的控件也会不同，包括【Phong】、【Blinn】、【金属】、【Oren-Nayar-Blinn】和【各向异性】5种方式。
- ★ 双面：与标准材质相同。选中该复选框时，在面的两侧着色和进行光线跟踪。在默认情况下，对象只有一面，以便提高渲染速度。
- ★ 面贴图：将材质指定给模型的全部面。如果是一个贴图材质，则无需贴图坐标，贴图会自动指定给对象的每个表面。
- ★ 线框：与标准材质中的线框属性相同，选中该复选框时，在线框模式下渲染材质。可以在【扩展参数】卷展栏中指定线框大小。
- ★ 面状：将对象的每个表面作为平面进行渲染。
- ★ 环境光：与标准材质的环境光含义完全不同，对于光线跟踪材质，它控制材质吸收环境光的多少，如果将它设为纯白色，即为在标准材质中将环境光与漫反射锁定。默认为黑色。启用名称左侧的复选框时，显示环境光的颜色，通过右侧的色块可以进行调整；禁用复选框时，环境光为灰度模式，可以直接输入或者通过调节按钮设置环境光的灰度值。
- ★ 漫反射：代表对象反射的颜色，不包括高光反射。反射与透明效果位于过渡区的最上层，当反射为100%（纯白色）时，漫反射色不可见，默认为50%的灰度。

★ 反射：设置对象高光反射的颜色，即经过反射过滤的环境颜色，颜色值控制反射的量。与环境光一样，通过启用或禁用 ☑反射........ 复选框，可以设置反射的颜色或灰度值。此外，第二次启用复选框，可以为反射指定【菲涅尔】镜像效果，它可以根据对象的视角为反射对象增加一些折射效果。

★ 发光度：与标准材质的自发光设置近似（禁用则变为自发光设置），只是不依赖于【漫反射】进行发光处理，而是根据自身颜色来决定所发光的颜色，用户可以为一个【漫反射】为蓝色的对象指定一个红色的发光色。默认为黑色。右侧的灰色按钮用于指定贴图。禁用左侧的复选框，【发光度】选项变为【自发光】选项，通过微调按钮可以调节发光色的灰度值。

★ 透明度：与标准材质中的Filter过滤色相似，它控制在光线跟踪材质背后经过颜色过滤所表现的色彩，黑色为完全不透明，白色为完全透明。将【漫反射】与【透明度】都设置为完全饱和的色彩，可以得到彩色玻璃的材质。禁用后，对象仍折射环境光，不受场景中其他对象的影响。右侧的灰块按钮用于指定贴图。禁用左侧的复选框后，可以通过微调按钮调整透明色的灰度值。

★ 折射率：设置材质折射光线的强度，默认值为1.55。

★ 【反射高光】选项组：控制对象表面反射区反射的颜色，根据场景中灯光颜色的不同，对象反射的颜色也会发生变化。

  ● 高光颜色：设置高光反射灯光的颜色，将它与【反射】颜色都设置为饱和色可以制作出彩色铬钢效果。

  ● 高光级别：设置高光区域的强度，值越高，高光越明亮，默认为5。

  ● 光泽度：影响高光区域的大小。光泽度越高，高光区域越小，高光越锐利。默认为25。

  ● 柔化：柔化高光效果。

★ 环境：允许指定一张环境贴图，用于覆盖全局环境贴图。默认的反射和透明度使用场景的环境贴图，一旦在这里进行环境贴图的设置，将会取代原来的设置。利用这个特性，可以单独为场景中的对象指定不同的环境贴图，或者在一个没有环境的场景中为对象指定虚拟的环境贴图。

★ 凹凸：这与标准材质的凹凸贴图相同。单击该按钮可以指定贴图。使用微调器可更改凹凸量。

8.4 贴图通道

在材质应用中，贴图作用非常重要，因此3ds Max提供了多种贴图通道，如图8.76所示，分别在不同的贴图通道中使用不同的贴图类型，使物体在不同的区域产生不同的贴图效果。

3ds Max为标准材质提供了12种贴图通道，如下所述。

★ 【环境光颜色】贴图和【漫反射颜色】贴图：【环境光颜色】是最常用的贴图通道，它将贴图结果像绘画或壁纸一样应用到材质表面。在通常情况下，【环境光颜色】和【漫反射颜色】处于锁定状态。

★ 【高光颜色】贴图：【高光颜色】使贴图结果只作用于物体的高光部分。通常将场景中的光源图像作为高光颜色通道，模拟一种反射，如在白灯照射下的玻璃杯，玻璃杯上的高光点反射的图像。

图8.76　贴图通道

★ 【光泽度】贴图：设置光泽组件的贴图不同于设置高光颜色的贴图。设置光泽的贴图会改变高光的位置，而高光贴图会改变高光的颜色。当向光泽和高光度指定相同的贴图时，光泽贴图的效果最好。在【贴图】卷展栏中，通过将一个贴图按钮拖到另一个按钮即可实现。

提示

你可以选择影响反射高光显示位置的位图文件或程序贴图。指定给光泽度决定曲面的哪些区域更具有光泽，哪些区域不太有光泽，具体情况取决于贴图中颜色的强度。贴图中的黑色像素将产生全面的光泽。白色像素将完全消除光泽，中间值会减少高光的大小。

★ 【自发光】贴图：将贴图图像以一种自发光的形式贴图物体表面，图像中纯黑色的区域不会对材质产生任何影响，不是纯黑的区域将会根据自身的颜色产生发光效果，发光的地方不受灯光及投影影响。

★ 【不透明度】贴图：利用图像的明暗度在物体表面产生透明效果，纯黑色的区域完全透明，纯白色的区域完全不透明，这是一种非常重要的贴图方式，可以为玻璃杯加上花纹图案，如果配合过渡色贴图，而剪影图用作不透明贴图，在三维空间中将它指定给一个薄片物体上，从而产生一个六体的镂空人像，将它放置于室内外建筑的地面上，可以产生真实的反射与投影效果，这种方法在建筑效果图中应用非常广泛。

★ 【过滤色】贴图：过滤色贴图专用于过滤方式的透明材质，通过贴图在过滤色表面进行染色，形成具有彩色花纹的玻璃材质，它的优点是在体积光穿过物体或采用【光线跟踪】投影时，可以产生贴图滤过的光柱的阴影，观察上图中带有图案纹理的阴影效果。

★ 【凹凸】贴图：使对象表面产生凹凸不平的幻觉。位图上的颜色按灰度不同突起，白色最高。因此用灰度位图作凹凸贴图效果最好。凹凸贴图常和漫反射贴图一起使用来增强场景的真实感。

★ 【反射】贴图：常用来模拟金属、玻璃光滑表面的光泽，或用作镜面反射。当模拟对象表面的光泽时，贴图强度不宜过大，否则反射将不自然。

★ 【折射】贴图：当你观察水中的筷子时，筷子会发生弯曲。折射贴图用来表现这种效果。定义折射贴图后，不透明度参数、贴图将被忽略。

★ 【置换】贴图：与凹凸贴图通道类似，按照位图颜色的灰度不同产生凹凸，它的幅度更大一些。

8.5 贴图的类型

在3ds Max中包括30多种贴图，它们可以根据使用方法、效果等分为2D贴图、3D贴图、合成器、颜色修改器、其他等大类。在不同的贴图通道中使用不同的贴图类型，产生的效果也大不相同，下面介绍一下常用的贴图类型。在【贴图】卷展栏中，单击任何通道右侧的【无】按钮，都可以打开【材质/贴图浏览器】对话框，如图8.77所示。

图8.77 【材质/贴图浏览器】对话框

8.5.1 贴图坐标

材质的可信性是由应用材质的几何体及贴图模型的有效性决定的。也就是说，材质可以由用户组合不同的图像文件，这样可以使模型呈现各种所需纹理及各种性质，而这种组合被称为贴图，贴图就是指材质如何被包裹或涂在几何体上。所有贴图材质的最终效果是由指定在表面上的贴图坐标决定。

（1）认识贴图坐标

3ds Max在对场景中的物体进行描述的时候，使用的是XYZ坐标空间，但对于位图和贴图来说使用的却是UVW坐标空间。位图的UVW坐标是表示贴图的比例。图8.78为一张贴图使用不同的坐标所表现的3种不同的效果。

图8.78 不同坐标表现的不同效果

当需要更好地控制贴图坐标，可以选择【修改】按钮进入编辑修改命令面板，选择【修改器列表】|【UVW贴图】选项，即可为对象指定一个UVW贴图坐标，如图8.79所示。

图8.79 添加【UVW贴图】修改器

（2）调整贴图坐标

贴图坐标既可以以参数化的形式应用，也可以在【UVW贴图】修改器中使用。参数化贴图可以是对象创建参数的一部分，或者是产生面的编辑修改器的一部分，并且通常在对象定义或编辑修改器中的【生成贴图坐标】复选框被选中时才有效。在经常使用的基本几何体、放样对象，以及【挤出】、【车削】和【倒角】编辑修改器中有可能有参数化贴图。

大部分参数化贴图使用1×1的瓷砖平铺，因为用户无法调整参数化坐标，所以需要用材质编辑器中的【瓷砖】参数来调整。

当贴图是参数产生的时候，则只能通过指定在表面上的材质参数来调整瓷砖次数和方向，或者当选用UVW贴图编辑修改器来指定贴图时，用户可以独立地控制贴图位置、方向和重复值等。然而，通过编辑修改器产生的贴图没有参数化产生贴图方便。

【坐标】卷展栏如图8.80所示，其各项参数的功能如下。

图8.80 【坐标】卷展栏

★ 纹理：将该贴图作为纹理贴图对表面应用。从【贴图】列表中选择坐标类型。

★ 环境：使用贴图作为环境贴图。从【贴图】列表中选择坐标类型。

★ 【贴图】列表：其中包含的选项因选择纹理贴图或环境贴图而不同。

　● 显式贴图通道：使用任意贴图通道。选择该选项后，【贴图通道】字段将处于活动状态，可选择从1~99的任意通道。

　● 顶点颜色通道：使用指定的顶点颜色作为通道。

　● 对象XYZ平面：使用基于对象的本地坐标的平面贴图（不考虑轴点位置）。用于渲染时，除非启用【在背面显示贴图】复选框，否则平面贴图不会投影到对象背面。

　● 世界XYZ平面：使用基于场景的世界坐标的平面贴图（不考虑对象边界框）。用于渲染时，除非启用【在背面显示贴图】复选框，否则平面贴图不会投影到对象背面。

　● 球形环境、柱形环境或收缩包裹环境：将贴图投影到场景中与将其贴图投影到背景中的不可见对象一样。

　● 屏幕：投影为场景中的平面背景。

★ 在背面显示贴图：如果启用该复选框，平面贴图（对象XYZ平面，或使用【UVW贴图】修改器）穿透投影，以渲染在对象背面上。禁用时，平面贴图不会渲染在对象背面，默认设置为启用。

★ 偏移：用于指定贴图在模型上的位置。

★ 瓷砖：设置水平（U）和垂直（V）方向上贴图重复的次数，当然右侧【瓷砖】复选框勾选时才起作用，它可以将纹理连续不断地贴在物体表面。值为1时，贴图在表面贴一次；值为2时，贴图会在表面各个方向上重复贴两次，贴图尺寸会相应都缩小一倍；值小于1时，贴图会进行放大。

★ 镜像：设置贴图在物体表面进行镜像复制形成该方向上两个镜像的贴图效果。

★ 角度：控制在相应的坐标方向上产生贴图的旋转效果，既可以输入数值，也可以单击【旋转】按钮进行实时调节观察。

★ 模糊：用来影响图像的尖锐程度，低的值主要用于位图的抗锯齿处理。

★ 模糊偏移：产生大幅度的模糊处理，常用于产生柔化和散焦效果。

（3）UVW 贴图

想要更好地控制贴图坐标，或者当前的物体不具备系统提供的坐标控制项时，就需要使用【UVW 贴图】修改器为物体指定贴图坐标。

提示

　如果一个物体已经具备了贴图坐标指定，在对它施加【UVW 贴图】修改器之后，会覆盖以前的坐标指定。

【UVW 贴图】修改器的【参数】卷展栏如图8.81所示。

图8.81　【参数】卷展栏

【UVW 贴图】修改器提供了许多将贴图坐标投影到对象表面的方法。最好的投影方法和技术依赖于对象的几何形状和位图的平铺特征。在【参数】卷展栏中包含7种类型的贴图方式：【平面】、【柱形】、【球形】、【收缩包裹】、【长方体】、【面】和【XYZ到UVW】。

在【UVW 贴图】修改器的【参数】卷展栏中调节【长度】、【宽度】、【高度】参数值，即可对Gizmo（线框）物体进行缩放，当用户放大线框时，使用那些坐标的渲染位图也随之缩放，如图8.82所示。

图8.82 缩放线框

线框的位置、大小直接影响贴图在物体上的效果，在编辑修改器堆栈中用户还可以通过选择【UVW 贴图】的Gizmo选择集来对线框物体进行单独操作，比如旋转、移动，还有缩放等。

在制作中通常需要将所使用的贴图重复叠加，以达到预期的效果。当调节【U向平铺】参数，水平方向上的贴图出现重复效果，再调节【V向平铺】参数，垂直方向上的贴图出现重复效果，与材质编辑器中的【瓷砖】参数相同。

而另一种比较简单的方法是通过材质的【瓷砖】参数控制贴图的重复次数，该方法的使用原理同样也是缩放Gizmo（线框）。默认的【瓷砖】值为1，它使位图与平面Gizmo的范围相匹配。【瓷砖】为1意味着重复一次，如果增加【瓷砖】值到5，那么将在平面贴图Gizmo（线框）中重复5次。

8.5.2 位图贴图

位图贴图就是将位图图像文件作为贴图使用，它可以支持各种类型的图像和动画格式，包括AVI、BMP、CIN、JPG、TIF、TGA等。位图贴图的使用范围广泛，通常用在漫反射颜色贴图通道、凹凸贴图通道、反射贴图通道、折射贴图通道中。

选择位图后，进入相应的贴图通道面板中，在【位图参数】卷展栏中包含3个不同的过滤方式：【四棱锥】、【总面积】、【无】，它们实行像素平均值来对图像进行抗锯齿操作，【位图参数】卷展栏如图8.83所示。

图8.83 【位图参数】卷展栏

8.5.3　平铺贴图

平铺贴图是专门用来制作砖块效果的，常用在漫反射贴图通道中，有时也可在凹凸贴图通道中使用。在它的参数面板里的【标准控制】卷展栏中有个【预设类型】下拉列表框，里面列出了一些常见的砖块模式，如图8.84所示。在其下方的【高级控制】卷展栏中，可以在选择的模板的基础上，设置砖块的颜色、尺寸，以及砖缝的颜色、尺寸等参数，制作出个性的砖块，【高级控制】卷展栏如图8.85所示。

图8.84　选择【堆栈契合】选项

图8.85　【高级参数】卷展栏

8.5.4　渐变坡度贴图

渐变坡度贴图是可以使用许多颜色的高级渐变贴图，常用在漫反射贴图通道中。在它的卷展栏里可以设置渐变的颜色及每种颜色的位置，如图8.86所示，还可以利用下面的【噪波】选项组来设置噪波的类型和大小，使渐变色的过渡看起来并不那么规则，从而增加渐变的真实程度，如图8.87所示。

图8.86　【渐变坡度参数】卷展栏

图8.87　使用渐变制作的效果

8.5.5　噪波贴图

噪波一般在凹凸贴图通道中使用，可以通过设置【噪波参数】卷展栏制作出紊乱不平的表面，该参数卷展栏如图8.88所示。其中通过【噪波类型】可以定义噪波的类型，通过【噪波阈值】下的参数可以设置【大小】、【相位】等，下面的两个色块用来指定颜色，系统按照指定颜色的灰度值来决定凹凸起伏的程度，效果如图8.89所示。

图8.88 【噪波参数】卷展栏

图8.89 添加【噪波贴图】后的效果

8.5.6 混合贴图

混合贴图和混合材质相似，是指将两个不同的贴图按照不同的比例混合在一起形成新的贴图，它常用在漫反射贴图通道中。【混合参数】卷展栏如图8.90所示，在该卷展栏中有个专门设置混合比例的参数【混合量】，它用于设置每种贴图在该混合贴图中所占的比重。

图8.90 【混合参数】卷展栏

8.5.7 合成贴图

合成贴图类型由其他贴图组成，并且可以使用Alpha通道和其他方法将某层置于其他层之上。对于此类贴图，可使用已含Alpha通道的叠加图像，或使用内置遮罩工具仅叠加贴图中的某些部分。【合成层】卷展栏如图8.91所示。

图8.91 【合成层】卷展栏

合成贴图的控件包括用混合模式、不透明设置以及各自的遮罩结合的贴图的列表。

视图可以在合成贴图中显示多个贴图。如果想以多个贴图显示，显示驱动程序必须是OpenGL或者Direct3D。软件显示驱动程序不支持多个贴图显示。

8.5.8 光线跟踪贴图

光线跟踪贴图主要被放置在反射或者折射贴图通道中，用于模拟物体对于周围环境的反射或折射。它的原理是：通过计算光线从光源处发射出来，经过反射，穿过玻璃，发生折射后再传播到摄影机处的途径，然后反推回去计算所得的反射或者折射结果。所以，它要比其他一些反射或者折射贴图来得更真实一些。

光线跟踪的参数如图8.92所示，一般情况下，可以不修改参数，采用默认参数即可，图8.93为光线跟踪效果的冰块。

图8.92 【光线跟踪器参数】卷展栏

图8.93 光线跟踪贴图后的效果

8.6 实例应用：不锈钢材质

不锈钢材质有着接近镜面的光亮度，触感硬朗冰冷，属于比较前卫的装饰材料，符合金属时代的酷感审美。由于不锈钢材质具有优异的耐蚀性、成型性、相容性，以及在很宽温度范围内的强韧性等系列特点，所以在重工业、轻工业、生活用品行业，以及建筑装饰等行业中取得了广泛的应用。本例将来介绍一下不锈钢材质的设置，效果如图8.94所示。

01 按Ctrl+O快捷键，在弹出的对话框中打开随书附带光盘中的"不锈钢材质.max"场景文件，并在打开的场景文件中选择【支架】对象，如图8.95所示。

图8.94 不锈钢材质

图8.95 选择【支架】对象

02 按M键弹出【材质编辑器】对话框，选择一个新的材质样本球，将其重命名为【不锈钢材质】，在【明暗器基本参数】卷展栏中将明暗器类型定义为【金属】，在【金属基本参数】卷展栏中将【环境光】的RGB值设置为（0、0、0），将【漫反射】的RGB值设置为（255、255、255），在【反射高光】选项组中将【高光级别】和【光泽度】分别设置为100、86，如图8.96所示。

03 在【贴图】卷展栏中将【反射】后的【数量】设置为70，并单击右侧的【无】按钮，在弹出的【材质/贴图浏览器】对话框中双击【位图】贴图，再在弹出的对话框中打开随书附带光盘中的"Metal01.tif"素材图片，在【坐标】卷展栏中将【瓷砖】下的【U】、【V】设置为0.4、0.1，如图8.97所示。单击【转到父对象】按钮 和【将材质指定给选定对象】按钮 ，将材质指定给【支架】对象，并渲染摄影机视图查看效果，然后将场景文件保存即可。

图8.96 设置金属基本参数

图8.97 设置反射贴图

8.7 实例应用：木纹材质

本例将来介绍一下木纹材质的设置，效果如图8.98所示。

图8.98 木纹材质

01 按Ctrl+O快捷键，在弹出的对话框中打开随书附带光盘中的"木纹材质.max"场景文件，并在打开的场景文件中选择【木纹材质对象】，如图8.99所示。

图8.99 选择【木纹材质对象】

02 按M键弹出【材质编辑器】对话框，选择一个新的材质样本球，将其重命名为【木纹材质】，在【Blinn基本参数】卷展栏中将【自发光】选项组中的【颜色】设置为30，如图8.100所示。

图8.100 设置自发光参数

03 在【贴图】卷展栏中单击【漫反射颜色】右侧的【无】按钮，在弹出的【材质/贴图浏览器】对话框中双击【位图】贴图，再在弹出的对话框中打开随书附带光盘中的"009.jpg"素材图片，在【坐标】卷展栏中使用默认的参数即可，如图8.101所示。单击【转到父对象】按钮和【将材质指定给选定对象】按钮，将材质指定给选定对象，并渲染摄影机视图查看效果，然后将场景文件保存即可。

图8.101 设置漫反射颜色贴图

8.8 实例应用：青铜材质

青铜，是铅、铜和锡的合金，有特殊的重要性和历史意义。早在公元前3000年就已制造出青铜，本例将来介绍一下青铜材质的设置，效果如图8.102所示。

01 按Ctrl+O快捷键，在弹出的对话框中打开随书附带光盘中的"青铜材质.max"场景文件，并在打开的场景文件中选择【青铜器】对象，如图8.103所示。

图8.102 青铜材质

图8.103 选择【青铜器】对象

02 按M键弹出【材质编辑器】对话框，选择一个新的材质样本球，将其重命名为【青铜材质】，在【Blinn基本参数】卷展栏中将【环境光】的RGB值设置为（166、47、15），将【漫反射】的RGB值设置为（51、141、45），将【高光反射】的RGB值设置为（255、242、88），在【自发光】选项组中将【颜色】设置为14，在【反射高光】选项组中将【高光级别】和【光泽度】设置为65、25，如图8.104所示。

03 在【贴图】卷展栏中将【漫反射颜色】后的【数量】设置为75，并单击右侧的【无】按钮，在弹出的【材质/贴图浏览器】对话框中选择【位图】贴图，单击【确定】按钮，如图8.105所示。

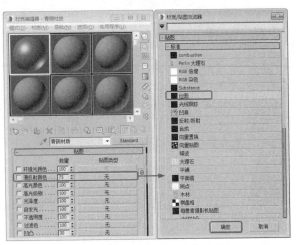

图8.104　设置Blinn基本参数　　　　　　　　图8.105　选择【位图】贴图

04 在弹出的对话框中打开随书附带光盘中的"青铜材质贴图01.jpg"素材图片，在【坐标】卷展栏中使用默认参数即可，如图8.106所示。

05 单击【转到父对象】按钮，在【贴图】卷展栏中单击【凹凸】右侧的【无】按钮，在弹出的【材质/贴图浏览器】对话框中双击【位图】贴图，再在弹出的对话框中打开随书附带光盘中的"青铜材质贴图02.jpg"素材图片，在【坐标】卷展栏中使用默认的参数，如图8.107所示。单击【转到父对象】按钮和【将材质指定给选定对象】按钮，将材质指定给选定对象，并渲染摄影机视图查看效果，然后将场景文件保存即可。

图8.106　添加贴图　　　　　　　　　　　　图8.107　设置凹凸贴图

8.9 实例应用：塑料玩具材质

塑料是重要的有机合成高分子材料，应用非常广泛。本例将来介绍一下塑料玩具材质的设置，效果如图8.108所示。

01 按Ctrl+O快捷键，在弹出的对话框中打开随书附带光盘中的"塑料玩具材质.max"场景文件，如图8.109所示。

02 在菜单栏中选择【自定义】|【首选项】命令，弹出【首选项设置】对话框，选择【Gamma和LUT】选项卡，勾选【启用Gamma/LUT校正】复选框，单击【确定】按钮，如图8.110所示。

03 在场景中选择【玩具桶】对象，按M键弹出【材质编辑器】对话框，选择一个新的材质样本球，单击名称栏左侧的【Standard】按钮，在弹出的【材质/贴图浏览器】对话框中选择【多维/子对象】材质，单击【确定】按钮，如图8.111所示。

图8.108 塑料玩具材质

图8.109 打开的场景文件

图8.110 勾选【启用Gamma/LUT校正】复选框

图8.111 选择【多维/子对象】材质

04 弹出【替换材质】对话框，勾选【将旧材质保存为子材质？】单选按钮，单击【确定】按钮，然后在【多维/子对象基本参数】卷展栏中单击【设置数量】按钮，弹出【设置材质数量】对话框，将【材质数量】设置为3，单击【确定】按钮，如图8.112所示。

05 然后单击ID1右侧的子材质按钮，进入子级材质面板中，在【Blinn基本参数】卷展栏中将【自发光】选项组中的【颜色】设置为70，在【反射高光】选项组中将【高光级别】和【光泽度】分别设置为108、37，如图8.113所示。

图8.112 设置材质数量

图8.113 设置基本参数

06 在【贴图】卷展栏中单击【漫反射颜色】右侧的【无】按钮，在弹出的【材质/贴图浏览器】对话框中双击【位图】贴图，再在弹出的对话框中打开随书附带光盘中的"玩具桶贴图.jpg"素材图片，在【坐标】卷展栏中将【偏移】下的【V】设置为-0.05，将【瓷砖】下的【U】、【V】设置为1.8、1.1，如图8.114所示。

07 单击【转到父对象】按钮，在【贴图】卷展栏中将【反射】后的【数量】设置为20，并单击右侧的【无】按钮，在弹出的【材质/贴图浏览器】对话框中双击【位图】贴图，再在弹出的对话框中打开随书附带光盘中的"003.tif"素材图片，在【坐标】卷展栏中将【模糊】设置为10，如图8.115所示。

图8.114 设置漫反射贴图

图8.115 设置反射贴图

08 单击两次【转到父对象】按钮，返回到父级材质层级中。然后单击ID2右侧的子材质按钮，在弹出的对话框中选择【标准】材质，单击【确定】按钮，如图8.116所示。

09 进入ID2子级材质面板中，在【Blinn基本参数】卷展栏中将【环境光】和【漫反射】的RGB值设置为（61、215、0），在【自发光】选项组中将【颜色】设置为50，在【反射高光】选项组中将【高光级别】和【光泽度】分别设置为108、37，如图8.117所示。

图8.116 选择【标准】材质

图8.117 设置ID2材质

10 使用设置ID1材质的方法，为ID2材质设置反射贴图，单击两次【转到父对象】按钮，返回到父级材质层级中，在弹出的对话框中双击【标准】材质，进入ID3子级材质面板中，在【Blinn基本参数】卷展栏中将【环境光】和【漫反射】的RGB值设置为（255、156、0），在【自发光】选项组中将【颜色】设置为50，在【反射高光】选项组中将【高光级别】和【光泽度】分别设置为108、37，如图8.118所示。使用前面介绍的方法，为ID3材质设置反射贴图，单击两次

【转到父对象】按钮 和【将材质指定给选定对象】按钮 ，将材质指定给选定对象。

11 结合前面介绍的方法，为玩具铲对象设置材质，效果如图8.119所示。

图8.118　设置基本参数

图8.119　为玩具铲对象设置材质

8.10 课后练习

1. 简述【混合材质】的作用。

2. 简述材质的创建步骤。

第9章
灯光与摄影机

灯光和摄影机是3ds Max中最重要的组成部分，模型和材质设置完成后，主要通过灯光和摄影机对模型做最后的完善，本章节将重点介绍灯光和摄影机的基本知识。

灯光基本用途与特点

下面对灯光的基本用途和特点进行简单的介绍。

9.1.1 灯光的基本用途与设置

光线是画面视觉信息与视觉造型的基础，没有光便无法体现物体的形状、质感和颜色。

为当前场景创建平射式的白色照明或使用系统的默认照明设置是一件非常容易的事情，然而，平射式的照明通常对当前场景中对象的特别之处或奇特的效果不会有任何帮助。如果调整场景的照明，使光线同当前的气氛或环境相配合，就可以强化场景的效果，使其更加真实体现在我们的视野中。

当前有非常多的例子可以说明灯光（照明）是如何影响环境与气氛的。诸如晚上一个人被汽车的前灯所照出的影子，当你站在这个人的后面时，这个被灯光所照射的人显得特别神秘；如果你将打开的手电筒放在下巴处向上照射你的脸，那么通过镜子你可以观察到你的样子是那样的狰狞可怕。

另外灯光的颜色也可以对当前场景中的对象产生影响，比如黄色、红色、粉红色等一系列暖色调的颜色可以使画面产生一种温暖的感觉，下面通过图9.1所示进行比较，看看冷色与暖色的不同之处。

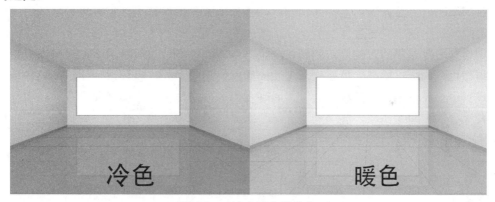

图9.1 冷色与暖色的对比

9.1.2 基本三光源的设置

在3ds Max中进行照明，一般使用三光源照明方案和区域照明方案。

所谓的三光源照明设置从字面上就非常容易让人理解，就是在一个场景中使用3个灯光来对物体产生照明效果。其实如果这样理解的话，并不是完全正确。至于原因，我们先暂且不来讨论，首先我们来了解一下什么是三光源设置。

三光源设置也可以称为三点照明或三角形照明。同上面从字面上所理解的一样，它是使用3个光源来为当前的场景中的对象提供照明。如图9.2所示，在这个场景中，我们所使用的3个光源为【目标聚光灯】和【泛光灯】，这3个灯光分别处于不同的位置，并且它们所起的作用也不相同。根据它们的作用不同，我们又分别称其为主灯、背灯和辅灯。

主光在这整个的场景设置中是最基本但也是最亮最重要的一个光源，它是用来照亮所创建的大部分场景的灯光，并且因为其决定了光线的主要方向，所以在使用中常常被设为在场景中投射阴影的主要光源，由此，对象的阴影也从而产生。如果在设置制作中，你想要当前的对象的阴影小一些，那么可以将灯光的投射器调高一些，反之亦然。

图9.2 三光源的基本设置

　　另外，需要注意的是，作为主灯，在场景中放置这个灯光的最好的位置是物体正面的3/4处（也就是物体正面左边或右边的45度处）最佳。

　　在场景中，在主灯的反方向创建的灯光称为背光。这个照明灯光在设置时可以在当前对象的上方（高于当前场景对象），并且此光源的光照强度要等于或者小于主光。背光的主要作用是在制作中使对象从背景中脱离出来，而更加的突出，从而使得物体显示其轮廓，并且展现场景的深度。

　　最后所要讲的第三光源，也称为辅光源，辅光的主要用途是用来控制场景中最亮的区域和最暗区域间的对比度。应当注意的是，在设置中亮的辅光将产生平均的照明效果，而设置较暗的辅光则增加场景效果的对比度，使场景产生不稳定的感觉。一般情况下，辅光源放置的位置要靠近摄像机，这样以便产生平面光和柔和的照射效果。另外，也可以使用泛光灯作为辅光源应用于场景中，而泛光灯在系统中的设置的基本目的就是作为一个辅光而存在的。在场景中远距离设置大量的不同颜色和低亮度的泛光灯是非常普通和常见的，这些泛光灯混合在模型中，将弥补主灯所照射不到的区域。

　　当你在制作一个小型的或单独的为表现一个物体的场景时，你可以采用上面我们所介绍的三光源设置，但是不要只局限于这3个灯光来对场景或对象进行照明，有必要再添加其他类型的光源，并相应地调整其光照参数，以求制作出精美的效果。

　　有时一个大的场景不能有效地使用三光源照明，那么我们就要使用稍有不同的方法来进行照明，当一个大区域分为几个小区域时，你可以使用区域照明。这样每个小区域都会单独地被照明。可以根据重要性或相似性来选择区域，当一个区域被选择之后，你可以使用基本的三光源照明方法。但是，有时，区域照明并不能产生合适的气氛，这时就需要使用一个自由照明方案。

9.2 建立标准的光源

　　在学习灯光之前，先来认识一下有关灯光的类型与它们之间的不同用途则是非常有必要的。因为只有了解了当前软件中所包含的不同的灯光，以及它们之间所拥有的不同的用途或功能，才能够准确、合理地应用它们。

9.2.1 3ds Max的默认光源

当场景中没有设置光源时，3ds Max提供了一个默认的照明设置，以便有效地观看场景。默认光源为我们的工作提供了充足的照明，但它并不适于最后的渲染结果，如图9.3所示。

默认的光源是放在场景中对角线节点处的两盏泛光灯。假设场景的中心（坐标系的原点），则一盏泛光灯在上前方，另一盏泛光灯在下后方，如图9.4所示。

图9.3 使用默认灯光照明的场景

图9.4 两盏默认灯光在场景中的位置

在3ds Max场景中，默认的灯光数量可以是1，也可以是2，并且可以将默认的灯光添加到当前场景中。当默认灯光被添加到场景中后，便可以同其他光源一样，对它的参数及位置等进行调整。

设置默认灯光的渲染数量并增加默认灯光到场景中，如下所述。

01 在视图左上角单击鼠标右键，选择【配置视口】命令，打开【视口配置】对话框。

> **提示**
>
> 打开【视口配置】对话框还有两种方法：① 选择菜单栏中的【视图】|【视口配置】命令，弹出【视口配置】对话框；② 使用鼠标右键单击【视图控制区】面板中的任何一个按钮，都会直接弹出【视口配置】对话框。

02 在【视觉样式和外观】选项卡中选择【照明和阴影】|【默认灯光】|【1 盏灯】或【2盏灯】命令，然后单击【确定】按钮，如图9.5所示。

图9.5 设置默认灯光的渲染数量

03 选择菜单栏中的【创建】|【灯光】|【标准灯光】|【添加默认灯光到场景】命令，打开【添加默认灯光到场景】对话框，在对话框中可以设置要增加入场景的默认灯光的名称及距离缩放值，单击【确定】按钮，即可在场景中创建两个名为DefaultKeyLight和DefaultFillLight的泛光灯，如图9.6所示。

图9.6　增加默认灯光到场景对话框

　　最后单击【所有视图最大化显示选定对象】按钮 ⊞，将所有视图以最大化的方式显示，此时设置的默认光源显示在场景中。

> **提示**
>
> 　　当我们第一次在场景中添加光源时，3ds Max关闭默认的光源，这样就可以看到我们所建立的灯光的效果。只要场景中有灯光存在，无论它们是打开的，还是关闭的，默认的光源将一起被关闭。当场景中所有的灯光都被删除时，默认的光源将自动恢复。

9.2.2　自然光、人造光和环境光

（1）自然光

　　自然光也就是阳光，它是来自单一光源的平行光线，照明方向和角度会随着时间、季节等因素的变化而改变。晴天时阳光的色彩为淡黄色（R:250、G:255、B:175）；而多云时为蓝色；阴雨天时为暗灰色，大气中的颗粒会将阳光呈现为橙色或褐色；日出或落日时的阳光为红或橙色。天空越晴朗，物体产生的阴影越清晰，阳光照射中的立体效果越突出。

　　3ds Max提供了多种模拟阳光的方式，在标准灯光中无论是【目标平行光】还是【自由平行光】，一盏就足以作为日照场景的光源。图9.7所示的效果就是模拟晴天时的阳光照射。将平行光源的颜色设置为白色，亮度降低，还可以用来模仿月光效果。

（2）人造光

　　人造光，无论是室内还是室外效果，都会使用多盏灯光，如图9.8所示。人造光首先要明确场景中的主题，然后单独为一个主题设置一盏明亮的灯光，称为"主灯光"，将其置于主题的前方稍稍偏上。除了"主灯光"以外，还需要设置一盏或多盏灯光用来照亮背景和主题的侧面，称为"辅助灯光"，亮度要低于"主灯光"。这些"主灯光"和"辅助灯光"不但能够强调场景的主题，同时还加强了场景的立体效果。用户还可为场景的次要主题添加照明灯光，舞台术语称为"附加灯"，亮度通常高于"辅助灯光"，低于"主灯光"。在Max中，【目标

聚光灯】通常是最好的"主灯光",【泛光灯】适合作"辅助灯光",【环境光】则是另一种补充照明光源。

通过【光度学】灯光,基于灯光的色温、能量值及分布位置,就能够产生良好的效果。

图9.7 自然光的效果

图9.8 人造光的效果

(3) 环境光

环境光是照亮整个场景的常规光线。这种光具有均匀的强度,并且属于均质漫反射,它不具有可辨别的光源和方向。

默认情况下,场景中没有环境光,如果在带有默认环境光设置的模型上检查最黑色的阴影,无法辨别出曲面,因为它没有任何灯光照亮。场景中的阴影不会比环境光的颜色暗,这就是通常要将环境光设置为黑色(默认色)的原因,如图9.9所示。

图9.9 工程环境光的不同方式

设置默认环境光颜色的方法有以下两种。

方法一:选择【渲染】|【环境】命令,在打开的【环境和效果】对话框中可以设置环境光的颜色,如图9.10所示。

图9.10 【环境和效果】对话框

方法二:选择【自定义】|【首选项】命令,在打开的【首选项设置】对话框中选择【渲染】选项卡,然后在【默认环境光颜色】选项组中的色块中设置环境光的颜色,如图9.11所示。

图9.11 【首选项设置】对话框

9.2.3 标准的照明类型

在3ds Max中进行照明,一般使用标准的照明也就是三光源照明方案和区域照明方案。所谓的标准照明就是在一个场景中使用一个主要的灯和两个次要的灯,主要的灯用来照亮场景，次要的灯光用来照亮局部，这是一种传统的照明方法。

场景中最好以【目标聚光灯】作为"主光灯"，一般使聚光灯与视平角为30°～45°，与摄影机的夹角为30°～45°，将其投向主物体，一般光照强度较大，能把主物体从背景中充分地凸现出来，通常将其设置为投射阴影。

在场景中，在主灯的反方向创建的灯光称为背光。这个照明灯光在设置时可以在当前对象的上方（高于当前场景对象），并且此光源的光照强度要等于或者小于主光。背光的主要作用是在制作中使对象从背景中脱离出来，从而使得物体显示其轮廓，并且展现场景的深度。

最后要讲的是辅光源，辅光的主要用途是用来控制场景中最亮的区域和最暗区域间的对比度。应当注意的是，设置中亮的辅光将产生平均的照明效果，而设置较暗的辅光则增加场景效果的对比度，使场景产生不稳定的感觉。一般情况下，辅光源放置的位置要靠近摄影机，这样以便产生平面光和柔和的照射效果。另外，也可以使用泛光灯作为辅光源应用于场景中，而泛光灯在系统中设置的基本目的就是作为一个辅光而存在的。在场景中远距离设置大量的不同颜色和低亮度的泛光灯是非常常见的，这些泛光灯混合在模型中，将弥补主灯所照射不到的区域。

图9.12所示的场景显示的就是标准的照明方式。渲染后的效果如图9.13所示。

图9.12　标准照明的灯光设置

图9.13　标准照明效果

9.2.4　阴影

阴影是对象后面灯光变暗的区域。3ds Max支持几种类型的阴影，包括区域阴影、阴影贴图和光线跟踪阴影等。

区域阴影基于投射光的区域创建阴影，不需要太多的内存，但是支持透明对象。

阴影贴图实际上是位图，由渲染器产生并与完成的场景组合产生图像。这些贴图可以有不同的分辨率，但是较高的分辨率则会要求有更多的内存。阴影贴图通常能够创建出更真实、更柔和的阴影，但是不支持透明度。

3ds Max按照每个光线照射场景的路径来计算光线跟踪阴影。该过程会耗费大量的处理周期，但是能产生非常精确且边缘清晰的阴影。使用光线跟踪可以为对象创建出阴影贴图所无法创建的阴影，例如透明的玻璃。阴影类型下拉列表中还包括了一个高级光线跟踪阴影选项。另外，还有一个选项是Ray阴影。

图9.14所示使用了不同阴影类型渲染的图像，其中包括高级光线跟踪阴影、mental ray阴影、区域阴影、阴影贴图和光线跟踪阴影。

图9.14 不同的阴影类型效果

9.3 了解灯光类型

在3ds Max中许多内置灯光类型几乎可以模拟自然界中的每一种光，同时也可以创建仅存于计算机图形学中的虚拟现实的光。3ds Max包括8种不同的基本灯光对象，即【目标聚光灯】、【自由聚光灯】、【目标平行光】、【自由平行光】、【泛光灯】和【天光】等，它们在三维场景中都可以设置、放置以及移动。并且这些光源包含了一般光源的控制参数，而且这些参数决定了光照在环境中所起的作用。

9.3.1 聚光灯

聚光灯包括【目标聚光灯】、【自由聚光灯】和【mr Area Spot】3种，下面将对这3种灯光进行详细的介绍。

（1）目标聚光灯

【目标聚光灯】产生锥形的照射区域，在照射区以外的物体不受灯光影响。创建目标聚光灯后，有投射点和目标点可以调节，它是一个有方向的光源，是可以独立移动的目标点投射光，可以产生优质静态仿真效果。它有矩形和圆形两种投影区域，矩形适合制作电影投影图像及窗户投影等；圆形适合制作路灯、车灯、台灯、舞台跟踪灯等灯光照射，如果作为体积光源，它能产生一个锥形的光柱，如图9.15所示。

图9.15 目标聚光灯场景

（2）**自由聚光灯**

【自由聚光灯】产生锥形照射区域，它是一种受限制的目标聚光灯，因为只能控制它的整个图标，而无法在视图中分别对发射点和目标点调节。它的优点是不会在视图中改变投射范围，特别适合一些动画的灯光，例如摇晃的船桅灯、晃动的手电筒、舞台上的投射灯等。

（3）mr Area Spot

【mr Area Spot】在使用Mental ray渲染器进行渲染时，可以从矩形或圆形区域发射光线，产生柔和的照明和阴影。而在使用Max默认扫描线渲染器时，其效果等同于标准的聚光灯。

9.3.2　泛光灯

泛光灯包括【泛光灯】和【mr 区域泛光灯】两种类型，下面将分别对它们进行介绍。

（1）**泛光灯**

【泛光灯】向四周发散光线，标准的泛光灯用来照亮场景，它的优点是易于建立和调节，不用考虑是否有对象在范围外而不被照射；缺点就是不能创建太多，否则显得无层次感。泛光灯用于将【辅助照明】添加到场景中，或模拟点光源。

【泛光灯】可以投射阴影和投影，单个投射阴影的泛光灯等同于6盏聚光灯的效果，从中心指向外侧。另外泛光灯常用来模拟灯泡、台灯等光源对象。如图9.16所示，在场景中创建了一盏泛光灯，它可以产生明暗关系的对比，渲染后的效果如图9.17所示。

图9.16　泛光灯场景

图9.17　泛光灯效果

（2）**Mr区域泛光灯**

当使用Mental ray渲染器渲染场景时，区域泛光灯从球体或圆柱体体积发射光线，而不是从点源发射光线。使用默认的扫描线渲染器，区域泛光灯像其他标准的泛光灯一样发射光线。

【区域灯光参数】卷展栏如图9.18所示。

图9.18　【区域灯光参数】卷展栏

★ 启用：用于开关【区域泛光灯】。

★ 在渲染器中显示图标：勾选该复选框，当使用Mental ray渲染器进行渲染时，区域泛光灯将按照其形状和尺寸设置在渲染图片中，并显示为白色。

★ 类型：可以在下拉列表中选择区域泛光灯的形状，可以是【球体】或者【圆柱体】形状。

★ 半径：设置球体或圆柱体的半径。

★ 高度：仅当区域灯光类型为【圆柱体】时可用，设置圆柱体的高。

★ 采样：设置区域泛光灯的采样质量，可以分别设置U和V的采样数。越高的值，照明和阴影效果越真实细腻，当然渲染时间也会增加。对于球形灯光，U值表示沿半径方向的采样值，V值表示沿角度采样值；对于圆柱形灯光，U值表示沿高度采样值，V值表示沿角度采样值。

9.3.3　平行光

【平行光】包括【目标平行光】和【自由平行光】两种。

（1）目标平行光

【目标平行光】产生单方向的平行照射区域，它与目标聚光灯的区别是照射区域呈圆柱形或矩形，而不是【锥形】。平行光主要用于模拟阳光的照射，对于户外场景尤为适用。如果作为体积光源，可以产生一个光柱，常用来模拟探照灯、激光光束等特殊效果。创建【目标平行光】的场景如图9.19所示，渲染后的效果如图9.20所示。

图9.19　目标平行光场景

图9.20　目标平行光效果图

只有当平行光处于场景几何体边界盒之外，且指向下方的时候，才支持【光能传递】解算。

（2）自由平行光

【自由平行光】产生平行的照射区域。它其实是一种受限制的目标平行光，在视图中，它的投射点和目标点不可分别调节，只能进行整体移动或旋转，这样可以保证照射范围不发生改变。如果对灯光的范围有固定要求，尤其是在灯光的动画中，这是一个非常好的选择。

9.3.4　天光

【天光】能够模拟日光照射效果。在Max中有好几种模拟日光照射效果的方法，但如果配合【照明追踪】渲染方式的话，【天光】往往能产生最生动的效果，如图9.21所示。【天光参数】卷展栏如图9.22所示。

图9.21　天光与光跟踪渲染的模型

图9.22　【天光参数】卷展栏

提示

使用Mental ray渲染器渲染时，天光照明的对象显示为黑色，除非启用最终聚集。

★ 启用：用于开关天光对象。

★ 倍增：指定正数或负数量来增减灯光的能量，例如输入2，表示灯光亮度增强2倍。使用这个参数提高场景亮度时，有可能会引起颜色过亮，还可能产生视频输出中不可用的颜色，所以除非是制作特定案例或特殊效果，否则选择1。

★ 【天空颜色】选项组：天空被模拟成一个圆屋顶的样子覆盖在场景上，如图9.23所示。用户可以在这里指定天空的颜色或贴图。

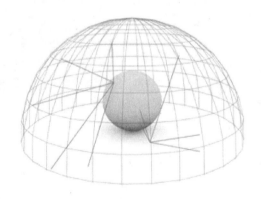

图9.23　建立天光模型作为场景上方的圆屋顶

● 使用场景环境：使用【环境和效果】对话框设置颜色为灯光颜色，只在【照明追踪】方式下才有效。

● 天空颜色：单击右侧的色块显示颜色选择器，从中调节天空的色彩。

● 贴图：通过指定贴图影响天空颜色。左侧的复选框用于设置是否使用贴图，下方的空白按钮用于指定贴图，右侧的文本框用于控制贴图的使用程度（低于100%时，贴图会与天空颜色进行混合）。

★ 【渲染】选项组：用来定义天光的渲染属性，只有在使用默认扫描线渲染器，并且不使用高级照明渲染引擎时，该组参数才有效。

- 投射阴影：勾选该复选框使用天光可以投射阴影。
- 每采样光线数：设置在场景中每个采样点上天光的光线数。较高的值使天光效果比较细腻，并有利于减少动画画面的闪烁，但较高的值会增加渲染时间。
- 光线偏移：定义对象上某一点的投影与该点的最短距离。

9.4 灯光的共同参数卷展栏

在3ds Max中，除了【天光】之外，所有不同的灯光对象都共享一套控制参数，它们控制着灯光的最基本特征，包括【常规参数】、【强度/颜色/衰减】、【高级效果】、【阴影参数】、【阴影贴图参数】和【大气和效果】等卷展栏。

9.4.1 【常规参数】卷展栏

【常规参数】卷展栏主要控制对灯光的开启与关闭、排除或包含，以及阴影方式。在【修改】命令面板中，【常规参数】还可以用于控制灯光目标物体，改变灯光类型，【常规参数】卷展栏如图9.24所示。

图9.24 【常规参数】卷展栏

★ 【灯光类型】选项组
- 启用：用来启用和禁用灯光。当【启用】选项处于启用状态时，使用灯光着色和渲染以照亮场景。当【启用】选项处于禁用状态时，进行着色或渲染时不使用该灯光。默认设置为【启用】。
- 泛光：可以对当前灯光的类型进行改变，如果当前选择的是【泛光灯】，可以在【聚光灯】、【平行灯】和【泛光灯】之间进行转换。
- 目标：勾选该复选框，灯光将成为目标。灯光与其目标之间的距离显示在复选框的右侧。对于自由灯光，可以设置该值。对于目标灯光，可以通过禁用该复选框或移动灯光或灯光的目标对象对其进行更改。

★ 【阴影】选项组
- 启用：开启或关闭场景中的阴影使用。
- 使用全局设置：勾选该复选框，将会把下面的阴影参数应用到场景中的投影灯上。
- 阴影贴图：决定当前灯光使用哪种阴影方式进行渲染，其中包括【高级光线跟踪】、【Mental ray阴影贴图】、【区域阴影】、【阴影贴图】和【光线跟踪阴影】5种。
- 排除：单击该按钮，在打开的【排除/包含】对话框中，设置场景中的对象不受当前灯光的影响，如图9.25所示。

如果要设置个别物体不产生或不接受阴影，可以选择物体，单击鼠标右键，在弹出的快捷菜单中选择【对象属性】命令，在弹出的【对象属性】对话框中取消【接收阴影】或【投影阴影】复选框的勾选，如图9.26所示。

图9.25 【排除/包含】对话框

图9.26 设置不接受阴影

9.4.2 【强度/颜色/衰减】卷展栏

【强度/颜色/衰减】卷展栏是标准的附加参数卷展栏，如图9.27所示。它主要对灯光的颜色、强度及灯光的衰减进行设置。

★ 倍增：对灯光的照射强度进行控制，标准值为1，如果设置为2，则照射强度会增加1倍。如果设置为负值，将会产生吸收光的效果。通过这个选项增加场景的亮度可能会造成场景曝光，还会产生视频无法接受的颜色，所以除非是特殊效果或特殊情况，否则应尽量设置为1。

★ 色块：用于设置灯光的颜色。

★ 【衰退】选项组：用来降低远处灯光的照射强度。

● 类型：在其右侧有3个衰减选项。

◆ 无：不产生衰减。

◆ 倒数：以倒数方式计算衰减，计算公式为L【亮度】=RO/R，RO为使用灯光衰减的光源半径或使用了衰减时的近距结束值，R为照射距离。

◆ 平方反比：计算公式为L【亮度】=（RO/R）2，这是真实世界中的灯光衰减，也是光度学灯光的衰减公式。

● 开始：该选项定义了灯光不发生衰减的范围。

● 显示：显示灯光进行衰减的范围。

★ 【近距衰减】选项组

● 使用：决定被选择的灯光是否使用它被指定的衰减范围。

● 开始：设置灯光开始淡入的位置。

● 显示：如果勾选该复选框，在灯光的周围会出现表示灯光衰减开始和结束的圆圈，如图9.28所示。

图9.27 【强度/颜色/衰减】卷展栏

图9.28 勾选【显示】复选框

● 结束：设置灯光衰减结束的地方，也就是灯光停止照明的距离。在【开始】和【结束】之间灯光按线性衰减。

★ 【远距衰减】选项组

● 使用：决定灯光是否使用它被指定的衰减范围。

● 开始：该选项定义了灯光不发生衰减的范围，只有在比【开始】更远的照射范围灯光才开始发生衰减。

● 显示：勾选该复选框会出现表示灯光衰减开始和结束的圆圈。

● 结束：设置灯光衰减结束的地方，也就是灯光停止照明的距离。

9.4.3 【高级效果】卷展栏

【高级效果】卷展栏提供了灯光影响曲面方式的控件，也包括很多微调和投影灯的设置，卷展栏如图9.29所示。各项参数功能如下。

可以通过选择要投射灯光的贴图，使灯光对象成为一个投影。投射的贴图可以是静止的图像或动画，如图9.30所示。

图9.29 【高级效果】卷展栏

图9.30 使用灯光投影

★ 【影响曲面】选项组

● 对比度：光源照射在物体上，会在物体的表面形成高光区、过渡区、阴影区和反光区。

● 柔化漫反射边：柔化过渡区与阴影表面之间的边缘，避免产生清晰的明暗分界。

● 漫反射：漫反射区就是从对象表面的亮部到暗部的过渡区域。默认状态下，此选项处于选取状态，这样光线才会对物体表面的漫反射产生影响。如果此项没有被选取，则灯光不会影响漫反射区域。

● 高光反射：也就是高光区，是光源在对象表面上产生的光点。此选项用来控制灯光是否影响对象的高光区域。默认状态下，此选项为选取状态。如果取消对该选项的选择，灯光将不影响对象的高光区域。

● 仅环境光：勾选该复选框，照射对象将反射环境光的颜色。默认状态下，该选项为非选取状态。

图9.31所示是【漫反射】、【高光反射】和【仅环境光】3种渲染效果。

图9.31 3种表现方式的渲染效果

★ 【投影贴图】选项组

● 贴图：勾选该复选框，可以通过右侧的【无】按钮为灯光指定一个投影图形，它可以像投影机一样将图形投影到照射的对象表面。当使用一个黑白位图进行投影时，黑色将光线完会挡住，白色对光线没有影响。

9.4.4 【阴影参数】卷展栏

【阴影参数】卷展栏中的参数用于控制阴影的颜色、浓度，以及是否使用贴图来代替颜色作为阴影，如图9.32所示。

图9.32 【阴影参数】卷展栏

其各项目的功能说明如下所述。

★ 【对象阴影】选项组

● 颜色：用于设置阴影的颜色。

● 密度：设置较大的数值产生一个粗糙、有明显的锯齿状边缘的阴影；相反阴影的边缘会变得比较平滑。图9.33所示为不同的数值所产生的阴影效果。

● 贴图：勾选该复选框可以对对象的阴影投射图像，但不影响阴影以外的区域。在处理透明对象的阴影时，可以将透明对象的贴图作为投射图像投影到阴影中，以创建更多的细节，使阴影更真实。

密度为0.8　　　　密度为5　　　　密度为10

图9.33　设置不同的【密度】值效果

- 灯光影响阴影颜色：启用此选项后，将灯光颜色与阴影颜色（如果阴影已设置贴图）混合起来，默认设置为禁用状态。图9.34所示为设置阴影颜色。

★ 【大气阴影】选项组：用于控制允许大气效果投射阴影，如图9.35所示。

- 启用：如果勾选该复选框，当灯光穿过大气时，大气投射阴影。
- 不透明度：调节大气阴影的不透明度的百分比数值。
- 颜色量：调整大气的颜色和阴影混合的百分比数值。

图9.34　灯光影响阴影颜色

图9.35　大气阴影

9.5 摄影机

　　　摄影机好比人的眼睛，创建场景对象、布置灯光、调整材质所创作的效果图都要通过这双眼睛来观察，摄影机通常是场景中不可缺少的组成单位，最后完成的静态、动态图像都要在摄影机视图中表现，如图9.36所示。Max中的摄影机拥有超过现实摄影机的能力，更换镜头瞬间完成，无级变焦更是真实摄影机无法比拟的。

图9.36　摄影机表现效果

在【创建】命令面板中单击【摄影机】![按钮]按钮，可以看到【目标】摄影机和【自由】摄影机两种类型。在使用过程中，它们各自都存在优缺点。

【目标】摄影机包含两个对象：摄影机和摄影机目标。摄影机表示观察点，目标指的是你的视点。你可以独立地变换摄影机和它的目标，但摄影机被限制为一直对着目标。对于一般的摄像工作，目标摄影机是你理想的选择。摄影机和摄影机目标的可变换功能对设置和移动摄影机视野具有最大的灵活性。

【自由】摄影机只包括摄影机这个对象。由于自由摄影没有目标，它将沿它自己的局部坐标系Z轴负方向的任意一段距离定义为它们的视点。因为自由摄影机没有对准的目标，所以比目标摄影机更难于设置和瞄准；自由摄影机在方向上不分上下，这正是自由摄影机的优点所在。自由摄影机不像目标摄影机那样因为要维持向上矢量，而受旋转约束因素的限制。自由摄影机最适于复杂的动画，在这些动画中，自由摄影机被用来飞越有许多侧向摆动和垂直定向的场景。因为自由摄影机没有目标，它更容易沿着一条路径设置动画。

▌9.5.1 认识摄影机

单击【创建】![图标]|【摄影机】![图标]按钮，进入【摄影机】面板，可以看到【目标】和【自由】两种类型的摄影机，如图9.37所示。

图9.37 【摄影机】面板

★ 目标：用于查看目标对象周围的区域。它有摄影机、目标点两部分，可以很容易地单独进行控制调整，如图9.38所示。

★ 自由：用于查看注视摄影机方向的区域。它没有目标点，不能单独进行调整，如图9.39所示，它可以用来制作室内外装潢的环游动画。

图9.38 目标摄影机

图9.39 自由摄影机

9.5.2 摄影机对象的命名

当我们在视图中创建多个摄影机时，系统会以【Camera001】、【Camera002】等名称自动为摄影机命名。在制作一个大型场景时，如一个大型建筑效果图或复杂动画的表现时，随着场景变得越来越复杂，要记住哪一个摄影机聚焦于哪一个镜头也变得越来越困难，这时如果按照其表现的角度或方位进行命名，如【Camera正视】、【Camera左视】、【Camera鸟瞰】等，在进行视图切换的过程中会减少失误，从而提高工作效率。

9.5.3 摄影机视图的切换

【摄影机】视图就是被选中的摄影机的视图。在一个场景中创造若干个摄影机，激活任意一个视图，在视图标签上单击鼠标右键，从弹出的对话框中选择【摄影机】列表下的任一摄影机，如图9.40所示。这样该视图就变成当前【摄影机】视图。

在一个多摄影机场景中，如果其中的一个摄影机被选中，那么按下键盘上的C键，该摄影机会自动被选中，不会出现【选择摄影机】对话框；如果没有选择的摄影机，【选择摄影机】对话框将会出现，如图9.41所示。

图9.40 从视图菜单中选择摄影机

图9.41 【选择摄影机】对话框

9.6 摄影机共同的参数

两种摄影机的绝大部分参数设置是相同的，【参数】卷展栏如图9.42所示。下面将对它们进行介绍。

图9.42 【参数】卷展栏

9.6.1 【参数】卷展栏

★ 镜头：以毫米为单位设置摄影机的焦距。使用【镜头】微调器来指定焦距值，而不是指定在【备用镜头】组框中按钮上的预设【备用】值。

> **提示**
>
> 　　更改【渲染设置】对话框上的【光圈宽度】值也会更改镜头微调器字段的值。这样并不通过摄影机更改视图，但将更改【镜头】值和FOV值之间的关系，也将更改摄影机锥形光线的纵横比。

★ FOV方向弹出按钮
  ● 水平 ↔：水平应用视野。这是设置和测量FOV的标准方法。
  ● 垂直 ↕：垂直应用视野。
  ● 对角线 ↗：在对角线上应用视野，从视口的一角到另一角。

★ 视野：决定摄影机查看区域的宽度（视野）。当【视野方向】为水平（默认设置）时，视野参数直接设置摄影机的地平线的弧形，以度为单位进行测量。也可以设置【视野方向】来垂直或沿对角线测量FOV。

★ 正交投影：勾选该复选框，摄影机视图就好像【用户】视图一样，取消对该复选框勾选，摄影机视图就像是【透视】视图一样。

★ 【备用镜头】选项组：使用该选项组中提供的预设值设置摄影机的焦距（以毫米为单位）。

★ 类型：用于改变摄影机的类型。

★ 显示圆锥体：显示摄影机视野定义的锥形光线（实际上是一个四棱锥）。锥形光线出现在其他视口，但不出现在摄影机视口中。

★ 显示地平线：显示地平线。在摄影机视口中的地平线层级显示一条深灰色的线条。

★ 【环境范围】选项组
  ● 显示：以线框的形式显示环境存在的范围。
  ● 近距范围：设置环境影响的近距距离。
  ● 远距范围：设置环境影响的远距距离。

★ 【剪切平面】选项组
  ● 手动剪切：勾选该复选框可以定义剪切平面。
  ● 近距剪切、远距剪切：分别用来设置近距剪切平面与远距离平面的距离，剪切平面能去除场景几何体的某个断面，能看到几何体的内部。如果想产生楼房、车辆、人等的剖面图或带切口的视图时，可以使用该选项。要设置剪切平面，请执行以下操作。
    ◆ 启用【手动剪切】选项。
    ◆ 当禁用【手动剪切】时，摄影机将忽略近距和远距剪切平面的位置，并且其控件不可用。摄影机渲染视野之内的所有几何体。
    ◆ 设置【近距剪切】值以定位近距剪切平面。
    ◆ 对于摄影机来说，与摄影机的距离比"近"距更近的对象不可见，并且不进行渲染。
    ◆ 设置【远距剪切】值以定位远距剪切平面。
    ◆ 对于摄影机来说，与摄影机的距离比"远"距更远的对象不可见，并且不进行渲染。
    ◆ 可以设置靠近摄影机的"近"端剪切平面，以便它不排除任何几何体，并仍然使用"远"平面来排除对象。同样，可以设置距离摄影机足够远的"远端"剪切平面，以便它不排除任何几何体，并仍然使用"近"平面来排除对象。

◆ 【近端】值应小于【远端】值。

◆ 如果剪切平面与一个对象相交，则该平面将穿过该对象，并创建剖面视图。

★ 【多过程效果】选项组

● 启用：勾选该复选框后，用于效果的预览或渲染。取消勾选该复选框后，不渲染该效果。

● 预览：单击该按钮后，能够在激活的摄影机视图预览景深或运动模糊效果。

● 渲染每过程效果：勾选该复选框后，如果指定任何一个，则将渲染效果应用于多重过滤效果的每个过程（景深或运动模糊）。取消勾选该复选框后，将在生成多重过滤效果的通道之后只应用渲染效果。默认设置为禁用状态。

● 目标距离：使用自由摄影机，将点设置为用作不可见的目标，以便可以围绕该点旋转摄影机。使用目标摄影机，表示摄影机和其目标之间的距离。

9.6.2 【景深参数】卷展栏

当在【多过程效果】选项组中选择了【景深】效果后，会出现相应的景深参数，如图9.43所示。

图9.43 【景深参数】卷展栏

★ 【焦点深度】选项组

● 使用目标距离：勾选该复选框，以摄影机目标距离作为摄影机进行偏移的位置，取消勾选该复选框，以【焦点深度】的值进行摄影机偏移。

● 焦点深度：当【使用目标距离】处于禁用状态时，设置距离偏移摄影机的深度。范围为0~100，其中0为摄影机的位置，并且100是极限距离。默认设置为100。

★ 【采样】选项组

● 显示过程：勾选该复选框后，渲染帧窗口显示多个渲染通道。取消勾选该复选框后，该帧窗口只显示最终结果。此控件对于在摄影机视口中预览景深无效，默认设置为启用。

● 使用初始位置：勾选该复选框后，在摄影机的初始位置渲染第一个过程；取消勾选该复选框后，第一个渲染过程像随后的过程一样进行偏移，默认为勾选。

● 过程总数：用于生成效果的过程数。增加此值可以增加效果的精确性，但会增加渲染时间，默认设置为12。

● 采样半径：通过移动场景生成模糊的半径。增加该值将增加整体模糊效果。减小该值将减少模糊，默认设置为1。

● 采样偏移：设置模糊靠近或远离【采样半径】的权重值。增加该值，将增加景深模糊的数量级，提供更均匀的效果。减小该值，将减小数量级，提供更随机的效果，偏移的范围可以从0~1，默认设置为0.5。

★ 【过程混合】选项组

● 规格化权重：使用随机权重混合的过程可以避免出现例如条纹这些人工效果。当勾选【规格化权重】复选框后，将权重规格化，会获得较平滑的结果。当取消勾选复选框后，效果会变得清晰一些，但通常颗粒状效果更明显，默认设置为启用。

● 抖动强度：控制应用于渲染通道的抖动程度。增加此值会增加抖动量，并且生成颗粒状效果，尤其在对象的边缘上，默认值为0.4。

● 平铺大小：设置抖动时图案的大小。此值是一个百分比，0是最小的平铺，100是最大的平铺，默认设置为32。

★ 【扫描线渲染器参数】选项组

● 禁用过滤：勾选该复选框后，禁用过滤过程，默认设置为禁用状态。

● 禁用抗锯齿：勾选该复选框后，禁用抗锯齿，默认设置为禁用状态。

9.7 放置摄影机

摄影机的基本知识掌握后，下面介绍如何放置摄影机，首先选择合适的摄影机及【镜头】，激活【摄影机】视图，在不同的视口中进行调整。

9.7.1 使用摄影机视图导航控制

对于【摄影机】视图，系统在视图控制区提供了专门的导航工具，用来控制摄影机视图的各种属性。如图9.44所示。使用摄影机导航控制可以为你提供许多控制功能和灵活性。

图9.44 摄影机视图导航工具

摄影机导航工具的功能说明如下所述。

★ 【推拉摄影机】按钮：沿视线移动摄影机的出发点，保持出发点与目标点之间连线的方向不变，使出发点在此线上滑动，这种方式不改变目标点的位置，只改变出发点的位置。

★ 【推拉目标】按钮：沿视线移动摄影机的目标点，保持出发点与目标点之间连线的方向不变，使目标点在此线上滑动，这种方式不会改变摄影机视图中的影像效果，但有可能使摄影机反向。

★ 【推拉摄影机+目标】按钮：沿视线同时移动摄影机的目标点与出发点，这种方式产生的效果与【推拉摄影机】相同，只是保证了摄影机本身形态不发生改变。

★ 【透视】按钮：以推拉出发点的方式来改变摄影机的【视野】镜头值，配合Ctrl键可以增加变化的幅度。

★ 【侧滚摄影机】按钮：沿着垂直与视平面的方向旋转摄影机的角度。

★ 【视野】按钮：固定摄影机的目标点与出发点，通过改变视野取景的大小来改变FOV镜头值，这是一种调节镜头效果的好方法，起到的效果其实与Perspective（透视）+Dolly Camera（推拉摄影机）相同。

★ 【平移摄影机】按钮：在平行与视平面的方向上同时平移摄影机的目标点与出发点，配合Ctrl键可以加速平移变化，配合Shift键可以锁定在垂直或水平方向上平移。

★ 【环游摄影机】按钮：固定摄影机的目标点，使出发点转着它进行旋转观测，配合Shift键可以锁定在单方向上的旋转。

★ 【摇移摄影机】按钮：固定摄影机的出发点，使目标点进行旋转观测，配合Shift键可以锁定在单方向上的旋转。

▌9.7.2 变换摄影机

在3ds Max中所有作用于对象（包括几何体、灯光、摄影机等）的位置、角度、比例的改变都被称为变换。摄影机及其目标的变换与场景中其他对象的变换非常相像。正如前面所提到的，许多摄影机视图导航命令能用在其局部坐标中变换摄影机来代替。

虽然摄影机导航工具能很好地变换摄影机参数，但对于摄影机的全局定位来说，一般使用标准的变换工具更合适一些。锁定轴向后，也可以像摄影机导航工具那样使用标准变换工具。摄影机导航工具与标准摄影机变换工具最主要的区别是，标准变换工具可以同时在两个轴上变换摄影机，而摄影机导航工具只允许沿一个轴进行变换。

> **提示**
>
> 在变换摄影机时不要缩放摄影机，缩放摄影机会使摄影机基本参数显示错误值。目标摄影机只能绕其局部Z轴旋转。绕其局部坐标X或Y轴旋转没有效果。自由摄影机不像目标摄影机那样受旋转限制。

9.8 实例应用：为车轮创建灯光与摄影机

本案例将介绍人如何为车轮添加灯光与摄影机，效果如图9.45所示，其具体操作步骤如下所述。

图9.45 车轮

01 按Ctrl+O快捷键，在弹出的对话框中打开随书附带光盘中的"车轮.max"场景文件，如图9.46所示。

02 选择【创建】 ⚹ |【摄影机】 🎥 |【目标】工具，在【顶】视图中创建一架摄影机，在【参数】卷展栏中将【镜头】设置为28.971，如图9.47所示。

03 激活【透视】视图，按C键将其转换为摄影机视图，在其他视图中调整摄影机的位置，效果如图9.48所示。

04 选择【创建】 ⚹ |【灯光】 ☝ |【标准】|【泛光】工具，在【顶】视图中创建一盏泛光，在【强度/颜色/衰减】卷展栏中将【倍增】设置为0.8，如图9.49所示。

05 设置完成后，使用【选择并移动】工具在视图中调整泛光灯的位置，如图9.50所示。

06 选择【创建】 ⚹ |【灯光】 ☝ |【标准】|【目标聚光灯】工具，在【顶】视图中创建一盏目标聚

光灯，在【常规参数】卷展栏中勾选【阴影】选项组中的【启用】复选框，在【聚光灯参数】卷展栏中将【聚光区/光束】、【衰减区/区域】设置为0.5、30，在【阴影参数】卷展栏中将阴影颜色的RGB值设置为（163、163、163），如图9.51所示。

图9.46 打开的场景文件

图9.47 创建摄影机

图9.48 调整摄影机的位置

图9.49 创建泛光灯

图9.50 调整泛光灯的位置

图9.51 创建目标聚光灯并调整其参数

07 设置完成后，使用【选择并移动】工具在视图中调整目标聚光灯的位置，如图9.52所示。

08 激活摄影机视图，按F9键进行渲染，效果如图9.53所示。

图9.52 调整目标聚光灯的位置

图9.53 添加灯光与摄影机后的效果

9.9 拓展训练：射灯效果

射灯是典型的无主灯、无定规模的现代流派照明，能营造室内照明气氛，若将一排小射灯组合起来，光线能变幻奇妙的图案。本例将来介绍一下使用【目标聚光灯】和【体积光】来模拟射灯照射的效果，如图9.54所示。

01 按Ctrl+O快捷键，在弹出的对话框中打开随书附带光盘中的"射灯效果.max"场景文件，如图9.55所示。

图9.54 射灯效果

图9.55 打开的场景文件

02 选择【创建】|【灯光】|【标准】|【目标聚光灯】工具，在【顶】视图中创建一盏目标聚光灯，切换到【修改】命令面板，在【聚光灯参数】卷展栏中将【聚光区/光束】和【衰减区/区域】分别设置为0.5、50，在【强度/颜色/衰减】卷展栏中单击【倍增】右侧的色块，在弹出的对话框中将RGB值设置为（255、255、245），勾选【远距衰减】选项组中的【使用】复选框，将【开始】设置为80，将【结束】设置为500，然后在其他视图中调整其位置，效果如图9.56所示。

03 按8键弹出【环境和效果】对话框，选择【环境】选项卡，在【大气】卷展栏中单击【添加】按钮，在弹出的【添加大气效果】对话框中选择【体积光】选项，单击【确定】按钮，如图9.57所示。

图9.56　创建目标聚光灯并设置参数　　　　　　　图9.57　添加【体积光】

04 在【体积光参数】卷展栏中单击【拾取灯光】按钮，然后在【顶】视图中单击选择目标聚光灯，即可将其拾取，如图9.58所示。

05 在【体积】选项组中将【雾颜色】的RGB值设置为（255、255、245），将【衰减颜色】的RGB值设置为（255、255、255），将【密度】设置为4，在【噪波】选项组中选中【分形】单选按钮，如图9.59所示，激活摄影机视图，按F9键进行渲染，渲染完成后将场景文件保存。

图9.58　拾取灯光　　　　　　　　　　　　　　图9.59　设置体积光参数

9.10 课后练习

1. 【目标聚光灯】的作用是什么。
2. 【目标】摄影机和【自由】摄影机有何不同。

第10章
环境与效果

　　本章重点介绍了环境和环境效果、大气装置辅助对象。在环境效果中着重介绍了大气效果、雾效果、体积雾效果和体积光效果。通过本章的学习读者可以对环境与效果有进一步了解。

10.1 环境和环境效果

在三维场景中，经常要用到一些特殊的环境效果，例如对背景的颜色与图片进行设置、对大气在现实中产生的各种影响效果进行设置等。这些效果的使用会大大增强作品的真实性，无疑会增加作品的魅力。本节对环境和环境效果进行了简单介绍，通过对本节的学习，能够使用户对环境效果有一个简单的认识，并能掌握环境效果的基本应用。

10.1.1 环境面板

在菜单栏中选择【渲染】|【环境】命令，或者按8键，即可打开【环境和效果】对话框，如图10.1所示。

> **提示**
>
> 通过单击快捷键8，可以快速打开环境编辑器。

使用环境功能可以执行以下操作。

★ 设置背景颜色和背景颜色动画。

★ 在渲染场景（屏幕环境）的背景中使用图像，或者使用纹理贴图作为球形环境、柱形环境或收缩包裹环境。

★ 设置环境光和环境光动画。

★ 在场景中使用大气插件（例如体积光）。

★ 将曝光控制应用于渲染。

（1）【公用参数】卷展栏如图10.2所示。

图10.1　【环境和效果】对话框

图10.2　【公用参数】卷展栏

★ 【背景】选项组

● 颜色：设置场景背景颜色。单击色样，在【颜色选择器】对话框中选择所需的颜色。在启用【自动关键点】按钮的情况下可更改非零帧的背景颜色，设置颜色效果动画。

● 环境贴图：【环境贴图】按钮会显示贴图的名称，如果尚未指定名称，则显示【无】。贴图必须使用环境贴图坐标（球形、柱形、收缩包裹和屏幕）。要指定环境贴图，请单击【环境贴图】下的

【无】按钮,在弹出【材质/贴图浏览器】对话框中选择贴图,或将【材质编辑器】中的贴图拖放到【环境贴图】按钮上。此时会出现一个对话框,询问用户复制贴图的方法,这里给出了两种方法:一种是【实例】;另一种是【复制】。要调整环境贴图的参数,例如要指定位图或更改坐标设置,请打开【材质编辑器】,将【环境贴图】按钮拖放到未使用的示例窗中。

● 使用贴图:使用贴图作为背景而不是背景颜色。

★ 【全局照明】选项组

● 染色:系统默认是白色,如果此颜色不是白色,则为场景中的所有灯光(环境光除外)染色。单击色样,显示【颜色选择器:全局光色彩】对话框,在对话框中选择色彩颜色。

● 级别:增强场景中的所有灯光。如果级别为1,则保留各灯光的原始设置。增大级别将增强总体场景的照明,减小级别将减弱总体照明。此参数可以设置动画,默认设置为1。

● 环境光:设置环境光的颜色。单击色样,然后在【颜色选择器:环境光】对话框中选择所需的颜色。

(2)【大气】卷展栏如图10.3所示。

★ 效果:显示已添加的效果队列。在渲染时,效果在场景中按线性顺序计算。

★ 名称:为列表中的效果自定义名称。例如,不同类型的火焰可以命名为【火花】或【火苗】。

★ 添加:单击【添加】按钮,显示【添加大气效果】对话框,如图10.4所示。选择一种效果,然后单击【确定】按钮,将效果指定给列表。

图10.3 【大气】卷展栏

图10.4 【添加大气效果】对话框

★ 删除:将所选大气效果从列表中删除。

★ 活动:为列表中的各个效果设置启用/禁用状态。这种方法可以方便地将复杂的大气功能列表中的各种效果孤立。

★ 上移/下移:将选择的大气效果在列表中上移或下移来更改大气效果的应用顺序。

★ 合并:合并其他3ds Max场景文件中的效果。

● 单击【合并】按钮,打开【打开】对话框,然后在该对话框中选择3ds Max场景,再单击【打开】按钮。在打开的【合并大气效果】对话框中列出场景中可以合并的效果。选择一个或多个效果,然后单击【确定】按钮,将效果合并到场景中。

● 列表中仅显示大气效果的名称,但是在合并效果时,与该效果绑定的灯光或Gizmo也会合并。如果要合并的对象与场景中已有的一个对象同名,会出现警告,用户可以选择以下解决方法。

◆ 可以在可编辑字段中更改合并对象的名称,为其重命名。

◆ 也可以不重命名合并对象,这样,场景中会出现两个同名的对象。

◆ 可以单击【删除原有】按钮,删除场景中现有的对象。

◆ 可以选择【应用于所有重复项】选项,对所有后续的匹配对象执行相同的操作。

如果禁用了【使用环境Alpha】(默认设置),则背景的Alpha值将为0(完全透明)。如果启用了【使用环境Alpha】，结果图像的Alpha是场景和图像的Alpha的组合。此外，如果在禁用【预乘Alpha】时写入TGA文件，则启用【使用环境 Alpha】可以避免出现不正确的结果。注意，在Photoshop等其他程序中合成时，只支持包含Alpha通道的背景图像或黑色背景。

> **提示**
>
> 要控制背景图像是否受渲染器的抗锯齿过滤器的影响，可以选择【自定义】|【首选项】|【渲染】命令，然后在【背景】选项组中启用【过滤背景】选项，默认设置为禁用状态，如图10.5所示。

图10.5 选择【过滤背景】选项

10.1.2 火焰环境效果

选择菜单栏中的【渲染】|【环境】命令，打开【环境和效果】对话框，选择【环境】选项卡，在【大气】卷展栏中单击【添加】按钮，在弹出的【添加大气效果】对话框中选择【火效果】，即可添加火效果，如图10.6所示。

使用【火效果】可以生成动画的火焰、烟雾和爆炸效果。火焰效果包括篝火、火炬、火球、烟云和星云。

每个效果都有自己的参数。在【效果】列表中选择火焰效果时，其参数将显示在【环境】对话框中。

只有摄影机视图或【透视】视图中会渲染火焰效果。正交视图或用户视图不渲染火焰效果。

> **提示**
>
> 火焰效果不支持完全透明的对象，应相应设置火焰对象的透明度。如果要使火焰对象消失，应使用可见性，而不要使用透明度。

添加完火效果后，选择【火效果】，在【环境和效果】对话框中会自动添加一个【火效果参数】卷展栏，如图10.7所示。

★ 【Gizmos】选项组

● 拾取Gizmo：通过单击进入拾取模式，然后单击场景中的某个大气装置。在渲染时，装置会显示火焰效果。装置的名称将添加到装置列表中。多个装置对象可以显示相同的火焰效果。例如，墙上的火炬可以全部使用相同的效果。为每个装置指定不同的种子可以改变效果。可以为多个火焰效果指定一个装置。例如，一个装置可同时显示火球效果和火舌火焰效果。可以选择多个 Gizmo。单击【拾取 Gizmo】按钮，然后按H键。这将打开【拾取对象】对话框，用于从列表中选择多个对象。

图10.6 添加【火】效果

图10.7 【火效果参数】卷展栏

- 移除Gizmo：移除 Gizmo 列表中所选的 Gizmo。Gizmo 仍在场景中，但是不再显示火焰效果。
- Gizmo列表：列出了为火焰效果指定的装置对象。

★ 【颜色】选项组

- 内部颜色：设置中心密集区域的颜色。对于典型的火焰，此颜色代表火焰中最热的部分。
- 外部颜色：设置边缘稀薄区域的颜色。对于典型的火焰，此颜色代表火焰中较冷的散热边缘。火焰效果使用内部颜色和外部颜色之间的渐变进行着色。效果中的密集部分使用内部颜色，效果的边缘附近逐渐混合为外部颜色。
- 烟雾颜色：用于【爆炸】选项的烟雾颜色。
- 如果在【爆炸】选项中，启用了【爆炸】和【烟雾】效果，则内部颜色和外部颜色将对烟雾颜色设置动画。如果禁用了【爆炸】和【烟雾】效果，将忽略烟雾颜色。

★ 【图形】选项组

- 火焰类型：设置两种不同方向和形态的火焰。
  ◆ 火舌：沿中心有定向的燃烧火焰，方向为大气装置Gizmo物体的自身Z轴向，常用于制作篝火、火把、烛火、喷射火焰等效果。
  ◆ 火球：球形膨胀的火焰，从中心向四周扩散，无方向性，常用于制作火球、恒星、爆炸等效果。
- 拉伸：将火焰沿Gizmo（线框）物体的Z轴方向拉伸。拉伸最适合火舌火焰。
  ◆ 如果【拉伸】值小于1，将压缩火焰，使火焰更短更粗；如果值大于1，将拉伸火焰，使火焰更长更细。不同数值的拉伸效果如图10.8所示。

图10.8 拉伸不同的效果

◆ 可以将拉伸与装置的非均匀缩放组合使用。使用非均匀缩放可以更改效果的边界，缩放火焰的形状。使用拉伸参数只能缩放装置内部的火焰。也可以使用拉伸值反转缩放装置对火焰产生的效果。

● 规则性：修改火焰填充装置的方式。范围为0～1。

◆ 如果【规则性】值为1，则填满装置。效果在装置边缘附近衰减，但是总体形状仍然非常明显。

◆ 如果【规则性】值为0，则生成很不规则的效果，有时可能会到达装置的边界，但是通常会被修剪。不同规则性参数的火焰效果如图10.9所示。

图10.9　不同规则性的火焰效果

★ 【特征】选项组：设置火焰的大小、密度等，它们与大气装置Gizmo物体的尺寸息息相关，对其中一个参数进行调节也会影响其他3个参数的效果。

● 火焰大小：设置火苗的大小，装置大小会影响火焰大小。装置越大，需要的火焰也越大。使用15～30范围内的值可以获得最佳效果。较大的值适合火球效果；较小的值适合火舌效果。

● 密度：设置火焰不透明度和光亮度，装置大小会影响密度。值越小，火焰越稀薄、透明，亮度也越低；值越大，火焰越浓密，中央更加不透明，亮度也增加。

● 火焰细节：控制火苗内部颜色和外部颜色之间的过渡程度。范围从0～10。值越小，火苗越模糊，渲染也越快；值越大，火苗越清晰，渲染也越慢。对大火焰使用较高的细节值。如果细节值大于4，可能需要增大"采样数"才能捕获细节。

● 采样：设置用于计算的采样速率。值越大，结果越精确，但渲染速度也越慢，当火焰尺寸较小或细节较低时，可以适当增大它的值。在以下情况，可以考虑提高采样值。

◆ 火焰很小。

◆ 火焰细节大于4。

◆ 在效果中看到彩色条纹。如果平面与火焰效果相交，出现彩色条纹的概率会提高。

★ 【动态】选项组

● 相位：控制火焰变化速度，对它进行动画设定可以产生动态的火焰效果。

● 漂移：设置火焰沿自身Z轴升腾的快慢。值偏低时，表现出文火效果；值偏高时，表现出烈火效果。一般将它的值设置为Gizmo物体高度的若干倍，可以产生最佳的火焰效果。

★ 【爆炸】选项组

● 爆炸：勾选该复选框，会根据【相位】值的变化自动产生爆炸动画。

◆ 根据【爆炸】复选框的状态，相位值可能有多种含义。

◆ 如果取消勾选【爆炸】复选框，相位将控制火焰的涡流。值更改得越快，火焰燃烧得越猛烈。如果相位功能曲线是一条直线，可以获得燃烧稳定的火焰；如果勾选【爆炸】复选框，相位将控制火焰的涡流和爆炸的计时（使用0～300之间的值）。

◆ 不同相位参数时的爆炸效果如图10.10所示。

● 设置爆炸：单击该按钮，会弹出【设置爆炸相位曲线】对话框，如图10.11所示。在这里确定爆炸动画的起始帧和结束帧，系统会自动生成一个爆炸设置，也就是将【相位】值在该区间内进行0～300的变化。

- 烟雾：控制爆炸是否产生烟雾。

  ◆ 勾选该复选框时，火焰颜色在相位值100～200之间变为烟雾，烟雾在相位值200～300之间清除。取消勾选该复选框时，火焰颜色在相位值100～200之间始终为全密度，火焰在相位值200～300之间逐渐衰减。

- 剧烈度：设置【相位】变化的剧烈程度。值小于1时，可以创建缓慢燃烧的效果；值大于1时，火焰爆发更为剧烈。

图10.10　【相位】值不同的效果

图10.11　【设置爆炸相位曲线】对话框

10.1.3　雾效果

【雾】效果会产生雾、层雾、烟雾、云雾或蒸汽等大气效果，作用于全部场景，分为标准雾和分层雾两种类型。标准雾依靠摄影机的衰减范围设置，根据物体离目光的远近产生淡入淡出效果；分层雾根据地平面高度进行设置，产生一层云雾效果。标准雾常用于增大场景的空气不透明度，产生雾茫茫的大气效果；分层雾可以表现仙境、舞台等特殊效果。

在【环境和效果】对话框中打开【大气】卷展栏，单击【添加】按钮，在弹出的【添加大气效果】对话框中选择【雾】选项，然后单击【确定】按钮，如图10.12所示。

添加完雾效果后，选择新添加的【雾】，在【环境和效果】对话框中会自动添加一个【雾参数】卷展栏，如图10.13所示。

图10.12　添加雾效果

图10.13　【雾参数】卷展栏

★ 【雾】选项组

- 颜色：设置雾的颜色，可以将它的变化记录为动画，产生颜色变化的雾。

- 环境颜色贴图：从贴图导出雾的颜色，可以设置背景和贴图，可以在【轨迹视图】或【材质编辑器】中设置程序贴图参数的动画，还可以为雾添加不透明度贴图。

- 无：该按钮显示颜色贴图的名称，如果没有指定贴图，则显示【无】。贴图必须使用环境贴图坐标（球形、柱形、收缩包裹和屏幕）。

  ◆ 要指定贴图，可以将示例窗中的贴图或材质编辑器中的【贴图】按钮拖放到【环境颜色贴图】按钮上。此时会出现一个对话框，询问复制贴图的方法。

◆ 单击【环境颜色贴图】按钮将显示【材质/贴图浏览器】对话框,可以在列表中选择贴图类型。如果要调整环境贴图的参数,打开【材质编辑器】,将【环境颜色贴图】按钮拖放到未使用的示例窗中。

● 使用贴图:切换该贴图效果为启用或禁用。

● 环境不透明度贴图:更改雾的密度。

● 雾化背景:将雾功能应用于场的背景中。

● 类型:选择【标准】时,将使用【标准】部分的参数;选择【分层】时,将使用【分层】部分的参数。

　　◆ 标准:用于启用【标准】选项组。

　　◆ 分层:用于启用【分层】选项组。

★ 【标准】选项组

● 指数:勾选该复选框后,将根据距离以指数方式递增雾的浓度,否则以线性方式计算,当要渲染体积雾中的物体时将此复选框勾选。

● 近端%:设置近距离范围雾的浓度(近距离和远距离范围在摄影机面板中设置)。

● 远端%:设置远距离范围雾的浓度(近距离和远距离范围在摄影机面板中设置)。

★ 【分层】选项组

● 顶:设置层雾的上限(以世界标准单位计算高度)。

● 底:设置层雾的下限(以世界标准单位计算高度)。

● 密度:设置整个雾的浓度。

● 衰减:设置层雾浓度的衰减情况,【顶】表示由底部向上部衰减,底部浓,顶部淡;【底】表示由上部向底部衰减,上部浓,底部淡;【无】不产生衰减,雾的浓度均匀。

● 地平线噪波:在层雾与地平线交接的地方加入噪波处理,使雾能更真实地融入背景中。

● 大小:应用于噪波的缩放系数。缩放系数值越大,雾的碎块也越大。默认设置为20。

● 角度:设置为受影响的区域与地平线的角度。

● 相位:通过相位值的变化可以将【噪波】效果记录为动画。如果层雾在地平线以上,相位值正的变化可以产生升腾的雾效,负值变化将产生下落的雾效。

10.1.4　体积雾环境效果

【体积雾】可以产生三维空间的云团,这是真实的云雾效果。在三维空间中它们以真实的体积存在,不仅可以飘动,还可以穿过它们。体积雾有两种使用方法,一种是直接作用于整个场景,但要求场景内必须有物体存在;另一种是作用于大气装置Gizmo物体,在Gizmo物体限制的区域内产生云团,这是一种更易控制的方法。

在【环境和效果】对话框中打开【大气】卷展栏,单击【添加】按钮,在弹出的【添加大气效果】对话框中选择【体积雾】,然后单击【确定】按钮,如图10.14所示。

图10.14　添加体积雾效果

添加完体积雾效果后,选择新添加的【体积雾】,在【环境和效果】卷展栏中会自动添加【体积雾参数】卷展栏,如图10.15所示。

图10.15　【体积雾参数】卷展栏

★　【Gizmos】选项组：默认情况下，体积雾填满整个场景，也可以选择Gizmo（大气装置）包含雾。Gizmo 可以是球体、长方体、圆柱体，或这些几何体的组合体。

● 拾取Gizmo：单击该按钮进入拾取模式，然后单击场景中的某个大气装置。在渲染时，装置会包含体积雾，装置的名称将添加到装置列表中。

◆ 拾取Gizmo可以拾取多个Gizmo。单击【拾取Gizmo】按钮，然后按H键，此时将显示【拾取对象】对话框，可以在列表中选择多个对象。

◆ 如果更改Gizmo的尺寸，会同时更改雾影响的区域，但是不会更改雾和其噪波的比例。例如，如果减小球体Gizmo的半径，将裁剪雾；如果移动Gizmo，将更改雾的外观。

● 移除Gizmo：单击该按钮，可以将右侧当前的Gizmo物体从当前的体积雾中去除。

● Gizmo列表：列出了为火焰效果指定的装置对象。

● 柔化Gizmo边缘：对体积雾的边缘进行柔化处理。值越大，边缘越柔化。范围为0～1。

> **提示**
>
> 不要将此值设置为0。如果设置为0，【柔化Gizmo边缘】可能会造成边缘上出现锯齿。

★　【体积】选项组

● 颜色：设置雾的颜色，可以通过动画设置产生变幻的雾效。

● 指数：随距离按指数增大密度。取消勾选该复选框时，密度随距离线性增大。只有希望渲染体积雾中的透明对象时，才勾选此复选框。

● 密度：控制雾的密度。值越大，雾的透明度越低，范围为0～20（超过该值可能会看不到场景），如图10.16所示。

● 步长大小：确定雾采样的粒度。值越低，颗粒越细，雾效果越优质；值越高，颗粒越粗，雾效果越差。

● 最大步数：限制采样量，以便雾的计算不会永远执行。如果雾的密度较小，此选项尤其有用。

> **提示**
>
> 如果【步长大小】和【最大步长】值都较小，会产生锯齿。

● 雾化背景：勾选该复选框，雾效将会作用于背景图像。

★　【噪波】选项组：体积雾的噪波选项相当于材质的噪波选项。添加到雾中噪波前后的对比效果如图10.17所示。

图10.16　增加密度参数的效果

图10.17　添加噪波前后的效果

● 类型：从4种噪波类型中选择要应用的一种类型。

◆ 规则：标准的噪波图案。

◆ 分形：迭代分形噪波图案。

◆ 湍流：迭代湍流图案。

◆ 反转：将噪波效果反向，厚的地方变薄，薄的地方变厚。

● 噪波阈值：限制噪波效果，范围为0～1。

◆ 高：设置高阈值。

◆ 低：设置低阈值。

◆ 均匀性：范围为-1～1，作用与高通过滤器类似。

◆ 级别：设置分形计算的迭代次数。值越大，雾越精细，运算也越慢。

◆ 大小：设置雾块的大小。

◆ 相位：控制风的速度。如果进行了【风力强度】的设置，雾将按指定风向进行运动，如果没有风力设置，它将在原地翻滚。

● 风力强度：控制雾沿风向移动的速度，相对于相位值。如果相位值变化很快，而风力强度值变化较慢，雾将快速翻滚并缓慢漂移；如果相位值变化很慢，而风力强度值变化较快，雾将快速漂移并缓慢翻滚；如果只需雾在原地翻滚，将风力强度设为0即可。

● 风力来源：确定风吹来的方向，有6个正方向可选。

10.1.5 体积光环境效果

制作带有体积的光线，可以指定给任何类型的灯光（环境光除外），这种体积光可以被物体阻挡，从而形成光芒透过缝隙的效果。带有体积光属性的灯光也可以进行照明和投影，从而产生真实的光线效果。例如对【泛光灯】进行体积光设定，可以制作出光晕效果，模拟发光的灯泡或太阳；对定向光进行体积光设定，可以制作出光束效果，模拟透过彩色玻璃、制作激光光束效果。注意体积光渲染时速度会很慢，所以尽量少使用它。

在【环境和效果】对话框中打开【大气】卷展栏，单击【添加】按钮，在弹出的【添加大气效果】对话框中选择【体积光】，然后单击【确定】按钮，如图10.18所示。

添加完体积光效果后，选择新添加的【体积光】，在【环境和效果】卷展栏中会自动添加【体积光参数】卷展栏，如图10.19所示。

图10.18 添加体积光效果

图10.19 【体积光参数】卷展栏

★ 【灯光】选项组

● 拾取灯光：在任意视口中单击要为体积光启用的灯光。可以拾取多个灯光。单击【拾取灯光】按钮，然后按H键，此时将显示【拾取对象】对话框，可以在列表中选择多个灯光。

● 移除灯光：从右侧列表中去除当前选择的灯光。

★ 【体积】选项组

● 雾颜色：设置形成灯光体积雾的颜色。对于体积光，它的最终颜色由灯光颜色与雾颜色共同决定，因此为了更好地进行调节，应该将雾颜色设为白色，只通过对灯光颜色的调节来制作不同色彩的体积光效果。

● 衰减颜色：灯光随距离的变化会产生衰减，该距离值在【灯光】命令面板中设置，由【近距衰减】

和【远距衰减】下的参数值确定。

◆ 衰减颜色就是指衰减区内雾的颜色，它和【雾颜色】相互作用，决定最后的光芒颜色，例如雾颜色为红色，衰减颜色为绿色，最后的光芒则显示为暗紫色。通常将它设置为较深的黑色，以至于不影响光芒的色彩。

● 使用衰减颜色：勾选该复选框，衰减颜色将发挥作用，默认为关闭状态。

● 指数：跟踪距离以指数计算光线密度的增量，否则将以线性进行计算。如果需要在体积雾中渲染透明物体，勾选该复选框。

● 密度：设置雾的浓度。值越大，体积感也越强，内部不透明度越高，光线也越亮。通常设置为2%～6%之间可以制作出最真实的体积雾效，不同密度参数的对比效果如图10.20所示。

图10.20 设置不同密度后的效果

● 最大亮度%：表示可以达到的最大光晕效果（默认设置为90%）。如果减小此值，可以限制光晕的亮度，以便使光晕不会随距离灯光越来越远而越来越浓，甚至出现一片白色。

提示

如果场景中体积光照射区域内存在透明物体，最大亮度值应该设置为100%。

● 最小亮度%：与环境光设置类似，如果【最小亮度%】大于0，光体积外面的区域也会发光。

● 衰减倍增：设置【衰减颜色】的影响程度。

● 过滤阴影：允许通过增加采样级别来获得更优秀的体积光渲染效果，同时也会增加渲染时间。

◆ 低：图像缓冲区将不进行过滤，而直接以采样代替，适合于8位图像格式，如GIF和AVI动画格式的渲染。

◆ 中：邻近像素进行采样均衡，如果发现有带状渲染效果，使用它可以非常有效地进行改进，它比【低】渲染更慢。

◆ 高：邻近和对角像素都进行采样均衡，这种渲染效果比【中】更好，但速度很慢。

◆ 使用灯光采样范围：基于灯光本身【采样范围】值的设定对体积光中的投影进行模糊处理。【采样范围】值是针对【使用阴影贴图】方式作用的，它的增大可以模糊阴影边缘的区域，在体积光中使用它，可以与投影更好地进行匹配，以快捷的渲染速度获得优质的渲染结果。

提示

对于【使用灯光采样范围】选项，灯光的【采样范围】值越大，渲染速度越慢。不过，对于此选项，如果使用较低的【采样体积%】设置，通常可以获得很好的效果，较低的设置可以缩短渲染时间。

● 采样体积%：控制体积被采样的等级，范围为1～1000，1为最低品质；1000为最高品质。

● 自动：自动进行采样体积的设置。一般无须将此值设置高于100，除非有极高品质的要求。

★ 【衰减】选项组：此部分的控件取决于单个灯光的【开始范围】和【结束范围】衰减参数的设置，不同衰减参数的对比效果如图10.21所示。

● 开始%：设置灯光效果开始衰减的位置，与灯光自身参数中的衰减设置相对。默认值为100%。

● 结束%：设置灯光效果结束衰减的位置，与灯光自身参数中的衰减设置相对。如果将它设置小于100%，光晕将减小，但亮度增大，得到更亮的发光效果。

★ 【噪波】选项组

● 启用噪波：控制噪波影响的开关，当勾选该复选框时，这里的设置才有意义。添加噪波前后的对比效果如图10.22所示。

左图：原始场景
右图：通过增大采样体积提高质量

图10.21　不同衰减参数的对比效果

左图：原始场景
右图：添加了澡波

图10.22　添加噪波前后的对比效果

● 数量：设置指定给雾效的噪波强度。值为0时，无噪波效果；值为1时，表现为完全的噪波效果。

● 链接到灯光：将噪波设置与灯光的自身坐标相链接，这样灯光在进行移动时，噪波也会随灯光一同移动。通常我们在制作云雾或大气中的尘埃等效果时，不将噪波与灯光链接，这样噪波将被固定在世界坐标上，灯光在移动时就好像在云雾或灰尘间穿行。

● 类型：选择噪波的类型。

◆ 规则：标准的噪波效果。

◆ 分形：使用分形计算得到不规则的噪波效果。

◆ 湍流：极不规则的噪波效果。

● 反转：将噪波效果反向，厚的地方变薄，薄的地方变厚。

● 澡波阈值：用来限制噪波的影响，通过【高】和【低】值进行设置，可以在0～1之间调节。当噪波值高于低值而低于高值时，动态范围值被拉伸填充在0～1之间，从而产生小的雾块，这样可以起到轻微抗锯齿作用。

◆ 高/低：设置最高和最低的阈值。

◆ 均匀性：如同一个高级过滤系统。值越低，体积越透明。

◆ 级别：设置分形计算的迭代次数。值越大，雾效越精细，运算也越慢。

◆ 大小：确定烟卷或雾卷的大小。值越小，卷越小。

◆ 相位：控制风的速度。如果进行了【风力强度】的设置，雾将按指定风向进行运动，如果没有风力设置，它将在原地翻滚。

● 风力强度：控制雾沿风向移动的速度，相对于相位值。如果相位值变化很快，而风力强度值变化较慢，雾将快速翻滚而缓慢漂移；如果相位值变化很慢，而风力强度值变化较快，雾将快速漂移而缓慢翻滚；如果只需雾在原地翻滚，将风力强度设为0即可。

● 风力来源：确定风吹来的方向，有6个方向可选。

10.2 大气装置辅助对象

选择【创建】 | 【辅助对象】 | 【大气装置】工具，在【对象类型】卷展栏中有3种类型的大气装置，即长方体Gizmo、球体Gizmo和圆柱体Gizmo。这些轴限制场景中的雾或火焰的扩散。下面将对它们进行简单的介绍。

10.2.1 长方体Gizmo辅助对象

选择【创建】 |【辅助对象】 |【大气装置】|【长方体Gizmo】工具，在视口中拖动鼠标定义初始长度和宽度。然后松开鼠标，沿垂直方向拖动，设置初始高度，即可创建长方体Gizmo，如图10.23所示。单击【修改】按钮，进入【修改】命令面板，如图10.24所示。

图10.23 创建【长方体Gizmo】

图10.24 【修改】命令面板

（1）【长方体Gizmo参数】卷展栏

★ 长度、宽度和高度：设置长方体Gizmo的尺寸。

★ 种子：设置用于生成大气效果的基值。场景中的每个装置应具有不同的种子。如果多个装置使用相同的种子和相同的大气效果，将产生几乎相同的结果。

★ 新种子：单击可以自动生成一个随机数字，并将其放入种子字段。

（2）【大气和效果】卷展栏

使用该面板中的【大气和效果】卷展栏，可以直接在Gizmo中添加和设置大气和效果。

★ 添加：单击该按钮，打开【添加大气】对话框，用于向长方体Gizmo中添加大气，如图10.25所示。

★ 删除：删除高亮显示的大气效果。

★ 设置：选择添加的效果，单击【设置】按钮，打开【环境】面板，在此可以编辑高亮显示的效果，如图10.26所示。

图10.25 添加效果

图10.26 设置效果

10.2.2 圆柱体Gizmo辅助对象

选择【创建】 ┊【辅助对象】 ┊【大气装置】┊【圆柱体Gizmo】工具，在视口中拖动鼠标定义初始半径，然后松开鼠标，沿垂直方向拖动，设置初始高度，即可创建圆柱体Gizmo，如图10.27所示。单击【修改】按钮，进入【修改】命令面板，如图10.28所示。

图10.27 创建圆柱体Gizmo

图10.28 【修改】命令面板

（1）【圆柱体Gizmo参数】卷展栏

★ 半径和高度：设置圆柱体Gizmo的尺寸。

★ 种子：设置用于生成大气效果的基值。场景中的每个装置应具有不同的种子。如果多个装置使用相同的种子和相同的大气效果，将产生几乎相同的结果。

★ 新种子：单击可以自动生成一个随机数字，并将其放入种子字段。

（2）【大气和效果】卷展栏

使用该面板中的【大气和效果】卷展栏可以直接在Gizmo中添加和设置大气。

★ 添加：单击该按钮，打开【添加大气】对话框，用于向圆柱体Gizmo中添加大气，如图10.29所示。

★ 删除：删除高亮显示的大气效果。

★ 设置：单击该按钮，打开【环境】面板，在此可以编辑高亮显示的效果，如图10.30所示。

图10.29 添加效果

图10.30 设置效果

10.2.3 球体Gizmo辅助对象

选择【创建】 |【辅助对象】 |【大气装置】|【球体Gizmo】工具，在视口中拖动鼠标定义初始半径，即可创建球体Gizmo，可以在【球体Gizmo参数】卷展栏中调整半径的大小，如图10.31所示。单击【修改】按钮 ，进入【修改】命令面板，如图10.32所示。

图10.31 创建球体Gizmo

图10.32 修改命令面板

（1）【球体Gizmo参数】卷展栏

★ 半径：设置球体Gizmo的尺寸。

★ 半球：勾选该复选框时，将丢弃球体Gizmo底部的一半，创建一个半球，如图10.33所示。

图10.33 勾选【半球】复选框时的效果

★ 种子：设置用于生成大气效果的基值。场景中的每个装置应具有不同的种子。如果多个装置使用相同的种子和相同的大气效果，将产生几乎相同的结果。

★ 新种子：单击可以自动生成一个随机数字，并将其放入种子字段。

（2）【大气和效果】卷展栏

使用该面板中的【大气和效果】卷展栏可以直接在Gizmo中添加和设置大气。

★ 添加：单击该按钮，打开【添加大气】对话框，用于向圆柱体Gizmo中添加大气。

★ 删除：删除高亮显示的大气效果。

★ 设置：单击该按钮，打开【环境】面板，在此可以编辑高亮显示的效果。

10.3　实例应用：制作打火机火焰

打火机随处可见，本案例将讲解如何利用环境效果制作打火机火焰，其制作重点是【火效果】的应用，其完成后的效果如图10.34所示。

01 启动软件后，重置一个场景，按8键，弹出【环境和效果】对话框，切换到【环境】选项卡，在【公用参数】卷展栏中的【背景】选项组中单击【环境贴图】下面的【无】按钮，弹出【材质/贴图浏览器】对话框，选择【位图】选项，并单击【确定】按钮，如图10.35所示。

图10.34　添加效果

图10.35　选择【位图】选项

02 弹出【选择位图图形文件】对话框，选择随书附带光盘中的"55.jpg"素材文件，然后单击【打开】按钮，如图10.36所示。

03 按M键打开【材质编辑器】对话框，选择上一步添加的【贴图】，按着鼠标左键将其拖到一个空的样本球上，在弹出的【实例（副本）贴图】对话框中，选择【实例】选项，并单击【确定】按钮，如图10.37所示。

图10.36　选择位图文件

图10.37　选择【实例】单选按钮

04 在【坐标】卷展栏中将【贴图】设为【屏幕】选项，如图10.38所示。

05 激活【透视】视图，在菜单栏执行【视图】|【视口配置】|【环境背景】命令，如图10.39所示。

06 激活【透视】视图，按F10键，弹出【渲染设置：默认扫描线渲染器】对话框，在【公用】选项卡，在【公用参数】卷展栏中将【输出大小】下的【宽度】和【高度】分别设为800、960，单击【渲染】按钮查看效果，如图10.40所示。

07 选择【创建】 |【辅助对象】 |【大气装置】|【球体Gizmo】命令，在【顶】视图中进行创建，如图10.41所示。

图10.38 选择【屏幕】选项

图10.39 选择【环境背景】命令

图10.40 设置渲染

图10.41 创建【球体Gizmo】

08 选择上一步创建的【球体Gizmo】，切换到【修改】命令面板，将【半径】设为80，并勾选【半球】复选框，如图10.42所示。

09 激活【前】视图，利用【选择并均匀缩放】工具对【球体Gizmo】进行调整，调整完成后的效果如图10.43所示。

图10.42 设置效果

图10.43 调整【球体Gizmo】

10. 选择上一步设置好的【球体Gizmo】，激活【前】视图，按着Shift键沿X轴进行拖曳，弹出【克隆选项】对话框，选择【复制】单选按钮，并单击【确定】按钮，如图10.44所示。

11. 利用【选择并均匀缩放】工具对【SphereGizmo002】进行调整，利用【选择并移动】工具调整其位置，如图10.45所示。

图10.44　进行复制

图10.45　进行缩放

12. 激活【前】视图，选择【SphereGizmo002】对象，对齐进行复制，复制出【SphereGizmo003】，在【前】视图中试用【选择并旋转】工具将其沿Y轴进行旋转180°，并利用【选择并均匀缩放】工具对齐进行调整，如图10.46所示。

13. 激活【左】视图，将创建的3个【球体Gizmo】分别沿X轴进行缩放，完成后的效果如图10.47所示。

图10.46　进行调整

图10.47　进行缩放

14. 选择【创建】|【摄影机】|【目标】工具，在【顶】视图中创建【目标摄影机】，激活【透视】视图，按C键将其转换为【摄影机】视图，并对摄影机进行调整，完成后的效果如图10.48所示。

15. 按8键，弹出【环境和效果】对话框，在【环境】选项卡下的【大气】卷展栏中单击【添加】按钮，弹出【添加大气效果】对话框，选择【火效果】，并单击【确定】按钮，如图10.49所示。

16. 选择添加的【火效果】，在【火效果参数】卷展栏中单击【拾取Gizmo】按钮，然后按H键，弹出【拾取对象】对话框，选择【SphereGizmo001】、【SphereGizmo002】、【SphereGizmo003】选项，然后单击【拾取】按钮，如图10.50所示。

17. 在【颜色】选项组中将【内部颜色】的RGB值设为（254、218、72），将【外部颜色】的RGB值设为（212、54、54），将【火焰类型】设为【火舌】，【拉伸】设为0.7，【规则性】设为0.16，【火焰大小】设为30，【密度】为20，【采样】为20，【漂移】设为5，如图10.51所示。

图10.48 创建摄影机

图10.49 添加【火效果】

图10.50 拾取对象

图10.51 设置【火效果】

18 继续在【大气】卷展栏中单击【添加】按钮，添加【火效果】，选择添加的火效果，在【火效果参数】卷展栏中单击【拾取Gizmo】按钮，分别拾取【SphereGizmo002】、【SphereGizmo003】，如图10.52所示。

19 将【内部颜色】的RGB值设为（71、123、255），将【外部颜色】的RGB值设为（134、143、255），将【密度】设为10，其他的保持默认，如图10.53所示。

20 激活【摄影机】视图，进行渲染查看效果，如图10.54所示。

图10.52 设置效果

图10.53 设置【火效果】

图10.54 渲染查看效果

10.4 拓展训练：制作云雾效果

本案例将利用大气效果中的【体积雾】效果来创建山寨那个云雾特效，其中完成后的效果如图10.55所示，具体操作方法如下。

01 启动软件后，重置一个场景，按8键，弹出【环境和效果】对话框，切换到【环境】选项卡，在【公用参数】卷展栏中的【背景】选项组中单击【环境贴图】下面的【无】按钮，弹出【材质/贴图浏览器】对话框，选择【位图】选项，并单击【确定】按钮，如图10.56所示。

图10.55　完成后的效果

图10.56　选择【位图】选项

02 弹出【选择位图图形文件】对话框，选择随书附带光盘中的"013.jpg"素材文件，然后单击【打开】按钮，如图10.57所示。

03 按M键打开【材质编辑器】对话框，选择上一步添加的【贴图】，按着鼠标左键将其拖到一个空的样本球上，在弹出的【实例（副本）贴图】对话框，选择【实例】单选项，并单击【确定】按钮，如图10.58所示。

图10.57　选择位图文件

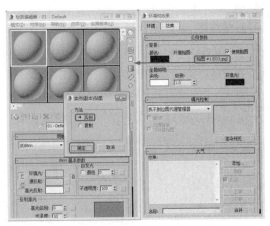

图10.58　选择【实例】单选按钮

04 在【坐标】卷展栏中将【贴图】设为【屏幕】选项，如图10.59所示。

05 激活【透视】视图，在菜单栏中执行【视图】|【视口配置】|【环境背景】命令，如图10.60所示。

06 选择【创建】 |【辅助对象】 |【大气装置】|【球体Gizmo】工具，在【顶】视图中创建一个【半径】为100的【球体Gizmo】，并勾选【半径】复选框，如图10.61所示。

07 确认创建【SphereGizmo001】处于选择状态，激活【前】视图，选择【选择并均匀缩放】工具，在【前】视图中沿Y轴进行缩放，如图10.62所示。

图10.59　选择【屏幕】选项

图10.60　选择【环境背景】命令

图10.61　创建【球体Gizmo】

图10.62　进行缩放

08　试用同样的方法，再次创建其他的【球体Gizmo】，并试用【选择并均匀缩放】工具，分别在【顶】和【前】视图中进行缩小，效果如图10.63所示。

09　选择【创建】|【摄影机】|【目标】工具，在【顶】视图中创建【目标】摄影机，激活【透视】视图，按C键，将其转换为【摄影机】视图，并在场景中调整【摄影机】的位置，如图10.64所示。

图10.63　添加效果

图10.64　创建【目标】摄影机

10 按8键，弹出【环境和效果】对话框，在【大气】卷展栏中单击【添加】按钮，在弹出【添加大气效果】卷展栏中选择【体积雾】特效，并单击【确定】按钮，如图10.65所示。

11 选择添加【体积雾】效果，在【体积雾参数】卷展栏中单击【拾取Gizmo】按钮，按H键，打开【拾取对象】对话框，在该对话框中选择创建的【球体Gizmo】，并单击【拾取】按钮，如图10.66所示。

图10.65 添加【体积雾】效果

图10.66 拾取对象

12 在【体积雾】参数卷展栏中将【柔化Gizmo边缘】设置为0.4，在【体积】选项组中将【密度】设为10，将【颜色】的RGB值设为（235、235、235），在【噪波】选项组中选择【分形】单选按钮，将【级别】设为为4，如图10.67所示。

13 激活【摄影机】视图，进行渲染，完成后的效果如图10.68所示。

图10.67 设置【体积雾】效果

图10.68 渲染完成后的效果

10.5 拓展训练

1. 【环境和效果】面板的功能作用是什么？
2. 体积雾和雾的区别是什么？

第11章
粒子系统、空间扭曲与
视频后期处理

本章中将介绍粒子系统、空间扭曲和视频后期处理。粒子系统可以模拟自然界中的雨、雪、雾等。粒子系统本身是一个对象，其中的粒子可以看作是它的子对象。粒子系统生成的粒子随时间的变化而变化，主要用于动画制作。空间扭曲则可以创建力场使其他对象发生变形，而视频后期处理是3ds Max中的一个强大的编辑、合成与特效处理工具。使用视频后期处理可以将包括目前的场景图像和滤镜在内的各个要素结合起来，从而生成一个综合结果。

11.1 粒子系统

粒子系统是一个相对独立的造型系统，用来创建雨、雪、灰尘、泡沫、火花、气流等，它还可以将任何造型作为粒子，例如用来表现成群的蚂蚁、热带鱼、吹散的蒲公英等动画效果。下面来主要介绍一下常用的几个粒子系统。

11.1.1 【喷射】粒子系统

【喷射】粒子系统发射垂直的粒子流，粒子可以是四面体尖锥，也可以是四方形面片，用来表示下雨、水管喷水、喷泉等效果，也可以表现彗星拖尾效果。

这种粒子系统参数较少，易于控制，使用起来很方便，所有数值均可制作动画效果。

选择【创建】█【几何体】◎【粒子系统】|【喷射】工具，然后在【顶】视图中创建喷射粒子系统，如图11.1所示。其【参数】卷展栏中的各选项说明如下所述。

图11.1 喷射粒子系统

★ 【粒子】选项组

● 视口计数：在给定帧处，视口中显示的最大粒子数。

> **提示**
>
> 将视口显示数量设置为少于渲染计数，可以提高视口的性能。

● 渲染计数：设置最后渲染时可以同时出现在一帧中的粒子的最大数量，它与【计时】选项组中的参数组合使用。如果粒子数达到【渲染计数】的值，粒子创建将暂停，直到有些粒子消亡。消亡了足够的粒子后，粒子创建将恢复，直到再次达到【渲染计数】的值。

● 水滴大小：设置渲染时每个颗粒的大小。

● 速度：设置粒子从发射器流出时的初速度，它将保持匀速不变。只有增加了粒子空间扭曲，它才会发生变化。

● 变化：影响粒子的初速度和方向。值越大，粒子喷射得越猛烈，喷洒的范围也越大。

● 水滴、圆点、十字叉：设置粒子在视图中的显示符号。水滴是一些类似雨滴的条纹，圆点是一些点，十字叉是一些小的加号。

★ 【渲染】选项组

● 四面体：以四面体（尖三棱锥）作为粒子的外形进行渲染，常用于表现水滴。

● 面：以正方形面片作为粒子外形进行渲染，常用于有贴图设置的粒子。

★ 【计时】选项组：计时参数控制发射粒子的出生和消亡速率。在【计时】选项组的底部是显示最大可持续速率的行。此值基于【渲染计数】和每个粒子的寿命。其中最大可持续速率 = 渲染计数/寿命 。因为一帧中的粒子数永远不会超过【渲染计数】的值，如果【出生速率】超过了最高速率，系统将会用光所有的粒子，并暂停生成粒子，直到有些粒子消亡，然后重新开始生成粒子，形成突发或喷射的粒子。

● 开始：设置粒子从发射器喷出的帧号。可以是负值，表示在0帧以前已开始。

● 寿命：设置每个粒子从出现到消失所存在的帧数。

● 出生速率：设置每一帧新粒子产生的数目。

● 恒定：勾选该复选框，【出生速率】将不可用，所用的出生速率等于最大可持续速率。取消勾选该复选框后，【出生速率】可用。默认设置为启用。禁用【恒定】并不意味着出生速率自动改变；除非为【出生速率】参数设置了动画，否则出生速率将保持恒定。

★ 【发射器】选项组：指定粒子喷出的区域。它同时决定喷出的范围和方向。发射器以黑色矩形框显示时，将不能被渲染，可以通过工具栏中的工具对它进行移动、缩放和旋转。

● 宽度、长度：分别设置发射器的宽度和长度。在粒子数目确定的情况下，面积越大，粒子越稀疏。

● 隐藏：勾选该复选框可以在视口中隐藏发射器。取消勾选【隐藏】复选框后，在视口中显示发射器。发射器从不会被渲染。默认设置为禁用状态。

> **提示**
> 要设置粒子沿着空间中某个路径的动画，可以通过使用路径跟随空间扭曲来实现。

下面将介绍如何利用【喷射】粒子系统制作下雨效果，其具体操作步骤如下。

01 启动Max 2015，选择【创建】│【几何体】│【粒子系统】│【喷射】工具，在【顶】视图中绘制一个喷射粒子系统，如图11.2所示。

02 确认该对象处于选中状态，切换至【修改】命令面板中，将其命名为【雨】，在【参数】卷展栏中将【粒子】选项组中的【视口计数】和【渲染计数】分别设置为1000和10000，将【水滴大小】、【速度】和【变化】分别设置为5、20和0.6，选中【水滴】单选按钮，在【渲染】组中选中【四面体】单选按钮，在【计时】选项组中将【开始】和【寿命】分别设为-100和400，勾选【恒定】复选框，将【宽度】和【长度】分别都设为1500，如图11.3所示。

图11.2 绘制喷射粒子系统

图11.3 设置粒子系统参数

03 确认该对象处于选中状态，按M键打开【材质编辑器】，选择一个新的材质样本球，并将其命名为【雨】，确认【明暗器的类型】设为【Blinn】，在【Blinn基本参数】卷展栏中将【环境光】和【漫反射】的RGB值设置为（230、230、230）；勾选【自发光】选项组中的【颜色】复选框，并将【颜色】的RGB值设置为（240、240、240），将【不透明度】设置为50。如图11.4所示。

图11.4 设置Blinn基本参数

04 打开【扩展参数】卷展栏，选择【高级透明】选项组中【衰减】下的【外】单选按钮，并将【数量】设置为100，如图11.5所示。

图11.5 设置衰减参数

05 设置完成后，单击【将材质指定给选定对象】按钮，将该对话框关闭即可，选择【创建】 【摄影机】 【目标】工具，

在【顶】视图中创建一架摄影机，如图11.6所示。

图11.6 创建摄影机

06 继续选中该对象，激活【透视】视图，按C键将其转换为摄影机视图，切换至【修改】命令面板中，在【参数】卷展栏中单击【备用镜头】选项组中的【28mm】按钮，设置完成后，在视图中调整摄像机的位置，效果如图11.7所示。

图11.7 调整参数及位置后的效果

07 按8键，在弹出的【环境和效果】对话框中选择【环境】选项卡，在【公用参数】卷展栏中单击【环境贴图】下的【无】按钮，在弹出的对话框中选择【位图】选项，如图11.8所示。

08 单击【确定】按钮，在弹出的对话框中选择随书附带光盘中的"雨背景.jpg"贴图文件，如图11.9所示。

图11.8　选择【位图】选项

图11.9　选择贴图文件

09 单击【打开】按钮，按M键，打开材质编辑器，在【环境和效果】对话框中选择【环境贴图】下的材质，按住鼠标将其拖曳至材质编辑器中的新材质样本球上，在弹出的对话框中单击【实例】单选按钮，如图11.10所示。

图11.10　单击【实例】单选按钮

10 单击【确定】按钮，在【坐标】卷展栏中将【贴图】设置为【屏幕】，如图11.11所示。

图11.11　设置贴图类型

11 设置完成后，将材质编辑器与【环境和效果】对话框关闭，激活摄影机视图，按Alt+B快捷键，在【背景】选项卡中单击【使用环境背景】单选按钮，如图11.12所示。

图11.12　设置背景参数

12 再在该对话框中选择【安全框】选项卡，在【应用】选项组中勾选【在活动视图中显示安全框】复选框，如图11.13所示。

图11.13　勾选【在活动视图中显示安全框】复选框

13 设置完成后，单击【确定】按钮，即可为摄影机视图添加背景及安全框，如图11.14所示。

图11.14 为摄影机视图添加背景及安全框

14 按F10键，在弹出的对话框中选择【公用】选项卡，在【时间输出】选项组中单击【活动时间段】单选按钮，在【渲染输出】选项组中单击【文件】按钮，如图11.15所示。

图11.15 设置渲染输出

15 在弹出的对话框中指定保存路径，将【文件名】设置为【下雨效果】，将【保存类型】设置为【AVI文件（*.avi）】，如图11.16所示。

16 设置完成后，单击【保存】按钮，在弹出的对话框中使用其默认设置，单击【确定】按钮即可，如图11.17所示，在【渲染设置】对话框中单击【渲染】按钮进行渲染即可。

图11.16 设置保存路径、名称及类型

图11.17 【AVI文件压缩设置】对话框

11.1.2 【雪】粒子系统

【雪】模拟降雪或投撒的纸屑。雪系统与喷射类似，但是雪系统提供了其他参数来生成翻滚的雪花，渲染选项也有所不同。

【雪】粒子系统不仅可以用来模拟下雪，还可以将多维材质指定给它，产生五彩缤纷的碎片下落效果，常用来增添节日的喜庆气氛；如果将雪花向上发射，可以表现从火中升起的火星效果。

选择【创建】 | 【几何体】 | 【粒子系统】 | 【雪】工具按钮，然后在视图中创建雪粒子系统，如图11.18所示。

★ 【粒子】选项组

● 视口计数：在给定帧处，视口中显示的最大粒子数。

提示

将视口显示数量设置为少于渲染计数，可以提高视口的性能。

图11.18 雪粒子系统

- 渲染计数：一个帧在渲染时可以显示的最大粒子数。该选项与粒子系统的计时参数配合使用。如果粒子数达到【渲染计数】的值，粒子创建将暂停，直到有些粒子消亡。消亡了足够的粒子后，粒子创建将恢复，直到再次达到【渲染计数】的值。

- 雪花大小：设置渲染时每个粒子的大小尺寸。

- 速度：设置粒子从发射器流出时的初速度，它将保持匀速不变，只有增加了粒子空间扭曲，它才会发生变化。

- 变化：改变粒子的初始速度和方向。【变化】的值越大，降雪的区域越广。

- 翻滚：雪花粒子的随机旋转量。此参数可以在0~1之间。设置为0时，雪花不旋转；设置为1时，雪花旋转最多。每个粒子的旋转轴随机生成。

- 翻滚速率：雪片旋转的速度。值越大，旋转得越快。

- 雪花、圆点、十字叉：设置粒子在视图中的显示符号。雪花是一些星形的雪花，圆点是一些点，十字叉是一些小的加号。

★ 【渲染】选项组

- 六角形：以六角形面进行渲染，常用于表现雪花。

- 三角形：以三角形面进行渲染，三角形只有一个边是可以指定材质的面。

- 面：粒子渲染为正方形面，其宽度和高度

等于水滴大小。

提示

其他参数与【喷射】粒子系统的参数基本相同，所以在此就不进行赘述了。

下面将介绍如何利用【雪】粒子系统制作下雪效果，其具体操作步骤如下所述。

01 启动Max 2015，选择【创建】|【几何体】|【粒子系统】|【雪】工具，在【顶】视图中创建一个雪粒子系统，如图11.19所示。

图11.19 创建雪粒子系统

02 确认该对象处于选中状态，切换至【修改】命令面板中，将其命名为【雪】，在【参数】卷展栏中将【粒子】选项组中的【视口计数】和【渲染计数】分别设置为1000和800，将【雪花大小】、【速度】、【变化】分别设置为0.9、10、10，单击【雪花】单选按钮，在【渲染】选项组中选中【面】单选按钮，在【计时】选项组中将【开始】和【寿命】分别设置为-100和100，勾选【恒定】复选框，将【发射器】选项组中的【宽度】和【长度】分别设置为430和488，如图11.20所示。

03 确认该对象处于选中状态，按M键打开【材质编辑器】，选择一个新的材质样本球，并将其命名为【雪】，将【明暗器类型】设为【Blinn】，在【Blinn基本参数】卷展栏中选中【自发光】选项组中的【颜色】复选框，然后将该颜色的RGB值设置为（196、196、196），如图11.21所示。

图11.20 设置粒子系统参数

图11.21 设置Blinn基本参数

04 在【贴图】卷展栏中单击【不透明度】右侧的【无】按钮，在打开的【材质/贴图浏览器】对话框中选择【渐变坡度】选项，如图11.22所示。

图11.22 选择【渐变坡度】选项

05 单击【确定】按钮，进入渐变坡度材质层

级，在【渐变坡度参数】卷展栏中将【渐变类型】定义为【径向】，打开【输出】卷展栏，选中【反转】复选框，如图11.23所示。

图11.23 设置渐变坡度参数

06 在该对话框中，单击【将材质指定给选定对象】按钮，设置完成后，将该对话框关闭，选择【创建】 ｜【摄影机】 ｜【目标】工具，在【顶】视图中创建一架摄影机，如图11.24所示。

图11.24 创建摄影机

07 继续选中该对象，激活【透视】视图，按C键将其转换为摄影机视图，切换至【修改】命令面板中，在【参数】卷展栏中将【镜头】设置为84mm，设置完成后，在视图中调整摄像机的位置，效果如图11.25所示。

08 按8键，在弹出的【环境和效果】对话框中选择【环境】选项卡，在【公用参数】卷展栏中单击【环境贴图】下的【无】按钮，在弹出的对话框中选择【位图】选项，如图11.26所示。

图11.25 调整摄影机参数及位置

图11.26 选择【位图】选项

09 单击【确定】按钮，在弹出的对话框中选择随书附带光盘中的"雪背景.jpg"贴图文件，如图11.27所示。

图11.27 选择贴图文件

10 单击【打开】按钮，按M键，打开材质编辑器，在【环境和效果】对话框中选择【环境贴图】下的材质，按住鼠标将其拖曳至材质编辑器中的新材质样本球上，在弹出的对话框中单击【实例】单选按钮，如图11.28所示。

图11.28 单击【实例】单选按钮

11 单击【确定】按钮，在【坐标】卷展栏中将【贴图】设置为【屏幕】，如图11.29所示。

图11.29 设置贴图类型

12 设置完成后，将材质编辑器与【环境和效果】对话框关闭，激活摄影机视图，在菜单栏中选择【视图】|【视口背景】|【环境背景】命令，如图11.30所示，根据前面介绍的方法对场景进行渲染输出即可。

图11.30 选择【环境背景】命令

11.1.3 【粒子阵列】粒子系统

【粒子阵列】粒子系统可将粒子分布在几何体对象上。也可用于创建复杂的对象爆炸效果。例如可以表现出喷发、爆裂等特殊效果。

（1）【基本参数】卷展栏

使用【基本参数】卷展栏中的选项可以创建和调整粒子系统的大小，并拾取分布对象。此外，还可以指定粒子相对于分布对象几何体的初始分布，以及分布对象中粒子的初始速度。在该卷展栏中也可以指定粒子在视口中的显示方式。【基本参数】卷展栏如图11.31所示。

图11.31　【基本参数】卷展栏

★ 【基于对象的发射器】选项组：选项各阐述说明如下所述。

● 拾取对象：单击此按钮，然后选择要作为自定义发射器使用的可渲染网格对象。

● 对象：显示所拾取对象的名称。

★ 【粒子分布】选项组：各选项参数说明如下所述。

● 在整个曲面：在整个发射器对象表面随机地发射粒子。

● 沿可见边：在发射器对象可见的边界上随机发射粒子。

● 在所有的顶点上：从发射器对象每个顶点上发射粒子。

● 在特殊点上：指定从发射器对象所有顶点中随机的若干个顶点上发射粒子，顶点的数目由下面的【总数】决定。

● 总数：可以通过该选项设置顶点数目。

● 在面的中心：从每个三角面的中心发射粒子。

● 使用选定子对象：使用网格对象和一定范围的面片对象作为发射器时，可以通过【编辑网格】等修改器的帮助，选择自身的子对象来发射粒子。

★ 【显示图标】选项组

● 图标大小：设置系统图标在视图中显示的尺寸大小。

● 图标隐藏：设置是否将系统图标隐藏。如果使用了分布对象，最好将系统图标隐藏。

★ 【视口显示】选项组：设置在视图中粒子以何种方式进行显示，这和最后的渲染效果有关。

（2）【粒子生成】卷展栏

【粒子生成】卷展栏中的选项可以控制粒子产生的时间和速度、粒子的移动方式，以及不同时间粒子的大小。【粒子生成】卷展栏如图11.32所示。

图11.32　【粒子生成】卷展栏

★ 【粒子数量】组

● 使用速率：其下的数值决定了每一帧粒子产生的数目。

● 使用总数：其下的数值决定了在整个生命系统中粒子产生的总数目。

★ 【粒子运动】选项组

● 速度：设置在生命周期内的粒子每一帧移动的距离。

- 变化：为每一个粒子发射的速度指定一个百分比变化量。

- 散度：每一个粒子的发射方向相对于发射器表面法线的夹角，可以在一定范围内波动。该值越大，发射的粒子束越集中，反之则越分散。

★ 【粒子计时】选项组：这里用于设定粒子何时开始发射，何时停止发射，以及每个粒子的生存时间。

- 发射开始：设置粒子从哪一帧开始出现在场景中。

- 发射停止：设置粒子最后被发射出的帧号。

- 显示时限：设置到多少帧时，粒子将不显示在视图中，这不影响粒子的实际效果。

- 寿命：设置每个粒子诞生后的生存时间。

- 变化：设置每个粒子寿命的变化百分比值。

- 子帧采样：提供下面3个选项，用于避免粒子在普通帧计数下产生肿块，而不能完全打散。先进的子帧采样功能提供更高的分辨率。

  ◆ 创建时间：在时间上增加偏移处理，以避免时间上的肿块堆集。

  ◆ 发射器平移：如果发射器本身在空间中有移动变化，可以避免产生移动中的肿块堆集。

  ◆ 发射器旋转：如果发射器在发射时自身进行旋转，勾选该复选框可以避免肿块，并且产生平稳的螺旋效果。

★ 【粒子大小】选项组：可以在该选项组中调整粒子的大小。

- 大小：用户可以通过该参数选项设置粒子的大小。

- 变化：每个粒子的大小可以从标准值变化的百分比。此参数选项应用于【大小】的值。使用此参数可以获取不同大小的粒子的真实混合。

- 增长耗时：该参数选项用于设置粒子从很小增长到【大小】的值所经历的帧数。结果受【大小/变化】值的影响，因为【增长耗时】在【变化】之后应用。使用此参数可以模拟自然效果，例如气泡随着向表面靠近而增大。

- 衰减耗时：该参数选项用于设置粒子在消亡之前缩小到其【大小】设置的 1/10 所经历的帧数。此设置也在【变化】之后应用。使用此参数可以模拟自然效果，例如火花逐渐变为灰烬。

★ 【唯一性】选项组：用户可以在该选项组中调整种子值。

- 新建：单击该按钮后，将会随机生成新的种子值。

- 种子：可以通过该参数选项设置特定的种子值。

> **提 示**
>
> 使用【粒子阵列】创建爆炸效果的一种好方法是：将粒子类型设置为【对象碎片】，然后应用【粒子爆炸】空间扭曲。

（3）【粒子类型】卷展栏

使用【粒子类型】卷展栏上的参数选项可以指定所用的粒子类型，以及对粒子执行的贴图的类型。【粒子类型】卷展栏如图11.33所示。

图11.33 【对象碎片控制】选项组

★ 【粒子类型】选项组：提供4个粒子类型选择方式，在此项目下是4个粒子类型的各自分项目，只有当前选择类型的分项目才能变为有效控制，其余的以灰色显示。对每一个粒子阵列，只允许设置一种类型的粒子，但允许用户将多个粒子阵列绑定到同一个分布对象上。这样就可以产生不同类型的粒子了。

★ 【标准粒子】选项组：如果在【粒子类型】选项组中选中了【标准粒子】单选按钮，则该选项组中的选项变为可用。

★ 【变形球粒子参数】选项组：如果在【粒子类型】选项组中选中了【变形球粒子】单选按钮，则此组中的选项变为可用，且变形球作为粒子使用。变形球粒子需要额外的时间进行渲染，但是对于喷射和流动的液体效果非常有效。

● 张力：该参数选项用于确定有关粒子与其他粒子混合倾向的紧密度。张力越大，聚集越难，合并也越难。

● 变化：该参数选项用于指定张力效果的变化的百分比。

● 计算粗糙度：指定计算变形球粒子解决方案的精确程度。粗糙值越大，计算工作量越少。不过，如果粗糙值过大，可能变形球粒子效果很小，或根本没有效果。反之，如果粗糙值设置过小，计算时间可能会非常长。

◆ 渲染：设置渲染场景中的变形球粒子的粗糙度。如果启用了【自动粗糙】选项，则此选项不可用。

◆ 视口：设置视口显示的粗糙度。如果启用了【自动粗糙】，则此选项不可用。

● 自动粗糙：一般规则是，将粗糙值设置为介于粒子大小的1/4到1/2之间。如果启用此项，会根据粒子大小自动设置渲染粗糙度，视口粗糙度会设置为渲染粗糙度的大约两倍。

● 一个相连的水滴：如果禁用该选项（默认设置），将计算所有粒子；如果启用该选项，将使用快捷算法，仅计算和显示彼此相连或邻近的粒子。

★ 【对象碎片控制】选项组：此选项组用于将分布对象的表面炸裂，产生不规则的碎片。这只是产生一个新的粒子阵列，不会影响到分布对象。

● 厚度：设置碎片的厚度。

● 所有面：将分布对象所有三角面分离，炸成碎片。

● 碎片数目：对象破碎成不规则的碎片。其下方的【最小值】参数选项用于指定将出现的碎片的最小数目。计算碎块的方法可能会使产生的碎片数多于指定的碎片数。

● 平滑角度：根据对象表面平滑度进行面的分裂，其下方的【角度】参数选项用于设定角度值。值越低，对象表面分裂越碎。

★ 【实例参数】组：如果在【粒子类型】选项组中单击【实例几何体】单选按钮时，该选项组中的参数才会呈可用状态。

● 对象：在拾取对象之后，将会在其右侧显示所拾取对象的名称。

● 拾取对象：单击该按钮后，然后在视口中选择要作为粒子使用的对象。如果选择的对象属于层次的一部分，并且启用了【且使用子树】，则拾取的对象及其子对象会成为粒子。如果拾取了组，则组中的所有对象作为粒子使用。

● 且使用子树：如果要将拾取的对象的链接子对象包括在粒子中，则启用此选项。如果拾取的对象是组，将包括组的所有子对象。

● 动画偏移关键点：因为可以为实例对象设置动画，此处的选项可以指定粒子的动画计时。

● 帧偏移：该参数选项用于指定从源对象的
当前计时的偏移值。

★ 【材质贴图和来源】选项组：用户可以
在该选项组中指定贴图材质如何影响粒
子，并且可以指定为粒子指定的材质的
来源。

　● 时间：指定从粒子出生开始完成粒子的一
个贴图所需的帧数。

　● 距离：指定从粒子出生开始完成粒子的一
个贴图所需的距离（以单位计）。

　● 材质来源：单击该按钮更新粒子的材质。

　● 图标：使用当前系统指定给粒子的图标
颜色。

> **提示**
>
> 　　【四面体】类型的粒子不受影响，它始终有
> 着自身的贴图坐标。

　● 拾取的发射器：粒子系统使用分布对象指
定的材质。

　● 实例几何体：使用粒子的替身几何体
材质。

★ 【碎片材质】选项组：为碎片粒子指定
不同的材质ID号，以便在不同区域指定
不同的材质。

　● 外表面材质ID：为碎片的外表面指定
面ID编号，其默认设置为0，它不是有
效的ID编号，从而会强制粒子碎片的
外表面使用当前为关联面指定的材质。
因此，如果已经为分布对象的外表面指
定了多种子材质，这些材质将使用ID保
留。如果需要一个特定的子材质，可以
通过更改【外表面材质ID】编号进行
指定。

　● 边ID：指定为碎片的边指定的子材质ID
编号。

　● 内表面材质：指定为碎片的内表面指定的
子材质ID编号。

（4）【旋转和碰撞】卷展栏

　　粒子经常高速移动。在这样的情况下，
可能需要为粒子添加运动模糊以增强其动
感。此外，现实世界的粒子通常边移动边旋

转，并且互相碰撞。【旋转和碰撞】卷展栏
如图11.34所示。

图11.34 【旋转和碰撞】卷展栏

★ 【自旋速度控制】选项组

　● 自旋时间：该参数选项用于控制粒子自身
旋转的节拍，即一个粒子进行一次自旋需
要的时间。值越高，自旋越慢。当值为0
时，不发生自旋。

　● 变化：设置自旋时间变化的百分比值。

　● 相位：设置粒子诞生时的旋转角度。它对
碎片类型无意义，因为它们总是从0度开
始分裂。

　● 变化：设置相位变化的百分比值。

★ 【自旋轴控制】选项组

　● 随机：随机为每个粒子指定自旋轴向。

　● 运动方向/运动模糊：以粒子发散的方向作
为其自身的旋转轴向，这种方式会产生放
射状粒子流，单击该单选按钮后，则其下
方的【拉伸】参数将呈可用状态。

　● 拉伸：沿粒子发散方向拉伸粒子的外
形，此拉伸强度会依据粒子速度的不同
而变化。

　● 用户自定义：通过3个轴向值来自行设置
粒子沿各轴向进行自旋的角度。

　● 变化：设置3个轴向自旋设定的变化百分
比值。

★ 【粒子碰撞】选项组：使粒子内部之间产生相互的碰撞，并控制粒子之间如何碰撞。该选项要进行大量的计算，对机器的配置有一定要求。

● 启用：在计算粒子移动时启用粒子间碰撞。

● 计算每帧间隔：每个渲染间隔的间隔数，期间进行粒子碰撞测试。值越大，模拟越精确，但是模拟运行的速度将越慢。

● 反弹：在碰撞后速度恢复到的原始的程度。

● 变化：用于设置粒子的随机变化百分比。

（5）【对象运动继承】卷展栏

每个粒子移动的位置和方向由粒子创建时发射器的位置和方向确定。使用【对象运动继承】卷展栏中的参数选项可以通过发射器的运动影响粒子的运动。如果发射器穿过场景，粒子将沿着发射器的路径散开。【对象运动继承】卷展栏如图11.35所示。

图11.35 【对象运动继承】卷展栏

★ 影响：该参数选项用于设置在粒子产生时，继承基于对象发射器运动的粒子所占的百分比。例如，如果将此选项设置为 100（默认设置），则所有粒子均与移动的对象一同移动；如果设置为 0，则所有粒子都不会受对象平移的影响，也不会继承对象的移动。

★ 倍增：该参数选项用于修改发射器运动影响粒子运动的量。该参数选项可以是正数，也可以是负数。

★ 变化：该参数选项用于设置倍增值的变化的百分比。

（6）【气泡运动】卷展栏

【气泡运动】提供了在水下气泡上升时所看到的摇摆效果。通常，将粒子设置为在较窄的粒子流中上升时，会使用该效果。气泡运动与波形类似，气泡运动参数可以调整

气泡【波】的振幅、周期和相位。【气泡运动】卷展栏如图11.36所示。

图11.36 【气泡运动】卷展栏

> **注意**
>
> 气泡运动不受空间扭曲的影响，所以，可以使用空间扭曲控制粒子流的方向，而不改变局部的摇摆气泡效果。

★ 振幅：该参数选项用于控制粒子离开通常的速度矢量的距离。

> **提示**
>
> 速度矢量是指速度既有大小又有方向，速度的大小在数值上等于物体在单位时间内发生的位移大小，速度的方向就是物体运动的方向。

★ 变化：用于控制每个粒子所应用振幅变化的百分比。

★ 周期：该参数用于控制粒子通过气泡"波"的一个完整振动的周期。建议的值为 20 到 30 个时间间隔。

> **注意**
>
> 气泡运动按时间测量，而不是按速率测量，所以，如果周期值很大，运动可能需要很长时间才能完成。

★ 变化：用于设置每个粒子的周期变化的百分比。

★ 相位：该参数用于控制气泡图案沿着矢量的初始置换。

★ 变化：该参数用于控制每个粒子的相位变化的百分比。

（7）【粒子繁殖】卷展栏

【粒子繁殖】卷展栏中的选项可以指定粒子消亡时或粒子与粒子导向器碰撞时，

粒子会发生的情况。使用此卷展栏中的选项可以使粒子在碰撞或消亡时繁殖其他粒子。【粒子繁殖】卷展栏中如图11.37所示。

图11.37 【粒子繁殖】卷展栏

★ 【粒子繁殖效果】选项组：用户可以在该选项组中确定粒子在碰撞或消亡时发生的情况。

● 无：单击该单选按钮后，将不使用任何繁殖控件，粒子按照正常方式活动。

● 碰撞后消亡：单击该单选按钮后，粒子将在碰撞到绑定的导向器（例如导向球）后消失。

● 持续：该参数选项用于控制粒子在碰撞后持续的寿命（帧数）。如果将此选项设置为0（默认设置），粒子在碰撞后立即消失。

● 变化：当【持续】大于0时，每个粒子的【持续】值各不相同。使用此选项可以羽化粒子密度的逐渐衰减。

● 碰撞后繁殖：在与绑定的导向器碰撞时产生繁殖效果。

● 消亡后繁殖：在每个粒子的寿命结束时产生繁殖效果。

● 繁殖拖尾：在现有粒子寿命的每个帧处，从该粒子繁殖粒子。【倍增】参数选项用于指定每个粒子繁殖的粒子数。繁殖的粒子的基本方向与父粒子的速度方向相反。【缩放混乱】、【方向混乱】和【速度混乱】因子应用于该基本方向。

> **注意**
>
> 如果【倍增】大于1，3个混乱因子中至少有一个要大于0，才能看到其他繁殖的粒子。否则，倍数将占据该空间。

● 繁殖数目：除原粒子以外的繁殖数。例如，如果此选项设置为1，并在消亡时繁殖，每个粒子超过原寿命后繁殖一次。

● 影响：该参数选项用于指定将繁殖的粒子的百分比。如果减小此设置，会减少产生繁殖粒子的粒子数。

● 倍增：用于倍增每个繁殖事件繁殖的粒子数。

● 变化：该参数选项用于逐帧指定【倍增】值将变化的百分比范围。

★ 【方向混乱】选项组

● 混乱度：用于指定繁殖粒子的方向可以从父粒子方向变化的量。如果设置为0，则表明无变化。如果设置为100，繁殖的粒子将沿着任意随机方向移动。如果设置为50，繁殖的粒子可以从父粒子的路径最多偏移90度。

★ 【速度混乱】选项组：可以在该选项组中设置随机改变繁殖的粒子与父粒子的相对速度。

● 因子：该参数用于设置繁殖粒子的速度相对于父粒子的速度变化的百分比范围。如果值为0，则表明无变化。

● 慢：随机应用速度因子，减慢繁殖的粒子的速度。

● 快：根据速度因子随机加快粒子的速度。

● 二者：根据速度因子，有些粒子加快速度，而其他粒子减慢速度。

● 继承父粒子速度：勾选该复选框后，除了速度因子的影响外，繁殖的粒子还继承母体的速度。

● 使用固定值：将【因子】值作为设置值，而不是作为随机应用于每个粒子的范围。

★ 【缩放混乱】选项组：用户可以通过该选项组中设置对粒子应用随机缩放。

● 因子：为繁殖的粒子确定相对于父粒子的随机缩放百分比范围。

● 向下：根据【因子】的值随机缩小繁殖的粒子，使其小于其父粒子。

● 向上：随机放大繁殖的粒子，使其大于其父粒子。

● 二者：将繁殖的粒子缩放为大于和小于其父粒子。

● 使用固定值：勾选该复选框后，将【因子】的值作为固定值，而不是值范围。

★ 【寿命值队列】选项组：用户可以通过该选项组中的参数选项指定繁殖的每一代粒子的备选寿命值的列表。繁殖的粒子使用这些寿命，而不使用在【粒子生成】卷展栏的【寿命】文本框中为原粒子指定的寿命。

● 列表窗口：用于显示寿命值的列表。列表上的第一个值用于繁殖的第一代粒子，下一个值用于下一代，依此类推。如果列表中的值数少于繁殖的代数，最后一个值将重复用于所有剩余的繁殖。

● 添加：单击该按钮后，将会将【寿命】文本框中的值加入列表框。

● 删除：单击该按钮后，将会删除列表框中当前选择显示的值。

● 替换：单击该按钮后，可以使用【寿命】文本框中的值替换队列中的值。

● 寿命：使用此选项可以设置一个值，然后单击【添加】按钮将该值加入列表窗口。

★ 【对象变形队列】选项组：使用该选项组中的参数可以在带有每次繁殖（按照【繁殖数】微调器设置）的实例对象粒子之间切换。

● 列表窗口：用于显示要实例化为粒子的对象的列表。列表中的第一个对象用于第一次繁殖，第二个对象用于第二次繁殖，依此类推。如果列表中的对象数少于繁殖数，列表中的最后一个对象将用于所有剩余的繁殖。

● 拾取：单击该按钮后，在视口中选择要加入列表的对象。

● 删除：单击该按钮后，将可以删除列表窗口中当前选择的对象。

● 替换：使用其他对象替换队列中的对象。

11.1.4 【暴风雪】粒子系统

【暴风雪】粒子系统从一个平面向外发射粒子流，与【雪】粒子系统相似，但功能更为复杂。从发射平面上产生的粒子在落下时不断旋转、翻滚。它们可以是标准基本体、变形球粒子或替身几何体。暴风雪的名称并非强调它的猛烈，而是指它的功能强大，不仅可以用于普通雪景的制作，还可以表现火花迸射、气泡上升、开水沸腾、满天飞花、烟雾升腾等特殊效果。

选择【创建】|【几何体】|【粒子系统】|【暴风雪】工具，在视口中拖动以创建暴风雪粒子系统，如图11.38所示。

图11.38 创建暴风雪粒子系统

★ 【显示图标】选项组

● 宽度、长度：设置发射器平面的长、宽值，即确定粒子发射覆盖的面积。

● 发射器隐藏：是否将发射器图标隐藏，发射器图标即使在屏幕上显示，它也不会被渲染。

★ 【视图显示】选项组：设置在视图中粒子以何种方式进行显示，这和最后的渲染效果无关。

其他参数选项的功能参考【粒子阵

列】粒子系统中的参数，在此就不再进行赘述了。

11.1.5 【粒子云】粒子系统

粒子云可以创建一群鸟、一个星空或一队在地面行军的士兵。【粒子云】粒子系统限制一个空间，在空间内部产生粒子效果。通常空间可以是球形、柱体或长方体，也可以是任意指定的分布对象，空间内的粒子可以是标准基本体、变形球粒子或替身几何体，常用来制作堆积的不规则群体。

选择【创建】|【几何体】|【粒子系统】|【粒子云】工具，在视口中拖动以创建粒子云粒子系统，如图11.39所示。

图11.39 创建粒子云粒子系统

其【基本参数】卷展栏中的各个选项的功能如下所述。

★ 【基于对象的发射器】选项组
● 拾取对象：单击此按钮，然后选择要作为自定义发射器使用的可渲染网格对象。
● 对象：显示所拾取对象的名称。

★ 【粒子分布】选项组
● 长方体发射器：选择长方体形状的发射器。
● 球体发射器：选择球体形状的发射器。
● 圆柱体发射器：选择圆柱体形状的发射器。
● 基于对象的发射器：选择【基于对象的发射器】选项组中所选的对象。

★ 【显示图标】选项组
● 半径/长度：当使用长方体发射器时，它为长度设定；当使用球体发射器和圆柱体发射器时，它为半径设定。
● 宽度：设置长方体的底面宽度。
● 高度：设置长方体和柱体的高度。
● 发射器隐藏：是否将发射器标志隐藏起来。

★ 【视口显示】选项组：设置在视图中粒子以何种方式进行显示，这和最后的渲染效果有关。

11.1.6 【超级喷射】粒子系统

从一个点向外发射粒子流，与【喷射】粒子系统相似，但功能更为复杂。它只能由一个出发点发射，产生线型或锥形的粒子群形态。在其他的参数控制上，与【粒子阵列】几乎相同，既可以发射标准基本体，还可以发射其他替代对象。通过参数控制，可以实现喷射、拖尾、拉长、气泡晃动、自旋等多种特殊效果。常用来制作水管喷水、喷泉、瀑布等特效。

选择【创建】|【几何体】|【粒子系统】|【超级喷射】工具，在视口中拖动以创建粒子云粒子系统，如图11.40所示。

图11.40 【基本参数】卷展栏

其【基本参数】卷展栏中的各个选项的功能如下所述。

★ 【粒子分布】选项组
   ● 轴偏离：设置粒子与发射器中心Z轴的偏离角度，产生斜向的喷射效果。
   ● 扩散：设置在Z轴方向上粒子发射后散开的角度。
   ● 平面偏离：设置粒子在发射器平面上的偏离角度。
   ● 扩散：设置在发射器平面上粒子发射后散开的角度，产生空间的喷射。

★ 【显示图标】选项组
   ● 图标大小：设置发射器图标的大小尺寸，它对发射效果没有影响。
   ● 发射器隐藏：设置是否将发射器图标隐藏。发射器图标即使在屏幕上，它也不会被渲染出来。

★ 【视口显示】选项组：设置在视图中粒子以何种方式进行显示，这和最后的渲染效果无关。

【粒子生成】、【粒子类型】、【气泡运动】和【旋转和碰撞】卷展栏中的内容参见其他区粒子系统相应的卷展栏，其功能大都相似。

> 超级喷射是喷射的一种更强大、更高级的版本。它提供了喷射的所有功能，以及其他一些特性。

下面将介绍如何利用【超级喷射】粒子系统制作喷泉效果，其具体操作步骤如下所述。

01 启动Max 2015，按Ctrl+O快捷键，在弹出的对话框中选择随书附带光盘中的"喷泉.max"素材文件，如图11.41所示。

图11.41　选择素材文件

02 单击【打开】按钮，即可将选中的素材文件打开，如图11.42所示。

图11.42　打开的素材文件

03 选择【创建】 | 【几何体】 | 【粒子系统】 | 【超级喷射】工具，在【顶】视图中绘制一个超级喷射粒子系统，如图11.43所示。

图11.43　创建超级喷射粒子系统

04 继续选中该对象，切换至【修改】命令面板中，在【基本参数】卷展栏中将【轴偏离】与【平面偏移】下的【扩散】都设置

为180，将【图标大小】设置为200，如图11.44所示。

图11.44　设置粒子系统基本参数

05 在【粒子生成】卷展栏中将粒子数量设置为35，在【粒子运动】选项组中将【速度】、【变化】分别设置为30、5，在【粒子计时】选项组中将【发射开始】、【发射停止】、【显示时限】、【寿命】、【变化】分别设置为-70、400、400、50、0，在【粒子大小】选项组中将【大小】设置为40，如图11.45所示。

图11.45　设置粒子生成参数

06 在【粒子类型】卷展栏中，单击【标准粒子】选项组中【四面体】单选按钮，在【旋转和碰撞】卷展栏中，将【自旋转度控制】选项组的【自旋时间】、【变化】分别设置为45、5，如图11.46所示。

图11.46 设置粒子类型及旋转和碰撞参数

07 继续选中该对象，按M键，在弹出的对话框中选择一个新的材质样本球，将其命名为【水珠】，在【Blinn基本参数】卷展栏中单击 c 按钮，取消【环境光】与【漫反射】的锁定，将【环境光】的RGB值设置为（151、180、187），将【漫反射】的RGB值设置为（151、168、184），将【不透明度】设置为50，在【反射高光】选项组中将【高光级别】与【光泽度】分别设置为80、45，如图11.47所示。

图11.47 设置Blinn基本参数

08 设置完成后，单击【将材质指定给选定对象】按钮 ，将该对话框关闭，在视图中调整超级喷射粒子系统的位置，如图11.48所示。

图11.48 调整超级喷射粒子系统的位置

09 继续选中该粒子系统，在【顶】视图中按住Shift键沿X轴向左移动，在弹出的对话框中单击【复制】单选按钮，将【副本数】设置为3，如图11.49所示。

图11.49 单击【复制】单选按钮并设置副本数

10 设置完成后，单击【确定】按钮，在视图中调整复制后的粒子系统的位置，效果如图11.50所示。

图11.50 调整粒子系统的位置

11 选择【创建】 ┃【空间扭曲】 ┃【力】┃【重力】工具，在顶视图中创建一个重

力，在【参数】卷展栏中将【力】选项组
中的【强度】设置为1.4，在【显示】选项
组中将【图标大小】设置为436，如图11.51
所示。

图11.51 创建重力并进行设置

12 在视图中调整重力的位置，在视图中按住
Ctrl键选择4个超级喷射粒子系统，在工具
栏中单击【绑定到空间扭曲】按钮，在
粒子系统上单击鼠标，并按住鼠标将其拖
曳至重力系统上，如图11.52所示。

图11.52 将粒子系统绑定到空间扭曲

13 选择【创建】|【空间扭曲】|【导
向器】|【导向板】工具，在顶视图中创
建一个导向板，在【参数】卷展栏中将
【反弹】、【变化】、【混乱】、【摩擦
力】、【继承速度】分别设置为0.52、10、
34、0、1.47，将【宽度】、【高度】分别
设置为7500、6500，如图11.53所示。

14 使用【选择并移动】工具在视图中调整导向
板的位置，如图11.54所示。

图11.53 创建导向板并进行设置

图11.54 调整导向板的位置

15 在视图中按住Ctrl键选择4个粒子系统，在工
具栏中单击【绑定到空间扭曲】按钮，
在粒子系统上单击鼠标，并按住鼠标将其
拖曳至导向板上，如图11.55所示。

图11.55 将粒子系统绑定至导向板上

16 继续选中该4个粒子系统，右击鼠标，在弹
出的快捷菜单中选择【对象属性】命令，
如图11.56所示。

17 在弹出的对话框选择【常规】选项卡，在【运动模糊】选项组中单击【图像】单选按钮，将
【倍增】设置为1.5，如图11.57所示。

图11.56 选择【对象属性】命令

图11.57 设置运动模糊

18 设置完成后，单击【确定】按钮，根据前面所介绍的方法对场景进行渲染输出，效果如图11.58
所示。

图11.58 渲染后的效果

11.2 空间扭曲

空间扭曲对象是一类在场景中影响其他物体的不可渲染对
象，它们能够创建力场使其他对象发生变形，可以创建涟漪、波浪、强风等效果，如图11.59所
示。不过空间扭曲改变的是场景空间，而修改器改变的是物体空间。

▋ 11.2.1 【力】类型的空间扭曲

【力】中的空间扭曲用来影响粒子系统和动力学系统。它们全部可以和粒子一起使用，而
且其中一些可以和动力学一起使用。

【力】面板中提供了9种不同的类型的作用力，下面将分别对其中的4种进行介绍。

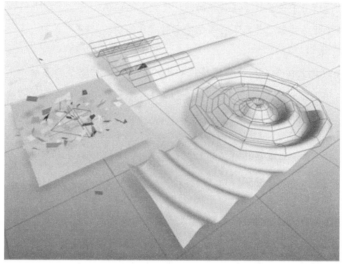

图11.59 空间扭曲的表面

（1）路径跟随

指定粒子沿着一条曲线路径流动，需要一条样条线作为路径。可以用来控制粒子运动的方向，例如表现山间的小溪，可以让水流顺着曲折的山麓流下。图11.60所示为粒子沿螺旋形路径运动，选择【创建】 ※|【空间扭曲】 ≫|【力】|【路径跟随】工具，在顶视图中创建一个粒子路径跟随对象，如图11.61所示。

图11.60 粒子沿螺旋形路径运动

图11.61 创建粒子路径跟随对象

★ 【当前路径】选项组

● 拾取图形对象：单击该按钮，然后单击场景中的图形即可将其选为路径。可以使用任意图形对象作为路径；如果选择的是一个多样条线图形，则只会使用编号最小的样条线。

● 无限范围：取消勾选该复选框时，会将空间扭曲的影响范围限制为【距离】设置的值。勾选该复选框时，空间扭曲会影响场景中所有绑定的粒子，而不论它们距离路径对象有多远。

● 范围：指定取消勾选【无限范围】复选框时的影响范围。这是路径对象和粒子系统之间的距离。【路径跟随】空间扭曲的图标位置会被忽略。

★ 【运动计时】选项组

● 开始帧：该参数选项用于设置路径开始影响粒子的起始帧。

- 通过时间：该参数选项用于设置每个粒子在路径上运动的时间。
- 变化：该参数选项用于设置粒子在传播时间的变化百分比值。
- 上一帧：路径跟随释放粒子并且不再影响它们时所在的帧。

★ 【粒子运动】选项组

- 沿偏移样条线：设置粒子系统与曲线路径之间的偏移距离对粒子的运动产生影响。如果粒子喷射点与路径起始点重合，粒子将顺着路径流动；如果改变粒子系统与路径的距离，粒子流也会发生变化。
- 沿平行样条线：设置粒子系统与曲线路径之间的平移距离对粒子的运动不产生影响。即使粒子喷射口不在路径起始点，它也会保持路径的形态发生流动，但路径的方向会改变粒子的运动。
- 恒定速度：勾选该复选框，粒子将保持匀速流动。
- 粒子流锥化：设置粒子在流动时偏向于路径的程度，根据其下的3个选项将产生不同的效果。
- 变化：设置锥形流动的变化百分比值。
- 会聚：当【粒子流锥化】值大于0时，粒子在沿路径运动的同时会朝路径移动。
- 发散：粒子以分散方式偏向于路径。
- 二者：一部分粒子以会聚方式偏向于路径；另一部分粒子以分散方式偏向于路径。
- 旋涡流动：设置粒子在路径上螺旋运动的圈数。
- 变化：设置旋涡流动的变化百分比值。
- 顺时针和逆时针：设置粒子旋转的方向为顺时针还是逆时针方向。
- 双向：设置粒子打旋方向为双方向。

★ 【唯一性】选项组

- 种子：设置在相同设置下表现出不同的效果。

★ 【显示图标】选项组

- 图标大小：设置视图中图标的显示大小。

（2）**重力**

　　【重力】空间扭曲可以在粒子系统所产生的粒子上对自然重力的效果进行模拟。重力具有方向性，沿重力箭头方向的运动的粒子呈加速状，逆着箭头方向运动的粒子呈减速状。在球形重力下，运动朝向图标。重力也可以作为动力学模拟中的一种效果，如图11.62所示。

　　下面将对【重力】的【参数】卷展栏进行介绍，如图11.63所示。

图11.62　重力引起的粒子降落效果

图11.63　【参数】卷展栏

★ 【力】选项组

- 强度：该参数用于设置重力的大小。当值为0时，无引力影响；值为正时，粒子会沿着箭头方向偏移；值为负时，粒子会指向箭头方向。
- 衰退：该参数用于设置粒子随着距离的增加而减少，受引力的影响。

- 平面：单击该单选按钮后，重力效果将垂直于贯穿场景的重力扭曲对象所在的平面。
- 球形：单击该单选按钮后，重力效果将变为球形，粒子将被球心吸引。

★ 【显示】选项组

- 范围指示器：勾选该复选框时，如果衰减参数大于0，视图中的图标会显示出重力最大值的范围。
- 图标大小：该参数选项用于设置图标在视图中的大小。

（3）风

　　【风】空间扭曲可以模拟风吹动粒子系统所产生的粒子的效果。风力具有方向性。顺着风力箭头方向运动的粒子呈加速状。逆着箭头方向运动的粒子呈减速状，效果如图11.64所示，【风】空间扭曲的【参数】卷展栏如图11.65所示。

图11.64　通过风力改变喷泉喷射方向

图11.65　【参数】卷展栏

★ 【力】选项组

- 强度：该参数选项用于设置风力的强度大小。
- 衰退：设置【衰退】为 0.0 时，风力扭曲在整个世界空间内有相同的强度。增加【衰退】值会导致风力强度从风力扭曲对象的所在位置开始随距离的增加而减弱。
- 平面：设置空间扭曲对象为平面方式，箭头面为风吹的方向。
- 球形：设置空间扭曲对象为球形方式，球体中心为风源。

★ 【风】选项组

- 湍流：该参数可以使粒子在被风吹动时随机改变路线。该数值越大，湍流效果越明显。
- 频率：当其设置大于 0.0 时，会使湍流效果随时间呈周期变化。这种微妙的效果可能无法看见，除非绑定的粒子系统生成大量粒子。
- 比例：该参数可以缩放湍流效果。当【比例】值较小时，湍流效果会更平滑、更规则。当【比例】值增加时，紊乱效果会变得更不规则、更混乱。

★ 【显示】选项组

- 范围指示器：勾选该复选框，如果衰减参数大于0，视图中的图标会显示出风力最大值的范围。
- 图标大小：用于设置视图中图标的大小尺寸。

　　下面将介绍如何利用【暴风雪】粒子系统与【风】空间扭曲制作花瓣飘落效果，其具体操作步骤如下所述。

01 启动3ds Max 2015，按Ctrl+O快捷键，在弹出的对话框中选择随书附带光盘中的"花瓣飘落.max"素材文件，如图11.66所示。

02 单击【打开】按钮，即可将选中的素材文件打开，如图11.67所示。

图11.66 选择素材文件

图11.67 打开的素材文件

03 选择【创建】 ![icon]|【几何体】 ![icon]|【粒子系统】|【暴风雪】工具，在【顶】视图中创建一个暴风雪粒子系统，如图11.68所示。

04 确认创建的暴风雪粒子系统处于选中状态，切换至【修改】命令面板中，在【基本参数】卷展栏中将【宽度】、【长度】分别设置为45、4301，在【视口显示】选项组中单击【网格】单选按钮，将【粒子数百分比】设置为0.001，如图11.69所示。

图11.68 创建暴风雪粒子系统

图11.69 设置基本参数

05 在【粒子生成】卷展栏中的【粒子数量】选项组中单击【使用速率】单选按钮，在其下方的文本框中输入2，在【粒子运动】选项组中将【速度】、【变化】、【翻滚】、【翻滚速率】分别设置为0.1、3、0.5、0，在【粒子计时】选项组中将【发射开始】、【发射停止】、【显示时限】、【寿命】、【变化】分别设置为-100、300、200、300、0，在【粒子大小】选项组中将【大小】、【变化】分别设置为2、0.62，如图11.70所示。

06 在【粒子类型】卷展栏中的【粒子类型】选项组中单击【实例几何体】单选按钮，在【实例参数】选项组中单击【拾取对象】按钮，在视图中拾取花瓣作为对象即可，如图11.71所示。

07 设置完成后，在工具栏中右击【角度捕捉切换】按钮，在弹出的对话框中将【角度】设置为90，设置完成后，将该对话框关闭，打开角度捕捉，使用【选择并旋转】工具在【顶】视图中沿Z轴旋转-90°，旋转完成后，关闭角度捕捉，在视图中调整暴风雪粒子系统的位置，如图11.72所示。

08 将材质编辑器中的【花瓣】材质指定给粒子系统，选择【创建】 ▓ |【空间扭曲】 ≋ |【力】|【风】工具，在【顶】视图中创建一个风空间扭曲，在【参数】卷展栏中将【强度】设置为0.2，将【图标大小】设置为1000，如图11.73所示。

图11.70 设置粒子生成参数

图11.71 设置粒子类型并拾取对象

图11.72 旋转并调整暴风雪粒子系统的位置

图11.73 创建风空间扭曲并进行设置

09 继续选中该对象，激活【前】视图，在工具栏中单击【镜像】按钮 ⋈ ，在弹出的对话框中单击【Y】单选按钮，如图11.74所示。

10 单击【确定】按钮，确认该对象处于选中状态，激活【前】视图，右击【选择并旋转】按钮，在弹出的对话框中将【偏移：屏幕】选项组中的【Z】设置为-39.5，如图11.75所示。

图11.74 单击【Y】单选按钮

图11.75 设置旋转参数

11 设置完成后，将该对话框关闭，使用【选择并移动】工具在视图中调整其位置，效果如图11.76所示。

12 单击【绑定到空间扭曲】按钮，在视图中选择暴风雪粒子系统，按住鼠标将其拖曳至空间扭曲对象上即可，如图11.77所示。

图11.76　调整空间扭曲对象的位置

图11.77　将粒子与空间扭曲进行绑定

13 绑定完成后，对完成后的场景保存并渲染输出即可。

（4）置换

【置换】空间扭曲以力场的形式推动和重塑对象的几何外形。置换对几何体（可变形对象）和粒子系统都会产生影响，如图11.78所示。使用【置换】空间扭曲有以下两种基本方法。

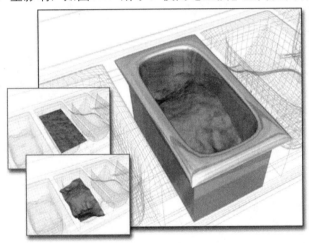

图11.78　用于改变容器中的表面的置换

方法一：应用位图的灰度生成位移量。2D图像的黑色区域不会发生位移。较白的区域会往外推进，从而使几何体发生3D置换。

方法二：通过设置位移的【强度】和【衰退】值，直接应用置换。

【置换】空间扭曲的工作方式和【转换】修改器类似，只不过前者像所有空间扭曲那样，影响的是世界空间而不是对象空间。

【置换】空间扭曲的【参数】卷展栏中的参数选项功能如下所述。

★　【置换】选项组

● 强度：当将该参数设置为0.0时，置换扭曲没有任何效果。大于0.0的值会使对象几何体或粒子按偏离【置换】空间扭曲对象所在位置的方向发生置换。小于0.0的值会使几何体朝扭曲置换。默认值为0.0。

● 衰退：默认情况下，置换扭曲在整个世界空间内有相同的强度。增加【衰退】值会导致置换强度从置换扭曲对象的所在位置开始随距离的增加而减弱。默认值为0.0。

★ 【图像】选项组

● 位图：默认情况下为【无】。单击该按钮后，可以在选择对话框中指定位图文件。选择位图后，此按钮会显示位图的名称。

● 移除位图：单击该按钮后，将会移除指定的位图或贴图。

● 贴图：默认情况下标为【无】。单击以从材质/贴图浏览器中指定位图或贴图。选择完位图或贴图后，该按钮会显示贴图的名称。

● 移除贴图：单击该按钮后，将会移除指定的位图或贴图。

● 模糊：增加该值可以模糊或柔化位图置换的效果。

★ 【贴图】选项组

● 平面：从对象上的一个平面投影贴图，在某种程度上类似于投影幻灯片，图11.79所示为平面贴图效果。

● 柱形：从圆柱体投影贴图，使用它包裹对象。圆柱形投影用于基本形状为圆柱形的对象，如图11.80所示。

图11.79 平面贴图

图11.80 圆柱形贴图

● 球形：通过从球体投影贴图来包围对象，如图11.81所示。球形投影用于基本形状为球形的对象。

● 收缩包裹：使用球形贴图，但是它会截去贴图的各个角，然后在一个单独的极点将它们全部结合在一起，仅创建一个奇点，如图11.82所示。收缩包裹贴图用于隐藏贴图奇点。

图11.81 球形贴图

图11.82 收缩包裹贴图

● 长度、宽度、高度：指定空间扭曲 gizmo 的边界框尺寸。

 提示

高度对平面贴图没有任何影响。

- U/V/W 向平铺：用于指定位图沿指定尺寸重复的次数。默认值 1.0 对位图执行一次贴图操作，数值 2.0 对位图执行两次贴图操作，依此类推。分数值会在除了重复整个贴图之外对位图执行部分贴图操作。例如，数值 2.5 会对位图执行两次半贴图操作。

- 翻转：用于设置沿相应的 U、V 或 W 轴反转贴图的方向。

11.2.2 【几何/可变形】类型的空间扭曲

几何/可变形空间扭曲用于使几何体变形，其中包括FFD（长方体）空间扭曲、FFD（圆柱体）空间扭曲、波浪空间扭曲、涟漪空间扭曲、置换空间扭曲、一致空间扭曲、和爆炸空间扭曲。

（1）波浪

【波浪】空间扭曲可以在整个世界空间中创建线性波浪。它影响几何体和产生作用的方式与【波浪】修改器相同，它们最大的区别在于对象与波浪空间扭曲间的相对方向和位置会影响最终的扭曲效果。通常用它来影响大面积的对象，产生波浪或蠕动等特殊效果，效果如图11.83所示。

图11.83 利用【波浪】空间扭曲使长方体变形

其【参数】卷展栏中的各个选项的功能如下所述。

★ 【波浪】选项组
- 振幅1：设置沿波浪扭曲对象的局部X轴的波浪振幅。
- 振幅2：设置沿波浪扭曲对象的局部Y轴的波浪振幅。
- 波长：以活动单位数设置每个波浪沿其局部Y轴的长度。
- 相位：在在波浪对象中央的原点开始偏移波浪的相位。整数值无效，只有小数值才有效。设置该参数的动画会使波浪看起来像是在空间中传播。
- 衰退：当其设置为0时，波浪在整个世界空间中有相同的一个或多个振幅。增加【衰退】值会导致振幅从波浪扭曲对象的所在位置开始随距离的增加而减弱，默认设置为0。

★ 【显示】选项组
- 边数：设置波浪自身X轴的振动幅度。
- 分段：设置波浪自身Y轴上的片段划分数。
- 尺寸：在不改变波浪效果的情况下，调整波浪图标的大小。

（2）涟漪

【涟漪】空间扭曲可以在整个世界空间中创建同心波纹。它影响几何体和产生作用的方式与涟漪修改器相同。如果想让涟漪影响大量对象，或想要相对于其在世界空间中的位置影响某个对象时，应该使用【涟漪】空间扭曲。涟漪效果如图11.84所示。

下面将对【参数】卷展栏进行介绍，如图11.85所示。

★ 【涟漪】选项组
- 振幅1：设置沿着涟漪对象自身X轴向上的振动幅度。
- 振幅2：设置沿着涟漪对象自身Y轴向上的振动幅度。
- 波长：设置每一个涟漪波的长度。

- 相位：设置波从涟漪中心点发出时的振幅偏移。此值的变化可以记录为动画，产生从中心向外连续波动的涟漪效果。
- 衰退：设置从涟漪中心向外衰减振动的影响，靠近中心的地区振动最强，随着距离的拉远，振动也逐渐变弱，这一点符合自然界中的涟漪现象，当水滴落入水中后，水波向四周扩散，振动衰减直至消失。

★ 【显示】选项组
- 圈数：设置涟漪对象圆环的圈数。
- 分段：设置涟漪对象圆周上的片段划分数。
- 尺寸：设置涟漪对象显示的尺寸大小。

图11.84 涟漪效果

图11.85 【参数】卷展栏

（3）置换

【置换】是一个具有奇特功能的工具，它可以将一个图像映射到三维对象表面，根据图像的灰度值，可以对三维对象表面产生凹凸效果，白色的部分将凸起，黑色的部分会凹陷，该功能与力中的【置换】一样，这里就不再重复。

11.3 视频后期处理

本节将对视频后期处理进行全面介绍，希望通过对本节的学习，读者能够对视频后期处理有一个全面的认识。

11.3.1 视频后期处理简介

视频后期处理视频合成器是3ds Max中独立的一大组成部分，相当于一个视频后期处理软件，包括动态影像的非线性编辑功能，以及特殊效果处理功能，类似于After Effects或者Combustion等后期合成软件的性质，但视频后期处理功能很弱。在几年前后期合成软件不太流行的时候，这个视频合成器的确起到了很大的作用，不过随着时代的发展，现在PC平台上的后期合成软件已经发展得非常成熟，因此3ds Max软件本身在2版本以后就没有再发展这个功能。当然这个视频合成器还是很好使用的，很多特殊效果都可以利用它来制作，只是制作效率比较低。

一个视频后期处理序列可以包含场景几何体、背景图像、效果，以及用于合成这些内容的遮罩，如图11.86所示。

图11.86　利用视频后期处理合成的效果

11.3.2　视频后期处理界面介绍

在菜单栏中选择【渲染】|【视频后期处理】命令，如图11.87所示，即可打开【视频后期处理】对话框，如图11.88所示。

图11.87　选择【视频后期处理】命令

图11.88　【视频后期处理】对话框

从外表上看，视频后期处理界面由4部分组成：顶端为工具栏，完成各种操作；左侧为序列窗口，用于加入和调整合成的项目序列；右侧为编辑窗口，以滑块控制当前项目所处的活动区段；在该对话框的底部提供了一些用于提示信息的显示和一些控制工具。

在视频后期处理中，可以加入多种类型的项目，包括当前场景、图像、动画、过滤器和合成器等，主要目的有两个：一是将场景、图像和动画组合连接在一起，层层覆盖以产生组合的图像效果，分段连接产生剪辑影片的作用；二是对组合和连接加入特殊处理，如对图像进行发光处理，在两个影片衔接时做淡入淡出处理等。

（1）序列窗口和编辑窗口

左侧空白区中为序列窗口，在序列窗口中以一个分支树的形式将各个项目连接在一起，项目的种类可以任意指定，它们之间也可以分层。这与材质分层、轨迹分层的概念相同。

在视频后期处理中，大部分工作是在各个项目的自身设置面板中完成的。通过序列窗口可以安排这些项目的顺序，从上至下，越往上，层级越低，下面的层级会覆盖在上面的层级之上。所以对于背景图像，应该将其放置在最上层（即最底层级）。

对于序列窗口中的项目，双击可以直接打开它的参数控制面板，进行参数设置。单击可以将它选择，配合键盘上的Ctrl键可以单独添加或减去选择，配合Shift键可以将两个选择之间的所有项目选择，这对于编辑窗口中的操作也同样适用。

右侧窗口是编辑窗口，它的内容很简单，以条柱表示当前项目作用的时间段，上面有一个可以滑动的时间标尺，由此确定时间段的坐标，时间条柱可以移动或放缩，多个条柱选择后可以进行各种对齐操作。双击项目条柱也可以直接打开它的参数控制面板，进行参数设置，如图11.89所示。

图11.89 序列窗口和编辑窗口

（2）**信息栏和显示控制工具**

在视频后期处理底部是信息栏和显示控制工具。

最左侧为提示行，显示下一步进行何种操作，主要针对当前选择的工具。

中间为状态行，S：显示当前选择项目的起始帧。E：显示当前选择项目的结束帧。F：显示当前选择项目的总帧数。W/H：显示当前序列最后输出图像的尺寸，单位为像素。

控制工具主要用于编辑窗口的显示。

★ 【平移】：用于在事件轨迹区域水平拖动将视图从左移至右。

★ 【最大化显示】：水平调整事件轨迹区域的大小，使最长轨迹栏的所有帧都可见。

★ 【缩放时间】：事件轨迹区域显示较多或较少数量的帧，可以缩放显示。时间标尺显示当前时间单位。在事件轨迹区域水平拖动来缩放时间。向右拖动以在轨迹区域显示较少帧（放大）。向左拖动以在轨迹区域显示较多帧（缩小）。

★ 【缩放区域】：通过在事件轨迹区域拖动矩形来放大定义的区域。

（3）**工具栏**

工具栏中包含的工具主要用于处理视频后期处理文件、管理显示在序列窗口和编辑窗口中的单个事件。

★ 【新建序列】：单击该按钮，将会弹出一个确认提示，新建一个序列的同时会将当前的所有序列设置删除。

★ 【打开序列】：单击该按钮，弹出【打开序列】对话框，在该对话框中可以将已保存的vpx格式文件调入，vpx是视频后期处理保存的标准格式，这有利于序列设置的重复利用。

★ 【保存序列】：单击该按钮，弹出【保存视频后期处理文件】对话框，将当前视频后期处理中的序列设置保存为标准的vpx文件，以便用于其他场景。一般情况下，不必单独保存视频后期处理文件，所有的设置会连同3ds Max文件一同保存。如果在序列项目中有动画设置，将会弹出一个警告框，告知不能将此动画设置保存在vpx文件中，如果需要完整保存的话，应当以3ds Max文件保存，如图11.90所示。

★ 【编辑当前事件】：在序列窗口中选择一个事件后，此按钮成为活动状态，单击它，可以打开当前选择项目的参数设置面板。一般我们不使用这个工具，因为无论在序列窗口还是编辑窗口中，双击项目就可以打开它的参数设置面板。

★ 【删除当前事件】✕：可以删除不可用的启用事件和禁用事件。

★ 【交换事件】⟳：当两个相邻的事件一同被选择时，它变为激活状态。单击该按钮可以将两个事件的前后次序颠倒，用于事件之间相互次序的调整。

★ 【执行序列】✕：对当前视频后期处理中的序列进行输出渲染，这是最后的执行操作，将弹出一个参数设置面板，如图11.91所示。在该对话框中设置时间范围和输出大小，然后单击【渲染】按钮创建视频。

图11.90　警告框

图11.91　【执行视频后期处理】对话框

● 【时间输出】选项组

　　◆ 单个：仅当前帧。只能执行单帧，前提是它在当前范围内。

　　◆ 范围：两个数字之间（包括这两个数）的所有帧。

　　◆ 每N帧：帧的规则采样。例如，输入8则每隔8帧执行一次。

● 【输出大小】选项组

　　◆ 类型：用户可以在该下拉列表中选择【自定义】或电影及视频格式。对于【自定义】类型，可以设置摄影机的光圈宽度、渲染输出分辨率和图像纵横比或像素纵横比。

　　◆ 宽度/高度：以像素为单位指定图像的宽度和高度。对于【自定义】格式，可以分别单独进行设置。对于其他格式，两个微调器会锁定为指定的纵横比，因此更改一个另外一个也会更改。

　　◆ 分辨率按钮：指定预设的分辨率。用右键单击该按钮将显示子对话框，利用它可以更改该按钮指定的分辨率。

　　◆ 图像纵横比：设置图像的纵横比。更改【图像纵横比】时，还可以更改【高度】值以保持正确的纵横比。对于标准的电影或视频格式，图像纵横比是锁定的，该文本框由显示的文字取代。

　　◆ 像素纵横比：设置图像像素的纵横比。对于标准的电影或视频格式，像素纵横比由格式确定，该文本框由显示的文字取代。

● 【输出】选项组

　　◆ 保持进度对话框：视频后期处理序列完成执行后，强制【视频后期处理进度】对话框保持显示。默认情况下，它会自动关闭。如果勾选该复选框，则必须单击【关闭】按钮关闭该对话框。

　　◆ 渲染帧窗口：在屏幕上以窗口方式显示【视频后期处理】执行。

　　◆ 网络渲染：如果勾选该复选框，在渲染时将会看到【网络作业分配】对话框。

★ 【编辑范围栏】⊶：这是视频后期处理中的基本编辑工具，对序列窗口和编辑窗口都有效。

★ 【将选定项靠左对齐】⊧：将多个选择的项目范围条左侧对齐。

★ 【将选定项靠右对齐】⊣：将多个选择的项目范围条右侧对齐。

★ 【使选定项大小相同】：单击该按钮使所有选定的事件与当前的事件大小相同。

★ 【关于选定项】：单击该按钮，将选定的事件首尾连接，这样，一个事件结束时，下一个事件开始。

★ 【添加场景事件】：为当前序列加入一个场景事件，渲染的视图可以从当前屏幕中使用的几种标准视图中选择。对于摄影机视图，不出现在当前屏幕上的也可以选择，这样，可以使用多架摄影机在不同角度拍摄场景，通过视频后期处理将它们按时间段组合在一起，编辑成一段连续切换镜头的影片。单击【添加场景事件】按钮，可以打开【添加场景事件】对话框，如图11.92所示。

图11.92 【添加场景事件】对话框

● 【视图】选项组

◆ 标签：这里可以为当前场景事件设定一个名称，它将出现在序列窗口中，如果为【未命名】，则以当前选择的视图标识名称作为序列名称。

◆ 视图选择下拉列表：在这里可以选择当前场景渲染的视图，其中包括当前屏幕中存在的标准视图，以及所有的摄影机视图。

● 【场景选项】选项组

◆ 渲染设置：单击该按钮，将打开【渲染设置】面板，其中所包含的内容是除视频后期处理执行序列对话框参数以外的其余渲染参数，这些参数与场景的渲染参数通用，彼此调节都会产生相同的影响。

◆ 场景运动模糊：为整个场景打开场景运动模糊效果。这与对象运动模糊有所区别，对象运动模糊只能为场景中的个别对象创建运动模糊。

◆ 持续时间（帧）：为运动模糊设置虚拟快门速度。当将它设置为1时，则为连续两帧之间的整个持续时间开启虚拟快门。当将它设置为较小数值时（例如0.25），在【持续时间细分】字段指定的细分数将帧的指定部分渲染。

◆ 持续时间细分：确定在【持续时间】内渲染的子帧切片的数量。默认值为2，但是可能要有至少5个或者6个才能达到合适的效果。

◆ 抖动%：设置重叠帧的切片模糊像素之间的抖动数量。如果【抖动%】设置为0，则不会有抖动发生。

● 【场景范围】选项组

◆ 场景开始/结束：设置要渲染的场景帧范围。

◆ 锁定范围栏到场景范围：当取消勾选【锁定到视频后期处理范围】复选框时才可用。当它可用时，将禁用【场景结束】微调器，并锁定到【视频后期处理】范围。更改【场景开始】微调器时，它会根据为该事件设置的【视频后期处理】范围自动更新【场景结束】微调器。

◆ 锁定到视频后期处理范围：将相同范围的场景帧渲染为【视频后期处理】帧。可以在【视频后期处理】对话框中设置【视频后期处理】范围。

● 【视频后期处理参数】选项组

◆ VP开始/结束时间：在整个视频后期处理队列中设置选定事件的开始帧和结束帧。

◆ 启用：该复选框用于启用或禁用事件。取消勾选该复选框时，事件被禁用，当渲染队列时，【视频后期处理】会忽略该事件。必须分别禁用各个事件。

★ 【添加图像输入事件】：将静止或移动的图像添加至场景。【图像输入】事件将图像放置到队列中，但不同于【场景】

事件，该图像是一个事先保存过的文件或
设备生成的图像。单击【添加图像输入事
件】按钮，可以打开【添加图像输入
事件】对话框，如图11.93所示。

图11.93 【添加图像输入事件】对话框

● 【图像输入】选项组

◆ 标签：为当前事件定义一个特征名称，
如果默认【未命名】。将使用输入图像
的文件名称。

◆ 文件：可用于选择位图或动画图像文件。

◆ 设备：选择用于图像输出的外围设备驱动。

◆ 选项：单击该按钮，弹出【图像输入选
项】对话框，如图11.94所示。在该对话
框中可以设置输入图像的对齐方式、大
小和帧范围。

图11.94 【图像输入选项】对话框

提示 【选项】按钮只有在添加图像文件之后才
可用。

◆ 缓存：在内存中存储位图。如果要使用
单个图像位图，则可以勾选该复选框。
【视频后期处理】不会重新加载或缩放

每个帧的图像。

● 【图像驱动程序】选项组

提示 只有将选择的设备用作图像源时，这些按钮
才可用。

◆ 关于：提供关于图像处理程序软件来源
的信息，该软件用于将图像导入3ds Max
环境。

◆ 设置：显示插件的设置对话框。某些插
件可能不能使用该按钮。

● 【视频后期处理参数】选项组

与【添加场景事件】对话框中的内容相
同，可参见前面相关内容的介绍。

★ 【添加图像过滤事件】：提供图像和
场景的图像处理。单击【添加图像过滤
事件】按钮，打开图11.95所示的【添
加图像过滤事件】对话框。

图11.95 【添加图像过滤事件】对话框

● 【过滤器插件】选项组

◆ 标签：指定一个名称作为当前过滤事件
在序列中的名称。

◆ 过滤器列表：在该下拉列表中列出了已
安装的过滤器插件。

◆ 关于：提供插件的版本和来源信息。

◆ 设置：显示插件的设置对话框。某些插
件可能不能使用该按钮。

● 【遮罩】选项组

◆ 通道：如果要将位图用作遮罩文件，可
以使用 Alpha 通道、【红色、绿色或蓝
色】通道、【亮度】、【Z缓冲区】、

【材质效果】或【对象ID】。

提示

通道类型下拉列表只有在勾选【遮罩】选项组中的【启用】复选框时才可用。

- ◆ 文件：选择用作遮罩的文件。选定文件的名称会出现在【文件】按钮上方。
- ◆ 选项：单击该按钮，将会显示【图像输出选项】对话框，可以在该对话框中设置相对于视频输出帧的对齐和大小。对于已生成动画的图像，还可以将遮罩与视频输出帧序列同步。
- ◆ 启用：如果取消勾选该对话框，则【视频后期处理】会忽略任何其他遮罩设置。
- ◆ 反转：启用后，将遮罩反转。

★ 【视频后期处理参数】选项组：这个选项组中的内容与【添加场景事件】对话框中【视频后期处理参数】选项组中的内容相同，可参见相关的内容进行设置。这里就不再赘述了。

★ 【添加图像层事件】按钮🔲：将两个事件以某种特殊方式合成在一起，这时它成为父级事件，被合成的两个事件成为子级事件。对于事件的要求，只能合成输入图像和输入场景事件，当然也可以合成图层事件，产生嵌套的层级。单击【添加图像层事件】按钮🔲，即可打开【添加图像层事件】对话框，如图11.96所示。

一般我们利用它将两个图像或场景合成在一起，利用Alpha通道控制透明度，从而产生一个新的合成图像。还可以将两段影片连接在一起，用作淡入淡出或擦拭等基本转场效果。对于更加复杂的剪辑效果，应使用专门的视频剪辑软件来完成，如Adobe Premiere等。

它的参数与【过滤器事件】相同，只是下拉菜单中提供的合成器不同。

★ 【添加图像输出事件】按钮🔳：与图像输入事件按钮用法相同，只是支持的图像格式少了一些。通常将它放置在序列的最后，可以将最后的合成结果保存为图像文件。单击【添加图像输出事件】按钮，打开【添加图像输出事件】对话框，如图11.97所示。

图11.96　【添加图像层事件】对话框

图11.97　【添加图像输出事件】对话框

★ 【添加外部事件】按钮🔳：使用它可以为当前事件加入一个外部处理程序，例如Photoshop、CorelDRAW等。它的原理是在完成3ds Max的渲染任务后，打开外部程序，将保存在系统剪贴板中的图像粘贴为新文件。在外部程序中对它进行编辑加工，最后再复制到剪贴板中，关闭该程序后，加工后的剪贴板图像会重新应用到3ds Max中，继续其他的处理操作。单击【添加外部事件】按钮，将会打开【添加外部事件】对话框，如图11.98所示。

图11.98　【添加外部事件】对话框

● 浏览：单击该按钮，在硬盘目录中指定要加入的程序名称。

● 将图像写入剪贴板：勾选该复选框，将把前面Max完成的图像粘贴到系统剪贴板中。

● 从剪贴板读取图像：勾选该复选框，将外部程序关闭后，重新读入剪贴板中的图像。

其他命令参照前面相关的内容，这里就不再赘述了。

★ 【添加循环事件】按钮：对指定事件进行循环处理。它可以对所有类型的事件操作，包括它自身，加入循环事件后会产生一个层级，子事件为原事件，父事件为循环事件，表示对原事件进行循环处理。加入循环事件后，可以更改原事件的范围，但不能更改循环事件的范围，它以灰色显示出循环后的总长度，如果要对它进行调节，必须进入其循环设置面板。单击【添加循环事件】按钮，即可打开【添加循环事件】对话框，如图11.99所示。

图11.99　【添加循环事件】对话框

● 【顺序】选项组

◆ 标签：为循环事件指定一个名称，它将显示在事件窗口中。

◆ 循环：以首尾的连接方式循环。

◆ 往复：重复子事件，方法是首先向前播放，然后向后播放，再向前播放，以此类推。不重复子事件的最后帧。

● 次数：指定除子事件首次播放以外的重复循环或往复的次数。

● 序列窗口：在【序列窗口】中包含以下操作选项及编辑方式。

◆ 通过单击项目事件（选定后黄色底显示）来选择任一事件。

◆ 配合Ctrl键加入或减去一个项目事件。

◆ 配合Shift键将两个选择项目事件之间的全部事件选择。

◆ 单击【队列】项目事件，全选子级事件。

◆ 双击项目事件，打开它的参数控制面板。

◆ 单击右键取消所有选择。

● 编辑窗口：在【编辑窗口】中包含以下操作选项及编辑方式。

◆ 单击选择单个范围栏，以红色显示。

◆ 配合Ctrl键加入或减去一个范围栏。

◆ 配合Shift键将两个选择范围栏之间的全部范围栏进行选择。

◆ 在范围栏两端拖动鼠标，进行时间范围的调节。

◆ 在范围栏中央拖动鼠标，进行整个范围栏整个区间的移动。

◆ 双击事件范围栏，打开它的参数控制面板。

◆ 单击右键取消所有选择。

下面将介绍如何利用【暴风雪】粒子系统与【风】空间扭曲制作花瓣飘落效果，其具体操作步骤如下所述。

01 新建一个空白场景，按8键，在弹出的对话框中选择【环境】选项卡，在【背景】选项组中单击【环境贴图】下的材质按钮，在弹出的对话框中选择【位图】选项，如图11.100所示。

图11.100　选择【位图】选项

02 单击【确定】按钮，在弹出的对话框中选择随书附带光盘中的"太阳耀斑背景.jpg"，如图11.101所示。

图11.101　选择贴图文件

03 单击【打开】按钮，按M键打开材质编辑器，在【环境和效果】对话框中选择【环境贴图】下的材质，按住鼠标将其拖曳至

材质编辑器中新的材质样本球上，在弹出的对话框中单击【实例】单选按钮，如图11.102所示。

图11.102　复制材质

04 单击【确定】按钮，在【坐标】卷展栏中将【贴图】设置为【屏幕】，如图11.103所示。

图11.103　设置贴图类型

05 设置完成后，关闭材质编辑器与【环境和效果】对话框，选择【透视】视图，在菜单栏中选择【视图】|【环境背景】命令，如图11.104所示。

06 选择【创建】|【辅助对象】|【大气装置】|【球体Gizmo】工具，在【前】视图中创建一个球体Gizmo，在【球体Gizmo参数】卷展栏中将【半径】设置为500，如图11.105所示。

图11.104 选择【环境背景】命令

图11.105 创建球体Gizmo

07 按8键，在弹出的【环境和效果】对话框中选择【环境】选项卡，在【大气】卷展栏中单击【添加】按钮，在弹出的对话框中选择【火效果】选项，如图11.106所示。

图11.106 选择【火效果】

08 单击【确定】按钮，在【火效果参数】卷展栏中单击【拾取Gizmo】按钮，在视图中拾取前面所创建的球体Gizmo对象，如图11.107所示。

图11.107 拾取球体Gizmo

09 拾取完成后，关闭该对话框，选择【创建】 |【摄影机】 |【目标】摄影机工具，在【顶】视图中创建一架摄影机，在【参数】卷展栏中将【镜头】设置为40，激活【透视】图，按C键将该视图转换为摄影机视图，然后在其他视图中调整摄影机的位置，如图11.108所示。

图11.108 创建摄影机并调整其参数

10 选择【创建】 |【灯光】 |【标准】|【泛光】工具，在【顶】视图中创建泛光灯对象，并调整其位置，效果如图11.109所示。

11 在菜单栏中选择【渲染】|【视频后期处理】命令，如图11.110所示。

12 在弹出的对话框中单击【添加场景事件】按钮 ，在弹出的对话框中将视图设置为【Camera001】，如图11.111所示。

图11.109　创建泛光灯

图11.110　选择【视频后期处理】命令

图11.111　设置视图

13　单击【确定】按钮，单击【添加图像过滤事件】按钮🖭，在弹出的对话框中将过滤器设置为【镜头效果光斑】，如图11.112所示。

图11.112　添加图像过滤事件

14　设置完成后，单击【确定】按钮，在【视频后期处理】对话框中双击该事件，在弹出的对话框中单击【设置】按钮，在弹出的对话框中单击【VP队列】与【预览】按钮，单击【节点源】按钮，在弹出的对话框中选择【Omni001】选项，如图11.113所示。

图11.113　选择节点源

15　单击【确定】按钮，在【首选项】选项卡中勾选所需的选项，如图11.114所示。

图11.114　勾选所需的选项

16　选择【光晕】选项卡，将【大小】设置为260，将【径向颜色】左侧渐变滑块的RGB

值设置为（255、255、108）；确定第二个
渐变滑块在93的位置处，并将其RGB值设
置为（45、1、27）；将最右侧的色标RGB
值设置为（0、0、0），如图11.115所示。

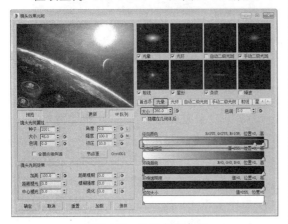

图11.115　设置光晕参数

17 选择【光环】选项卡，将【厚度】设置为
8，如图11.116所示。

图11.116　设置光环厚度

18 选择【射线】选项卡，将【大小】设置为
300，将【径向颜色】所有渐变滑块的RGB
值设置为（255、255、108），如图11.117
所示。

19 设置完成后，单击【确定】按钮，单击
【添加图像输出事件】按钮，在弹出的
对话框中单击【文件】按钮，在弹出的对
话框中指定输出路径，将【文件名】设置
为【太阳耀斑】，将【保存类型】设置为
【JPEG文件（*.jpg，*.jpe，*.jpeg）】，如
图11.118所示。

图11.117　设置射线参数

图11.118　设置保存参数

20 设置完成后，单击【保存】按钮，在弹出
的对话框中单击【确定】按钮即可，再在
【添加图像输出事件】对话框中单击【确
定】按钮，单击【执行序列】按钮，在弹
出的对话框中单击【单个】单选按钮，如
图11.119所示，单击【渲染】按钮即可。

图11.119　单击【单个】单选按钮

11.4　实例应用：心形闪烁

本案例将介绍如何制作心形闪烁动画，在制作案例之前，首先要添加一幅图像作为背景，然后绘制一个心形，并创建粒子系统与空间扭曲，对粒子与空间扭曲进行绑定，并为其添加【镜头效果光晕】与【镜头效果高光】图像过滤事件，最后对其进行输出即可，效果如图11.120所示。

图11.120　心形闪烁

01 新建一个空白场景，按8键，在弹出的对话框中选择【环境】选项卡，在【背景】选项组中单击【环境贴图】下的材质按钮，在弹出的对话框中选择【位图】选项，如图11.121所示。

02 单击【确定】按钮，在弹出的对话框中选择随书附带光盘中的"心形闪烁背景.jpg"，如图11.122所示。

图11.121　选择【位图】选项

图11.122　选择贴图文件

03 单击【打开】按钮，按M键打开材质编辑器，在【环境和效果】对话框中选择【环境贴图】下的材质，按住鼠标将其拖曳至材质编辑器中新的材质样本球上，在弹出的对话框中单击【实例】单选按钮，如图11.123所示。

04 单击【确定】按钮，在【坐标】卷展栏中将【贴图】设置为【屏幕】，如图11.124所示。

图11.123　复制材质

图11.124　设置贴图类型

05 设置完成后，关闭材质编辑器与【环境和效果】对话框，选择【透视】视图，在菜单栏中选择【视图】|【环境背景】命令，如图11.125所示。

图11.125　选择【环境背景】命令

06 选择【创建】|【图形】|【线】工具，在【前】视图中绘制一个图形，切换至

【修改】命令面板中，将当前选择集定义为【顶点】，在视图中对绘制的图形进行调整，如图11.126所示。

图11.126　绘制图形

07 关闭当前选择集，继续选中该图形，在【前】视图中按住Shift键沿X轴向右进行拖动，在弹出的对话框中单击【复制】单选按钮，如图11.127所示。

图11.127　复制对象

08 设置完成后，单击【确定】按钮，选择【创建】|【摄影机】|【目标】工具，在【顶】视图中创建一架摄影机，激活【透视】视图，按C键，将其转换为摄影机视图，并在其他视图中调整摄影机的位置，效果如图11.128所示。

09 按Shift+C快捷键将摄影机进行隐藏，选择【创建】|【几何体】|【粒子系统】|【超级喷射】工具，在【左】视图中创建一个超级喷射发射器，如图11.129所示。

图11.128 创建摄影机并调整其位置后的效果

图11.129 创建超级喷射发射器

10 继续选中该对象，切换至【修改】命令面板 ☑ 中，在【基本参数】卷展栏中将【轴偏离】与【平面偏离】下的【扩散】分别设置为15、180，将【显示图标】选项组中的【图标大小】设置为45，将【粒子数百分比】设置为50，如图11.130所示。

图11.130 设置粒子基本参数

11 在【粒子生成】卷展栏中将【粒子运动】选项组中的【速度】、【变化】分别设置为8、5，在【粒子计时】选项组中将【发射开始】、【发射结束】、【显示时限】、【寿命】、【变化】分别设置为30、150、180、25、5，在【粒子大小】选项组中将【大小】、【变化】、【增长耗时】、【衰减耗时】分别设置为8、18、5、8，如图11.131所示。

图11.131 设置粒子生成参数

12 在【气泡运动】卷展栏中将【幅度】、【周期】分别设置为10、45，在【粒子类型】卷展栏中单击【标准粒子】选项组中的【球体】单选按钮，如图11.132所示。

图11.132 设置气泡运动及粒子类型

13 选择【创建】 ⬚ |【空间扭曲】 ⬚ |【力】|【路径跟随】工具，在【顶】视图中创建一个路径跟随空间扭曲，如图11.133所示。

图11.133 创建路径跟随空间扭曲

14 将其图标大小设置为219.5，在视图中调整该对象与粒子系统的位置，效果如图11.134所示。

图11.134 调整对象的位置

15 选中路径跟随空间扭曲，切换至【修改】命令面板中，在【参数】卷展栏中单击【拾取图形对象】按钮，在视图中拾取【Line001】，如图11.135所示。

图11.135 拾取对象

16 在视图中选择粒子系统对象，在工具栏中单击【绑定到空间扭曲】按钮，在粒子系统上单击鼠标，并按住鼠标将其拖曳至路径跟随空间扭曲上，如图11.136所示。

图11.136 将粒子与空间扭曲进行绑定

17 在视图中选择粒子系统与空间扭曲对象，在【前】视图中按住Shift键沿X轴向右进行拖动，在弹出的对话框中单击【复制】单选按钮，如图11.137所示。

图11.137 复制对象

18 单击【确定】按钮，在视图中调整复制后的对象的位置，选中复制后的空间扭曲对象，在【参数】卷展栏中单击【拾取图形对象】按钮，在视图中拾取【Line002】对象，如图11.138所示。

19 在视图中选择两个粒子对象，右击鼠标，在弹出的快捷菜单中选择【对象属性】命令，如图11.139所示。

20 在弹出的对话框中选择【常规】选项卡，在【G缓冲区】选项组中将【对象ID】设置为1，如图11.140所示。

图11.138 拾取图形对象

图11.139 选择【对象属性】命令

图11.140 设置对象ID

21 设置完成后，单击【确定】按钮，在菜单栏中选择【渲染】|【视频后期处理】命令，如图11.141所示。

图11.141 选择【视频后期处理】命令

22 在弹出的对话框中单击【添加场景事件】按钮，在弹出的对话框中将视图设置为【Camera001】，如图11.142所示。

图11.142 添加场景事件

23 设置完成后，单击【确定】按钮，再在该对话框中单击【添加图像过滤事件】按钮，在弹出的对话框中将过滤器类型设置为【镜头效果光晕】，单击【确定】按钮，然后在【视频后期处理】对话框中双击该事件，在弹出的对话框中单击【设置】按钮，再在弹出的对话框中单击【VP队列】与【预览】按钮，选择【首选项】选项卡，将【大小】设置为2，单击【颜色】选项组中的【渐变】单选按钮，如图11.143所示。

图11.143　设置首选项参数

24 选择【噪波】选项卡，在【设置】选项组中将【运动】设置为5，勾选其右侧的【红】、【绿】、【蓝】复选框，将【参数】选项组中的【大小】、【速度】分别设置为1、0.5，如图11.144所示。

图11.144　设置噪波参数

25 设置完成后，单击【确定】按钮，根据前面所介绍的方法再添加一个【镜头效果高光】图像过滤事件，在【视频后期处理】对话框中双击该事件，在弹出的对话框中单击【设置】按钮，再在弹出的对话框中单击【VP队列】与【预览】按钮，选择【几何体】选项卡，在【效果】选项组中将【角度】、【钳位】分别设置为40、10，如图11.145所示。

26 选择【首选项】选项卡，在【效果】选项组中将【大小】设置为7，在【颜色】选项组中单击【渐变】单选按钮，如图11.146所示。

图11.145　设置几何体参数选项

图11.146　设置首选项参数

27 设置完成后，单击【确定】按钮，在【视频后期处理】对话框中单击【添加图像输出事件】按钮，在弹出的对话框中单击【文件】按钮，在弹出的对话框中指定输出路径，将【文件名】设置为【心形闪烁】，将【保存类型】设置为【AVI文件*.avi】，如图11.147所示。

图11.147　设置保存路径及名称

28 设置完成后，单击【保存】按钮，在弹出的对话框中单击【确定】按钮，在【添加图像输出事件】对话框中单击【确定】按钮，在【视频后期处理】对话框中单击【执行序列】按钮，在弹出的对话框中单击【范围】单选按钮，单击【640×480】按钮，如图11.148所示，单击【渲染】按钮即可。

图11.148　执行视频后期处理对话框

11.5 拓展训练：气泡飘动

本案例将介绍如何制作气泡飘动效果，其效果如图11.149所示，其具体操作步骤如下所述。

图11.149　气泡飘动

01 新建一个空白场景，按8键，在弹出的对话框中选择【环境】选项卡，在【背景】选项组中单击【环境贴图】下的材质按钮，在弹出的对话框中选择【位图】选项，如图11.150所示。

02 单击【确定】按钮，在弹出的对话框中选择随书附带光盘中的"海底世界背景.jpg"文件，如图11.151所示。

03 单击【打开】按钮，按M键打开材质编辑器，在【环境和效果】对话框中选择【环境贴图】下的材质，按住鼠标将其拖曳至材质编辑器中新的材质样本球上，在弹出的对话框中单击【实例】单选按钮，如图11.152所示。

图11.150 选择【位图】选项

图11.151 选择贴图文件

图11.152 复制材质

04 单击【确定】按钮，在【坐标】卷展栏中将【贴图】设置为【屏幕】，如图11.153所示。

05 设置完成后，关闭材质编辑器与【环境和效果】对话框，选择【透视】视图，在菜单栏中选择【视图】|【环境背景】命令，如图11.154所示。

图11.153 设置贴图类型

图11.154 选择【环境背景】命令

06 选择【创建】 |【几何体】 |【球体】工具，在【顶】视图中创建一个球体，在【参数】卷展栏中将【半径】设置为16，如图11.155所示。

图11.155 创建球体并进行设置

07 选择【创建】 |【几何体】 |【粒子系统】|【粒子云】工具，在【顶】视图中创建一个粒子云发射器，如图11.156所示。

图11.156 创建粒子云发射器

08 继续选中该对象，切换至【修改】命令面板中，在【基本参数】卷展栏中将【半径/长度】、【宽度】、【高度】分别设置为600、600、10，如图11.157所示。

图11.157 设置粒子云的基本参数

09 在【粒子生成】卷展栏中的【粒子数量】选项组中单击【使用速率】单选按钮，在其下方的文本框中输入1，在【粒子运动】选项组中将【速度】、【变化】分别设置为1.2、30，单击【方向向量】单选按钮，将【X】、【Y】、【Z】分别设置为1、0、100，将【变化】设置为10，在【粒子计时】选项组中将【发射开始】、【发射结束】、【显示时限】、【寿命】分别设置为-50、200、200、100，在【粒子大小】选项组中将【大小】、【变化】分别设置为0.2、10，如图11.158所示。

图11.158 设置粒子生成参数

10 在【粒子类型】卷展栏中单击【实例几何体】单选按钮，在【实例参数】卷展栏中单击【拾取对象】按钮，在视图中拾取前面所创建的球体，如图11.159所示。

图11.159 拾取球体对象

11 设置完成后，在视图中调整粒子云发射器的位置，调整后的效果如图11.160所示。

12 单击【时间配置】按钮，在弹出的对话框中将【动画】选项组中将【结束时间】设置为200，如图11.161所示。

13 设置完成后，单击【确定】按钮，选择【创建】 【摄影机】 【目标】工具，在【顶】视图中创建一架摄影机，在【参数】卷展栏中将【镜头】设置为50，在【环境范围】选项组中勾选【显示】复选框，将【近距范围】、【远距范围】分别设置为400、600，如图11.162所示。

图11.160 调整粒子云发射器的位置

图11.163 调整摄影机的位置

图11.161 设置结束时间

图11.164 选择【隐藏选定对象】命令

16 在视图中选择粒子云发射器，按M键，在弹出的对话框中选择一个新的材质样本球，将其命名为【气泡】，在【Blinn基本参数】卷展栏中将【环境光】与【高光反射】都设置为0、0、0，在【自发光】选项组中勾选【颜色】复选框，将颜色的RGB值设置为（255、255、255），如图11.165所示。

图11.162 创建摄影机并设置其参数

14 激活【透视】视图，按C键，将其转换为摄影机视图，并在其他视图中调整摄影机的位置，效果如图11.163所示。

15 按Shift+C快捷键将摄影机进行隐藏，在视图中选择前面所创建的球体，右击，在弹出的快捷菜单中选择【隐藏选定对象】命令，如图11.164所示。

图11.165 设置Blinn基本参数

17 在【贴图】卷展栏中单击【漫反射颜色】右侧的【无】按钮，在弹出的对话框中选择【位图】选项，如图11.166所示。

18 单击【确定】按钮，在弹出的对话框中选择随书附带光盘中的"BUBBLE3.TGA"贴图文件，如图11.167所示。

图11.166 选择【位图】选项

图11.167 选择贴图文件

19 单击【打开】按钮，单击【转到父对象】按钮，在【贴图】卷展栏中单击【漫反射颜色】右侧的材质按钮，并按住鼠标将其拖曳至【不透明度】右侧的材质按钮上，在弹出的对话框中单击【复制】单选按钮，单击【确定】按钮，效果如图11.168所示。

图11.168 复制材质

20 单击【将材质指定给选定对象】按钮，关闭该对话框，激活摄影机视图，按F9键进行渲染即可。

11.6 课后练习

1. 简述一下粒子系统的作用。

2. 【力】类型的空间扭曲中包括几种空间扭曲，分别包括什么？

3. 简述一下视频后期处理的功能。

第12章
渲染与输出场景

渲染在整个三维操作过程中是重要而经常做的一项工作，前期创建的模型，材质、灯光都需要最后的输出来查看效果，因此渲染也是一个很重要的环节，本章将重点介绍对象的渲染与输出场景。

12.1 渲染工具

在工具栏的右侧提供了几个用于渲染的按钮，主要用于渲染工作，如图12.1所示。下面将对经常用到的几个渲染按钮分别进行介绍。

★ 【渲染设置】按钮🖼：3ds Max中最为标准的渲染工具，单击它会弹出【渲染设置】面板，进行各项渲染设置。菜单栏中的【渲染】|【渲染设置】菜单命令与此工具的用途相同。一般对一个新场景进行渲染时，应使用【渲染设置】工具，以便进行渲染设置，在此以后可以使用【渲染迭代】按钮，按照已完成的渲染设置再次进行渲染，从而可以跳过渲染设置环节，加快制作速度。

图12.1 用于渲染的按钮

★ 【渲染帧窗口】按钮🖼：单击该按钮，可以显示上次渲染的效果。

★ 【渲染产品】按钮🖼：使用该工具按钮可以按照已完成的渲染设置再次进行渲染，从而跳过设置环节，加快制作速度。快速执行渲染只需单击工具栏中的【渲染产品】按钮🖼，则自动以【渲染场景】所设定的参数执行渲染的工作。

★ 【渲染迭代】按钮🖼：【渲染迭代】命令，可从主工具栏上的渲染弹出按钮中启用，该命令可在迭代模式下渲染场景，而无需打开【渲染设置】对话框。【迭代渲染】会忽略文件输出、网络渲染、多帧渲染、导出到 MI 文件，以及电子邮件通知。在图像（通常对各部分迭代）上执行快速迭代时使用该选项；例如，处理最终聚集设置、反射或者场景的特定对象或区域。同时，在迭代模式下进行渲染时，渲染选定或区域会使渲染帧窗口的其余部分保留完好。

★ 【ActiveShade】按钮🖼：ActiveShade 提供预览渲染，可帮助您查看场景中更改照明或材质的效果。调整灯光和材质时，ActiveShade 窗口交互地更新渲染效果。

12.2 渲染设置

当选择【渲染】|【渲染设置】菜单命令，或者是按下【渲染设置】按钮🖼，也可以按F10键，来打开【渲染设置】对话框，【渲染设置】对话框及其各参数展开后如图12.2所示。

图12.2 【渲染设置】对话框及其各项参数

对于一般用户来讲，【公用】与【渲染器】两项参数比较常用一些，下面我们将分别对其中的一些常用参数进行讲解。

12.2.1 公用参数

【公用参数】卷展栏中的参数是最常用到的，其各项目的功能说明如下所述。

★ 【时间输出】选项组：主要用于确定要对哪些帧进行渲染，如图12.3所示。

图12.3 公用参数

- 单帧：渲染只针对选取的作用视图和选取的帧数的单一画面。
- 活动时间段：对当前活动的时间段进行渲染，当前时间段来自屏幕下方时间滑块的显示。
- 范围：手动设置渲染的范围。
- 帧：特殊指定单帧或时间段进行渲染，单帧用"，"号隔开，时间段之间用"-"连接。

★ 【输出大小】选项组：用于选择渲染图像的尺寸大小。4个固定尺寸按钮根据当前的尺寸类型不同而不同。也可以在【宽度】和【高度】输入框中直接输入要渲染图像的尺寸。

- 【下拉列表】自定义 ：【输出大小】下拉列表中可以选择几个标准的电影和视频分辨率及纵横比。选择其中一种格式，或转到"自定义"中使用"输出大小"组中的其他控件。从列表中可以选择以下格式。
  - ◆ 自定义
  - ◆ 35mm 1.316:1 全光圈（电影）
  - ◆ 35mm 1.37:1 学院（电影）
  - ◆ 35mm 1.66:1（电影）
  - ◆ 35mm 1.75:1（电影）
  - ◆ 35mm 1.95:1（电影）
  - ◆ 35mm 失真（2.35:1）
  - ◆ 35mm 失真（2.35:1）（挤压）
  - ◆ 70mm 宽银幕电影（电影）
  - ◆ 70mm IMAX（电影）
  - ◆ VistaVision
  - ◆ 35mm (24mm×36mm)（幻灯片）
  - ◆ 6cm×6cm (2 1/4"×2 1/4")（幻灯片）
  - ◆ 4"×5"或8"×10"（幻灯片）
  - ◆ NTSC D-1（视频）
  - ◆ NTSC DV（视频）
  - ◆ PAL（视频）
  - ◆ PAL D-1（视频）
  - ◆ HDTV（视频）

- 光圈宽度（毫米）：指定用于创建渲染输出的摄影机光圈宽度。更改此值将更改摄影机的镜头值。这将影响镜头值和FOV值之间的关系，但不会更改摄影机场景的视图。例如，如果将镜头设置为43.0毫米，将光圈宽度从36更改为50，则当关闭【渲染设置】对话框（或进行渲染）时，摄影机镜头微调器将变为59.722，但场景在视口和渲染中都不发生变化。如果使用预定义格式，而没有使用【自定义】，【光圈宽度】将由所选择的格式确定，该控件替换为文本显示。

- 图像纵横比：宽度与高度的比率。更改此值将改变高度值以保持活动的分辨率正确。如果使用的格式并非该组的下拉列表中的【自定义】，则纵横比是固定的，并显示为只读字段。使用自定义输出大小时，【图像纵横比】右侧的锁按钮会将纵横比锁定在其当前值。启用此按钮后，【图像纵横比】微调器将替换为一个标签，并且【宽度】和【高度】字段将锁定在一起；调整其中一个值，另一个也将跟着改变，以保持纵横比的值不变。另外，锁定纵横比后，改变像素纵横比值将改变高度值以保持图像纵横比。

- 像素纵横比：设置显示在其他设备上的像素纵横比。图像可能会在显示上出现挤压效果，但将在具有不同形状像素的设备上正确显示。如果使用标准格式而非自定义格式，则不可以更改像素纵横比，该控件处于禁用状态。【像素纵横比】左边的锁定按钮可以锁定像素纵横比。启用此按钮后，像素纵横比微调器替换为一个标签，并且不能更改该值。【锁定】按钮仅在【自定义】格式中可用。

★ 【选项】选项组
- 大气：启用此选项后，渲染任何应用的大气效果，如体积雾。
- 效果：启用此选项后，渲染任何应用的渲染效果，如模糊。
- 置换：选择该项，将对所有应用贴图置换的对象进行渲染。
- 视频颜色检查：检查超出 NTSC 或 PAL 安全阈值的像素颜色，标记这些像素颜色，并将其改为可接受的值。默认情况下，【不安全】颜色渲染为黑色像素。可以使用【首选项设置】对话框的【渲染】面板更改颜色检查的显示。
- 渲染为场：使动画渲染为视频的场，而不是帧。
- 渲染隐藏几何体：选项将对隐藏的对象也进行渲染。
- 区域光源/阴影视作点光源：将所有的区域光源或阴影当作从点对象发出的进行渲染，这样可以加快渲染速度。如果 mental ray 为活动的渲染器，则此开关也在【渲染帧窗口】【下部】面板中可用，可以使用滑块来全局调整软阴影，以便在加快渲染速度的同时仍可以看到软阴影。

这对草图渲染非常有用，因为点光源的渲染速度比区域光源快很多。

- 强制双面：双面材质渲染可渲染所有曲面的两个面。通常，需要加快渲染速度时禁用此选项。如果需要渲染对象的内部及外部，或如果已导入面法线未正确统一的复杂几何体，则可能要启用此选项。
- 超级黑：【超级黑】渲染限制用于视频组合的渲染几何体的暗度。除非确实需要此选项，否则将其禁用。

★ 【高级照明】选项组
- 使用高级照明：启用此选项后，软件在渲染过程中提供光能传递解决方案或光跟踪。
- 需要时计算高级照明：启用此选项后，当需要逐帧处理时，软件计算光能传递。通常，渲染一系列帧时，软件只为第一帧计算光能传递。如果在动画中有必要为后续的帧重新计算高级照明，请启用此选项。例如，一扇颜色很亮丽的门打开后影响到旁边白色墙壁的颜色，这种情况下应该重新计算高级照明。

★ 【渲染输出】选项组：用于设置渲染输出的路径设备等。
- 文件：打开"渲染输出文件"对话框，指定输出文件名、格式及路径。可以渲染到任何可写的静态或动画图像文件格式。如果将多个帧渲染到静态图像文件，渲染器渲染每个单独的帧文件，并在每个文件名后附加序号。可以用文件起始编号设置控制。
- 保存文件：启用此选项后，进行渲染时，软件将渲染后的图像或动画保存到磁盘。使用【文件】按钮指定输出文件之后，【保存文件】才可用。

★ 将图像文件列表放入输出的路径：启用此选项可以创建图像序列（IMSQ）文件，并将其保存在与渲染相同的目录中。默认设置为禁用状态。3ds Max 将通过渲染元素创建一个IMSQ文件（或IFL文件）。单击【渲染】或【创建】按钮时创建该文件。在实际渲染之前生成它们。

★ 立即创建：单击以"手动"方式创建图像序列文件。首先必须为渲染自身选择一个输出文件。

★ Autodesk ME 图像序列文件（.imsq）：选中此选项之后，可以创建图像序列（IMSQ）文件。

★ 使用设备：将渲染的输出发送到像录像机这样的设备上。首先单击【设备】按钮指定设备，设备上必须安装相应的驱动程序。

★ 设备：用于选择图像的输出设备。

★ 渲染帧窗口：在渲染帧窗口中显示渲染输出。

★ 跳过现有图像：启用此选项，且启用【保存文件】后，渲染器将跳过序列中已经渲染到磁盘中的图像。

▌12.2.2 渲染器——默认扫描线渲染器 ─────────◌

★ 【选项】选项组

  ● 贴图：禁用该选项可忽略所有贴图信息，从而加速测试渲染。自动影响反射和环境贴图，同时也影响材质贴图。默认设置为启用。

  ● 阴影：当取消对该选项的选择后，将在渲染时忽略所有灯光的投影设置，可用于效果测试，以加快渲染速度。

  ● 启用 SSE：启用该选项后，渲染使用【流 SIMD 扩展】（SSE）。（SIMD 代表"单指令、多数据"）取决于系统的CPU，SSE 可以缩短渲染时间，默认设置为禁用状态。

  ● 自动反射/折射和镜像：如果取消该选项的选择，将在渲染时忽略所有自动反射材质、自动折射材质和镜面反射材质的跟踪计算，可用于场景测试，以加快渲染速度。

  ● 强制线框：像线框一样设置为渲染场景中所有曲面。可以选择线框厚度（以像素为单位），默认设置为1。

★ 【抗锯齿】选项组

  ● 抗锯齿：抗锯齿可以平滑渲染时产生的对角线或弯曲线条的锯齿状边缘。只有在渲染测试图像并且速度比图像质量更重要时才禁用该选项。

  ● 过滤器下拉列表：可用于选择高质量的基于表的过滤器，将其应用到渲染上。过滤是抗锯齿的最后一步操作。它们在子像素层级起作用，并允许您根据所选择的过滤器来清晰或柔化最终输出。在该组的这些控件下面，3ds Max 会在一个方框内显示过滤器的简要说明，以及如何将过滤器应用于图像。

  ● 过滤贴图：启用或禁用对贴图材质的过滤，默认设置为启用。

  ● 过滤器大小：可以增加或减小应用到图像中的模糊量。此选项仅供某些过滤器选项使用。将【过滤器大小】设置为 1.0 可以有效地禁用过滤器。

★ 【全局超级采样】选项组

  ● 禁用所有采样器：禁用所有超级采样，默认设置为禁用状态。

  ● 启用全局超级采样器：启用该选项后，对所有的材质应用相同的超级采样器。禁用该选项后，将材质设置为使用全局设置，该全局设置由渲染对话框中的设置控制。除了【禁用所有采样器】控件，渲染对话框的【全局超级采样】组中的所有其他控件都将无效。默认设置为启用。

● 超级采样贴图：启用或禁用对贴图材质的超级采样。默认设置为启用。

● 采样器下拉列表：选择应用何种超级采样方法。默认设置为 Max 2.5星。用于超级采样方法的选项与出现在【材质编辑器】|【超级采样】卷展栏中的选项相同。某些方法提供扩展的选项，通过这些选项可以更好地控制超级采样的质量和渲染过程中所获得的采样数。

★ 【对象运动模糊】选项组：设置物体运动模糊参数。在制作运动模糊效果时首先要对物体进行指定，在物体的属性对话框中（在物体上单击鼠标右键，在快捷菜单中选择【属性】命令打开物体属性对话框，右下角有运动模糊控制区域，默认为【无】，可以选择【对象】或【图像】两种方式之一，如图12.4所示。

● 应用：为整个场景全局启用或禁用对象运动模糊。任何设置"对象运动模糊"属性的对象都将用运动模糊进行渲染。

● 持续时间（帧）：确定【虚拟快门】打开的时间。设置为1.0时，虚拟快门在一帧和下一帧之间的整个持续时间保持打开。较长的值产生更为夸张的效果，如图12.5所示。

图12.4 物体属性中的运动模糊选项

图12.5 更改持续时间的效果

● 采样：确定采样的【持续时间细分】副本数，最大值设置为32。当采样小于持续时间时，在持续时间中随机采样（这也就是运动模糊看起来可能有一点颗粒化的原因）。例如，如果【持续时间细分】值为12而【采样】值为8，就可能在每帧的12个副本中随机采样出8个；当采样等于持续时间时，就不存在随机性（如果两个数都为最大值32，则将获得密集效果，对于指定对象，通常这将花费渲染所需时间的3到4倍）。如果想获得平滑模糊效果，则可使用最大设置 32/32。如果想缩短渲染时间，12/12 的值将比使用16/12获得的结果更平滑。因为采样发生在持续时间中，所以持续时间值必须总是小于或等于采样值，如图12.6所示。

● 持续时间细分：确定在持续时间内渲染的每个对象副本的数量。

★ 【图像运动模糊】选项组：通过为对象设置【属性】对话框的【运动模糊】组中的【图像】，确定对哪个对象应用图像运动模糊。图像运动模糊通过创建拖影效果而不是多个图像来模糊对象。它考虑摄影机的移动。图像运动模糊是在扫描线渲染完成之后应用的。这种方式在渲染速度上要快于物体运动模糊，而且得到的效果也更光滑均匀，如图12.7所示。

采样值与细分值相同　　采样值小于细分值

图12.6　采样值参数决定最终效果　　　　　图12.7　右边的硬币应用了【图像运动模糊】

- 应用：为整个场景全局启用或禁用图像运动模糊。任何设置了图像运动模糊属性的对象都用运动模糊进行渲染。

- 持续时间（帧）：指定【虚拟快门】打开的时间。设置为 1.0 时，虚拟快门在一帧和下一帧之间的整个持续时间保持打开。值越大，运动模糊效果越明显。

- 透明度：启用该选项后，图像运动模糊对重叠的透明对象起作用。在透明对象上应用图像运动模糊会增加渲染时间，默认设置为禁用。

- 应用于环境贴图：设置该选项后，图像运动模糊既可以应用于环境贴图，也可以应用于场景中的对象。当摄影机环游时效果非常显著。环境贴图应当使用【环境】进行贴图：球形、圆柱形或收缩包裹。图像运动模糊不能与屏幕贴图环境一起使用。

★ 【自动反射/折射贴图】选项组

- 渲染迭代次数：设置对象间在非平面自动反射贴图上的反射次数。虽然增加该值有时可以改善图像质量，但是这样做也将增加反射的渲染时间。

★ 【颜色范围限制】选项组：通过切换【钳制】或【缩放】来处理超出范围（0到1）的颜色分量（RGB），【颜色范围限制】允许用户处理亮度过高的问题。通常，反射高光会导致颜色分量高于范围，而使用负凸轮的过滤器将导致颜色分量低于范围。用户可以选择两种选项之一来控制渲染器如何处理超出范围的颜色分量。

- 钳制：要保证所有颜色分量在范围【钳制】内，则需要将任何大于1的值设定为1，而将任何小于0的颜色限制在0与1间的任何值都保持不变。使用【钳制】时，因为在处理过程中色调信息会丢失，所以非常亮的颜色渲染为白色。

- 缩放：要保证所有颜色分量在范围内，将需要通过缩放所有3个颜色分量来保留非常亮的颜色的色调，因此其最大分量的值为1，这样将更改高光的外观。

★ 【内存管理】选项组

- 节省内存：启用该选项后，渲染使用更少的内存但会增加一点内存时间。可以节约15%到25%的内存，而时间大约增加4%，默认设置为禁用状态。

12.2.3　mental ray渲染

作为一个光线跟踪渲染器，mental ray是非常迅速的。它还包括对全局照明的支持，不必启用高级照明设置。另外mental ray可以使用Max的所有现有的材质，不必使用有限的专门材质，如光线跟踪材质。每个材质有一个新的卷展栏，用于指定mental ray设置。

mental ray包括对区域灯光、明暗器、视野和运动模糊的内置支持，还包括一些专门的灯光，提供例如聚光灯之类的功能；而在默认扫描线渲染器中则没有这样的功能。

如果选择mental ray作为场景的渲染器，则可以在【渲染设置】对话框中选择【公用】面板，在该面板中单击【指定渲染器】卷展栏中的【选择渲染器……】按钮，在打开的对话框中选择相应的渲染器。对于【产品级】、【材质编辑器】和【Active Shade】查看器，可以设置不同的渲染器。如果要使mental ray成为默认渲染器，则可以单击这个卷展栏中的【保存为默认设置】按钮。

（1）mental ray首选项

选择【自定义】|【首选项】命令，打开【首选项设置】对话框，选择【mental ray】选项卡，如图12.8所示。在打开的对话框中勾选【启用mental ray扩展】复选框。这些扩展能够给几个mental ray面板添加一些附加的控制项。

使用默认扫描线渲染器渲染场景时一次只能处理一行像素，但是使用mental ray渲染图像时，则可以将其划分成块，一次渲染一块。

（2）mental ray材质和明暗器

选择mental ray明暗器，所有的材质都包括在一个标有【mental ray连接】的附加卷展栏中，仅当在【首选项设置】对话框汇总的【mental ray】选项中勾选【启用mental ray扩展】之后才可用。

如果要直接访问mental ray使用的明暗器，则可以使用mental ray材质类型。

在【mental ray连接】卷展栏中列出了所有的明暗器。除了修改默认材质以充分地利用mental ray之外，还可以从【材质/贴图浏览器】对话框中获得大量的mental ray材质和贴图（明暗器），如图12.9所示。

图12.8 【首选项设置】对话框

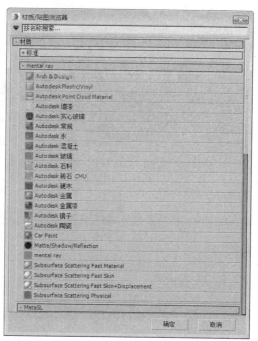

图12.9 【材质/贴图浏览器】对话框

（3）mental ray灯光和阴影

如果在菜单栏中选择【创建】|【灯光】|【标准灯光】中的灯光类别，就可以看到两个灯光即【mr区域泛光灯】和【mr区域聚光灯】。默认的情况下，所有Mental灯光的照明值使用的都是全局设置。但是通过使用图12.10所示的【mental ray间接照明】卷展栏，则可以覆盖选定灯光的全局设置。

在【常规参数】卷展栏中的【阴影】选项组中，下拉列表中有一个启用【mental ray阴影贴图】选项，这些阴影贴图比一般的阴影贴图更精确，如图12.11所示。

图12.10 【mental ray间接照明】卷展栏

图12.11 启用【mental ray阴影贴图】选项

12.3 光跟踪器

【光跟踪器】方式应用范围广泛，使用较为简单，即便场景设置得不太精确，也可以渲染出非常逼真的效果，并且兼容各种灯光类型和模型，如图12.12所示。

图12.12 用【光跟踪器】渲染的场景

【光能传递】方式相对来说较为复杂，对建模与场景设置有特殊要求时，灯光方面必须采用【光度学灯光】（标准灯光将被转换为光度学灯光进行计算），材质设计上也必须仔细。

两者有一个重要的不同点：【光跟踪器】的渲染结果取决于观察角度的情况，而【光能传递】则不是。【光跟踪器】方式在每帧都会重新计算场景的照明情况，而在【光能传递】方式下，只要场景中的对象不移动，灯光将不发生变化，则只需计算一次光能传递，并且可以在不同视角直接渲染。

12.3.1 光跟踪器概述

【光跟踪器】是一种使用【光线跟踪】技术的全局照明系统，它通过在场景中进行点采样，并计算光线的反弹，从而创建较为逼真的照明效果。尽管【照明追踪】方式并没有精确遵循自然界的光线照明法则，但产生的效果却已经很接近真实了，操作时也只需进行细微的设置，就可以获得满意的效果。

光跟踪器主要是基于采样点进行工作的，它首先按照规则的间距对图像进行采样，并且通过适配进一步的采样功能在物体的边缘和对比强烈的位置进行次级采样。

12.3.2 光跟踪器参数

在菜单栏中选择【渲染】|【渲染设置】命令，打开【渲染场景：默认扫描线渲染器】对话框，激活【高级照明】选项卡，在【选择高级照明】参数卷展栏中单击下三角按钮，并在打开的下拉列表中选择【光跟踪器】选项，即可出现【参数】卷展栏，如图12.13所示。在该面板中可以设置以下参数。

★ 【常规设置】选项组

● 全局倍增：用于控制整体的照明级别，默认值为1，图12.14所示为设置不同的【全局倍增】后的效果。

图12.13 【参数】卷展栏

图12.14 不同的【全局倍增】值的效果

● 对象倍增：用于单独控制场景中物体反射的光线级别。默认值为1，增大【对象倍增】值时的效果，如图12.15所示。

> **提示**
>
> 只有在【反弹】值大于等于2的情况下，此项设置才有明显的效果。

● 天光：左侧的复选框用于设置照明追踪是否对天光进行重聚集处理（场景可以包含多个天光），默认为开启状态。右侧的数值用于缩放天光的强度，默认值为1，增大【天光值】时的效果如图12.16所示。

● 颜色溢出：用于控制颜色溢出的强度。光线在场景物体间反射时通常会产生颜色溢出的结果。只有在【光线反弹】值大于等于2的情况下，此项设置才有明显的效果。当颜色溢出过强时，可以降低此值，值为0时不产生颜色溢出，如图12.17所示。

图12.15　增大【对象倍增】值

图12.16　增大【天光】值效果

颜色溢出过强

【颜色溢出】设为0后的效果

图12.17　消除【颜色溢出】

- 光线/采样：设置每【采样点】或像素所投射的光线数量。增加该值能够提高图像的平滑度，但也增加渲染时间；降低该值，图像会出现颗粒（噪波），但渲染时间也相应减少。默认值为250，图12.18所示为不同的【光线/采样数】值不同的效果。

- 颜色过滤器：过滤所有照射在物体上的光线，设置为白色以外的颜色时，可以对全部效果进行染色。默认为白色。

- 过滤器大小：以像素为单位的过滤尺寸设置主要用于降低噪波的影响。可以将它理解为对噪波进行的涂抹处理，从而使图像看起来更加平滑，图12.19为设置【过滤器大小】来减少渲染中的噪波。

图12.18　更改【光线/采样数】值的变化

图12.19　增大【过滤器大小】来减少噪波

> **提示**
>
> 当取消勾选【自适应欠采样】复选框，并且【光线/采样数】值比较低的情况下，【过滤器大小】选项的作用更为明显。

- 附加环境光：当设置为除黑色外的其他颜色时，可以在对象上添加该颜色作为附加环境光，默认颜色为黑色。

- 光线偏移：像阴影偏移一样，【光线偏移】可以调整反射光效果的位置。使用该选项更正渲染的不真实效果，例如，对象投射阴影到自身所可能产生的条纹，默认值为0.03。

● 反弹：被跟踪的光线反弹数。增大该值可以增加映色量。值越小，快速结果越不精确，并且通常会产生较暗的图像。较大的值允许更多的光在场景中流动，这会产生更亮更精确的图像，但同时也将使用较多的渲染时间。默认值为0。当反弹为0时，光跟踪器不考虑体积照明，如图12.20所示。

图12.20 增大【反弹数】的效果

● 锥体角度：控制用于重聚集的角度。减小该值会使对比度稍微升高，尤其在有许多小几何体向较大结构上投射阴影的区域中更加明显。范围为33~90。默认值为88，如图12.21所示。

图12.21 所有光线的初始投影都受锥体角度的限制

● 体积：照明追踪方式能够将大气特效作为发光源。通过左侧的复选框设置是否对体积照明效果（例如体积光、体积雾）进行重聚集处理。右侧的数值用于对体积照明效果进行倍增，增加该值提高效果，降低该值削弱效果。默认值为1。运用该功能效果如图12.22所示。

图12.22 增大体积量来增加渲染中的照明效果

★ 【自适应欠采样】选项组：通过该选项组中的选项可以降低照明采样的数量，从而有效地提高渲染速度。如果场景不同，适配采样的设置也往往会不同。当取消关闭【自适应欠采样】复选框时，系统会强制对图像的每个像素都进行采样处理，但这种方式通常是没有必要的，不仅增加了渲染时间，而且对最终渲染品质没有什么影响。【自适应欠采样】的主要作用是创建一种能够在边缘和高光对比区域增加密度的采样点网格，对这些区域进行进一步采样，如图12.23所示。

初始采样栅格   自适应欠采样栅格

图12.23 不同采样栅格

● 初始采样间距：图像初始采样的栅格间距，以像素为单位进行衡量。默认设置为16×16，不同采样栅格间距如图12.24所示。

● 细分对比度：设置对比度阈值，用于决定何时对区域进行进一步的细分。增加该值能够减少细分的产生，减少该值能够对更为细微的对比度差异区域进行采样细分，对于降低天光的软阴影或反射照明效果中的噪波很有帮助，但过低的取值可能会造成不必要的细分。默认值为5，如图12.25所示。

● 向下细分至：用于设置细分的最小间距。增加该值能够改善渲染时间，但也会影响图像的精确程度。默认设置为1×1。

● 显示采样：勾选该复选框，采样点的位置会渲染为红点，从而了解到采样点的分布情况，有助于对进一步采样的优化设置。默认设置为关闭。

图12.24　不同的采样间距

图12.25　减小【细分对比度】来减少阴影和反射照明中的噪波

12.3.3　光跟踪器的优化与技巧

对【光跟踪器】进行快速预览的方法之一是使用低的【光线/采样数】和【过滤器大小】值，取得的结果会充满噪波颗粒。另一种快速预览的方法是确保勾选【自适应欠采样】复选框，设置【初始采样间距】与【向下细分至】的值相同，并在【常规设置】卷展栏中设置较低的【光线/采样数】值，【反弹】值设置为0。这样得到的效果也会充满噪波颗粒，但渲染速度很快，并且可以通过增加【光线/采样数】和【过滤器大小】的值来提高图像质量。通常【光线/采样数】取值较高，并且勾选了【自适应欠采样】复选框，即使【过滤器大小】的值很低，也能快速地获得很好的图像效果。

要改善【光跟踪器】的渲染时间，主要的手段是进行优化。优化的方法很多，主要包括以下几种。

排除对象。将那些对最终效果影响不大的对象排除在【光跟踪器】或【光能传递】计算之外。大多数情况下，光线反弹之后不会再碰到其他对象，从而结束该光线的追踪，也节省了渲染时间。

优化光线数量。每个对象都有一个用于增加或减少采样点投射光线数量的倍增设置，这个设置选项同样位于对象的属性对话框中的【高级照明】卷展栏中。通过它可以使细小的对象只使用0.5的倍增值就能获得同样好的渲染结果。

降低采样值。采样有初始值和最小值两个设置。一般大而平坦的表面区域，细分程度不会低于初始值的设置；高对比度及边缘区域细分一次之后，如果细节程度仍然很高，会继续细分下去。

需要注意的是，某些边缘上的采样进行了强制处理，即使增大最小值设置也不会对其造成影响。通过勾选【显示采样】复选框，可以对图像的采样情况进行检查，如果出现因采样值低而产生噪波的现象，可以通过增加【过滤器大小】进行缓和。

使用【光跟踪器】时还有一些技巧需要注意，分别如下所述。

带有透明或不透明贴图对象会明显降低光线跟踪处理的速度。这是因为落在透明表面上的光线分为了两条，一条进行反射；另一条则穿透对象，直接造成光线数量成倍增加。此时应当使用一种或多种优化技术来确保处理时间，如果想要加快渲染速度，可以把这些对象排除在高级照明处理之外。

使用标准灯光进行【光跟踪器】渲染时，没有必要再使用【对数曝光控制】。标准灯光比光度学灯光更适用于【光跟踪器】渲染方式。

【天光】只有在使用【高级照明】系统时，才能产生投影。如果场景中不打算使用【高级照明】系统，但又需要【天光】的投影时，可以使用【光跟踪器】方式，并且将【反弹】设置为0，这样它就不会影响到场景中的其他照明情况。

如果场景中的【天光】指定了一张很细致的【天空颜色】贴图，一定要将这张贴图进行模糊处理，避免噪波颗粒的产生。【光跟踪器】随机投射的光线会丢掉很多的细节。

粒子系统要排除在高级照明处理之外，因为它所产生的几何体数量太多。

增加【颜色溢出】值应当同时增加【反弹】和【颜色溢出】值，颜色溢出的效果通常都很敏感。

如果场景的主光源是【天光】，而场景又需要产生高光时，可以使用第二光源，如一盏与【天光】类似的【平行光】。

实现【光跟踪器】设置的动画时，不需要考虑设置【关键点过滤器】，如果需要使用【设置关键点】方式来创建【光跟踪器】参数的关键点动画，可以通过Shift+鼠标右键点击参数的调节按钮来创建这些关键点。

12.4 输出场景

在3ds Max中，可以选择多种文件格式用于保存渲染结果，包括静态图像和动画文件，针对每种格式，都有其对应的参数设置。

当进行渲染设置时，按下【文件】按钮，可以打开文件面板，在下方保存类型中可以选择任意一种文件格式，在保存类型的文件名中输入文件名称，这时就可以单击【保存】按钮进行当前文件格式的具体设置了，如图12.26所示。

下面对一些常用的文件格式进行说明。

★ AVI（*.avi）：这是一种由多媒体和Windows应用程序广泛支持的动画格式。AVI支持灰度。9-Bit彩色和插入声音，还支持与JPEG相似的变化压缩方法，是一种通过Internet传送多媒体图像和动画的常用格式，如图12.27所示。

图12.26 文件类型选择列表　　　　　图12.27 AVI格式压缩面板

★ BMP（*.bmp）：BMP图像文件是微软公司Paint的自身格式，可以被多种Windows和OS/2应用程序所支持，在存储BMP格式的图像文件中，还可以使用RLE压缩方案进行数据压缩。RLE压缩方案是一个极其成熟的压缩方案，它的特点是无损失压缩。它能使你节省磁盘空间又不牺牲任何图像数据。但是，有利必有弊，用此种方式压缩过的文件，将会花费大量的时间，而且，一些兼容性不太好的应用程序可能会打开这类文件。它支持9 bit256色和24bit真彩色两种模式，不能保存Alpha通道信息，如图12.28所示。它可以用在Windows的画图程序中，也可以插入Word文本中。

★ JPEG（*.Jpg）：这是一种高压缩的真彩色图像文件，常用于网络图像的传输。它是苹果机上常用的存储类型，是所有压缩格式中最卓越的，使用有损失压缩方案（Lossy）。但是，在压缩之前，你可以从面板中选取所需图像的最终结果，这样，就有效地控制了JPEG在压缩时的损失数据量。JPEG文件格式的压缩控制面板如图12.29所示。

★ TIF（*.tif）：印刷行业标准的图像格式，有黑白和真彩色之分，它会自动携带Alpha通道图像，成为一个32bit 的文件。在3ds Max中，tif文件无法进行数据压缩处理，所以文件尺寸最大，当然在Photoshop中可以进行数据压缩保存，这种压缩后的tif格式可以被3ds Max读取，但要注意一点，只有RGB方式的tif（或jpg）图像能被3ds Max读取，而CMYK色彩模式的图像格式不能被3ds Max引用。TIF图像的控制面板如图12.30所示。

图12.28　BMP格式压缩面板　　图12.29　【JPEG图像控制】面板　　图12.30　【TIF图像控制】面板

12.5　实例应用：笔记本

笔记本在我们日常学习、工作和生活中是必不可少的，本例将来介绍一下笔记本的制作，效果如图12.31所示。

01 选择【创建】 |【几何体】 |【标准基本体】|【长方体】工具，在【顶】视图中创建长方体，并命名为【笔记本皮001】，在【参数】卷展栏中将【长度】设置为220，将【宽度】设置为155，将【高度】设置为0.1，如图12.32所示。

02 切换至【修改】命令面板 ，在修改器列表中选择【UVW贴图】修改器，在【参数】卷展栏中选中【长方体】单选按钮，在【对齐】选项组下单击【适配】按钮，如图12.33所示。

03 按M 键弹出【材质编辑器】对话框，选择一个新的材质样本球，将其命名为【书皮001】，在【Blinn基本参数】卷展栏中将【自发光】选项组中的【颜色】设置为50，在【反射高光】选项组中将【高光级别】和【光泽度】分别设置为54、25，如图12.34所示。

04 在【贴图】卷展栏中单击【漫反射颜色】右侧的【无】按钮，在弹出的对话框中双击【位图】贴图，再在弹出的对话框中打开随书附带光盘中的"Map|笔记本封面1.jpg"素材图片，在【坐标】卷展栏中使用默认设置即可，如图12.35所示。

05 单击【转到父对象】按钮 ，在【贴图】卷展栏中单击【凹凸】右侧的【无】按钮，在弹出的对话框中双击【噪波】贴图，在【坐标】卷展栏中将【瓷砖】下的XYZ分别设置为1.5、1.5、

3，在【噪波参数】卷展栏中将【大小】设置为1，如图12.36所示。然后单击【转到父对象】按钮 和【将材质指定给选定对象】按钮 即可。

图12.31　笔记本效果

图12.32　创建长方体

图12.33　添加【UVW贴图】修改器

图12.34　设置Blinn基本参数

图12.35　设置贴图

图12.36　设置凹凸贴图

06 确认【笔记本皮001】处于选择状态，激活【前】视图，在工具栏中单击【镜像】按钮，在弹出的对话框中选中【Y】单选按钮，将【偏移】设置为-6，在【克隆当前选择】选项组中选中【复制】单选按钮，然后单击【确定】按钮，如图12.37所示。

07 在【材质编辑器】对话框中将【书皮001】材质样本球拖曳至一个新的材质样本球上，将其命名为【书皮002】，在【贴图】卷展栏中单击【漫反射颜色】右侧的【无】按钮，在【位图参数】卷展栏中单击【位图】右侧的按钮，在弹出的对话框中打开【笔记本封面2.jpg】贴图文件，在【坐标】卷展栏中将【角度】下的【U】、【W】分别设置为-180、180，如图12.38所示。单击【转到父对象】按钮和【将材质指定给选定对象】按钮，将材质指定给镜像复制出的【笔记本皮002】对象。

图12.37　镜像复制对象　　　　　　　　　　　　　　　　图12.38　替换贴图文件

08 选择【创建】|【几何体】|【标准基本体】|【长方体】工具，在【顶】视图中绘制一个【长度】、【宽度】、【高度】分别为220、155、5的长方体，并将其命名为【笔记本厚度】，如图12.39所示。

09 确认【笔记本厚度】对象处于选择状态，在工具栏中单击【对齐】按钮，在【左】视图中单击拾取【笔记本皮001】对象，弹出【对齐当前选择】对话框，勾选【X位置】、【Y位置】和【Z位置】复选框，将【当前对象】和【目标对象】设置为【中心】，单击【确定】按钮，如图13.40所示。

图12.39　绘制长方体　　　　　　　　　　　　　　　　　图12.40　对齐对象

10 然后使用【选择并移动】工具 ✥，在【左】视图中将【笔记本厚度】对象沿Y轴向下移动，将其调整至两个笔记本皮对象的中间位置处，效果如图12.41所示。

图12.41　调整【笔记本厚度】对象位置

11 在【材质编辑器】对话框中选择一个新的材质样本球，单击【高光反射】左侧的 █ 按钮，在弹出的对话框中单击【是】按钮，将【环境光】的RGB值设置为（255、255、255），在【自发光】选项组中将【颜色】设置为30，如图12.42所示。设置完成后单击【将材质指定给选定对象】按钮 █ 即可。

图12.42　设置材质

12 选择【创建】 █ |【图形】 █ |【样条线】|【圆】工具，在【前】视图中绘制一个半径为5.6的圆，并将其命名为【圆环】，如图12.43所示。

13 切换至【修改】命令面板 █，将其颜色设置为黑色，在【渲染】卷展栏中勾选

【在渲染中启用】和【在视口中启用】复选框，并在视图中调整其位置，如图12.44所示。

图12.43　绘制圆

图12.44　设置可渲染性

14 在【顶】视图中使用【选择并移动】工具 ✥，在按住Shift键的同时沿Y轴向下拖曳【圆环】对象，拖曳至适当位置处松开鼠标左键，在弹出的对话框中选中【复制】单选按钮，将【副本数】设置为14，单击【确定】按钮，如图12.45所示。

15 按【Ctrl+A】快捷键选择所有的对象，在菜单栏中选择【组】|【组】命令，在弹出的对话框中将【组名】设置为【笔记本】，单击【确定】按钮，如图12.46所示。

16 选择【创建】 █ |【几何体】 █ |【标准基本体】|【平面】工具，在【顶】视图中创建平面，切换到【修改】命令面板 █，

在【参数】卷展栏中，将【长度】和【宽度】分别设置为1987、2432，将【长度分段】、【宽度分段】都设置为1，并在视图中调整其位置，如图12.47所示。

图12.45 复制圆环

图12.46 成组对象

图12.47 创建平面

17 在创建的平面上单击鼠标右键，在弹出的快捷菜单中选择【对象属性】命令，如图12.48所示。

图12.48 选择【对象属性】命令

18 弹出【对象属性】对话框，在【显示属性】选项组中勾选【透明】复选框，单击【确定】按钮，如图12.49所示。

图12.49 勾选【透明】复选框

19 按M键弹出【材质编辑器】对话框，在该对话框中选择一个新的材质样本球，单击【Standard】按钮，在弹出的对话框中选择【无光/投影】材质，单击【确定】按钮，如图12.50所示。在【无光/投影基本参数】卷展栏中使用默认设置，直接单击【将材质指定给选定对象】按钮即可。

20 按8键弹出【环境和效果】对话框，在【公用参数】卷展栏中单击【无】按钮，在弹出的【材质/贴图浏览器】对话框中双击【位图】贴图，再在弹出的对话框中打开随书附带光盘中的"笔记本背景.jpg"素材图片，如图12.51所示。

图12.50 选择【天光/投影】材质

图12.51 添加环境贴图

21 然后在【环境和效果】对话框中将环境贴图拖曳至新的材质样本球上，在弹出的【实例（副本）贴图】对话框中选中【实例】单选按钮，并单击【确定】按钮，如图12.52所示。

图12.52 拖曳贴图

22 然后在【坐标】卷展栏中将贴图设置为【屏幕】，激活【透视】视图，按Alt+B快捷键，在弹出的对话框中选中【使用环境背景】单选按钮，单击【确定】按钮，显示背景后的效果，如图12.53所示。

图12.53 显示背景后的效果

23 选择【创建】 ◢ |【摄影机】 🎥 |【标准】|【目标】工具，在【参数】卷展栏中将【镜头】设置为53mm，在【顶】视图中创建摄影机，激活【透视】视图，按C键将其转换为摄影机视图，并在其他视图中调整摄影机的位置，效果如图12.54所示。

图12.54 创建摄影机并调整其位置

24 选择【创建】 ◢ |【灯光】 ◢ |【标准】|【泛光】工具，在【顶】视图中创建泛光灯，并在其他视图中调整灯光的位置，切换至【修改】命令面板 ◢ ，在【强度/颜色/衰减】卷展栏中将【倍增】设置为0.35，如图12.55所示。

25 选择【创建】 ◢ |【灯光】 ◢ |【标准】|【天光】工具，在【顶】视图中创建天光，在【天光参数】卷展栏中勾选【投射阴影】复选框，如图12.56所示。

26 按F10键弹出【渲染设置】对话框，选择【公用】选项卡，在【输出大小】选项组

387

中单击【800×600】按钮，然后在【渲染输出】选项组中单击【文件】按钮，如图12.57所示。

27 弹出【渲染输出文件】对话框，在该对话框中选择文件的输出位置，输入【文件名】为【笔记本】，将【保存类型】设置为jpg，单击【保存】按钮，如图12.58所示。

图12.55　创建泛光灯

图12.56　创建天光

图2.57　设置渲染输出

图12.58　【渲染输出文件】对话框

28 弹出【JPEG图像控制】对话框，将图片质量设置为【最佳】，单击【确定】按钮，如图12.59所示。返回到【渲染设置】对话框中，单击【渲染】按钮对摄影机视图进行渲染即可，然后将场景文件保存。

图12.59　【JPEG图像控制】对话框

12.6

本案例将介绍如何制作垃圾箱，效果如图12.60所示，其具体

操作步骤如下：

图12.60 垃圾箱

01 启动3ds Max 2015，选择【创建】 ✦ |【几何体】◎ |【扩展基本体】|【切角长方体】工具，
在【顶】视图中创建一个切角长方体，将其命名为【垃圾箱】，在【参数】卷展栏中将【长
度】、【宽度】、【高度】、【圆角】的值分别设置为350、204、711、20，将【圆角分段】设
置为1，如图12.61所示。

02 选择【创建】 ✦ |【图形】◎ |【线】工具，将【捕捉开关】按钮 ³ 打开，然后右击【捕捉开
关】按钮 ³ ，在弹出的对话框中，勾选【顶点】复选框。然后在【顶】视图中通过捕捉顶点沿
逆时针方向绘制图12.62所示的样条线。

图12.61 创建切角长方体

图12.62 绘制样条线

03 按S键将捕捉开关关闭，确认该对象处于选中状态，切换至【修改】命令面板 ☑ ，将当前选择
集定义为【样条线】，在【几何体】卷展栏中将【轮廓】设置为-20，如图12.63所示。

04 设置完成后，关闭当前选择集，在修改器下拉列表中选择【挤出】修改器，在【参数】卷展栏
中将【数量】设置为40，勾选【生成贴图坐标】复选框，如图12.64所示。

图12.63 设置样条线轮廓

图12.64 添加【挤出】修改器

05 确认该对象处于选中状态，激活【前】视图，在工具栏中单击【镜像】按钮，在弹出的对话框中单击【Y】单选按钮，将【偏移】设置为-671，单击【复制】单选按，如图12.65所示。

06 单击【确定】按钮，继续在视图中选中【Line001】对象，在修改器下拉列表中选择【编辑多边形】修改器，将当前选择集定义为【多边形】，选择如图12.66所示多边形。

图12.65 设置镜像参数

图12.66 选择多边形

07 在【编辑多边形】卷展栏中单击【挤出】右侧的【设置】按钮，在弹出的对话框中将【挤出高度】设置为10，如图12.67所示。

08 设置完成后，单击【确定】按钮，使用【选择并均匀缩放】工具，在【顶】视图中将选中的多边形进行适当的缩放，如图12.68所示。

09 然后使用【选择并移动】工具，在【前】视图中向下调整多边形的位置，如图12.69所示。

10 调整完成后，关闭当前选择集，选择【创建】|【几何体】|【扩展基本体】|【切角长方体】工具，在【左】视图中创建一个切角长方体，在【参数】卷展栏中将【长度】、【宽度】、【高度】、【圆角】分别设置为150、220、30、5，如图12.70所示。

11 创建完成后，使用【选择并移动】工具在视图中调整该对象的位置，调整后的效果如图12.71所示。

12 选中【垃圾箱】对象，选择【创建】|【几何体】|【复合对象】|【布尔】工具，在【拾取布尔】卷展栏中单击【拾取操作对象B】按钮，然后选择创建的切角长方体对象，如图12.72所示。

图12.67　设置挤出高度

图12.68　缩放多边形

图12.69　调整多边形的位置

图12.70　创建切角长方体

图12.71　调整切角长方体的位置

图12.72　拾取操作对象

13 确认该对象处于选中状态，切换至【修改】命令面板 中，在修改器下拉列表中选择【编辑多边形】修改器，将当前选择集定义为【多边形】，在【左】视图中选择图12.73所示的多边形。

14 按Delete键将其删除，关闭当前选择集，选择【创建】 ｜【图形】 ｜【线】工具，按S键打开角度捕捉，然后在【左】视图中通过捕捉顶点沿逆时针方向绘制图12.74所示的样条线。

图12.73 选择多边形

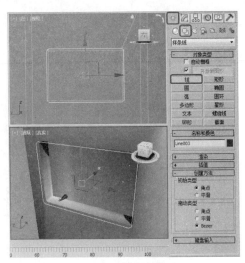

图12.74 绘制样条线

15 确认该对象处于选中状态，切换至【修改】命令面板 中，将当前选择集定义为【样条线】，在【几何体】卷展栏中将【轮廓】设置为8，如图12.75所示。

16 关闭选择集，在修改器下拉列表中选择【挤出】修改器，在【参数】卷展栏中将【数量】设置为-30，如图12.76所示。

图12.75 设置样条线轮廓

图12.76 添加【挤出】修改器

17 在视图中选择除【垃圾桶】外的其他对象，按M键，在弹出的对话框中选择一个新的材质样本球，将其命名为【不锈钢】，在【明暗器基本参数】卷展栏中将明暗器类型设置为【（M）金属】。在【金属基本参数】卷展栏中单击 按钮，将【环境光】的RGB值设置为（64、64、64），将【漫反射】的RGB值设置为（255、255、255），将【反射高光】选项组中的【高光级别】和【光泽度】都设置为80、80，如图12.77所示。

18 在【贴图】卷展栏中单击【反射】通道右侧的【无】按钮，在弹出的【材质/贴图浏览器】中选择【位图】选项，如图12.78所示。

19 单击【确定】按钮，在弹出的对话框中选择随书附带光盘中的"Chromic.jpg"贴图文件，如图12.79所示。

20 单击【打开】按钮，在【参数】卷展栏中将【瓷砖】下的【U】、【V】分别设置为0.8、0.2，在【位图参数】卷展栏中勾选【应用】复选框，将【裁剪/放置】中的W值设置为0.481，如图12.80所示。

图12.77 设置明暗器类型及其参数

图12.78 选择【位图】选项

图12.79 选择贴图文件

图12.80 设置位图参数

21 设置完成后，将该材质指定给选定对象即可，再在视图中选择【垃圾箱】对象，在【材质编辑器】对话框中选择一个新的材质样本球，将其命名为【垃圾箱】，在【明暗器基本参数】卷展栏中将明暗器类型设置为【（P）Phong】，并勾选【双面】复选框。在【Phong基本参数】卷展栏中将【反射高光】选项组中的【高光级别】和【光泽度】分别设置为80、40，如图12.81所示。

22 在【贴图】卷展栏中选择【漫反射颜色】通道右侧的【无】按钮，在弹出的对话框中选择【噪波】选项，如图12.82所示。

图12.81 设置明暗器类型及其参数

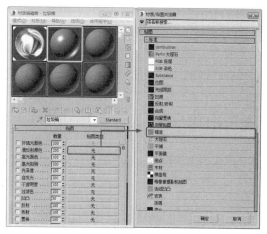

图12.82 选择【噪波】选项

23 单击【确定】按钮，在【坐标】卷展栏中将【模糊】设置为1.21，将【模糊偏移】设置为5.2，在【噪波参数】卷展栏中将噪波类型设置为【湍流】，将【大小】设置为1，如图12.83所示。

24 设置完成后，将该材质指定给选定对象即可，并在视口中显示明暗处理材质，将该对话框关闭，按8键，在弹出的对话框中选择【环境】选项卡，在【公用参数】卷展栏中单击【环境贴图】下的【无】按钮，在弹出的对话框中选择【位图】选项，如图12.84所示。

图12.83 设置噪波参数

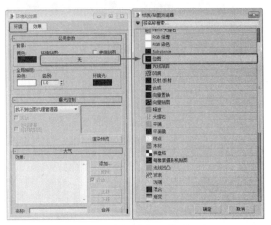

图12.84 选择【位图】选项

25 单击【确定】按钮，在弹出的对话框中选择随书附带光盘中的"垃圾箱背景.jpg"贴图文件，如图12.85所示。

26 单击【打开】按钮，按M键打开材质编辑器，在【环境和效果】对话框中选择【环境贴图】下的材质，按住鼠标将其拖曳至一个新的材质样本球上，在弹出的对话框中单击【实例】单选按钮，如图12.86所示。

图12.85 选择贴图文件

图12.86 复制材质

27 单击【确定】按钮，在【坐标】卷展栏中将【贴图】设置为【屏幕】，如图12.87所示。

28 设置完成后，将【材质编辑器】对话框与【环境和效果】对话框关闭，激活【透视】视图，在该视图中显示环境背景，选择【创建】 【摄影机】 【目标】工具，在【顶】视图中创建一架摄影机，激活【透视】视图，按C键将其转换为摄影机视图，切换至【修改】命令面板中，在【参数】卷展栏中将【镜头】设置为43.456，然后在其他视图中调整摄影机的位置，效果如图12.88所示。

图12.87 设置贴图类型

图12.88 创建摄影机

29 按Shift+C快捷键将摄影机进行隐藏，选择【创建】 ![图标] |【几何体】 ![图标] |【平面】工具，在【顶】视图中绘制一个平面，将其命名为【地面】，在【参数】卷展栏中将【长度】、【宽度】分别设置为2032、2391，如图12.89所示。

30 选中该对象，使用【选择并移动】工具 ![图标] 在视图中调整其位置，在该对象上右击鼠标，在弹出的快捷菜单中选择【对象属性】命令，如图12.90所示。

图12.89 创建平面

图12.90 选择【对象属性】命令

31 在弹出的对话框中选择【常规】选项卡，在【显示属性】选项组中勾选【透明】复选框，如图12.91所示。

32 单击【确定】按钮，确认该对象处于选中状态，按M键，在弹出的对话框中选择一个空白的材质样本球，将其命名为【地面】，单击【Standard】按钮，在弹出的对话框中选择【无光/投影】选项，如图12.92所示。

33 单击【确定】按钮，在【无光/投影基本参数】卷展栏中单击【贴图】右侧的【无】按钮，在弹出的对话框中选择【平面镜】选项，如图12.93所示。

34 单击【确定】按钮，在【平面镜参数】卷展栏中勾选【应用于带ID的面】复选框，单击【转到父对象】按钮，在【无光/投影基本参数】卷展栏中将【反射】选项组中的【数量】设置为25，如图12.94所示。

图12.91　勾选【透明】复选框

图12.92　选择【无光/投影】选项

图12.93　选择【平面镜】选项

图12.94　设置平面镜与无光/投影参数

35 将该材质指定给选定对象即可，将该对话框关闭，选择【创建】✦|【灯光】◢|【标准】|【泛光】工具，在【顶】视图中创建泛光灯，并在其他视图中调整灯光的位置，切换至【修改】命令面板◢，在【常规参数】卷展栏中勾选【阴影】选项组中的【启用】复选框，在【强度/颜色/衰减】卷展栏中将【倍增】设置为0.35，如图12.95所示。

36 选择【创建】✦|【灯光】◢|【标准】|【天光】工具，在【顶】视图中创建天光，切换到【修改】命令面板，在【天光参数】卷展栏中勾选【投射阴影】复选框，如图12.96所示。

图12.95　创建泛光灯并对其进行调整

图12.96　创建天光

37 创建完成后，按F10键，在弹出的对话框中选择【公用参数】选项卡，在【输出大小】选项组中单击【640×480】按钮，如图12.97所示。

38 激活摄影机视图，在【渲染设置】对话框中单击【渲染】按钮即可，效果如图12.98所示。

图12.97 设置输出大小

图12.98 完成后的效果

12.7 课后练习 ————o

1. 简述如何对场景进行渲染和输出。
2. 光能传递和光跟踪器有何不同。

第13章
动画的制作与设置

动画在长期的发展过程中，基本原理未发生过很大的变化，不论是早期手绘动画还是现代的电脑动画，都是由若干张图片连续放映产生的。在三维电脑动画制作中，操作人员就是主动画师，电脑是动画助理，你只要设定关键帧，即可由电脑自动在关键帧之间生成连续的动画。本章节将讲解动画的制作原理及一些常用的动画控制器和约束动画的制作。

13.1 动画概述

3ds Max 有一项最为重要的功能是其制作动画效果，要制作三维动画，必须要先掌握基本动画制作原理和方法，掌握基本方法后，再创建其他动画就简单了。根据实际的运动规律，3ds Max 2015提供了很多的运动控制器，使制作动画变得简单容易。3ds Max 2015还为用户提供了强大的轨迹视图功能，可以用来编辑动画的各项属性。

13.1.1 动画原理

动画是通过把人物的表情、动作、变化等分解后形成的许多动作瞬间的画幅，再用摄影机连续拍摄成一系列画面，给视觉造成连续变化的图画。它的基本原理与电影、电视一样，都是视觉暂留原理。医学证明人类具有"视觉暂留"的特性，人的眼睛看到一幅画或一个物体后，在0.34秒内不会消失。利用这一原理，在一幅画还没有消失前播放下一幅画，就会给人造成一种流畅的视觉变化效果。

13.1.2 动画方法

（1）传统的动画制作方法

传统的动画（英语：Traditional animation），也被称为经典动画，是动画的一种表现形式，始于19世纪，流行于20世纪。传统动画制作方式以手绘为主，绘制静止但互相具有连贯性的画面，然后将这些画面（帧）按一定的速度拍摄后，制作成影像。大部分作品中的图画都是画在纸上，以及赛璐珞上进行拍摄。由于大部分的这种类型的动画作品都是用手直接地绘制在赛璐珞上，因此传统动画也被称为手绘动画或者是赛璐珞动画（cel-animation）。在早期的传统动画作品中也有的画在黑板上或胶片上的。传统动画的制作手段在如今已经被更为现代的扫描、手写板，或者电脑技术取代。但传统动画制作的原理却一直在现代的动画制作当中延续。

（2）3ds Max 2015中的动画制作方法

随着动画技术的发展，关键帧动画的概念应运而生。科技人员发现在组成动画的众多图片中，相邻的图片之间只有极小的变化。因此动画制作人员只绘制其中比较重要的图片（帧），然后由计算机自动完成各重要图片之间的过渡，这样就大大提高了工作效率。由动画制作人员绘制的图片称为关键帧，由计算机完成的关键帧之间的各帧称为过渡帧。

如图13.1所示，在所有的关键帧和过渡帧绘制完毕之后，这些图像按照顺序连接在一起，并被渲染生成最终的动画图像。

图13.1 关键帧图像

3ds Max基于此技术来制作动画，并进行了功能的增强，当用户指定了动画参数以后，动画渲染器就接管了创建并渲染每一帧动画的工作，从而得到高质量的动画效果。

13.1.3 帧与时间的概念

3ds Max是一个基于时间的动画制作软件，最小的时间单位是TICK（点），相当于1/4800秒。系统中默认的时间单位是帧，帧速率为每秒30帧。用户可以根据需要设置软件创建的动画的时间长度与精度。设置的方法是单击动画播放控制区域中的【时间配置】按钮，打开【时间配置】对话框，如图13.2所示。

图13.2 【时间配置】对话框

★ 【帧速率】选项组：用来设置动画的播放速度，可以在不同视频格式之间选择，其中默认的NTSC格式的帧速率是每秒30帧（30bps），【电影】格式是每秒24帧，PAL格式为每秒25帧，还可以选择【自定义】格式来设置帧速率，这会直接影响到最终的动画播放效果。

● FPS：采用每秒帧数来设置动画的帧速率。视频使用 30 fbit/s 的帧速率，电影使用 24 fbit/s 的帧速率，而 Web 和媒体动画则使用更低的帧速率。

★ 【时间显示】选项组：提供了4种时间显示方式供选择。

● 帧：帧是默认显示方式，时间转换为帧的数目取决于当前帧速率的设置。

● SMPTE：用 Society of Motion Picture and Television Engineers（电影电视工程协会）格式显示时间，这是许多专业动画制作工作中使用的标准时间显示方式。格式为【分钟:秒:帧】。

● 帧：TICK：使用帧和系统内部的计时增量（称为tick）来显示时间。选择此方式可以将动画时间精确到1/4800秒。

● 分:秒:TICK：以分钟（MM）、秒钟（SS）和tick显示时间，其间用冒号分隔。例如：02：16：2240表示2分钟、16秒和2240tick。

★ 【播放】选项组：用来控制如何回放动画，并可以选择播放的速度。

● 实时：实时可使视口播放跳过帧，以与当前【帧速率】设置保持一致。禁用【实时】后，视口播放将尽可能快地运行并且显示所有帧。

● 仅活动视口：可以使播放只在活动视口中进行。禁用该选项之后，所有视口都将显示动画。

● 循环：控制动画只播放一次，还是反复播放。启用后，播放将反复进行，您可以通过单击动画控制按钮或时间滑块渠道来停止播放。禁用后，动画将只播放一次然后停止。单击【播放】按钮将倒回第一帧，然后重新播放。

- 速度：可以选择5个播放速度：1x 是正常速度，1/2x 是半速等。速度设置只影响在视口中的播放。默认设置为 1x。
- 方向：将动画设置为向前播放、反转播放或往复播放（向前然后反转重复进行）。该选项只影响在交互式渲染器中的播放。其并不适用于渲染到任何图像输出文件的情况。只有在禁用"实时"后才可以使用这些选项。

★ 【动画】选项组：用于设置动画激活的时间段和调整动画的长度。
- 【开始时间】和【结束时间】：设置在时间滑块中显示的活动时间段。选择第 0 帧之前或之后的任意时间段。例如，可以将活动时间段设置为从第-50帧到第 250 帧。
- 长度：显示活动时间段的帧数。如果您将此选项设置为大于活动时间段总帧数的数值，则将相应增加【结束时间】字段。
- 帧数：将渲染的帧数，始终是【长度】+1。
- 重缩放时间：重缩放时间会重新定位所有轨迹中全部关键点的位置。因此，将在较大或较小的帧数上播放动画，以使其更快或更慢。
- 当前时间：指定时间滑块的当前帧。调整此选项时，将相应地移动时间滑块，视口将进行更新。

★ 【关键点步幅】选项组：用来控制如何在关键帧之间移动时间滑块。
- 使用轨迹栏：使关键点模式能够遵循轨迹栏中的所有关键点。其中包括除变换动画之外的任何参数动画。
- 仅选定对象：在使用【关键点步幅】模式时只考虑选定对象的变换。如果禁用此选项，则将考虑场景中所有（未隐藏）对象的变换，默认设置为启用。
- 使用当前变换：禁用【位置】、【旋转】和【缩放】，并在【关键点模式】中使用当前变换。例如，如果在工具栏中选中【旋转】按钮，则将在每个旋转关键点处停止。如果这3个变换按钮均为启用，则【关键点模式】将考虑所有变换。
- 位置、旋转和缩放：指定【关键点模式】所使用的变换。

13.2 三维动画基本制作方法

制作三维动画最基本的方法是使用自动帧模式录制动画。创建一个简单动画的基本步骤是：设置场景，在场景中创建若干物体，单击【自动关键点】按钮开始录制动画，移动动画控制区中的时间滑块，修改场景中物体的位置、角度或大小等参数，重复前面的移动时间滑块和修改物体参数的操作，最后单击取消选中【自动关键点】按钮，关闭帧动画的录制。

下面通过制作一个例子，来体会这种动画制作的基本方法。

01 在视图中创建一个半径为20的茶壶和一个半径为105的圆，并在视图中调整其位置，如图13.3所示。

02 单击动画播放控制区域中的【时间配置】按钮，在弹出的对话框中的【结束时间】文本框中输入40，如图13.4所示。

03 单击【确定】按钮，再单击【自动关键点】按钮，将时间滑块拖曳到5帧的位置，在【顶】视图中沿圆的边缘对球体进行拖动，如图13.5所示。

04 再将时间滑块拖动到10帧的位置上，然后在【顶】视图中沿圆的边缘对球体进行拖动，如图13.6所示。

图13.3 创建并调整模型

图13.4 设置结束时间

图13.5 添加关键帧

图13.6 添加关键帧

05 以此进行类推，设置完成后，单击【自动关键点】按钮，然后单击【播放动画】按钮▶进行播放即可。

提示

时间滑块移到某一帧位置时，时间滑块会显示当前所在的帧位置和动画的总帧数，例如，将时间滑块移到25帧时，时间滑块显示25/100。在场景中播放动画时，场景中只在激活的视图中播放动画。

13.3 【运动】命令面板与动画控制器 ⊸

在动画创建过程中要经常使用【运动】命令面板⊙，该命令面板提供了对动画物体的控制能力，体现在可以为物体指定各种运动控制器、对各个关键点信息进行编辑，以及对运行轨迹进行控制等。它为用户提供了现成的动画控制工具，可以制作更为复杂的动画效果。

打开【运动】命令面板⊙，可以看到该命令面板中有两个按钮【参数】和【轨迹】，【运动】命令面板⊙就是通过这两个按钮切换功能的，如图13.7所示。

图13.7 运动命令面板中的两个按钮

13.3.1 参数设置

进入【运动】命令面板 ◎ 后，默认的就是进入【参数】设置，在这部分中主要包括指定控制器、RGB参数、位置XYZ参数、关键点信息（基本）、关键点信息（高级）。

（1）【指定控制器】卷展栏

在该卷展栏中，可以为选择的物体指定需要的动画控制器，完成对物体的运动控制。在该卷展栏的列表框中可以看到为物体指定的动画控制器项目，如图13.8所示。有一个主项目为变换，有3个子项目分别为【位置】、【旋转】和【缩放】。列表框左上角的【指定控制器】按钮 用来给子项目指定不同的动画控制器，可以是一个，也可以是多个或没有。使用时要选择子项目，然后单击【指定控制器】按钮 ，会弹出指定动画控制器的对话框，选择其中一个动画控制器，单击【确定】按钮后，可在列表框中看到新指定的动画控制器的名称。

图13.8 选择控制器名称

注意

在指定动画控制器时，选择的子项目不同，弹出的对话框也不同。选择【位置】子项目时，会弹出图13.9所示的对话框；选择Rotation子项目时，会弹出图13.10所示的对话框；选择【缩放】子项目时，会弹出图13.11所示的对话框。

图13.9 【指定位置控制器】对话框

图13.10 【指定旋转控制器】对话框

图13.11 【指定缩放控制器】对话框

（2）【PRS 参数】卷展栏

【PRS 参数】卷展栏用于创建和删除关键帧，PRS参数控制基于3种基本的动画变换控制器：【位置】、【旋转】角度和【缩放】比例，如图13.12所示。【位置】按钮用来创建或删除一个记录位置变化信息的关键帧。【旋转】按钮用来创建或删除一个记录旋转角度变化信息的关键帧。【缩放】按钮用来创建或删除一个记录缩放变形信息的关键帧。

图13.12　【PRS参数】卷展栏

要创建一个变换参数关键帧，应首先在视图中选择物体，拖动时间滑块到要添加关键帧的位置，在【运动】命令面板◎中展开【PRS参数】卷展栏，单击其中的按钮即可创建相应类型的关键帧。

提示
如果当前帧已经有了一个某种项目类型的关键点，那么【创建关键点】选项组中对应项目的按钮将变为不可用，而右侧【删除关键点】选项组中的对应按钮将变为可用。

（3）【关键点信息（基本)】卷展栏

用户可以通过【关键点信息（基本)】卷展栏查看当前关键帧的基本信息，如图13.13所示。

图13.13　【关键点信息（基本)】卷展栏 图

★ 　9　 中显示的是当前关键帧的序号，单击左侧的 ← 按钮，可以定位到上一个关键帧，单击 → 按钮，可以定位到下一个关键帧。

★ 【时间】文本框中显示的是当前关键帧所在的帧号，可以通过右侧的微调按钮更改当前关键帧的位置。右侧的 L 按钮是一个锁定按钮，用来在轨迹视图编辑模式下使关键帧产生水平移动。

★ 【值】文本框用于以数值的方式精确调整当前关键帧的数据。

（4）【关键点信息（高级)】卷展栏

通过【关键点信息（高级)】卷展栏可以查看和控制当前关键帧的更为高级的信息，该卷展栏如图13.14所示。

图13.14　【关键点信息（高级)】卷展栏

在【输入】微调框中显示的是接近关键点时改变的速度；在【输出】微调框中显示的是离开关键点时改变的速度。要修改速度值时必须选择自定义插补方式。【规格化时间】按钮用来将关键帧的时间平均，得到光滑均衡的运动曲线。当关键帧的时间分配不均时，会出现加速或减速运动造成的顿点。选中【自由控制柄】复选框时，切线的手柄会按时间长度自动更新，取消选中时切线的手柄长度被自动锁定。

13.3.2　运动轨迹

创建了一个动画后，若想看一下物体的运动轨迹或要对轨迹进行修改，可在【运动】命令面板◎中单击【轨迹】按钮，展开【轨迹】卷展栏，如图13.15所示。只要在场景中选择要观察的物体，就能看到它的运动轨迹，图13.16所示显示运动轨迹。使用物体运动轨迹可以显示选择物体位置的三维变化路径，对路径进行修改变换，实现对路径精确的控制。

图13.15　【轨迹】卷展栏

图13.16 显示出的运动轨迹

下面介绍【轨迹】卷展栏中各选项的作用。

★ 【删除关键点】和【添加关键点】按钮用来在运动路径中删除和添加关键点，关键点的增加和减少会影响到运动轨迹的形状。

★ 【采样范围】选项组用于对【样条线转化】选项组进行控制，其中【开始时间】为采样开始时间，【结束时间】为采样结束时间，【采样数】用来设置采样样本的数目。

★ 【样条线转化】选项组共有两个按钮，用来控制在运动轨迹和样条曲线之间进行转换。【转化为】按钮的作用是将运动轨迹转换为曲线，转换时依照【采样范围】选项组中设置的时间范围和采样样本数进行转换。【转化自】按钮的作用是将选择曲线转换为当前选择物体的运动轨迹，转换时同样受采样范围限制。

★ 【塌陷变换】选项组中的【塌陷】按钮用来将当前选择物体进行塌陷变换，其下的3个复选框用来选择要进行塌陷的变换方式。

▌13.3.3 动画控制器

利用前面的内容制作动画比较简单，制作完成后进行修改时需要在动画控制器中完成，动画控制器中存储着物体的各种变换动作和动画关键帧数据，并且能在关键帧之间计算出过渡帧。

添加关键帧后，物体所作的改变就被自动添加到相应的动画控制器。

要查看并修改动画控制器时，可以通过以下两种方式：

★ 单击工具栏中的【曲线编辑器】按钮，在打开的轨迹视图窗口中会显示动画控制器，并可以对其进行修改，如图13.17所示。

图13.17 轨迹视图窗口

★ 在【运动】命令面板的【指定控制器】卷展栏中对动画控制器进行修改和添加。

动画控制器分为单一属性的动画控制器和复合属性的动画控制器两种类型。单一属性的动画控制器只控制3ds Max 2015中物体的单一属性；复合属性的动画控制器结合并管理多个动画控制器，如PRS动画控制器、变换脚本动画控制器和列表动画控制器等都是复合属性的动画控制器。

每个参数都有与之对应默认的动画控制器类型，用户可以在设置动画之后修改参数的动画控制器类型，修改或指定动画控制器可以通过以下两种方式：

★ 在【运动】◎命令面板中可以在【指定控制器】卷展栏内选择要修改的动画控制器，然后单击【指定控制器】☑按钮，在打开的对话框中选择其他动画控制器。注意这里只能为单一物体指定动画控制器。

★ 如果使用【轨迹视图】对话框，同样可以选择控制器元素，在【轨迹视图】对话框中单击菜单栏中的【显示】按钮，在弹出的下拉菜单中选择【过滤器】选项，然后在打开的对话框中选择其他类型的控制器。

> **提示**
>
> 需要为多个参数选择相同的动画控制器时，可以将多个参数选中，然后再为它们指定相同的动画控制器类型。

13.4 常用动画控制器

3ds Max 2015系统为用户提供了多种具有不同功能的动画控制器，按功能主要分为以下几种类型。

★ Bezier动画控制器：用于在两个关键帧之间进行插值计算，也可以通过调整关键点的控制手柄来调整物体的运动效果。

★ 噪波动画控制器：用于可以模拟震动运动的效果。

★ 块控制器：【块】控制器是一种全局列表控制器，使用该控制器可以合并来自多个对象跨越一段时间范围的多个轨迹，并将它们组织为【块】。这些块接下来可用于在时间上的任何地方重新创建动画。可以在【轨迹视图】中添加、删除、缩放、以图形方式移动【块】并将其保存。【块】既可以表示绝对动画也可以表示相对动画。

★ 位置 XYZ（位置）动画控制器：用于将原来的位置控制器细分为X、Y、Z 三个方向单独的选项，从而使用户可以控制场景中物体在各个方向上的细微运动。

★ 浮点动画控制器：用于设置浮点数值变化的动画。

★ 位置动画控制器：用于设置物体位置变化的动画。

★ 旋转动画控制器：用于设置物体旋转角度变化的动画。

★ 缩放动画控制器：用于设置物体缩放变形的动画。

★ 变换动画控制器：用于设置物体位置、旋转和缩放变换的动画。

下面介绍一些常用的动画控制器。

13.4.1 Bezier控制器

Bezier控制器是一个比较常用的动画控制器。它可以在两个关键帧之间进行插值计算，并可以使用一个可编辑的样条曲线进行控制动作插补计算，也可以通过调整关键点的控制手柄来调整物体的运动效果。

下面通过一个例子来学习如何调整Bezier变换的切线类型。

01 重置一个新的场景文件。在场景中创建一个茶壶，如图13.18所示。

02 单击【自动关键点】按钮，拖曳时间滑块到20帧处，并在视图中调整茶壶的位置，进入【运动】面板，单击【轨迹】按钮，即可显示运动轨迹，如图13.19所示。

图13.18　创建茶壶

图13.19　添加关键帧

03 将时间滑块拖曳到40帧处，并在场景中调整茶壶的位置，如图13.20所示。

04 以此进行类推，设置完成后单击【自动关键点】按钮，然后进入【运动】命令面板 ◎，如图13.21所示。

图13.20　插入关键帧

图13.21　添加关键帧后效果

05 单击【参数】按钮，将时间滑块拖曳到40帧处，在【关键点信息（基本）】卷展栏中单击【输出】下方的切线方式按钮，在弹出的列表中选择图13.22所示的切线方式。

06 执行操作后，再单击【轨迹】按钮，即可发现运动轨迹已经发生了变化，如图13.23所示。

图13.22　选择切线方式

图13.23　显示运动轨迹

13.4.2 线性动画控制器

线性动画控制器可以均匀分配关键帧之间的数值变化，从而产生均匀变化的插补过渡帧。通常情况下使用线性控制器来创建一些非常机械的、规则的动画效果，例如匀速变化的色彩变换动画或类似球体、木偶等做出的动作。

下面通过一个例子来学习添加和使用线性控制器的方法。

01 重置一个新的场景文件，在视图中创建一个半径为30的茶壶，选择【运动】命令面板，单击【轨迹】按钮，然后单击【自动关键点】按钮，将时间滑块拖曳到10帧处，在视图中拖动球体，如图13.24所示。

图13.24 添加关键帧

02 在将时间滑块拖曳到20帧处，再在视图中对球体进行拖动，如图13.25所示。

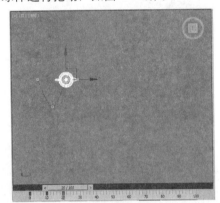

图13.25 创建关键帧动画（2）

03 以此进行类推，设置完成后，单击【自动关键点】按钮，设置完成后的运动轨迹如图13.26所示。

04 在【运动】命令面板中单击【参数】按钮，在【指定控制器】卷展栏中选择【位置】，

然后单击【指定控制器】按钮，在弹出的【指定位置控制器】对话框中选择【线性位置】，如图13.27所示。

图13.26 完成后的运动轨迹

图13.27 选择【线性位置】

05 单击【确定】按钮，在【运动】命令面板中单击【轨迹】按钮，即可发现运动轨迹变化，如图13.28所示。

图13.28 设置后的运动轨迹

> **注意**
>
> 使用线性动画控制器时并不会显示属性对话框，保存在线性关键帧中的信息只是动画的时间及动画数值等。

13.4.3 噪波动画控制器

使用噪波动画控制器可以模拟震动运动的效果。例如，用手上下移动物体产生的震动效果。噪波动画控制器能够产生随机的动作变化，用户可以使用一些控制参数来控制噪波曲线，模拟出极为真实的震动运动，如山石滑坡、地震等。噪波动画控制器的控制参数如下。

★ 种子：产生随机的噪波曲线，用于设置各种不同的噪波效果。

★ 频率：设置单位时间内的震动次数，频率越大，震动次数越多。

★ 分形噪波：利用一种叫做分形的算法计算噪波的波形，使噪波曲线更加不规则。

★ 粗糙度：改变分形噪波曲线的粗糙度，数值越大，曲线越不规则。

★ 强度：控制噪波波形在3个方向上的范围。

★ 渐入/渐出：可以设置在动画的开始和结束处，噪波强度由浅到深或由深到浅的渐入渐出方式。对话框中的数值用于设置在动画的多少帧处达到噪波的最大值或最小值。

★ 特征曲线图：显示所设置的噪波波形。

通过一个例子来学习使用噪波位置控制器创建物体随机变形动画。

01 打开随书附带光盘中的"13-1.max"素材文件，如图13.29所示。

图13.29 单击【位置】

02 在场景中选择排球对象，切换到【运动】

面板，在【指定控制器】卷展栏中，选择【位置】下的【装修位置：Bezier浮点】选项，并单击【指定控制器】按钮，在弹出【指定浮点控制器】对话框中，选择【噪波浮点】选项，如图13.30所示。

图13.3 选择控制器

03 单击【确定】按钮，弹出【噪波控制器：排球\Z位置】对话框，选中【强度】文本框右侧的复选框，并将其【强度】设为43，将【频率】设为0.08，将【分形噪波】复选框取消选中，如图13.31所示。

图13.31 设置噪波控制器

04 关闭【噪波控制器：排球\Z位置】对话框，返回到【指定控制器】卷展栏中，可以查看添加的【噪波控制器】，如图13.32所示。单击【播放动画】按钮，查看效果。

图13.32 查看添加的【噪波控制器】

13.4.4 列表动画控制器

使用列表动画控制器可以将多个动画控制器结合成一个动画控制器，从而实现复杂的动画控制效果。

将列表动画控制器指定给属性后，当前的控制器就会被移动到列表动画控制器的子层级中，成为动画控制器列表中的第1个子控制器。同时还会生成一个名为【可用】的属性，作为向列表中添加的动画控制器占位准备。

下面通过一个例子来练习列表控制器的使用方法。

01 重置一个新的场景，在视图中创建一个半径为25的球体，单击【自动关键点】按钮，将时间滑块拖曳到100帧处，在【顶】视图中向右拖动球体，如图13.33所示。

图13.33 添加关键帧

02 单击【自动关键点】按钮，选择【运动】命令面板 ◎ ，单击【轨迹】按钮，即可发现球体的运动轨迹如图13.34所示。

图13.34 球体的运动轨迹

03 单击【参数】按钮，在【指定控制器】卷展栏中选择【位置】选项，然后单击【指定控制器】按钮 ，在弹出的对话框中选择【位置列表】选项，如图13.35所示。

图13.35 选择【位置列表】控制器

04 单击【确定】按钮，在【指定控制器】卷展栏中单击【位置】选项左侧的加号按钮，展开控制器层级，选择【可用】选项，如图13.36所示。

图13.36 选择【可用】选项

05 单击【指定控制器】按钮，在弹出的【指定位置控制器】对话框中选择【噪波位置】选项，如图13.37所示。

图13.37 选择【噪波位置】

06 单击【确定】按钮，将弹出的【噪波控制器】对话框关闭即可，单击【轨迹】按钮，即可发现球体的运动轨迹发生了变化，如图13.38所示。

图13.38 球体的运动轨迹

钮，如图13.40所示。

图13.40 选择【波形浮点】选项

提示

创建完成动画后，如果不满意可以对动画控制器的参数进行修改，方法是右击【指定控制器】卷展栏中相应的动画控制器，在弹出的快捷菜单中选择【属性】命令，就会打开相应的动画控制器对话框，可以设置各种参数。

03 弹出【波形控制器：排球\Z位置】对话框，在【波形】选项组中设置【周期】为50，【振幅】为30，在【效果】选项组中，选中【钳制上方】单选按钮，在【垂直偏移】选项组中选中【自动>0】单选按钮，如图13.41所示。

图13.41 进行设置

13.4.5 波形控制器

【波形】控制器是浮动的控制器，提供规则和周期波形。最初创建的用来控制闪烁的灯光，可以在任何浮点值上使用。下面通过一个实例来介绍波形控制器。

01 打开随书附带光盘中的"13-1.max"素材文件，如图13.39所示。

04 关闭【波形控制器：排球\Z位置】对话框，返回到【指定控制器】卷展栏中即可查看添加【波形控制器】，如图13.42所示。单击动画控制区中的【播放动画】按钮，查看效果。

图13.39 打开素材文件

02 在场景中选择【排球】对象，切换到【运动】命令面板，在【指定控制器】卷展栏中，选择【位置】下的【装修位置：Bezier浮点】选项，并单击【指定控制器】按钮，弹出【指定浮点控制器】对话框，选择【波形浮点】选项，并单击【确定】按

图13.42 添加【波形控制器】

13.5 约束动画

动画约束是3ds Max 2015提供的又一种动画自动生成工具，创建约束动画至少需要一个运动物体和一个用于约束的目标物体，利用与目标物体的绑定关系来控制运动物体的位置、角度和缩放等动画效果。例如，要创建一段一辆汽车按照预先定义好的路径行驶的动画，可以使用一段路径来约束汽车行驶的轨迹。

13.5.1 链接约束

使用链接约束来创建物体始终链接到其他物体上的动画，可以使物体继承其对应目标物体的位置、角度和缩放等动画属性。例如，创建一个球在两手之间传递的动画，假设在第0帧时球在左手上，当两手运动到第30帧时相遇，此时将球链接到右手上，继而随之继续运动。

下面通过制作一个实例来学习链接约束的方法。

01 打开随书附带光盘中的"13-2.max"素材文件，如图13.43所示。

02 在场景中选择【球005】对象，并在菜单中执行【动画】|【约束】|【链接约束】命令，如图13.44所示。

图13.43 打开素材文件　　　　　　　　图13.44 选择【链接约束】命令

03 然后拖曳鼠标指针至【对象005】上，并单击，如图13.45所示。

04 将【球005】对象链接约束在对【对象005】上，然后单击动画控制区中的【播放动画】按钮，查看效果，如图13.46所示。

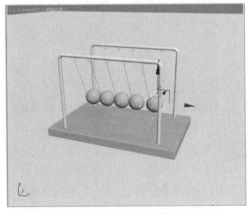

图13.45 选择【对象005】　　　　　　　图13.46 查看效果

13.5.2 附着约束动画

附着约束是一种位置约束，它将一个对象的位置附着到另一个对象的面上，目标对象不用必须是网格，但必须能转化为网格，下面通过一个实例来介绍附着约束动画。

01 打开随书附带光盘中的"13-3.max"素材文件，如图13.47所示。

图13.47 打开素材文件

02 在场景中选择【球005】对象，并在菜单栏中执行【动画】|【约束】|【附着约束】命令，如图13.48所示。

图13.48 选择【附着约束】命令

03 拖动鼠标至【对象005】上单击，这样就可以将【球005】对象附着在【对象005】上，然后切换到【运动】命令面板，打开【附着参数】卷展栏，在【附加到】选项组取消选中【对齐到曲面】复选框，在【关键点信息】选项组中单击【设置位置】按钮，并将【面】设为650，如图13.49所示。

04 单击动画控制区中【播放动画】按钮，查看动画效果，如图13.50所示。

图13.49 设置附着参数

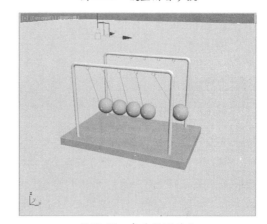

图13.50 查看设置动画

13.5.3 表面约束动画

使用表面约束可以将一个物体的运动轨迹约束在另外一个物体的表面。可以用作约束表面的物体包括：球体、管状体、圆柱体、圆环、平面、放样物体、NURBS物体。这些表面都是具有"可视化"参数的表面，不包括精确的网格表面。例如，使皮球在山路上滚动或者让汽车行驶在崎岖不平的路面上等。

下面通过一个小例子来学习表面约束的使用。

01 重置一个新的场景，在【顶】视图中创建一个半径1、半径2分别为30、30，高度和圈数为206、5的螺旋线，如图13.51所示。

02 再在视图中创建一个半径为1.5的圆，并在视图中调整其位置，如图13.52所示。

图13.51 创建螺旋线

图13.52 创建圆并调整位置

03 选择【创建】 ∦|【几何体】 ⊙|【复合对象】|【放样】工具，在【创建方法】卷展栏中单击【获取路径】按钮，在【前】视图中拾取路径螺旋线，如图13.53所示。

图13.53 创建螺旋线

04 选择【创建】 ∦|【几何体】 ⊙|【标准基本体】|【球体】工具，在【前】视图中创建一个半径为7的球体，如图13.54所示。

图13.54 创建球体

05 选中所创建的球体，选择【运动】命令面板，单击【参数】按钮，在【指定控制器】卷展栏中选择【位置】选项，单击【指定控制器】按钮⚙，弹出【指定位置控制器】对话框，选择【曲面】选项，如图13.55所示。

图13.55 选择【曲面】选项

06 单击【确定】按钮，在【曲面控制器参数】卷展栏中单击【拾取曲面】按钮，在【前】视图中拾取放样后的螺旋线，如图13.56所示。

07 在动画控制区中单击【自动关键点】按钮，将时间滑块拖曳到100帧处，在【曲面控制器参数】卷展栏中的【U向位置】和【V向位置】文本框中输入50、100，如图13.57所示。

图13.56 选择【曲面】

13.5.4 路径约束动画

使用运动路径约束可以将物体的运动轨迹控制在一条曲线或多条曲线的平均距离位置上，其约束的路径可以是任何类型的样条曲线，曲线的形状决定了被约束物体的运动轨迹。被约束物体可以使用各种标准的运动类型，如位置变换、角度旋转或缩放变形等。

下面通过一个小例子来学习路径约束的使用。

01 重置一个新的场景，在【前】视图中随意创建一条线，如图13.59所示。

图13.57 设置曲面

08 单击【自动关键点】按钮，单击【播放动画】按钮▶，即可发现球体会随着放样出的螺旋线进行运动，如图13.58所示。

图13.59 创建线

02 在【顶】视图中创建一个球体，并调整其位置，选择【运动】命令面板，单击【参数】按钮，在【指定控制器】卷展栏中选择【位置】，单击【指定控制器】按钮，在弹出的对话框中选择【路径约束】，如图 13.60所示。

图13.58 查看动画

图13.60 选择【路径约束】选项

03 单击【确定】按钮，在【路径参数】卷展栏中单击【添加路径】按钮，在视图中选择绘制的线为球体运动的路径，如图13.61所示。

图13.61 添加路径

04 在动画控制区拖动时间滑块，即可查看球体沿着路径进行运动，如图13.62所示。

图13.62 查看运动效果

13.5.5 位置约束动画

使用位置约束可以迫使一个物体跟随另一个物体的位置或锁定在多个物体按照比重计算的平均位置。要设置位置约束，必须具备一个物体，以及另外一个或多个目标物体，物体被指定位置约束后就开始被约束在目标物体的位置上。如果目标物体运动，会使当前物体跟随运动。每个目标物体都具有一个比重属性来决定它的影响程度，比重为0时相当于没有影响，任何大于0的比重都会使目标物体影响所约束的物体。利用这个比重参数甚至可以制作动态影响的动画，如击打一个棒球。

下面通过一个小例子来学习位置约束的使用。

01 重置一个新的场景，在【顶】视图中创建一个半径为20的茶壶，如图13.63所示。

图13.63 创建球体

02 选择工具栏中的【选择并移动】 工具，配合键盘上的Shift键，在【顶】视图中选择球体并向右进行拖动，在弹出的【克隆选项】对话框中单击【复制】单选按钮，在【副本数】文本框中输入2，如图13.64所示。

图13.64 选择【克隆】选项

03 单击【确定】按钮，即可复制两个茶壶，在【顶】视图中创建一个半径1、半径2为60的圆环和长度、宽度为90、100的矩形，如图13.65所示。

04 在【顶】视图中选择最左边的球体，切换到【运动】命令面板 ，在【指定控制器】卷展栏中选择【位置：位置XYZ】，单击【指定控制器】按钮 ，在弹出的对话框中选择【路径约束】，如图13.66所示。

图13.65 创建圆和矩形

图13.66 选择【路径约束】控制器

05 单击【确定】按钮，在【路径参数】卷展栏中单击【添加路径】按钮，在所创建的圆上单击，如图13.67所示。

图13.67 添加路径

06 使用同样的方法将最右侧的茶壶约束到矩形上，如图13.68所示。

图13.68 添加【路径约束】

07 选择中间的茶壶，切换到【运动】命令面板中，在【指定控制器】卷展栏中选择【位置】，单击【指定控制器】按钮，在弹出的对话框中选择【位置约束】，如图13.69所示。

图13.69 添加位置目标

08 单击【确定】按钮，在【位置约束】卷展栏中单击【添加位置目标】按钮，然后分别在两个茶壶上单击，如图13.70所示。

图13.70 选择位置目标

09 拖动时间滑块，查看设置后的效果。

13.5.6 方向约束动画

使用方向约束时，可以使物体方向始终保持与一个物体或多个物体方向的平均值相一致，被约束的物体可以是任何可转动物体。当指定方向约束后，被约束物体将继承目标物体的方向，但是此时就不能利用手动的方法对物体进行旋转了。

下面通过一个小例子来学习方向约束的使用。

01 重置一个新的场景，在【顶】视图中创建两个半径为25的茶壶，如图13.71所示。

图13.71　创建茶壶

02 使用【线】工具在【顶】视图中创建两条不同样式的线，如图13.72所示。

图13.72　创建直线

03 在【顶】视图中选择左侧的茶壶，切换到【运动】命令面板，在【指定控制器】对话框中选择【位置：位置XYZ】，单击

【指定控制器】按钮，在弹出的对话框中选择【路径约束】，如图13.73所示。

图13.73　选择【路径约束】控制器

04 单击【确定】按钮，在【路径参数】卷展栏中单击【添加路径】按钮，在视图中拾取直线为运动路径，再单击【添加路径】按钮，在【路径参数】卷展栏的【路径选项】选项组中选中【跟随】复选框，并单击【轴】选项组中的【Y】单选按钮，如图13.74所示。

图13.74　设置路径

05 使用同样的方法为右侧的茶壶添加路径约束并进行设置，如图13.75所示。

06 再次选中左侧的茶壶，在【指定控制器】卷展栏中选择【旋转：Euler XYZ】选项，单击【指定控制器】按钮，在弹出的对话框中选择【方向约束】选项，如图13.76所示。

07 单击【确定】按钮，在【方向约束】卷展栏中单击【添加方向目标】按钮，在视图中单击右侧的茶壶，如图13.77所示。

图13.75 设置路径

图13.76 选择【方向约束控制器】

图13.77 选择方向目标

08 在动画控制区中单击【播放动画】按钮 ▶，即可看到左侧的茶壶不仅沿着运动轨迹进行前进，还会受到右侧茶壶角度的影响，约束效果如图 13.78 所示。

图13.78 查看效果

13.5.7 注视约束动画

使用注视约束动画可以锁定一个物体的旋转，使它的某一轴向始终朝向目标物体。例如，向日葵始终面向太阳。在制作人物眼部的动画时，就可以为眼球设置一个辅助点，让眼球始终看向辅助点。这样只要制作辅助点的动画，就可以实现角色眼球始终盯住辅助点了。

下面通过一个小例子来学习注视约束动画的使用。

01 打开随书附带光盘中的"13-4.max"素材文件，如图13.79所示。

图13.79 打开素材文件

02 在场景中选择机器人头部，在菜单栏执行【动画】|【约束】|【注视约束】命令，如图13.80所示。

图13.80 选择【注视约束】命令

03 执行【注视约束】命令后，会在机器人的头部出现一条注视线，激活【左】视图，拾取场景中的【转动球】对象，此时系统会自动转到【运动】命令面板，如图13.81所示。

图13.81 选择注视对象

04 切换到【注视约束】卷展栏中，在【选择注视轴】组中选中【Y】单选按钮，并选中【反转】复选框，在【选择上方向节点】

中取消对【世界】复选项的选择，单击其后面的【无】按钮，在场景中拾取【转动球】对象，在【源轴】和【对齐到上方向节点轴】组中分别选中【X】单选按钮，如图13.82所示。

图13.82 创建关键帧动画

05 激活【摄影机】视图，对动画渲染输出，渲染到150帧时的效果如图13.83所示。

图13.83 渲染后的静帧效果

13.6 轨迹视图

【轨迹视图】使用两种不同的模式：【曲线编辑器】和【摄影表】。【曲线编辑器】模式将动画显示为功能曲线，而【摄影表】模式将动画显示为包含关键点和范围的电子表格。关键点是带颜色的代码，便于辨认。一些【轨迹视图】功能（例如移动和删除关键点）也可以在时间滑块附近的轨迹栏上进行访问，还可以展开轨迹栏来显示曲线。默认情况下，【曲线编辑器】和【摄影表】打开为浮动窗口，但也可以将其停靠在界面底部的视口下面，甚至可以在视口中打开它们。您可以命名【轨迹视图】布局，并将其存储在缓冲区中，以供以后重用。

13.6.1 轨迹视图层级

单击工具栏中的【曲线编辑器】按钮，将打开当前场景的轨迹视图的曲线编辑器模式，如图13.84所示。

图13.84 轨迹视图的曲线编辑器模式

在轨迹视图的曲线编辑器模式中，允许用户以图形化的功能曲线形式对动画进行调整，用户可以很容易地查看并控制动画中的物体运动，设置并调整运动轨迹。曲线编辑器模式包含菜单栏、工具栏、控制器窗口和一个关键帧窗口，其中包括时间标尺、导航等。

摄影表模式是另一种关键帧编辑模式，可以在轨迹视图中选择【编辑器】|【摄影表】命令，进入【摄影表】视图中，如图13.85所示，切换到摄影表模式。在这种模式中，关键帧以时间块的形式显示，用户可以在这种模式下进行显示关键帧、插入关键帧、缩放关键帧，及所有其他关于动画时间设置的操作。

图13.85 摄影表编辑模式

摄影表又包含两种模式，编辑关键点和编辑范围。摄影表模式下的关键帧显示为矩形框，可以方便地识别关键帧。

13.6.2 轨迹视图工具

轨迹视图窗口上方含有操作项目、通道和功能曲线等各种工具。默认的【曲线编辑器】模式下的工具栏如图13.86所示。

图13.86 【曲线编辑器】模式下的工具栏

选择【模式】|【摄影表】命令，切换到【摄影表】模式下的工具栏，如图13.87所示。

图13.87 【摄影表】模式下的工具栏

在【曲线编辑器】模式下的菜单栏中右击，在弹出的快捷菜单中选择【显示工具栏】选项，在弹出的子菜单中选择【全部】命令，如图13.88所示，即可显示全部的工具栏。

下面来学习一下【参数曲线超出范围类型】按钮 的使用。该按钮也可称为域外扩展方式，可以设置动画在超出用户所定义关键帧范围以外的物体的运动情况，合理地选择参数曲线越界类型可以缩短制作周期。例如，制作物体周期循环运动的动画时，可以只创建若干帧的动画，而其他帧的动画可以根据参数曲线越界类型的设置选择如何继续运动下去。

在【曲线编辑器】模式下单击工具栏中的【参数曲线超出范围类型】按钮 ，将会弹出【参数曲线超出范围类型】对话框，如图13.89所示，在对话框中可以看到所选关键帧的参数曲线越界类型，共有6种，可以选择其中的一种。

图13.88 选择【全部】选项

图13.89 【参数曲线超出范围类型】对话框

★ 【恒定】方式：把确定的关键帧范围的两端部分设置为常量，使物体在关键帧范围以外不产生动画。系统在默认情况下，使用常量方式。

★ 【周期】方式：使当前关键帧范围的动画呈周期性循环播放，但要注意如果开始与结束的关键帧设置不合理，会产生跳跃效果。

★ 【循环】方式：使当前关键帧范围的动画重复播放，此方式会将动画首尾对称连接，不会产生跳跃效果。

★ 【往复】方式：使当前关键帧范围的动画播放后再反向播放，如此反复，就像一个乒乓球被两个运动员以相同的方式打来打去。

★ 【线性】方式：使物体在关键帧范围的两端呈线形运动。

★ 【相对重复】方式：在一个范围内重复相同的动画，但是每个重复会根据范围末端的值有一个偏移，使用相对重复来创建在重复时彼此构建的动画。

13.6.3 【编辑关键点】模式

在【编辑关键点】模式下可以对帧进行编辑。在【编辑关键点】模式下可以以方框的形式显示关键帧及范围条。在【编辑关键点】模式下，由于可以显示所有通道的动画时间，所以便于对整个动画进行全局的控制和调整。

> **提 示**
>
> 只有动画控制器项目可以显示为关键帧，而其他的项目都只能显示范围条。

（1）捕捉帧

当开启关键帧捕捉选项后，所有关键帧及范围条的移动增量都是1帧的整数倍。如果移动多个选择的帧，这些关键帧将自动捕捉到最近的帧上。

（2）锁定当前选择

单击【锁定当前选择】按钮可以锁定当前选择对象，这样就不用担心会由于误操作而取消当前的选择目标了。当确认当前在关键帧编辑模式下时，选择一个或多个帧，单击【锁定当前选择】按钮，然后在窗口

任意位置按下鼠标左键并拖动，此时用户会发现原来的选择并没有被取消，而且会随着鼠标的移动而改变位置。

（3）关键帧对齐

使用关键帧对齐功能可以实现将选择的关键帧对齐到当前时间。当选择了很多比较分散的关键帧时，使用该工具可以将它们移动到同一时间位置上。当确认当前在关键帧编辑模式下时，拖动时间滑块到需要对齐的时间上，然后选择一个或多个想要对齐到某一时间上的帧，再选择【关键点】|【对齐到光标】命令，此时所选择的每个通道最左侧的帧移动到当前的时间位置，通道的中间帧保持与最左侧帧的相对位置。

（4）帧操作

在默认状态下，【移动关键点】按钮始终处于选中状态，因此可以直接用鼠标拖动关键帧，并可以调整关键帧的时间位置。选择多个帧时，使用【缩放关键点】工具可以对关键帧进行缩放，单击【插入关键点】按钮，可以在通道中添加新的关键帧。

13.6.4 【编辑范围】模式

在【摄影表】模式的【编辑范围】模式下，所有的通道均以范围条的形式显示，这种方式有助于快速地缩放或移动整段动画通道。

在【摄影表】模式下，单击轨迹视图窗口工具栏中的【编辑范围】按钮，进入【编辑范围】模式，如图13.90所示。单击【修改子树】按钮，可以拖动范围条，该按钮处于选中状态时，将在Objects通道中显示一个范围条，它是默认的所有命名物体的父物体。如果拖动这个父物体的范围条，将影响场景中所有的物体。

图 13.90　编辑范围模式

13.6.5 功能曲线

功能曲线可以将选择的动画控制器项目显示为曲线形式，以便于观察和编辑动画轨迹。

下面通过制作一个弹跳球动画，来了解功能曲线的作用。

01 打开随书附带光盘中的"13-1.max"素材文件，如图13.91所示。

图13.91　打开素材文件

02 在动画控制区中单击【自动关键点】按钮，将时间滑块拖曳到10帧处，在【前】视图中沿Y轴向上移动球体，如图13.92所示。

图13.92　创建关键帧

03 将时间滑块拖曳到20帧处，在【前】视图中沿Y轴向下移动球体，如图13.93所示。

图13.93　添加关键帧

04 单击【自动关键点】按钮，在工具栏中单击【曲线编辑器】按钮，在弹出的对话框中单击【参数曲线超出范围类型】按钮，在弹出的对话框中选择【循环】选项，如图13.94所示。

图13.94　选择【循环】选项

05 单击【确定】按钮，此时功能曲线呈现出循环状态，如图13.95所示。

图13.95　【轨迹视图】对话框

13.7

实例应用：卷轴画

本案例将讲解如何制作卷轴动画动画，其中主要应用了【编辑多边形】、【挤出】、【弯曲】修改器制作而成，具体操作方法如下，完成后的效果如图13.96所示。

图13.96 卷轴画效果

01 重置一个新的3ds Max场景，选择【创建】☀|【几何体】◯|【圆柱体】命令，在【前】视图中创建【半径】为2.5、【高度】为155的圆柱体，如图13.97所示。

图13.97 创建圆柱

02 切换至【修改】面板☑中，为其添加【编辑多边形】修改器，并将其选择及定义为【顶点】，在【顶】视图中选择顶点，如图13.98所示。

03 在工具箱中选择【选择并均匀缩放】工具🔲，在【顶】视图沿【Y】轴向上拖动，调整顶点，如图13.99所示。

图15.98 选择顶点

图15.99 缩放调整顶点

04 将选择集定义为【多边形】，在视图中选择多边形，如图13.100所示。

图13.100 选择多边形

05 在【编辑几何体】卷展栏中单击【设置】按钮 ，在弹出的小盒控件中将挤出多边形的方式设置为【本地法线】，将挤出高度设置为2，单击【确定】 按钮，如图13.101所示。

图13.101 挤出多边形

06 选择【创建】 【图形】 【圆环】命令，在【前】视图中绘制一个【半径1】为2.5，【半径2】为3.5的圆环，如图13.102所示。

07 切换至【修改】命令面板 中，为其添加【挤出】修改器，在【参数】卷展栏中将【数量】设置为135，并调整位置，如图13.103所示。

08 选择【创建】 【几何体】 【平面】命令，在【顶】视图中创建【长度】为130、【宽度】为286的平面，【长度分段】为1、【宽度分段】为80，将其命名为【底图】，如图13.104所示。

图13.102 创建圆环

图13.103 添加【挤出】修改器

图13.104 创建平面

09 调整【底图】的位置，并绘制一个【长度】为110、【宽度】为248的平面，【长度分段】为1、【宽度分段】为80，并命名为【画】，调整位置，如图13.105所示。

图13.105 创建第二个平面

10 按M键打开【材质编辑器】对话框，选择一个新的材质球，将其命名为【木纹】，在【Blinn基本参数】卷展栏中将【反射高光】选项组中的【高光级别】设置为53，将【光泽度】分别设置为68，如图13.106所示。

图13.106 设置材质

11 在【贴图】卷展栏中单击【漫反射颜色】右侧的【无】按钮，在打开的对话框中选择【位图】选项并双击，在打开的对话框中选择素材文件【木纹.jpg】，如图13.107所示。

12 在材质编辑器中的【坐标】卷展栏中将【模糊偏移】设置为0.03，如图13.108所示。

13 单击【转到父对象】按钮，在视图中选中圆柱对象，在材质编辑器中单击【将材质指定给对象】按钮，单击【视口中显示明暗处理材质】按钮，如图13.109所示。

图13.107 选择贴图

图13.108 设置【模糊偏移】

图13.109 指定材质

14 选择一个新的材质球，将其命名为【饰纹】，在【贴图】卷展栏中单击【漫反射颜色】右侧的【无】按钮，在打开的对话框中选择【位图】选项并双击，在打开的对话框中选择素材文件【饰纹.jpg】，如图13.110所示。

图13.110　选择素材贴图

15 将素材文件打开后，在【坐标】卷展栏中将【瓷砖】下的U、V设置为6、6，如图13.111所示。

图13.111　设置贴图参数

16 单击【转到父对象】按钮，在场景中选中圆环、底图对象，将饰纹材质指定给这两个对象，并单击【视口中显示明暗处理材质】按钮，如图13.112所示。

图13.112　选择素材贴图

17 选择一个新的材质球，将其名称设置为【画】；在【贴图】卷展栏中单击【漫反射颜色】右侧的【无】按钮，在打开的对话框中选择【位图】选项并双击，在打开的对话框中选择素材文件【画.jpg】，如图13.113所示。

图13.113　设置贴图参数

18 在场景中选中画对象，将画材质指定给这个对象，并单击【视口中显示明暗处理材质】按钮，如图13.114所示。

图13.114　指定材质

19 在视图中选择圆柱、圆环对象，在菜单栏中选择【组】|【组】命令，如图13.115所示。

20 在弹出的【组】对话框中输入组名称为【画轴】，单击【确定】按钮，如图13.116所示。

21 在工具箱中选择【选择并移动工具】，在【顶】视图中按住Shift键，沿X轴向右拖动至合适的位置，松开鼠标后弹出【克隆选项】对话框，在【对象】选项组中单

击【复制】单选按钮，将【名称】设置为
【画轴2】，如图13.117所示。

图13.115　选择【组】命令

图13.116　设置组名称

图13.117　复制对象

22 单击【确定】按钮，使用同样的方法，将
底图与画对象编组，将组名称设置为【卷
画】，单击【确定】按钮，并选择【卷
画】对象，切换至【修改】命令面板，
在【修改器列表】中为【卷画】添加一个
【UVW贴图】修改器，如图13.118所示。

图13.118　添加【UVW贴图】修改器

23 然后在【修改器列表】中为【卷画】添加
一个【弯曲】修改器，定义当前选择集为
【Gizmo】，在工具栏中选择【选择并移
动】工具，在【参数】卷展栏中将【弯
曲】组下的【角度】参数设置为-4600，将
【弯曲轴】设置为X轴，在【限制】组下选
中【限制效果】复选框，并将【上限】参数
设置为300，在【顶】视图中沿X轴将弯曲修
改器的中心移动到图13.119所示的位置上。

图13.119　添加【弯曲】修改器并设置

24 单击【自动关键点】按钮，并将当前帧调整
至100帧位置上，依照上面的方法将画卷打
开，恢复原始状态，效果如图13.120所示。

图13.120　创建动画效果

25 在场景中选择【画轴2】，选择【选择并移动】工具 ✥，单击【自动关键点】按钮，将【画轴2】沿X轴移动至卷花的右端，效果如图13.121所示，最后单击【自动关键点】按钮。

图13.121　调整画轴的位置

26 选择【创建】 ✱ |【几何体】 ◯ |【平面】工具，在【顶】视图中绘制平面，在【参数】卷展栏中设置【长度】和【宽度】为1000、1000，如图13.122所示。

图13.122　创建平面

27 选择【创建】 ✱ |【摄影机】 📷 |【目标】工具，在【顶】视图创建目标摄影机，激活【透】视图，按C键转换为摄影机视图，并调整摄影机的位置，如图13.123所示。

28 按M键打开【材质编辑器】对话框，选择一个新的材质球，单击【Standard】按钮，在打开的对话框中，选择【无光/投影】选项并双击，如图13.124所示。

29 选择平面对象，在材质编辑器中单击【将材质指定给选定对象】按钮，并调整平面的位置，如图13.125所示。

图13.123　创建目标摄影机

图13.124　选择【无光/投影】

图13.125　指定材质

30 按8键打开【环境和效果】对话框，单击【环境贴图】下的【无】按钮，在打开的对话框中选择【位图】选项，并双击选择素材文件【桌椅.jpg】，如图13.126所示。

31 按M键打开材质编辑器，在【环境和效果】对话框中，将【环境贴图】下的贴图拖至一个新的材质球上，在弹出的对话框中选择【实例】命令，如图13.127所示。

图13.126 设置环境贴图

图13.127 将环境贴图拖至材质球中

32 单击【确定】按钮，在【坐标】卷展栏中，将贴图设置为【屏幕】，如图13.128所示。

图13.128 设置贴图类型

33 激活【透】视图，按Alt+B快捷键，在打开的对话框中选中【使用环境背景】单选按钮，单击【确定】按钮，如图13.129所示。

图13.129 配置视口

34 在视图中调整摄影机的位置，使卷轴画放置在桌子上，如图13.130所示。

图13.130 设置贴图类型

35 调整完成后，在工具栏中单击【渲染设置】按钮，打开【渲染设置】对话框，在【公用参数】卷展栏【时间输出】组中，【范围】设置为从0到100，将【输出大小】设置为324×240，在【渲染输出】组中单击【文件】按钮，在打开的对话框中选择保存路径，并为其进行命名，将【保存类型】定义为【.AVI】，单击【保存】按钮，弹出【AVI文件压缩设置】对话框，单击【确定】按钮，如图13.131所示，最后对摄影机视图进行【渲染】查看效果。

图13.131 渲染设置

13.8

拓展训练：小球运动

本实例将讲解如何制作小球运动动画，其中制作重点是【连接约束】的应用，其操作方法如下，完成后的效果如图13.132所示。

图13.132　小球运动效果

01 重置一个新的3ds Max场景，选择【创建】 ⊕ |【几何体】 ○ |【长方体】工具，在【顶】视图中创建【长度】为50，【宽度】为80，【高度】为5的长方体，并将其命名为【底板】，如图13.133所示。

图13.133　创建长方体

02 选择【创建】 ⊕ |【图形】 ○ |【线】工具，在【前】视图中绘制一个图形，并调整位置，如图13.134所示。

03 切换至【修改】命令面板 ✐ 中，将当前选择集设置为【顶点】，在视图中选择

顶点，右击，在弹出的快捷菜单中选择【Bezier角点】命令，如图13.135所示。

图13.134　创建线

图13.135　选择【Bezier角点】命令

04 然后调整顶点，如图13.136所示，并在【渲染】卷展栏中选中【在渲染中启用】、【在视口中启用】复选框，将【厚度】设置为2。

图13.136 调整顶点

05 关闭选择集，在工具箱中选择【选择并移动】工具，在【左】视图中按住Shift键沿X轴向右拖动，松开鼠标即可弹出【克隆选项】对话框，在弹出的对话框中选中【复制】单选按钮，单击【确定】按钮，如图13.137所示。

图13.137 创建第二个平面

06 使用同样的方法创建线，并调整顶点，将【厚度】设置为0.5，如图13.138所示。

07 使用同样的方法对新绘制的线进行复制并调整位置，调整后的效果如图13.139所示。

08 综合前面介绍的方法创建线，并调整顶点，进行复制并调整位置，效果如图13.140所示。

09 选择【创建】❀【几何体】◯【球体】工具，在【顶】视图中创建一个合适大小的球体，并调整位置，进行复制，如图13.141所示。

10 选择创建的U型线，选择【选择并旋转】工具↻，打开【角度捕捉切换】▲，在【前】视图中，按住Shift键沿X轴向上旋转-90度，如图13.142所示。

11 松开鼠标，在弹出的对话框中选中【复制】单选按钮，单击【确定】按钮，然后调整复制出线的位置，并使用同样的方法再复制出一个U型线，调整位置效果如图13.143所示。

图13.138 创建线调整顶点

图13.139 复制并调整线

图13.140 创建线复制调整

图13.141　创建并调整球体

图13.142　旋转复制U型线

图13.143　复制调整U型线

12 选中球体和新复制出的U型线，在菜单栏中选择【组】|【组】命令，在弹出的对话框中，将【组名】设置为【球1】，如图13.144所示。

13 单击【确定】按钮，综合前面介绍的方法，将球1组向右侧复制，将名称设置为【球2】，效果如图13.145所示。

图13.144　对象编组

图13.145　复制对象

14 选择图13.146所示的线，在菜单栏中选择【组】|【组】命令，在弹出的对话框中，将【组名】设置为【拉杆1】，如图13.146所示。

图13.146　将线编组

15 使用同样的方法，将另外两条同样长度的线编组，将【组名】设置为【拉杆2】，如图13.147所示。

16 选择拉杆1组，切换至【层次】面板，在【调整轴】卷展栏中单击【仅影响轴】按钮 仅影响轴 ，在【前】视图中调整轴心的位置，如图13.148所示。

图13.147　将其他线编组

图13.148　调整轴心位置

图13.149　指定控制器

图13.150　选择控制器

提示

此时需要注意2个拉杆组在摆动时，是否可以相互碰撞，如果碰撞不到，则需要通过调整组中线的顶点，调整到足够的长度，调整时可以通过选择其中一个组后，在菜单栏中选择【组】选择【打开】命令，可以临时选择组中的单个对象，进行调整，调整完成后，再次在菜单栏中选择【组】选择【关闭】命令，使组关闭，调整完成后的效果如图13.148所示。

17 调整完成后，再次单击【仅影响轴】按钮
　　仅影响轴　，选中球1组，切换至【运动】面板 ⊙ ，在【指定控制器】卷展栏中，选择【变换：位置/旋转/缩放】选项单击【指定控制器】按钮 ⟳ ，如图13.149所示的线。

18 在打开的【指定变换控制器】对话框中，选择【链接约束】，单击【确定】按钮，如图13.150所示。

19 在【链接参数】卷展栏中，单击　添加链接　按钮，在视图中选择拉杆1组即可，如图13.151所示。

图13.151　添加链接

20 再次单击【添加链接】按钮，选择拉杆1组，使用【选择并旋转】工具 ↻ ，打开【角度捕捉切换】 ⟰ ，在【前】视图中沿Z轴顺时针旋转-30度，如图13.152所示。

21 单击【自动关键帧】按钮，将时间滑块移动至20帧处，再次沿Z轴逆时针旋转，使球1组触碰到球2组，如图13.153所示。

图13.152　旋转拉杆1

图13.153　调整时间旋转拉杆1

22 将时间滑块移动至40帧处，再次沿Z轴顺时针旋转-35度，如图13.154所示。

图13.154　旋转-35度

23 将时间滑块移动至60帧处，再次沿逆时针旋转30度，如图13.155所示。

24 将时间滑块移动至80帧处，再次沿顺时针旋转-20度，如图13.156所示。

25 将时间滑块移动至100帧处，再次沿逆时针旋转使拉杆垂直，如图13.157所示，单击【自动关键帧】按钮将其关闭。

图13.155　旋转30度

图13.156　旋转-20度

图13.157　使拉杆垂直

26 使用同样的方法调整拉杆2组的轴心位置，并为球2指定【链接约束】控制器，并链接到拉杆2组，选择拉杆2组，单击【自动关键点】按钮将其打开，将时间滑块调整至20帧处，单击【设置关键点】 ☞ 按钮，添加一个关键帧，如图13.158所示。

27 将时间滑块移动至40帧处，再次沿Z轴顺时针旋转30度，如图13.159所示。

图13.158 旋转-20度

图13.161 旋转15度

图13.159 使拉杆垂直

图13.162 旋转-10度

28 将时间滑块移动至60帧处，再次沿Z轴顺时针旋转-35度，如图13.160所示。

图13.160 旋转-35度

29 将时间滑块移动至80帧处，再次沿Z轴顺时针旋转15度，如图13.161所示。

30 将时间滑块移动至100帧处，再次沿Z轴顺时针旋转-10度，如图13.162所示，单击【自动关键点】将其关闭。

31 按M键打开材质编辑器，选择一个新的材质球，将其命名为【金属1】，在【明暗器基本参数】卷展栏中将明暗器类型设置为【金属】，在【金属基本参数】卷展栏中取消【环境光】和【漫反射】的链接，将【环境光】设置为黑色，【漫反射】设置为白色，在【反射高光】选项组中将【高光级别】设置为100，将【光泽度】分别设置为80，如图13.163所示。

32 在【贴图】卷展栏中单击【反射】右侧的【无】按钮，在打开的对话框中选择【位图】选项并双击，在打开的对话框中选择素材文件【HOUSE_2.JPG】，如图13.164所示。

33 在材质编辑器中的【坐标】卷展栏中将【模糊偏移】设置为0.095，如图13.165所示。

34 在视图中选中U型对象，在材质编辑器中单击【将材质指定给对象】按钮，单击【视口中显示明暗处理材质】按钮，如图13.166所示。

图13.163　设置材质

图13.164　选择贴图

图13.165　设置【模糊偏移】

35　选择一个新的材质球，将其名称设置为【金属2】，在【明暗器基本参数】卷展栏中将明暗器类型设置为【金属】，在【金属基本参数】卷展栏中取消【环境

光】和【漫反射】的链接，将【环境光】设置为黑色，【漫反射】设置为白色，在【反射高光】选项组中将【高光级别】设置为90，【光泽度】分别设置为90，如图13.167所示。

图13.166　指定材质

图13.167　设置材质

36　在【贴图】卷展栏中单击【反射】右侧的【无】按钮，在打开的对话框中选择【位图】选项并双击，在打开的对话框中选择素材文件【Bxgmap1.jpg】，如图13.168所示。

37　在材质编辑器中的【位图参数】卷展栏中选中【应用】选项，将【W】设置为0.43，如图13.169所示。

38　单击【转到父对象】按钮，在场景中选中剩余对象，将金属2材质指定给这两个对象，并单击【视口中显示明暗处理材质】按钮，如图13.170所示。

图13.168 选择素材贴图

图13.169 设置【位图参数】

图13.170 指定材质

39 按8键打开【环境和效果】对话框，单击【环境贴图】下的【无】按钮，在打开的对话框中选择【位图】选项，并双击选择素材文件【小球.jpg】，如图13.171所示。

图13.171 设置【环境贴图】

40 按M键打开材质编辑器，在【环境和效果】对话框中，将【环境贴图】下的贴图拖至一个新的材质球上，在弹出的对话框中选择【实例】命令，如图13.172所示。

图13.172 将环境贴图拖至材质球中

41 单击【确定】按钮，在【坐标】卷展栏中选择【环境】选项，将【贴图】类型设置为【屏幕】，如图13.173所示。

图13.173 设置贴图类型

42 激活【透视】视图，按Alt+B快捷键，在打开的对话框中选择【使用环境背景】单选按钮，单击【确定】按钮，如图13.174所示。

图13.174　配置视口

43 选择【创建】|【几何体】|【平面】工具，在【顶】视图中绘制平面，在【参数】卷展栏中设置【长度】和【宽度】为500、500，如图13.175所示。

图13.175　创建平面

44 选择【创建】|【摄影机】|【目标】工具，在【顶】视图创建目标摄影机，激活【透】视图，按C键转换为摄影机视图，在视图中调整摄影机的位置，使模型放置在桌子上，如图13.176所示。

图13.176　创建目标摄影机

45 按M键打开【材质编辑器】对话框，选择一个新的材质球，单击【Standard】按钮，在打开的对话框中，选择【无光/投影】选项并双击，如图13.177所示。

图13.177　选择【无光/投影】选项

46 选择平面对象，在材质编辑器中单击【将材质指定给选定对象】按钮，并调整平面的位置，如图13.178所示。

图13.178　设置贴图类型

47 选择【创建】|【灯光】|【天光】工具，在【顶】视图创建天光，并调整位置如图13.179所示。

图13.179　创建天光

48 调整完成后，在工具栏中单击【渲染设置】按钮，打开【渲染设置】对话框，在【公用参数】卷展栏的【时间输出】组中，将【范围】设置为从0到100，将【输出大小】设置为320×240，在【渲染输出】组中的单击【文件】按钮，在打开的对话框中选择保存路径，并为其进行命名，将【保存类型】定义为【.AVI】，单击【保存】按钮，弹出【AVI文件压缩设置】对话框，单击【确定】按钮，如图13.180所示。

图13.180　渲染设置

49 切换至【高级照明】选项卡，在【选择高级照明】卷展栏中选择【光跟踪器】选项，如图13.181所示，最后对摄影机视图进行【渲染】，查看效果。

图13.181　选择高级照明

13.9 课后练习

1. 动画的原理是什么？
2. 路径约束动画如何试用？

第14章
三维文字的制作

三维文字主要用于广告的制作，主要通过对文字添加挤出、倒角修改器，制作出三维效果的文字，为文字添加不同的材质，通过创建摄影机与灯光，选择合适的位置进行摆放，达到更好的效果。

14.1 实例应用：砂砾金文字

在本例中将介绍的是制作砂砾金文字的方法，其效果如图14.1所示。本例主要使用文本样条线制作文字轮廓，然后为其添加倒角修改器并设置参数，设置材质并为文字添加材质，通过使用灯光体现出文字真实的灯光反射质感效果，通过对本例的学习，可以学会设置出砂砾金文字的凹凸质感与灯光反射质感。

14.1.1 创建文字并设置倒角

01 在各个视图中按G键取消网格显示，选择【创建】【图形】【样条线】|【文本】工具，在【文本】框中输入【西湖茶阁】，在【参数】卷展栏中的【字体】下拉列表中选择【方正宋黑简体】，将【字间距】设置为1.0，然后在【前】视图中单击创建文字，如图14.2所示。

图14.1 砂砾金文字

图14.2 创建文本

02 切换至【修改】命令面板，在【修改器】下拉列表中选择【倒角】修改器，在【倒角值】卷展栏中将【起始轮廓】设置为2.5，将【级别1】下的【高度】设置为10，选中【级别2】复选项，将其下面的【高度】设置为2，【轮廓】设置为-2.5，在【参数】卷展栏的【相交】选项组中选中【避免线相交】复选框，如图14.3所示。

03 选择【创建】【几何体】【长方体】工具，在【前】视图中创建一个【长度】、【宽度】、【高度】分别为120、420、1的长方体，并在【名称和颜色】卷展栏中将其重命名为【底板】，如图14.4所示。

图14.3 添加修改器并设置其参数

图14.4 创建长方体

04 在其他视图中将底板调整至合适的位置，选择【创建】 ※ |【图形】 ⓒ |【样条线】|【矩形】工具，在【前】视图中沿着底板的边创建一个【长度】、【宽度】分别为120、420的矩形，并将其重命名为【边框】，如图14.5所示。

05 切换至【修改】命令面板，在【修改器】下拉列表中选择【编辑样条线】修改器，将当前选择集定义为【样条线】，在视图中选择样条曲线，在【几何体】卷展栏中将【轮廓】值设置为-15，如图14.6所示。

图14.5　创建矩形

图14.6　设置样条线参数

06 按回车键确认，关闭当前选择集，在【修改器】下拉列表中选择【倒角】修改器，在【倒角值】卷展栏中将【起始轮廓】设置为1.5，将【级别1】下的【高度】和【轮廓】分别设置为10、-1，选中【级别2】复选框，将其下面的【高度】和【轮廓】分别设置为2、-2.5，如图14.7所示。

14.1.2 设置材质

01 按M键打开【材质编辑器】，选择一个空白的材质样本球，将【明暗器】类型设置为【金属】，在【金属基本参数】卷展栏中，取消【环境光】和【漫反射】之间的链接关系，并将【环境光】的RGB值设置为（0、0、0），将【漫反射】的RGB值设置为（255、240、0），在【反射高光】选项组中将【高光级别】设置为100，将【光泽度】设置为80，如图14.8所示。

图14.7　添加【倒角】修改器并设置其参数

图14.8　设置材质参数

02 展开【贴图】卷展栏，单击【反射】右侧的【无】按钮，在弹出的对话框中选择【位图】选项，单击【确定】按钮，打开随书附带光盘中的"Gold04.jpg"贴图，如图14.9所示。

03 在场景中选择【边框】和【文字】对象，在【材质编辑器】中单击【将材质指定给选定对象】按钮，如图14.10所示。

图14.9 添加贴图

图14.10 指定材质

04 再次选择一个空白的材质球，将【明暗器】类型设置为【金属】，在【金属基本参数】卷展栏中，取消【环境光】和【漫反射】之间的链接关系，并将【环境光】的颜色设置为黑色，将【漫反射】的RGB值设置为（255、200、0），在【反射高光】选项组中将【高光级别】设置为100，将【光泽度】设置为0，如图14.11所示。

05 展开【贴图】卷展栏，将【凹凸】数量设置为120，单击该选项右侧的【无】按钮，在弹出的对话框中选择【位图】选项，单击【确定】按钮，在弹出的对话框中打开"SAND.jpg"贴图，如图14.12所示。

图14.11 设置材质参数

图14.12 添加材质

06 单击【打开】按钮，在【坐标】卷展栏中将【瓷砖】的UV值设置为1.2，如图14.13所示。

07 单击【转到父对象】按钮，单击【反射】右侧的【无】按钮，在弹出的对话框中选择【位图】选项，单击【确定】按钮，在弹出的对话框中打开"Gold04.jpg"贴图，如图14.14所示。

图14.13　设置坐标值　　　　　　　　　图14.14　打开材质

08 将材质制定给场景中的【底板】对象，激活【透视】视图，渲染设置材质后的效果，如图14.15所示。

09 选择【创建】※|【几何体】○|【平面】工具，在【前】视图中创建一个【长度】、【宽度】分别为500、1000的平面，并将其颜色设置为白色，如图14.16所示。

图14.15　渲染效果

图14.16　创建平面

10 在视图中将创建的长方体调整至合适的位置，激活【透视】视图，按Ctrl+C快捷键，创建摄影机，并在其他视图中调整摄影机的位置，如图14.17所示。

14.1.3　创建摄影机与灯光

01 选择【创建】※|【灯光】◎|【标准】|【泛光】工具，在【顶】视图中创建一个泛光灯，在【强度/颜色/衰减】卷展栏中将【倍增】设置为0.5，如图14.18所示。

02 在【常规参数】卷展栏中单击【排除】按钮，在弹出的对话框中将创建的平面排除，如图14.19所示。

03 使用同样的方法创建一个【天光】，在【渲染】选项组中选中【投射阴影】复选框，并将【天空颜色】的RGB值设置为（242、242、255），如图14.20所示。

04 设置完成后单击【确定】按钮，按F10键打开【渲染设置】对话框，在【输出】选项组中将其设置为【自定义】，将【宽度】和【高度】分别设置为640、480，如图14.21所示。

05 设置完成后单击【渲染】按钮，即可获得渲染效果。

图14.17　创建摄影机并调整其位置

图14.18　创建泛光灯

图14.19　排除长方体

图14.20　创建天光

图14.21　【渲染设置】对话框

14.2 实例应用：玻璃文字

在本例中将介绍玻璃文字质感的表现方法，其效果如图14.22所示，通过设置材质的【环境光】、【漫反射】设置主要颜色，并设置【不透明度】制作玻璃的透明度效果，调节【高级透明】参数来表现出很逼真的玻璃透明效果，在【折射】通道制定【光线跟踪】贴图，制作出玻璃边缘处的折射效果。

14.2.1 创建文字

01 选择【创建】 |【图形】 |【样条线】|【文本】工具，在【文本】框中输入【道德观察】，在【参数】卷展栏中的【字体】下拉列表中选择【华文中宋】，然后在【前】视图中单击，创建文字，如图14.23所示。

图14.22　玻璃文字

图14.23　创建文字

02 切换至【修改】命令面板，在【修改器列表】中选择【倒角】修改器，在【倒角值】卷展栏中将【起始轮廓】设置为1，将【级别1】下的【高度】设置为2，【轮廓】设置为2，选中【级别2】复选框，将【高度】设置为20，选中【级别3】复选框，将【高度】设置为2，将【轮廓】设置为-2，选中【避免线相交】复选框，如图14.24所示。

14.2.2 设置材质

01 按M键打开【材质编辑器】，选择一个空白的材质球，在【明暗器参数】卷展栏中勾选【双面】复选框，取消【环境光】和【漫反射】之间的链接关系，将【漫反射】和【高光反射】锁定在一起，并将【环境光】的RGB值设置为（200、200、200），将【漫反射】的颜色设置为白色，将【不透明度】设置为50，将【反射高光】选项组中的【高光级别】设置为100，将【光泽度】设置为70，将【柔化】设置为0.53，如图14.25所示。

02 展开【扩展参数】卷展栏，将【高级透明】下的【数量】设置为100，如图14.26所示。

03 展开【贴图】卷展栏，将【折射】贴图的【数量】设置为90，并单击【折射】右侧的【无】按钮，在弹出的快捷菜单中选择【光线跟踪】贴图，如图14.27所示。

04 单击【确定】按钮，在【光线跟踪器参数】卷展栏中取消选中【局部选项】选项组中的【光线跟踪大气】和【反射/折射材质ID】复选框，如图14.28所示。

05 在场景中选择文字对象，单击【将材质制定给选定对象】按钮，将设定的材质制定给场景中的对象，如图14.29所示。

图14.24　添加【倒角】修改器

图14.25　设置材质

图14.26　设置扩展参数

图14.27　设置材质

图14.28　设置扩展参数

图14.29　指定贴图

06 按8键打开【环境和贴图】对话框，在【公用参数】卷展栏中单击【背景】下的【无】按钮，在弹出的对话框中选择【位图】选项，单击【确定】按钮，在弹出的对话框中选择随书附带光盘中的"Cloud001.tif"文件，如图14.30所示。

07 打开【材质编辑器】，将环境贴图拖曳至材质编辑器中的一个空白材质球上，松开鼠标，在弹出的对话框中选择【实例】选项,如图14.31所示。

图14.30 选择贴图

图14.31 复制材质

08 单击【确定】按钮,在【坐标】卷展栏中将【贴图】类型设置为【收缩包裹环境】,将【角度】UV值设置为30、20,如图14.32所示。

图14.32 设置贴图类型

14.2.3 创建摄影机

01 激活【透】视图,按Ctrl+C快捷键,创建一个摄影机,并在其他视图中调整摄影机的位置,如图14.33所示。

图14.33 创建摄影机

02 按F10键打开【渲染设置】对话框,在【输出】选项组中将其设置为【自定义】,将【宽度】和【高度】分别设置为640、480,如图14.34所示。

图14.34 【渲染设置】对话框

14.3 实例应用：浮雕文字

在本例中将介绍浮雕文字的制作方法，浮雕文字主要通过为长方体指定【置换】修改器来创建，通过本节的学习，可以使用户更熟悉【置换】修改器的使用方法。浮雕文字的效果如图14.35所示。

14.3.1 创建边框

01 选择【创建】 ▣｜【几何体】 ◯｜【标准基本体】｜【长方体】工具，在【前】视图中创建一个【长度】为125，【宽度】为380，【高度】为5的长方体，并将其【长度分段】和【宽度分段】分别设置为90、185，并将其重命名为【底板】，如图14.36所示。

图14.35 浮雕文字

图14.36 创建长方体

02 切换至【修改】命令面板，在【修改器列表】中选择【置换】修改器，在【参数】卷展栏中将【置换】选项组中的【强度】设置为8，选中【亮度中心】复选框，如图14.37所示。

03 在【图像】选项组中单击【位图】下方的【无】按钮，在弹出的【选择置换图像】对话框中选择随书附带光盘中的"东城名苑.tif"贴图，如图14.38所示。

图14.37 添加【置换】修改器

图14.38 打开素材

04 单击【打开】按钮，即可创建文字，效果如图14.39所示。

05 选择【创建】 ▣｜【图形】 ◯｜【样条线】｜【矩形】工具，在【前】视图中沿长方体的边缘创建一个【长度】、【宽度】分别为127、382的矩形，并将其重命名为【边框】，如图14.40所示。

图14.39 打开素材后的效果

图14.40 创建矩形

06 切换至【修改】命令面板，在【修改器】列表中选择【编辑样条线】修改器，将当前选择集定义为【样条线】，在【前】视图中选择样条线，在【几何体】卷展栏中将【轮廓】设置为8，按Enter键确认该操作，如图14.41所示。

07 关闭选择集，在【修改器列表】中选择【倒角】修改器，在【倒角值】卷展栏中将【级别1】下的【高度】和【轮廓】均设置为2，选中【级别2】复选框，将【高度】设置为5，选中【级别3】复选框，将【高度】设置为2、【轮廓】设置为-2，如图14.42所示。

图14.41 添加修改器并设置轮廓

图14.42 添加倒角修改器

14.3.2 设置材质

01 按M键打开材质编辑器，选择一个空白的材质球，将明暗器类型设置为【金属】，将【环境光】的RGB值设置为（255、174、0），在【反射高光】选项组中将【高光级别】设置为100，将【光泽度】设置为80，如图14.43所示。

02 展开【贴图】卷展栏，单击【反射】右侧的【无】按钮，在弹出的对话框中选择【位图】选项，单击【确定】按钮，在弹出的对话框中打开随书附带光盘中的"gold07.jpg"贴图，如图14.44所示。

03 在【坐标】卷展栏中将【模糊偏移】设置为0.09，如图14.45所示。

04 在场景中选择【底板】、【边框】对象，单击【将贴图指定给选定的对象】按钮，然后单击【视口中显示明暗处理材质】按钮，将材质指定给场景中的对象，如图14.46所示。

图14.43　设置金属材质参数

图14.44　添加贴图

图14.45　设置【模糊偏移】值

图14.46　指定参数

14.3.3　创建摄影机

01　激活【透视】视图，按Ctrl+C快捷键，创建摄影机，并在其他视图中调整摄影机的位置，如图14.47所示。

02　按F10键打开【渲染设置】对话框，在【输出】选项组中将其设置为【35mm 1.85:1（电影）】，将【宽度】和【高度】分别设置为1536、830，如图14.48所示。

图14.47　创建并调整摄影机

图14.48　设置渲染参照数

第15章
文字动画的制作

本章中主要介绍文字动画的制作方法，主要介绍材质动画、大气效果动画与摄影机动画的结合，并且通过【视频后期处理】对话框添加场景过滤事件，为指定了ID的对象使用过滤事件，为对象添加效果进行合成，可以掌握关键帧的使用及各种材质的设置。

15.1 实例应用：文字标版

本例的制作非常简单，主要介绍了材质动画与摄影机动画的结合，通过【视频后期处理】对话框进行合成，在本案例中用到了两个摄影机，并为摄影机创建动画，并需要对第一个摄影机与第二个摄影机画面的切换，调整好摄影机的位置，其文字标版的效果如图15.1所示。

15.1.1 创建文字并设置倒角

01 重置一个新的3ds Max场景，单击【动画和时间】控件中的【时间配置】按钮，弹出【时间配置】对话框，将【动画】区域下的【长度】设置为200，单击【确定】按钮，如图15.2所示。

图15.1 文字标版

图15.2 创建文本

02 选择【创建】【图形】【样条线】|【文本】工具，在【参数】卷展栏中将【字体】设置为【经典粗黑简】，在文本框中输入【发现之旅】，然后在【顶】视图中单击创建文本，如图15.3所示。

03 然后切换到【修改】命令面板，在【修改器列表】中选择【倒角】修改器，在【倒角值】卷展栏中将【级别1】下的【高度】和【轮廓】设置为2、2，选中【级别2】复选框，将【高度】设置为8，选中【级别3】复选框，将【高度】和【轮廓】设置为2、-2，如图15.4所示。

04 按M键打开【材质编辑器】对话框，选择一个新的材质球，将其命名为【木纹】，在明暗器基本参数卷展栏下方选择【金属】选项，将环境光的颜色值设置为黑色，将【漫反射】的RGB值设置为（255、170、0），将【反射高光】选项组中的【高光级别】设置为100，【光泽度】分别设置为68，如图15.5所示。

05 在【贴图】卷展栏中单击【反射】通道后的【无】按钮，在打开的【材质/贴图浏览器】对话框中双击【位图】贴图，在打开的对话框中选择随书附带光盘中的"Gold04.jpg"文件，单击【打开】按钮，在【输出】卷展栏中将【输出量】的值设置为1.4，如图15.6所示。单击【转到父对象】按钮和【将材质指定给选定对象】按钮，将材质指定给文本对象。

06 将时间滑块拖曳至第200帧处，单击【自动关键点】按钮，在【材质编辑器】对话框中将【反射高光】区域下的【高光级别】和【光泽度】设置为60、100，如图15.7所示。再次单击【自动关键点】按钮，将其关闭。

图15.3 输入文本

图15.4 添加倒角修改器并设置其参数

图15.5 设置材质参数

图15.6 设置材质输出量

图15.7 添加关键帧动画

15.1.2 摄影机与摄影机动画的设置

01 选择【创建】 ▓|【摄影机】 ▓|【目标】工具，在【顶】视图中创建一架摄影机，在【参数】卷展栏中将【镜头】参数设置为23，激活【透视】视图，按C键将其转换为摄影机视图，并在其他视图中调整其位置，效果如图15.8所示。

02 选择【创建】 ▓|【辅助对象】 ▓|【虚拟对象】工具，然后在【顶】视图中创建一个虚拟对象，如图15.9所示。

图15.8 创建并设置摄影机

图15.9 创建虚拟对象

03 在视图中选择摄影机，然后在工具栏中单击【选择并链接】按钮，在摄影机上按住鼠标左键，并将其拖曳至虚拟对象上，效果如图15.10所示。

04 单击【自动关键点】按钮，将时间滑块拖曳至第100帧位置处，选择虚拟对象，将其拖曳至【之】字的右方处，并通过摄影机视图观察最终的效果，如图15.11所示。再次单击【自动关键点】按钮，将其关闭。

图15.10 链接至辅助对象

图15.11 设置关键帧

05 单击【显示】按钮，进入【显示】命令面板，在【按类别隐藏】卷展栏中选中【辅助对象】复选框，将虚拟对象隐藏，如图15.12所示。

06 选择【创建】|【摄影机】|【目标】工具，在【顶】视图中创建一架摄影机，在【参数】卷展栏中将【镜头】参数设置为23，在其他视图中调整其位置，效果如图15.13所示，并激活【前】视图，按C键将其转换为摄影机视图。

图15.12 隐藏辅助对象

图15.13 创建摄影机

07 单击【自动关键点】按钮，将时间滑块拖曳至第200帧位置处，然后在视图中调整【Camera002】摄影机的位置，并在【Camera002】视图中观察效果，如图15.14所示。

08 在轨迹条中选择位于第0帧处的关键帧，将它移动至第100帧位置处，该操作的目的是使Camera002摄影机在第100帧的位置处开始移动，如图15.15所示。

09 完成设置后，再次单击【自动关键点】按钮，将其关闭。激活【Camera001】视图，然后在菜单栏中选择【渲染】|【视频后期处理】命令，打开【视频后期处理】对话框，单击【添加场景事件】按钮，在打开的【添加场景事件】对话框中使用默认的摄影机视图，如图15.16所示。

10 设置完成后单击【确定】按钮，返回到【视频后期处理】对话框中，然后选择【Camera001】摄影机第200帧处的关键点，并将其拖曳至第100帧位置处，如图15.17所示。

图15.14 调整摄影机位置

图15.15 调整关键帧位置

图15.16 选择默认的场景事件

图15.17 调整关键点位置

11 取消选中任何过滤事件，使用同样的方法将第2个摄影机对象添加到【视频后期处理】对话框中，完成添加后，将【Camera002】摄影机第0帧处的关键点移动至第100位置处，如图15.18所示。

12 取消选中任何过滤事件，在【视频后期处理】对话框中单击【添加图像输出事件】按钮，弹出【添加图像输出事件】对话框，如图15.19所示。

图15.18 调整关键点

图15.19 【添加图像输出事件】对话框

13 单击【文件】按钮，在弹出的【为视频后期处理输出选择图像文件】对话框中设置输出路径及文件名，并将【保存类型】设置为avi，单击【保存】按钮，如图15.20所示。

14 弹出【AVI文件压缩设置】对话框，在该对话框中单击【确定】按钮，如图15.21所示。

图15.20　指定保存位置和类型

图15.21　【AVI文件压缩设置】

15 返回到【视频后期处理】对话框，在该对话框中单击【确定】按钮，即可返回到【视频后期处理】对话框中，单击【执行序列】按钮 🏃，打开【执行视频后期处理】对话框，在【时间输出】选项组中选择【范围】单选按钮，并设置范围，在【输出大小】选项组中将【宽度】和【高度】分别设置为800和600，单击【关闭】按钮，如图15.22所示。

16 按8键打开【环境和效果】对话框，在该对话框中将【背景】选项组中的颜色设置为白色，如图15.23所示。

17 然后关闭该对话框，在【执行视频后期处理】对话框中单击【渲染】按钮，渲染场景即可。

图15.22　设置渲染参数

图15.23　【环境和效果】对话框

15.2　实例应用：光影文字

本例将介绍光影文字的制作方法，其效果如图15.24所示。本例将通过文本工具制作一个文字轮廓，通过添加设置倒角修改器制作三维文字，复制三维文字通过指定材质制作光影文字，为光影文字图形指定【挤出】修改器和【锥化】修改器，通过对光影文字设置缩放动画，再通过记录变换动画及修改器来完成最终的光影动画。

15.2.1 标版字体的制作

01 选择【创建】 ▣|【图形】 ▣|【样条线】|【文本】工具,在【参数】卷展栏中的字体列表中选择【经典粗黑简】字体,在文本下面的输入框中输入【整点冲击波】,然后激活【前】视图,在【前】视图中心处单击创建【整点冲击波】文字标题,并将其命名为【整点冲击波】,如图15.25所示。

图15.24 光影文字

图15.25 创建文字

02 确定文本处于选择的状态下,进入【修改】命令面板,在修改器列表中选择【倒角】修改器,在【参数】卷展栏中,选中【相交】下的【避免线相交】复选框,在【倒角值】卷展栏中将【起始轮廓】设置为1,将【级别1】下的【高度】设置为12,选中【级别2】复选框,将它下面的【高度】和【轮廓】分别设置为1和-1.5,如图15.26所示。

03 选择【创建】 ▣|【摄影机】 ▣|【标准】工具,在【对象类型】卷展栏中选择【目标】工具,在【顶】视图中创建一个摄像机,切换至【修改】命令面板,在【参数】卷展栏中将【镜头】参数设置为32,并在除【透视】视图外的其他视图中调整摄影机的位置,激活【透视】视图,按C键将当前视图转换成为摄影机视图。按Shift+F快捷键为摄影机视图添加安全框,如图15.27所示。

图15.26 添加【倒角】修改器并设置其参数

图15.27 创建摄影机并设置其参数

04 确定【整点冲击波】对象处于选择状态。按M键打开【材质编辑器】,将第1个材质样本球命名为【整点冲击波】。在【明暗器基本参数】卷展栏中,将明暗器类型定义为【金属】。在【金属基本参数】卷展栏中，单击 C 按钮，解除【环境光】与【漫反射】的颜色锁定，将【环境光】的RGB值设置为黑色，单击【确定】按钮；将【漫反射】的RGB值设置为白色，单击【确定】按钮；将【反射高光】选项组中的【高光级别】、【光泽度】设置为100、100，如图15.28所示。

05 打开【贴图】卷展栏，单击【反射】通道右侧的【无】按钮，在打开的【材质/贴图浏览器】对话框中选择【位图】贴图，单击【确定】按钮，然后在打开的对话框中选择随书附带光盘"Gold04.jpg"文件，单击【打开】按钮，打开位图文件，如图15.29所示。

图15.28　设置材质参数

图15.29　指定贴图

06 在【输出】卷展栏中，将【输出量】设置为1.2，按Enter键确认，然后在场景中选择【整点冲击波】对象，单击【将材质指定给选定对象】按钮，将材质指定给【整点冲击波】对象，单击【视口中显示明暗处理材质】按钮，如图15.30所示。

07 将时间滑块拖动至100帧位置处，然后单击【自动关键点】按钮，开始记录动画。在【坐标】卷展栏中将【偏移】下的U、V值分别设置为0.2、0.1，按Enter键确认，如图15.31所示。

图15.30　设置【输出量】并为对象指定贴图

图15.31　设置材质动画

08 选中【位图参数】卷展栏中的【应用】复选框，并单击【查看图像】按钮，在打开的对话框中将当前贴图的有效区域进行设置，在设置完成后将其对话框关闭即可，并将【裁剪/放置】选项组中的W、H设置为0.47、0.47，如图15.32所示。设置完成后，单击【自动关键点】按钮。

15.2.2 光影的制作

01 在场景中选择【整点冲击波】对象，按Ctrl+V快捷键对它进行复制，在打开的【克隆选项】对话框中，选择【对象】选项组下的【复制】单选按钮，将新复制的对象重新命名为【整点冲击波光影】，单击【确定】按钮，如图15.33所示。

图15.32 设置贴图动画

图15.33 克隆文字

02 切换至【修改】命令面板，在堆栈中选择【倒角】修改器，然后单击堆栈下的【从堆栈中移除修改器】按钮，将【倒角】删除。然后在【修改器列表】中选择【挤出】修改器，在【参数】卷展栏中将【数量】设置为500，按Enter键确认，将【封口】选项组中的【封口始端】与【封口末端】取消选中，选中【生成坐标贴图】复选框，如图15.34所示。

03 确定【整点冲击波光影】对象处于选择状态下。激活第二个材质样本球，将当前材质名称重新命名为【光影材质】。在【明暗器基本参数】卷展栏中选中【双面】复选框。在【Blinn 基本参数】卷展栏中，将【环境光】和【漫反射】的RGB值设置为白色，单击【确定】按钮；将【自发光】值设置为100，按Enter键确认；将【反射高光】选项组中的【光泽度】的参数设置为0，按Enter键确认，如图15.35所示。

图15.34 添加【挤出】修改器

图15.35 设置参数

04 打开【贴图】卷展栏，单击【不透明度】通道右侧的【无】按钮，打开【材质/贴图浏览器】对话框，在该对话框中选择【遮罩】贴图，单击【确定】按钮，如图15.36所示。

05 进入到【遮罩】二级材质设置面板中，首先单击【贴图】右侧的【无】按钮，在打开的【材质/贴图浏览器】对话框中选择【棋盘格】选项，单击【确定】按钮，在打开的【棋盘格】层级材质面板中的【坐标】卷展栏中将【瓷砖】下的U和V分别设置为250和-0.001，打开【噪波】参数卷展栏，选中【启用】复选框，将【数量】设置为5，按Enter键确认，如图15.37所示。

06 打开【棋盘格参数】卷展栏，将【柔化】值设置为0.01，按Enter键确认，将【颜色 #2】的RGB值设置为（156、156、156），单击【确定】按钮，如图15.38所示。

图15.36 选择【遮罩】选项　　　　图15.37 设置坐标值　　图15.38 设置【棋盘格】参数

07 设置完毕后，单击【转到父对象】按钮，返回到遮罩层级。单击【遮罩】右侧的【无】按钮，在打开的【材质/贴图浏览器】对话框中选择【渐变】贴图，单击【确定】按钮，如图15.39所示。

08 在打开的【渐变】层级材质面板中，打开【渐变参数】卷展栏，将【颜色 #2】的颜色设置为黑色，按Enter键确认。将【噪波】选项组中的【数量】值设置为0.1，选择【分形】选项，最后将【大小】设置为5，按Enter键确认，如图15.40所示。

图15.39 选择【渐变】选项　　　　　　　图15.40 设置渐变参数

09 单击两次【转到父对象】按钮返回父级材质面板。在【材质编辑器】中单击【将材质指定给选定的对象】按钮，将当前材质赋予视图中的【整点冲击波光影】对象，单击【视口中显示明暗处理材质】按钮。如图15.41所示。

10 设置完材质后，将时间滑块拖曳至60帧位置处，渲染该帧图像，效果如图15.42所示。

图15.41 指定材质

图15.42 渲染后的效果

11 继续在【贴图】卷展栏中将【反射】的【数量】设置为5，并单击其后面的【无】按钮，在打开的【材质/贴图浏览器】对话框中选择【位图】贴图，如图15.43所示。

12 在打开的对话框中选择随书附带光盘中的"Gold04.jpg"文件，单击【打开】按钮，进入【位图】层级面板，在【输出】卷展栏中将【输出量】设置为1.35，如图15.44所示。

图15.43 选择【位图】选项

图15.44 设置【输出量】值

15.2.3 光影动画

01 在场景中选择【整点冲击波光影】对象，切换至【修改】命令面板，在【修改器列表】中选择【锥化】修改器，打开【参数】卷展栏，将【数量】设置为1.0，按Enter键确认，如图15.45所示。

02 在场景中选择【整点冲击波】和【整点冲击波光影】对象，在工具栏中选择【选择并移动】工具，然后在【顶视图】中沿Y轴将选择的对象移动至摄影机下方，如图15.46所示。

03 将视口底端的时间滑块拖曳至60帧位置处，单击【自动关键点】按钮，然后将选择的对象重新移动至移动前的位置处，如图15.47所示。

04 将时间滑块拖曳至80帧位置处，选择【整点冲击波光影】对象，在【修改】命令面板中，将【锥化】选项组中的【数量】设置为0，按Enter键确认，如图15.48所示。

05 确定当前帧仍然为80帧。激活【顶】视图，在工具栏中选择【选择并非均匀缩放】工具，并单击鼠标右键，在弹出的【缩放变换输入】对话框中设置【偏移：屏幕】选项组中的Y值为1，如图15.49所示。

06 关闭【自动关键点】按钮。确定【整点冲击波光影】对象仍然处于选择状态。在工具栏中单击

【曲线编辑器】按钮，打开【轨迹视图】对话框。选择【编辑器】|【摄影表】菜单命令，如图15.50所示。

图15.45 设置【堆化】数量

图15.46 调整对象位置

图15.47 调整摄影机的位置

图15.48 设置【锥化】数量

图15.49 设置【偏移：屏幕】值

图15.50 【轨迹视图】对话框

07 在打开的【整点冲击波光影】序列下选择【变换】选项，在【变换】选项下选择【缩放】选项，如图15.51所示。

08 将第0帧处的关键点移动至第60帧位置处，如图15.52所示。

图15.51 选择【缩放】选项

图15.52 调整关键点的位置

15.2.4 设置背景

01 在菜单栏中选择【渲染】|【环境】命令，打开【环境和效果】对话框。在对话框中单击【背景】选项组中的【无】按钮，打开【材质/贴图浏览器】对话框，选择【渐变】贴图，如图15.53所示。

02 单击【确定】按钮，打开材质编辑器，在【环境和效果】对话框中拖动环境贴图按钮到材质编辑器中一个新的材质样本球窗口中。在弹出的对话框中单击【实例】按钮，单击【确定】按钮。这样，改变材质编辑器中的贴图参数，就可以改变环境贴图背景，如图15.54所示。

图15.53 选择【渐变】贴图

图15.54 选择【实例】选项

03 在材质编辑器中，将【渐变参数】卷展栏中的【颜色1】的RGB值设置为（10、0、144），单击【确定】按钮；将【颜色2】的RGB值设置为（150、140、250），单击【确定】按钮，将【颜色3】的RGB值设置为（0、0、55），单击【确定】按钮，在【坐标】卷展栏中将【贴图】设置为【屏幕】，在如图15.55所示。设置完成后将其对话框关闭即可。

04 激活【摄影机】视图，在工具栏中单击【渲染设置】按钮[图]，打开【渲染场景】对话框，在【公用参数】卷展栏中选则【范围】选项，在【输出】大小选项组中设置【宽度】和【高度】值分别为320和240，如图15.56所示。

05 在【渲染输出】选项组中单击【文件】按钮，在弹出的【渲染输出文件】对话框中为将要输出的动画设置一个正确的路径即可，如图15.57所示。

06 单击【保存】按钮，在弹出的【AVI文件压缩设置】对话框中单击【确定】按钮即可，回到【渲染输出文件】对话框中，然后单击【渲染】按钮，如图15.58所示，至此，我们的光影文字效果制作完成了。

图15.55 设置渐变参数

图15.56 【渲染设置】对话框

图15.57 【渲染输出文件】对话框

图15.58 单击【渲染】按钮

15.3 实例应用：火焰崩裂字

本例将介绍火焰崩裂字的制作方法，其效果如图15.59所示。

文字爆炸的碎片由粒子系统产生，将复制的文字当作分裂对象进行了分裂，分裂的碎块通过视频后期处理，添加事件过滤器进行了处理，以产生爆炸燃烧效果。文字炸裂瞬间放射出的光芒，通过为聚光灯指定大气效果——体积光的产生的。

通过对本例的学习，用户可以学会火焰崩裂特效字的制作方法，并能掌握镂空文字的设置、可视性轨迹的使用、粒子阵列的控制、体积光的设置以及发光特效的设置。

15.3.1 创建文字并进行编辑

01 在视窗底端的动画控制区域单击【时间配置】按钮，弹出【时间配置】对话框，在【帧速率】选项组中选择【PAL】制式，将【动画】选项组中的【结束时间】设置为130，如图15.60所示。

02 选择【创建】 ⊞ |【图形】 ◯ |【样条线】|【文本】工具，在【参数】卷展栏中的字体列表中选择【经典粗黑简】字体，在文本下面的输入框中输入【国宝档案】，将【字间距】设置为10，

然后激活【前】视图，在【前】视图中创建【国宝档案】文字标题，并将其命名为【镂空文字】，如图15.61所示。

03 选择【创建】 |【图形】 |【样条线】|【矩形】工具，在【前】视图中创建一个【长度】、【宽度】和【角半径】分别为160、480、5的矩形，并调整其位置，如图15.62所示。

图15.59　火焰崩裂字　　　　　　　　　　　图15.60　设置时间配置

图15.61　创建文字　　　　　　　　　　　　图15.62　创建矩形

04 在视图中选择【镂空文字】对象，切换至【修改】命令面板 ，在修改器列表中选择【编辑样条线】修改器。然后在【修改】命令面板中打开【几何体】卷展栏，单击【附加】按钮，最后在视图中选择刚刚创建的矩形对象，将其附加在一起，如图15.63所示。

05 再在修改器列表中选择【倒角】修改器。在【参数】卷展栏的【相交】选项组中将【避免线相交】复选框勾选，在【倒角值】卷展栏中将【级别1】下的【高度】设置为12，选择【级别2】复选框，将其下方的【高度】和【轮廓】分别设置为1和-1，如图15.64所示。

06 按M键打开【材质编辑器】，选择一个空白的材质球，将其命名为【文字】，在【明暗器基本参数】卷展栏中将明暗器基本类型定义为【金属】，取消【环境光】与【漫反射】的锁定，在【金属基本参数】卷展栏中将【环境光】的RGB值设置为（65、45、0），将【漫反射】的RGB值设置为（215、115、0），将【反射高光】区域下的【高光级别】设置为50，将【光泽度】设置为70，如图15.65所示。

07 在【贴图】卷展栏中将【凹凸】通道的【数量】值设置为10，然后单击其后面的【无】按钮，在打开的【材质/贴图浏览器】对话框中选择【噪波】贴图，如图15.66所示，单击【确定】按钮。

图15.63 将文字与矩形进行附加

图15.64 设置倒角

图15.65 设置金属基本参数

图15.66 选择【噪波】选项

08 进入【凹凸】通道的贴图层级，在【坐标】卷展栏中将【瓷砖】下的X、Y、Z值设置为3、3、3，按Enter键确认。在【噪波参数】卷展栏中选择噪波类型为【湍流】，如图15.67所示。然后单击【转到父对象】按钮，返回父材质层。

09 在【贴图】卷展栏中将【反射】通道的数量值设置为45，然后单击其后面的【无】按钮，在打开的【材质/贴图浏览器】对话框中选择【位图】贴图，如图15.68所示。

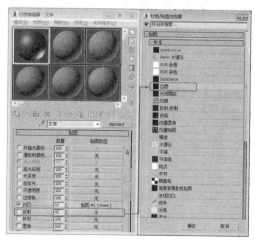

图15.67 设置参数

图15.68 选择【位图】选项

10 单击【确定】按钮，弹出【选择位图图像文件】对话框，在打开的对话框中选择随书附带光盘 "Gold04.jpg"文件，单击【打开】按钮，如图15.69所示。单击【转到父对象】按钮，在场景 中选择【镂空文字】，然后单击【将材质指定给选定对象】按钮，将设置好的材质指定给选定 对象。

11 按Ctrl+V快捷键对当前选择的【镂空文字】对象进行复制，在弹出的对话框中单击【复制】单 选按钮，将【名称】设置为【底板】，如图15.70所示。

图15.69　选择素材图片

图15.70　【克隆选项】对话框

12 单击【确定】按钮，返回【编辑样条线】堆栈层，将当前选择集定义为【样条线】，在视图中 选择【底板】外侧的矩形样条曲线，如图15.71所示。

13 按Delete键将其删除，然后关闭当前选择集，返回【倒角】堆栈层，得到实体文字，对前视图 渲染一次观看效果，如图15.72所示。

图15.71　选择样条线

图15.72　观看效果

14 确定【底板】对象处于选择状态，选择并进入【倒角】修改器，然后将【倒角值】卷展栏下 【级别1】区域中的【高度】设置为0，并取消勾选【级别2】复选框，如图15.73所示。

15 确定【底板】对象处于选择状态，再次按下Ctrl+V快捷键，在打开的【克隆选项】对话框中将 复制类型定义为【复制】，将新对象重新命名为【粒子】，如图15.74所示。

16 按H键打开【从场景中选择】对话框，在该对话框中选择【底板】对象，单击【确定】按钮。 在工具栏中单击【曲线编辑器】按钮，打开【轨迹视图】对话框，选择菜单栏中的【编辑器】| 【曲线编辑器】命令，然后在左侧的列表中选择【底板】选项，选择【编辑】|【可见性轨迹】| 【添加】菜单命令，如图15.75所示。为【遮挡】添加一个可视性轨迹控制器。

17 在轨迹视图工具栏中选择【添加关键点】工具，展开【底板】选择【可见性】选项，在可见性轨迹中的第0帧、第10帧和第11帧处各添加一个关键点，其中前两个关键点的值都是1，表示物体可见。在添加完第11帧处的关键帧后，在轨迹视图底部的数值输入框中输入0，按Enter键确认，如图15.76所示，将该对话框关闭。

图15.73 设置倒角值

图15.74 【克隆选项】对话框

图15.75 添加可见性轨迹

图15.76 设置关键点

18 选择【创建】|【摄影机】|【标准】|【目标】工具，在【顶】视图中创建一个摄影机，将【透视】视图转换为【摄影机】视图，在【修改】命令面板中将【镜头】参数设置为35mm，如图15.77所示。

19 选择【创建】|【几何体】|【粒子系统】|【粒子阵列】工具，在【顶】视图中创建一个粒子阵列系统，如图15.78所示。

图15.77 创建摄影机

图15.78 创建粒子阵列

20 切换至【修改】命令面板，在【基本参数】卷展栏中单击【拾取对象】按钮，然后按H键打开名称选择框，选择【粒子】对象，单击【拾取】按钮，将它指定为粒子系统的替身，如图15.79所示。

21 在【显示图标】卷展栏中将【图标大小】设置为75，在【视口显示】选项组中选择【网格】显示方式，这样在视图中会看到以网格物体显示的粒子碎块，如图15.80所示。

图15.79 选择【粒子】对象

图15.80 设置参数

22 在【粒子生成】卷展栏中将【粒子运动】选项组中的【速度】、【变化】和【散度】分别设置为8、45%、32，将【发射开始】、【显示时限】和【寿命】分别设置为10、120、120，按Enter键确认。将【唯一性】区域下的【种子】值设置为24567，按Enter键确认。如图15.81所示。

23 打开【粒子类型】卷展栏，选择【对象碎片】类型。将【对象碎片控制】选项组中的【厚度】设置为5。单击【碎片数目】单选按钮，并将其最小值设置为100，如图15.82所示。

图15.81 设置粒子参数

图15.82 设置粒子类型

24 在【旋转和碰撞】卷展栏中将【自旋速度控制】选项组中的【自旋时间】设置为40，将【变化】设置为15%，如图15.83所示。

25 粒子系统设置完成后，在场景中选择【粒子】对象，然后在修改面板中单击【从堆栈中移除】按钮，将其【倒角】修改器删除，如图15.84所示。

26 选择粒子系统，单击鼠标右键，在弹出的快捷菜单中选择【对象属性】命令，在打开的对话框中将【对象ID】设置为1，在【运动模糊】选项组中选择【图像】选项，单击【确定】按钮，为粒子系统设置ID号和图像运动模糊，如图15.85所示。

27 选择【创建】 ❉|【灯光】 ◁|【标准】|【泛光】工具，在场景中创建一盏泛光灯，在【强度/颜色/衰减】卷展栏中将【灯光】的RGB值设置为（211、211、211），如图15.86所示。

图15.83 设置粒子的旋转和碰撞

图15.84 删除倒角

图15.85 【对象属性】对话框

图15.86 设置灯光颜色

28 使用同样的方法，在【顶】视图中创建一盏泛光灯，将其调整至合适的位置，展开【强度/颜色/衰减】卷展栏，将【灯光】的RGB值设置为（213、213、110），如图15.87所示。

29 在视图中调整泛光灯的位置，并再次创建一个泛光灯，在【强度/颜色/衰减】卷展栏中将【灯光】的RGB值设置为（237、237、237），如图15.88所示。

图15.87 添加泛光灯

图15.88 创建泛光灯

30 选择【创建】 **|** 【灯光】 **|** 【标准】**|**【目标聚光灯】工具，在【顶】视图中创建一盏目标
聚光灯，用于设置体积光。在【常规参数】卷展栏中勾选【阴影】选项组中的【启用】复选
框，在【强度/颜色/衰减】卷展栏中将【倍增】值设置为2，将【灯光颜色】的RGB值设置为
（255、240、70），如图15.89所示。

31 选择【远距衰减】选项组中的【使用】和【显示】复选框，将【开始】和【结束】值分别设置
为400和730，在【聚光灯参数】卷展栏中将【聚光区/光束】和【衰减区/区域】分别设置为17
和22。选择【矩形】光锥类型，将【纵横比】设置为3.5，如图15.90所示。

图15.89　设置聚光灯参数

图15.90　设置参数

32 打开【高级效果】卷展栏，在【投影贴图】选项组中勾选【贴图】复选框，然后单击后面的
【无】按钮，在打开的【材质/贴图浏览器】对话框中选择【噪波】选项，单击【确定】按钮，
如图15.91所示。

33 打开材质编辑器，并激活第二个材质球，选择灯光控制面板中刚设置的噪波条形按钮，并将其
拖曳至材质编辑器中第二个材质样本球上，然后在打开的对话框中选择【实例】选项，如图
15.92所示。

图15.91　选择【噪波】选项

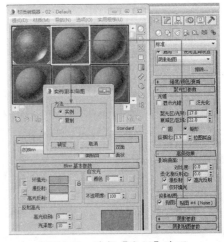
图15.92　选择【实例】选项

34 单击【确定】按钮，在【噪波参数】卷展栏中将【大小】设置为32，将【颜色 #1】的RGB值设
置为（255、48、0），将【颜色 #2】的RGB值设置为（255、255、90）。在【坐标】卷展栏中
将【模糊】设置为2.5，将【模糊偏移】设置为5.4，如图15.93所示，并在材质编辑器中将【文
字】材质指定给粒子阵列对象。

35 关闭材质编辑器。按8键打开【环境和效果】对话框，在【环境】选项卡【大气】卷展栏中单击【添加】按钮，在打开的对话框中选择【体积光】选项，如图15.94所示。

图15.93 设置参数

图15.94 选择【体积光】选项

36 在【体积光参数】卷展栏中单击【拾取灯光】按钮，然后在场景中选择【Spot001】。将【雾颜色】的RGB值设置为（255、242、135），按Enter键确认，将【衰减倍增】设置为0，如图15.95所示。

37 在视图中选择【目标聚光灯】，在动画控制区单击【自动关键点】按钮，将时间滑块移动到第40帧位置处。在【强度/颜色/衰减】卷展栏中将【远距衰减】下的【开始】和【结束】值分别设置为480、900，如图15.96所示。

图15.95 设置体积光参数

图15.96 设置远距衰减参数

38 将时间滑块移动至第65帧位置处，将开始和结束值分别设置为300、550，如图15.97所示。

39 将时间滑块移动至第75帧位置处，将开始和结束值都设置为0，如图15.98所示，然后关闭【自动关键点】按钮。

40 选择【创建】 |【辅助对象】|【大气装置】|【球体Gizmo】工具，在【顶】视图中文字对象后方右侧位置处创建一个圆球线框，并将【半径】设置为47，勾选【半球】复选框，使当前所创建的【球体Gizmo】形成一个半球，如图15.99所示。

41 选择【选择并移动】工具，调整线框的位置，再选择【选择并均匀缩放】工具，在视图中对球体Gizmo进行缩放，如图15.100所示。

42 选择【选择并移动】工具 ，并按下键盘上的Shift键，选择【球体Gizmo】对象并将其向右方移动，并在打开的【克隆选项】对话框中选择【对象】选项组中的【复制】单选按钮，并将【副本数】设置为3，如图15.101所示。

43 按8键打开【环境和效果】对话框，在【环境】选项卡【大气】卷展栏中单击【添加】按钮，在打开的对话框中选择【火效果】选项，如图15.102所示。

图15.97　设置关键帧

图15.98　设置关键帧

图15.99　创建球体Gizmo

图15.100　调整球体Gizmo

图15.101　复制球体Gizmo

图15.102　选择【火效果】选项

44 在【火效果参数】卷展栏中单击【拾取 Gizmo】按钮，然后在场景中选择4个半球线框。在【颜色】选项组中将【内部颜色】的RGB值设置为（242、233、0）。将【外部颜色】的RGB值设置为（216、16、0）。如图15.103所示。

45 在【图形】选项组中将【火焰类型】设置为【火舌】，将【规则性】设置0.3，在【特性】选项组中将【火焰大小】设置为18，将【火焰细节】设置为10，将【采样数】设置为20，如图15.104所示。

46 单击【自动关键点】动画记录按钮，将时间滑块移动至第130帧位置处，将【动态】区域下的【相位】值设置为150，然后关闭【自动关键点】，如图15.105所示。

图15.103 设置火效果　　图15.104 设置参数

15.3.2 视频后期处理

01 在菜单栏中选择【渲染】|【视频后期处理】命令，打开【视频后期处理】对话框，单击【添加场景事件】按钮，添加一个场景序列，弹出【添加场景事件】对话框，在打开的对话框中单击使用默认的【Camera01】视图，单击【确定】按钮，如图15.106所示。

图15.105 设置关键帧动画　　图15.106 添加场景事件

02 单击【添加图像过滤事件】按钮，为场景添加一个过滤器事件，在打开的【添加图像过滤事件】对话框中选择过滤器事件下拉列表中的【镜头效果光晕】过滤器，如图15.107所示。

03 单击【设置】按钮，进入发光特效过滤器的控制面板，单击【VP队列】与【预览】按钮，切换至【首选项】选项卡，将【大小】设置为2，在【颜色】选项组中单击【用户】右侧的【颜色】按钮，将颜色的RGB值设置为（255、85、0），将【强度】设置为40，如图15.108所示。

04 切换至【噪波】选项卡，将【设置】选项组中的噪波方式设置为【电弧】，将【运动】和【质量】分别设置为0、10，勾选【红】、【绿】和【蓝】3个复选框。在【参数】选项组中将【大小】和【速度】分别设置为20、0.2，将【基准】设置为65，如图15.109所示。

05 设置完成后单击【确定】按钮，返回到【视频后期处理】对话框，不选中任何过滤事件，单击【添加图像输出事件】按钮，在打开的对话框中单击【文件】按钮，设置文件输出的路径和名称，如图15.110所示。

477

图15.107 添加【镜头效果光晕】

图15.108 设置参数

图15.109 设置【噪波】参数

图15.110 设置文字输出路径

06 单击【保存】按钮，在打开的【文件压缩设置】对话框中使用其默认设置，如图15.111所示。

07 完成设置后单击【确定】按钮，回到【视频后期处理】对话框。单击【执行序列】按钮，在打开的对话框中将【输出大小】选项组中的【宽度】、【高度】设置为320、240，如图15.112所示，即可进入动画的渲染过程，渲染完成后将场景文件进行保存。

图15.111 【AVI文件压缩设置】对话框

图15.112 【执行视频后期处理】对话框

第16章
电视片头动画的制作

在日常生活中的电视、电影或网络中，常常可以看见一些片头动画，本章将讲解如何利用3ds Max制作电视片头动画。本案例中的片头动画是从3个点来完成的，首先是背景动画，然后是地球动画及粒子动画，最后是对创建的对象添加视频后期处理效果。通过本章的学习，可以对片头动画有一个系统的认识，本案例效果如图16.1所示。

图16.1 设置【首选项】

16.1 实例应用：设置环境背景

本小节将重点讲解如何设置片头动画的背景，主要将【环境效果】和【材质编辑器】的结合应用，通过对位图贴图设置关键帧，使动画背景处于运动状态。

01 启动软件后，在软件的底部单击【时间配置】按钮，弹出【时间配置】对话框，在【动画】选项组中将【结束时间】设为200，并单击【确定】按钮，如图16.2所示。

02 启动软件后，按8键，弹出【环境和效果】对话框，在【背景】选项组中单击【环境贴图】下的【无】按钮，弹出【材质/贴图浏览器】对话框，选择【位图】选项，如图16.3所示。

图16.2 【时间配置】对话框

图16.3 选择【位图】选项

03 弹出【选择位图图像文件】对话框，选择随书附带光盘中的"5354.jpg"素材文件，并单击【打开】按钮，如图16.4所示。

04 按M键打开【材质编辑器】，在【环境和效果】对话框中选择上一步添加的贴图，将其拖到一个空的样本球上，弹出【实例（副本）贴图】对话框，选择【实例】单选按钮，并单击【确定】按钮，在【坐标】卷展栏中，将【贴图】设【屏幕】，如图16.5所示。

05 激活【透视】视图，在菜单栏中执行【视图】|【视口背景】|【环境背景】命令，如图16.6所示。

06 在系统的面板底部单击【关键点过滤器】按钮，弹出【设置关键点】对话框，勾选【全部】复选框，如图16.7所示。

图16.4 选择位图

图16.5 添加贴图到材质球上

图16.6 选择【环境背景】选项

图16.7 选择【全部】复选框

07 将时间滑块拖曳到第0帧位置，单击【自动关键点】按钮，开启动画记录模式，在【位图参数】卷展栏中的【裁剪/放置】选项组中勾选【应用】复选框，并单击【查看图像】按钮，弹出【指定裁剪/放置，显示】对话框，对调整框进行调整，如图16.8所示。

08 将时间滑块拖曳到第150帧位置，将调整框调整到全图大小，并单击【自动关键点】按钮，关闭动画记录模式，如图16.9所示。

图16.8 添加关键帧

图16.9 添加关键帧

16.2 实例应用：创建旋转的地球

下面制作片头动画的主体部分——地球旋转动画。首先制作出地球模型，然后利用【圆】线条制作出地球的经纬线，模型制作完成后，对创建的对象设置材质，然后通过设置关键帧使其变成动画，具体操作过程如下。

01 单击【系统图表】按钮，在弹出的下拉列表中选择【导入】|【合并】命令，如图16.10所示。

02 弹出【合并文件】对话框，选择随书附带光盘中的"地球.max"文件，并单击【打开】按钮，如图16.11所示。

图16.10 选择【合并】命令

图16.11 选择需要合并的文件

03 弹出【合并-地球】对话框，选择【地球】选项，并单击【确定】按钮，如图16.12所示。

04 选择上一步导入地球线条，切换到【修改】命令面板中，在【修改器列表】中选择【挤出】修改器，在【参数】卷展栏中将【数量】设置为1.5，在【封口】选项中选择【栅格】选项，这样进行弯曲时，模型不易出现被撕裂的现象，如图16.13所示。

图16.12 【合并】对话框

图16.13 添加【挤出】修改器

05 为了方便以后的操作，选择【层次】按钮▣进入【层级】命令面板，激活【仅影响轴】按钮，然后按下【居中到对象】按钮将物体的轴心点与物体中心对齐，然后关闭【仅影响轴】按钮，如图16.14所示。

06 选择【创建】※|【几何体】◎|【面片栅格】|【四边形面片】工具，在【前】视图创建一个【长度】、【宽度】分别为300的方形面片，将它的【长度分段】和【宽度分段】分别设置为16，如图16.15所示。

07 确认【地球】对象处于选择状态，单击工具栏中的【对齐】按钮▣，并在【前】视图中选取方形面片，在打开的对话框中将XYZ3个轴向都选择，使用默认的【中心】对齐方式，单击【确定】按钮即可，如图16.16所示。

08 在视图中将两个对象一块儿选择，切换到【修改】命令面板中选择【弯曲】修改器，在【参数】卷展栏中将【角度】、【方向】分别设置为180、-90，如图16.17所示。

图16.14　设置轴点位置

图16.15　选择【位图】选项

图16.16　设置对齐方式

图16.17　添加【弯曲】修改器

09 再选择【修改器列表】|【弯曲】修改器，进行第二次弯曲修改，在【参数】卷展栏中将【角度】、【方向】分别设置为360、-90，将【弯曲轴】定义为X轴，结果如图16.18所示。

10 选择【创建】 |【几何体】 |【球体】工具，在【顶】视图中创建一个与弯曲的面片球体大小差不多的球体，它的【分段】值为16，如图16.19所示。

图16.18　添加【弯曲】修改器

图16.19　创建【球体】

11 选择上一步创建的球体，选择工具栏中的【对齐】工具，在【顶】视图中点取方形面片弯曲形成的球体，在打开的对话框中将XYZ3个轴向全部选择，并使用默认的【中心】对齐方式进行对齐，单击【确定】按钮，如图16.20所示。

12 在视图中选择【QuadPatch001】，按下键盘上的Delete键将其删除。然后选择【地球】，并单击鼠标右键，在打开的菜单中选择【隐藏选定对象】命令将其隐藏，如图16.21所示。

图16.20　设置对齐方式　　　　　　图16.21　选择【隐藏选定对象】命令

13 选择【创建】|【图形】|【样条线】|【圆】工具，在【顶】视图中进行创建，在【渲染】卷展栏中将【在渲染启用】与【在视口中启用】两个复选框选择，将【厚度】设置为1.6，然后在【参数】卷展栏中将其【半径】设置为92.5，将其命名为【纬线001】，如图16.22所示。

14 确认【圆】处于选择状态，选择工具栏中的【对齐】工具，然后在【顶】视图中点取球体，在打开的对话框中将XYZ3个轴向全部选择，使用默认的【中心】对齐方式，单击【确定】按钮，如图16.23所示。

图16.22　创建【圆】　　　　　　　图16.23　设置对齐方式

15 按M键，弹出【材质编辑器】对话框，选择一个空的样本球，并将其命名为【经纬线材质】，在【明暗器基本参数】卷展栏中将【明暗器类型】设为【金属】，在【金属基本参数】卷展栏中取消【环境光】和【漫反射】的锁定，将【环境光】的RGB值设为（175、40、0），将【漫反射】的RGB值设为（166、182、214），将【高光级别】设为80，将【光泽度】设为70，如图16.24所示。

16 切换到【贴图】卷展栏，单击【反射】后面的【无】按钮，在弹出的对话框中选择【位图】选项，并单击【确定】按钮，选择贴图文件夹中的HOUSE_2.jpg素材文件，并单击【打开】按钮，在【坐标】卷展栏中将【模糊偏移】设为0.096，如图16.25所示。

图16.24 设置材质

图16.25 设置贴图

17 将创建好的材质指定给【纬线001】对象，激活【前】视图，选择工具栏中的【选择并移动】工具💠，在按住Shift键的同时沿Y轴向上移动【纬线001】至图16.26所示的位置，对其进行复制，在打开的对话框中单击【确定】按钮。进入【修改】命令面板，在【参数】卷展栏中将【纬线002】的【半径】修改为86。

图16.26 进行复制并设置半径

18 使用同样的方法复制并修改其他的纬线，并适当调整【半径】，效果如图16.27所示。

图16.27 复制后的效果

19 在【前】视图中选择【纬线001】，在工具栏中选择【选择并旋转】工具⟳，在按住Shift键的同时沿Z轴旋转90度，在打开的对话框中将【名称】改为【经线001】，如图16.28所示。

图16.28 进行复制

20 选择【工具】|【阵列】菜单命令，在打开的对话框中将Z轴下的【旋转】度数设置为22.5，将【阵列维度】下的ID设置为8，这样将围绕一个中心复制7个对象，间隔22.5度复制一个，如图16.29所示。

21 在视图中选择【球体】，并按下键盘上的Delete键将其删除，然后将所有的经纬线选择，在菜单栏中选择【组】|【组】命令，将所有的经纬线组成群组，在打开的对话框中将【组名】定义为【地球框架】，单击【确定】按钮，如图16.30所示。

22 取消【地球】对象的隐藏，进入【修改】命令面板中，在编辑修改器堆栈中选择【挤出】修改器，然后选择【修改器列表】|【编辑网格】修改器，在【挤出】的上层加入一个【编辑网格】修改器，如图16.31所示。

图16.29 进行阵列

图16.30 进行编组

图16.31 添加【编辑网格】修改器

23 将当前选择集定义为【多边形】，激活【前】视图，选择多边形，在【曲面属性】卷展栏中将【设置 ID】设置为2，如图16.32所示。

图16.32 设置ID

24 在菜单栏在选择【编辑】|【反选】命令，选择当前选择集以外的多边形，在命令面板中将它们的【设置ID】号设置为1，如图16.33所示。

图16.33 设置ID

25 按M键打开材质编辑器，选择【经纬线材质】指定给【地球】对象，进行渲染，查看效果如图16.34所示。

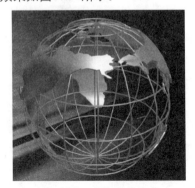

图16.34 渲染后的效果

26 选择【创建】|【几何体】|【球体】工具，在【顶】视图中创建一个【半径】

为3.5的球体，将其命名为【流星001】，如图16.35所示。

图16.35　创建【球体】对象

27 切换到【修改】命令面板，选择【修改器列表】|【拉伸】修改器，对球体进行拉伸，在【参数】卷展栏中将【拉伸】设置为10，将【放大】设置为-4，如图16.36所示。

图16.36　添加【拉伸】修改器

28 继续选择【锥化】修改器，在【参数】卷展栏中将【数量】设置为1.85，如图16.37所示。

29 按M键，打开【材质编辑器】，选择一个新的材质球，并将其命名为【流星材质】，在【明暗器基本参数】卷展栏中，将【明暗器类型】定义为【Phong】。在【Phong基本参数】卷展栏中，将【环境光】和【漫反射】的RGB值设置为（187、183、224）。将【自发光】设置为20；将【不透明度】设置为80，将【高光级别】值设置为70，将【光泽度】值设置为40，在【扩展参数】卷展栏中将【衰减】方式定义为

【外】，将【数量】设置为40，如图16.38所示。

图16.37　添加【锥化】修改器

图16.38　设置材质

30 选择工具栏中的【选择并移动】工具，在按住Shift键的同时，在【前】视图中沿X轴移动，对流星进行复制，在打开的对话框中单击【确定】按钮即可，如图16.39所示。

图16.39　进行复制

31 选择【创建】 ※ |【图形】 ◇ |【椭圆】工具，在【顶】视图中创建一个椭圆形，将它命名为【路径001】，它的【长度】、【宽度】分别为240、280，如图16.40所示。

图16.40 绘制椭圆

32 切换到【修改】命令面板，在【修改器列表】中选择【编辑样条线】修改器，将当前选择集定义为【顶点】，在【顶】视图中选择第1个节点，单击【几何体】卷展栏中的【断开】按钮断开节点，将椭圆形修改为不封闭的样条曲线，如图16.41所示。

图16.41 断开顶点

注意

　　二维图形中的每一个样条曲线都包含第一个节点。第一个节点有很多用途，而且在某些情况下它非常重要，它可以用作路径的样条曲线的起点。使用样条曲线作为路径的有放样路径、路径控制器和路径变形。这些功能的初始条件和起点由第一个节点设置。

　　在此处断开节点是为了不让流星重复循环地飞行。

33 在视图中，对创建的椭圆进行适当地旋转和移动，如图16.42所示。

图16.42 调整椭圆的位置

34 确认当前【路径001】为选择状态，在工具栏中选择【镜像】按钮 ⋈ ，在打开的对话框中选择【复制】选项，沿X轴对【路径001】进行镜像复制，单击【确定】按钮，如图16.43所示。

图16.43 进行【镜像】复制

35 在视图中选择【流星001】，切换到【修改】命令面板中，对其添加【路径变形绑定（WSM）】修改器，在【参数】卷展栏中单击【拾取路径】按钮，然后在视图中点取【路径001】，单击【转到路径】按钮将【流星001】移动到该路径上，如图16.44所示。

36 将时间滑块移动到第200帧，打开【自动关键点】按钮，然后在【参数】卷展栏中将【百分比】值设置为200，设置动画，然后再次单击【自动关键点】按钮，取消动画记录模式，如图16.45所示。

【百分比】参数值用来确定物体在路径上的位置，将该值记录为动画，表现出物体沿路径行走的动画。超出100%，表示物体飞出路径以外。

栏中的【选择并旋转】按钮 ⟳，沿Z轴将【地球】旋转-360度，最后关闭【自动关键点】按钮，如图16.48所示。

图16.44 添加【路径变形】修改器

图16.46 添加关键帧动画

图16.45 设置关键帧动画

图16.47 进行编组

37 使用同样的方法，将【流星002】对象添加到【路径002】上，并设置关键帧动画，如图16.46所示。

38 在视图中选择【地球】与【地球框架】两个物体，在菜单栏中选择【组】|【组】命令，将两个物体组成群组，在打开的对话框中将【组名】定义为【地球】，如图16.47所示。

39 激活【顶】视图，将时间滑块移动至第200帧，打开【自动关键点】按钮，右击工具

图16.48 添加关键帧

16.3 实例应用：创建摄影机

主题部分创建完成后需要创建摄影机，通过对摄影机位置添加关键帧，使其动画更加生动形象，其操作的具体方法如下。

01 选择【创建】【摄影机】【目标】工具，在【顶】视图中创建一架摄像机，在【参数】卷展栏中将【镜头】设置为35，激活【透视】视图，按下键盘上的C键，切换到摄像机视图，在视图中对摄影机进行调整，如图16.49所示。

02 将时间滑块移动至第40帧，打开【自动关键点】按钮，然后在【顶】视图中沿Y轴移动摄像机的位置，如图16.50所示，关闭【自动关键点】按钮，完成摄像机动画的设置。

图16.49 创建【目标】摄影机

图16.50 设置摄影机动画

16.4 实例应用：创建粒子系统

下面利用粒子系统创建飞出的文字动画，其重点操作是粒子视图的应用，通过本小节的学习，对粒子系统有一定的了解，具体操作方法如下所述。

01 选择【创建】|【几何体】|【粒子系统】|【粒子流源】工具，在【前】视图中创建【粒子流源】，在【发射】卷展栏中将【徽标大小】设为143，将【长度】和【宽度】分别设为198、210，如图16.51所示。

02 切换到【修改】命令面板中，单击【设置】卷展栏中的【粒子视图】按钮，弹出【粒子视图】对话框，将【事件001】和【事件002】对象删除，如图16.52所示。

图16.51 创建【粒子流源】

图16.52 【粒子视图】对话框

03 选择【材质频率】选项，并将其添加到【事件003】上，如图16.53所示。

04 选择【出生003】选项，在【出生003】卷展栏中将【发射开始】设为-39，将【发射停止】设为42，【数量】设为200，并取消勾选【子帧采样】复选框，如图16.54所示。

图16.53 添加【材质频率】

图16.54 设置【出生003】

05 将【粒子视图】复选框最小化显示，按M键打开【材质编辑器】对话框，选择一个新的样本球，并将其命名为【粒子流】，在【明暗器基本参数】卷展栏中将【明暗器类型】设为【金属】，在【金属基本参数】卷展栏中取消【环境光】和【漫反射】的锁定，将【环境光】的RGB值设为（0、0、0），将【漫反射】的RGB值设为（255、255、255），在【反射高光】组中将【高光级别】设为72，将【光泽度】设为55，如图16.55所示。

06 切换到【贴图】卷展栏中，单击【反射】后面的【无】按钮，在弹出的对话框中选择【位图】选项，单击【确定】按钮，选择【贴图】文件夹中的lakeref.jpg文件，如图16.56所示。

图16.55 设置材质

图16.56 设置贴图选项

07 打开【粒子视图】对话框，选择【材质频率01】选项，打开【材质编辑器】，选择上一步创建的【粒子流】材质，将其拖至【粒子视图】对话框的【材质频率001】卷展栏下的【无】按钮上，弹出【实例（副本）材质】对话框，选择【实例】单选按钮，并单击【确定】按钮，如图16.57所示。

08 选择【速度003（沿图表箭头）】选项，在【速度003】卷展栏中将【速度】设为410，将【变化】设为140，如图16.58所示。

图16.57 设置【材质频率】

图16.58 设置【速度003】

09 选择【形状003】选项，在【形状003】卷展栏中，将【3D】设为【数字Courier】，将【大小】设为20，如图16.59所示。

图16.59 设置【形状003】

16.5 实例应用：创建文字 ————o

节目片头的另一个重点就是文字标题，本案例文字的应用材质和粒子系统应用的材质相同，使其保持风格的统一性，通过对文字设置关键帧使其形成动画，具体操作方法如下。

01 选择【创建】 【图形】 【文本】工具，将【字体】设置为方正综艺体简，将【大小】设置为75，在【文本】下的文本框中输入文字【数字时代】，然后在【前】视图中单击鼠标创建文字，如图16.60所示。

02 确定文字处于选择状态，进入【修改】命令面板，为文字添加【倒角】修改器，在【倒角】卷展栏中将【级别1】下的【高度】设置为13，勾选【级别2】复选框，将【高度】设为1，【轮廓】设为-1，如图16.61所示。

图16.60 输入文字

图16.61 添加【倒角】修改器

03 打开【材质编辑器】，选择【粒子流】材质指定给创建的文字，并调整文字的位置，如图16.62所示。

04 激活【前】视图，选择【创建】■|【图形】○|【线】工具，创建一个与【数字时代】文字高度相等的线段，在【渲染】卷展栏中勾选【在渲染中启用】和【在视口中启用】复选框，如图16.63所示。

图16.62 调整文字的位置

图16.63 创建线图形

05 确定新创建的线段处于选择状态，单击鼠标右键，在弹出的快捷菜单中选择【对象属性】命令，在弹出的对话框中将【对象ID】设置为3，如图16.64所示。

06 选择上一步创建的线，在视图中调整其位置，放置到文字的左侧，如图16.65所示。

图16.64 设置对象的ID

图16.65 调整直线的位置

07 将时间滑块拖曳到第180帧处，单击【自动关键帧】按钮，选择工具栏中的【选择并移动】工具，激活【前】视图，将线沿X轴向右移至文字的右侧边缘，如图16.66所示，设置完成后关闭【自动关键点】按钮。

08 确认直线处于选择状态，在任务栏中选择【曲线编辑器】按钮，打开【轨迹视图】对话框，在对话框的菜单栏中单击【编辑器】按钮，在弹出的下拉列表中选择【摄影表】命令，进入【轨迹视图-摄影表】对话框，如图16.67所示。

09 确认【编辑范围】按钮处于选择状态，选择【Line001】将其范围的起始点拖动到第150帧位置，如图16.68所示。

10 在【轨迹视图-摄影表】对话框左侧的选项栏中选择【Line001】选项，在菜单栏中选择【编辑】|【可见性轨迹】|【添加】命令，为【Line001】添加一个可见性轨迹，如图16.69所示。

图16.66　添加位置关键帧

图16.67　【轨迹视图-摄影表】对话框

图16.68　调整关键帧位置

图16.69　选择【添加】命令

11 选择【可见性】选项，在工具栏中选择【添加关键点】工具 ，在【可见性】列表中单击4次，添加4个关键帧，如图16.70所示。

12 选择【移动关键点】工具 ，在第一个关键帧位置右击，在弹出的对话框中将【时间】设为149，将【值】设为0，然后将其关闭，如图16.71所示。

图16.70　添加关键帧　　　　　　　　　　图16.71　调整关键帧

13 选择添加的第二个关键帧，右击鼠标，在弹出对话框中将【时间】设为150，【值】设为1，如图16.72所示。

14 将第三个关键帧的【时间】和【值】分别设为179、1，如图16.73所示。

图16.72　设置关键帧

图16.73　设置关键帧

15 将第四个关键帧的【时间】和【值】分别设为180、0，如图16.74所示。

16 在场景中选择【数字时代】文字对象，在【顶】视图中沿Y轴向下移动，如图16.75所示。

图16.74　添加效果

图16.75　调整文字位置

17 将时间滑块拖曳到第140帧位置，单击【自动关键点】按钮开启动画记录模式，然后单击【设置关键点】按钮，添加一个关键帧，如图16.76所示。

18 将时间滑块移动到第150帧位置，在【顶】视图中，将文字沿Y轴向上移动，添加关键帧，再次单击【自动关键点】按钮，关闭动画记录模式，如图16.77所示。

图16.76　添加关键帧

图16.77　添加关键帧

16.6 实例应用：添加视频特效

动画制作完成后，需要对创建的对象添加特效，而【视频后期处理】中的特效滤镜可以对创建的对象添加各种特效。该片头中主要应用的特效包括【星空】、【镜头效果光晕】、【镜头效果光斑】特效。通过本章的学习，读者可以对视频后期处理有一定的了解。

01 在场景中选择【路径001】和【路径002】对象，单击鼠标右键，在弹出的快捷菜单中选择【对象属性】命令，如图16.78所示。

02 弹出【对象属性】对话框，在【渲染控制】选项组中取消对【可渲染】复选框的选择，并单击【确定】按钮，如图16.79所示。

图16.78 选择【对象属性】命令

图16.79 取消对【可渲染】复选框的选择

03 选择【流星001】和【流星002】对象，单击鼠标右键，在弹出的快捷菜单中选择【对象属性】命令，如图16.80所示。

04 弹出【对象属性】对话框，在【G缓冲】选项组中，将【对象ID】设为2，并单击【确定】按钮，如图16.81所示。

图16.80 选择【对象属性】命令

图16.81 设置ID

05 在视图中选择【地球】对象，然后在其上单击鼠标右键，在弹出的菜单中选择【对象属性】命令，如图16.82所示

06 在弹出【对象属性】对话框中，在【G缓冲】选项组中，将【对象ID】设为1，并单击【确定】按钮，如图16.83所示。

07 在菜单栏中选择【渲染】|【视频后期处理】命令，如图16.84所示。

08 打开【视频后期处理】对话框，单击【添加场景事件】按钮，弹出【添加场景事件】对话框，添加一个用于渲染的场景项目，默认状态下会将【Camera001】视图自动选择，直接单击【确定】按钮即可，如图16.85所示。

09 单击【添加图像过滤事件】按钮，弹出【添加图像过滤事件】对话框，选择【星空】选项，单击【确定】按钮，如图16.86所示。

10 再次单击【添加图像过滤事件】按钮，弹出【添加图像过滤事件】对话框，选择【镜头效果光晕】选项，单击【确定】按钮，如图16.87所示。

图16.82 选择【对象属性】命令

图16.83 设置对象ID

图16.84 选择【视频后期处理】命令

图16.85 添加场景事件

图16.86 添加【星空】特效

图16.87 添加【镜头效果光晕】特效

11 使用同样的方法，再次添加3个【镜头效果光晕】特效，如图16.88所示。

12 再次单击【添加图像过滤事件】按钮，弹出【添加图像过滤事件】对话框，选择【镜头效果光斑】选项，单击【确定】按钮，如图16.89所示。

13 在【视频后期处理】对话框中选择【星空】项目并双击，在打开的对话框中单击【设置】按钮，进入【星星控制】对话框中，将【最亮的星】值设置为200，将【星星大小】设置为0.5，并单击【确定】按钮，返回到【编辑过滤事件】对话框中，单击【确定】按钮，如图16.90所示。

14 返回到【视频后期处理】对话框，双击第一个【镜头效果光晕】项目，在打开的对话框中执行
【设置】命令，进入【镜头效果光晕】对话框，分别单击【VP队列】和【预览】按钮，确认
【对象ID】为1，在【过滤】选项组中将勾选【边缘】复选框，如图16.91所示。

图16.88 添加【镜头效果光晕】特效

图16.89 添加【镜头效果光斑】特效

图16.90 设置【星空】特效

图16.91 进行设置

提示

　　【星空】过滤器可以产生星空背景，这种星空可以按照地球周围真实的星空数据库计算，必须对摄像机视图才能产生作用。在该片头中它将与我们设置的渐变动态背景融合产生特殊的背景效果。

15 单击【首选项】按钮，在【效果】选项组中将【大小】设置为8，将【颜色】下的【强度】设置
为80，然后将时间滑块移动至第140帧，再打开【自动关键点】按钮，将【强度】值改为20，单
击【自动关键点】按钮，关闭动画记录模式，然后单击【确定】按钮，如图16.92所示。

16 返回到【视频后期处理】对话框，双击第二个【镜头效果光晕】项目，在打开的对话框中单
击【设置】按钮，进入发光参数设置面板进行设置，使用默认发光来源，按下【VP 队列】
按钮和【预览】按钮，选择【属性】选项，在【过滤】选项组中勾选【边缘】复选框，如图
16.93所示。

17 单击【首选项】按钮，进入【首选项】面板中，将【效果】下的【大小】设置为3，将【颜色】
定义为【用户】，并将其RGB值设置为（0、92、205），将【强度】设置为20，单击【确定】
按钮，如图16.94所示。

18 返回到【视频后期处理】对话框，双击第三个【镜头效果光晕】项目，在打开的对话框中执行【设置】命令，进入第三个发光设置面板中，将【对象 ID】设置为2，适当移动时间滑块，以看见流星对象为准，对流星进行发光处理，然后按下【VP 队列】按钮和【预览】按钮；单击【首选项】标签进入设置面板，将【效果】下的【大小】设置为5，将【颜色】定义为【渐变】，如图16.95所示。

图16.92 设置【首选项】

图16.93 设置【属性】选项

图16.94 设置【首选项】

图16.95 设置【首选项】参数

19 单击【渐变】标签进入渐变色设置面板，将【径向颜色】左侧色标的RGB值设置为（205、200、255），右侧色标的RGB值设置为（125、125、255），如图16.96所示。

20 单击【确定】按钮，返回到【视频后期处理】对话框中，双击第四个镜头效果光晕，在弹出的对话框中单击【设置】按钮，打开【镜头效果光晕】对话框，单击【VP队列】和【预览】按钮，将【对象ID】设为3，选择【首选项】选项卡，在【效果】选项组中将【大小】设置为4，在【颜色】选项组中选中【渐变】单选按钮，如图16.97所示。

21 选择【噪波】选项卡，将【设置】选项组中的【运动】设置为1，然后勾选【红】、【绿】和【蓝】3个复选框；在【参数】选项组中将【大小】设置为6，如图16.98所示。

22 单击【确定】按钮，返回到【视频后期处理】对话框，双击【镜头效果光斑】项目，在打开的对话框中执行【设置】命令，在【镜头光斑属性】参数中按下【节点源】按钮，在打开的对话

框中选择Line001作为光来源；将【大小】设置为30，将【挤压】设置为0，并按下【VP队列】
按钮和【预览】按钮。在右侧的表格中将【光环】后面的【渲染】复选取消选择，将【自动二
级光斑】选项后的【渲染】、【场景外】和【挤压】的选项选中，如图16.99所示。

图16.96　设置【渐变色】

图16.97　设置特效参数

图16.98　设置【首选项】

图16.99　设置【属性】选项

23 进入【光晕】面板，将【大小】设置为30，在色盘的Pos22位置处添加一个色标，将其RGB值设
置为（130、200、203），如图16.100所示。

24 进入【自动二级光斑】面板，将【衰减】复选框选中，这样可以使自动二级光斑产生旋转动
画，如图16.101所示。

图16.100　设置光晕

图16.101　勾选【衰减】复选框

25 进入【射线】面板，将【大小】设置为70，将【数量】设置为150，将【锐化】设置为10；将【径向颜色】左侧色标的RGB值设置为（0、140、190），如图16.102所示。

图16.102　设置【射线】选项

26 进入【星形】面板，将【大小】设置为70，将【数量】和【宽度】分别设置为8和9.5，将【锐化】和【锥化】分别设置为8、1，如图16.103所示。

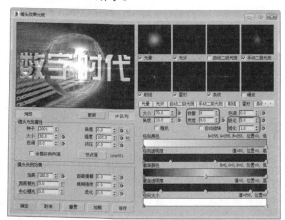

图16.103　设置【属性】选项

27 单击【确定】按钮，返回到【视频后期处理】对话框，单击【添加图像输出事件】按钮，弹出【添加图像输出事件】对话框，单击【文件】按钮，如图16.104所示。

28 弹出【为视频后期处理输出选择图像文件】对话框，设置合理的文件名，将【保存类型】设为AVI，并单击【保存】按钮，弹出【AVI文件压缩设置】对话框，单击【确定】按钮，如图16.105所示。

回到【添加图像输出事件】对话框，单击【确定】按钮，返回到【视频后期处理】

对话框，单击【执行序列】按钮，弹出【执行视频后期处理】对话框，选中【范围】单选按钮，将【输出大小】选项组的【宽度】和【高度】分别设为640和480，并单击【渲染】按钮，如图16.106所示。

图16.104　单击【文件】按钮

图16.105　设置保存类型

图16.106　进行渲染